U0203951

21世纪高等学校计算机专业
核心课程规划教材

ARM嵌入式系统结构与编程

（第3版）

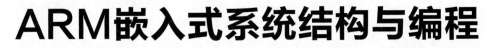

◎ 邱铁 编著

清华大学出版社

北京

内 容 简 介

本书是作者根据多年嵌入式系统开发和教学实践经验编著而成的。在内容展开方面,采取了循序渐进的原则,对嵌入式底层硬件知识进行了精心规划,以大量的实例说明技术难点,深入浅出,使嵌入式系统初学者能够以"ARM 体系结构→指令系统→汇编程序设计→混合编程→硬件下编程"为主线,以阶梯式前进的方式,低起点、高效率地学习理论,深入实践,从而为嵌入式系统开发打下坚实的基础。

本书结构合理、实例丰富,具有很强的实践性和实用性。本书可作为高等学校计算机、电子信息类本科生、研究生进行嵌入式系统学习的教材或参考书,也可作为嵌入式开发的工程技术人员和广大的嵌入式开发爱好者的学习参考书。

图书在版编目(CIP)数据

ARM 嵌入式系统结构与编程/邱铁编著. —3 版. —北京:清华大学出版社,2020.10(2023.8重印)
21 世纪高等学校计算机专业核心课程规划教材
ISBN 978-7-302-55721-0

Ⅰ. ①A… Ⅱ. ①邱… Ⅲ. ①微处理器—系统结构—高等学校—教材 ②微处理器—程序设计—高等学校—教材 Ⅳ. ①TP332

中国版本图书馆 CIP 数据核字(2020)第 110409 号

策划编辑:魏江江
责任编辑:王冰飞　张爱华
封面设计:刘　键
责任校对:李建庄
责任印制:杨　艳

出版发行:清华大学出版社
　　　　网　　　址:http://www.tup.com.cn,http://www.wqbook.com
　　　　地　　　址:北京清华大学学研大厦 A 座　　　　邮　　编:100084
　　　　社 总 机:010-83470000　　　　　　　　　　邮　　购:010-62786544
　　　　投稿与读者服务:010-62776969,c-service@tup.tsinghua.edu.cn
　　　　质量反馈:010-62772015,zhiliang@tup.tsinghua.edu.cn
　　　　课件下载:http://www.tup.com.cn,010-83470236
印 装 者:三河市铭诚印务有限公司
经　　销:全国新华书店
开　　本:185mm×260mm　　　印　张:24.75　　　　　字　　数:599 千字
版　　次:2009 年 3 月第 1 版　2020 年 12 月第 3 版　　印　　次:2023 年 8 月第 4 次印刷
印　　数:32501～33300
定　　价:69.80 元

产品编号:083071-01

前　言

　　党的二十大报告中指出：教育、科技、人才是全面建设社会主义现代化国家的基础性、战略性支撑。必须坚持科技是第一生产力、人才是第一资源、创新是第一动力，深入实施科教兴国战略、人才强国战略、创新驱动发展战略，这三大战略共同服务于创新型国家的建设。高等教育与经济社会发展紧密相连，对促进就业创业、助力经济社会发展、增进人民福祉具有重要意义。

　　嵌入式系统是软件和硬件的综合体，有人将其称为后 PC 时代和后网络时代的新秀。特别是近几年来，嵌入式产品强势占领了消费类电子产品市场，并开始在汽车电子、工业控制、航空航天、国防工业等领域得到全面应用。因此可以断言，面向嵌入式的信息时代已经到来。

　　本书作者在学生时代多次参加机器人大赛，工作后指导智能车控制大赛。最初设计机器人控制系统采用 8 位单片机，随着机器人控制功能的增强，原有的 8 位芯片很难满足功能要求，另外软件设计也越来越烦琐。在 2002 年，ARM 技术产品开始大范围占领市场，基于 ARM 技术的嵌入式微控制器成为嵌入式开发的硬件支撑。世界上知名的半导体公司如 Intel、Samsung、Motorola、Philips 和 Atmel 相继推出了以 ARM 为核心的主流芯片，嵌入式开发成为信息领域研究与应用的热点。为了适应更加复杂的控制需求，作者当时选用 ARM 微控制器作为主控制单元，设计嵌入式机器人控制系统，在有限的几本书可供参考的情况下，面向应用裁剪硬件，移植嵌入式操作系统，从此与嵌入式结下不解之缘。近年来，全国各大高校纷纷建立嵌入式方向，经过几年来的教学实践，已经成功地培养出一批具备嵌入式设计与开发技能的毕业生，这些毕业生走向嵌入式开发的各个领域。本书正是在教学和实践的基础上进行编写的。

　　本书的编写力求将复杂问题简单化，为了说明一个问题，可能不惜篇幅，图表并用，并设有实例解析，使每一个嵌入式开发的初学者都能快速上手，为嵌入式系统开发打下坚实的基础。

本书的内容安排

- 第 1 章介绍嵌入式系统的发展历史，通过典型产品实例使读者体会嵌入式技术的研究方向和发展趋势。
- 第 2 章介绍 ARM 处理器的内核调试结构，重点介绍 ARM7TDMI-S、ARM9TDMI 两种结构，并分析了 ARM7 和 ARM9 的 3 级流水线运行机制和 5 级流水线运行机制。

- 第 3~5 章详细解析 ARM 指令寻址方式、ARM 指令系统详细解析和 Thumb 指令系统。
- 第 6、7 章介绍 ARM 汇编语言伪指令、ARM 汇编语言程序设计中所用的伪操作、汇编语言程序设计规范，并用大量的实例说明汇编语言程序设计方法。
- 第 8 章介绍嵌入式 C 语言的编程规范、嵌入式开发中常用的位运算与控制位域以及在嵌入式 C 程序设计中要注意的问题，也介绍了 ARM 汇编语言与嵌入式 C 语言进行相互调用的标准（AAPCS），并用大量的实例说明相互调用应注意的问题。
- 第 9、10 章介绍 Samsung 公司两款流行的 ARM 处理器芯片：S3C44B0 是基于 ARM7TDMI 架构的，S3C2410/S3C2440 是基于 ARM920T 架构的；详细介绍基于这两款微控制器的存储系统、通用 I/O、中断控制器、UART、I^2C 和 LCD 接口原理与应用开发。

本书配套资源丰富，包括教学大纲、教学课件、电子教案、习题答案和教学进度表，扫描封底的"课件下载"二维码，在公众号"书圈"下载；本书还提供程序源码，扫描目录上方的二维码下载。

致谢

本书的编写参考和引用了国内外同行、专家、学者所撰写的大量文献以及网络技术论坛的精华资料，在此向相关作者表示衷心的感谢！

嵌入式系统发展非常迅速，新的技术成果不断涌现。书中难免存在不妥之处，恳请读者和同行批评指正。

邱　铁

于天津大学北洋园

2020 年 8 月

目 录

源码下载

## 第 1 章

绪论

本章主要介绍嵌入式系统的发展历史和相关概念、当前嵌入式技术的主要应用以及市场上最流行的嵌入式产品,通过典型产品实例使读者了解当前嵌入式技术的应用状况和研究方向,最后介绍嵌入式技术未来的发展趋势。

1.1 嵌入式系统定义

近年来,以集成电路为代表的微电子技术研究取得了重大突破,这使计算机技术、微控制器技术得到了迅速发展,再加上网络技术的应用与普及,加速了 21 世纪工业生产、国防军工、消费电子、商业活动、科学实验和家庭生活等领域的自动化和信息化进程,这些为嵌入式技术的大规模发展提供了强大的产业支撑。嵌入式技术正是在这些领域的产业需求下产生并一步步发展的。

1.1.1 嵌入式系统的发展历程

嵌入式系统从 21 世纪开始大规模发展起来,但这个概念在 20 世纪就已经出现。从 20 世纪 70 年代单片机的出现到目前各式各样的嵌入式微处理器、微控制器的大规模应用,嵌入式系统已经有 50 多年的发展历史。

嵌入式系统的出现最初是基于单片机的。20 世纪 70 年代单片机的出现,使得汽车、家电、工业机器人、通信装置以及成千上万种产品可以通过内嵌电子装置来获得更佳的使用性能:更容易使用、更快、更便宜。当时只是使用 8 位的芯片,执行一些简单的程序指令,不过这些装置已经初步具备了嵌入式的应用特点。

Intel 公司于 1971 年开发出第一片具有 4 位总线结构的微处理器 4004,当时主要用于电子玩具、家用电器、电子控制及简单的计算工具,可以说是嵌入式系统的萌芽阶段。1976 年 Intel 公司推出功能相对较完备的单片机 8048。Motorola 公司同时推出了 68HC05,Zilog 公司推出了 Z80 系列。在 20 世纪 80 年代初,Intel 公司又进一步完善了 8048,在它的基础上研制成功了 8051,这在单片机的历史上是值得纪念的一页。目前,51 系列的单片机仍然在市场上占有很大的比例，在各种产品中有着非常广泛的应用。

在 20 世纪 80 年代早期，出现了商业级的"实时操作系统内核"，嵌入式系统开发的程序员开始在实时内核下编写嵌入式应用软件，从而使新产品的研制可以有更短的开发周期、更低的开发资金和更高的开发效率。这个早期的操作系统实时内核包含了许多传统操作系统的特征，包括进程（或任务）管理、进程（或任务）调度与通信、中断机制、时间管理及内存管理等功能。其中比较著名的有 Ready System 公司的 VRTX，Integrated System Incorporation (ISI) 公司的 PSOS、WindRiver 公司的 VxWorks 和 QNX 公司的 QNX 等。这些早期的嵌入式操作系统都具有以下嵌入式的典型特点：

（1）采用抢占式的调度策略，任务的实时性好，并且执行时间是确定的；

（2）具有可裁剪性（根据任务的需要与否进行添加或删除操作系统模块）和可移植性（移植到各种处理器上）；

（3）具有较好的可靠性和可扩展性，适合嵌入式产品的应用开发。

在嵌入式操作系统出现以前，程序员直接在硬件平台上设计程序，这就要求程序员对硬件资源也要有所了解。这些嵌入式实时多任务操作系统出现后，程序员可以根据任务需求和操作系统的接口定义进行编程，而硬件资源则由嵌入式操作系统来管理，因此对于任务的实现有了更高的灵活性。

进入 20 世纪 90 年代，随着任务复杂性的不断增加，软件规模也越来越大，实时内核也随之逐渐发展并完善，并由此发展成为实时多任务操作系统（RTOS），并作为一种可移植的软件平台成为当前国际嵌入式系统的应用软件支撑。更多组织和公司看到了嵌入式系统的广阔应用前景，开始大力发展自己的嵌入式操作系统。这一阶段在国际上相继出现了 Palm OS、WinCE、嵌入式 Linux 等嵌入式操作系统，为嵌入式软件应用开发铺平了道路。

进入 21 世纪以来，嵌入式系统得到了极大的发展。在硬件上，MCU（微控制器）的性能得到了极大的提升，特别是 ARM 技术的出现与完善，为嵌入式操作系统提供了功能强大的硬件载体。当前几家知名半导公司如 Intel、Samsung、Motorola、Philips 和 Atmel 纷纷采用 ARM 技术，再加上先进的外围接口技术与先进的制造技术，设计出功能完备的 MCU，应用到工业自动化、消费类电子、航空航天、军事工业等各个领域。至此，基于 ARM 技术的产品迅速占领了市场，将嵌入式系统推向一个崭新的阶段。

1.1.2　嵌入式系统的定义与特点

根据 IEEE（电气与电子工程师协会）的定义：嵌入式系统是"用来控制或监视机器、装置或工厂等大规模系统的设备"（原文为 Devices used to control，monitor，or assist the operation of equipment，machinery or plants）。这主要是从应用上加以定义的，从中可以看出嵌入式系统是软件和硬件的综合体，还可以涵盖机械等附属装置。

国内嵌入式行业一个普遍被认同的定义是：嵌入式系统是以应用为中心，以计算机技术为基础，软件硬件可裁剪，适应应用系统对功能、可靠性、成本、体积、功耗严格要求的专用计算机系统。

从这个定义可以看出嵌入式系统是与应用紧密结合的，它具有很强的专用性，必须结合实际系统需求进行合理的裁剪利用。因此有人把嵌入式系统比作是一个针对特定的应用而"量身定做"的专用计算机系统。

IEEE 给嵌入式系统下的定义是从整体上对嵌入式系统的描述,而国内嵌入式行业所下的定义则更侧重细节。从嵌入式系统的定义中,我们可以看出,与传统的计算机或基于计算机的数字化产品相比,一般的嵌入式技术产品有以下共同的特点:

(1) 嵌入式系统的底层硬件平台采用 MCU 作为主控单元,然后在此平台下移植嵌入式操作系统并进行相应的应用程序开发。这个系统所完成的功能是特定的、精简的,相对来说功能比较单一。因此,无论从功耗、体积、重量、价格等哪一方面来讲都有一定的优势。例如,使用嵌入式 Linux 的智能手机,由机内充电电池供电,一般可以维持 3～6 天,但是一台笔记本电脑由机内充电电池供电,一般只能维持 2～4 小时,从中我们可以看出嵌入式设备的低功耗。

(2) 嵌入式系统是微电子技术、计算机技术和特定的工程应用的综合体,是一门交叉学科。由于系统体积和内部硬件资源的限制,嵌入式系统的硬件和软件都必须协同式定制设计,要保证系统运行实现最优。为了提高代码运行速度和系统可靠性,嵌入式系统中的软件一般都固化在存储器芯片(ROM 或 Flash ROM)或带有片内存储器的微控制器芯片中,一般不存储于磁盘、光盘等外部载体中。

当然,随着时代的发展,会不断赋予嵌入式系统新的内涵。因此我们对嵌入式系统定义的理解也会随着时代的不同而有所变化。例如,当前的嵌入式系统功能已经非常完善,其内部资源和处理速度远超过 20 世纪 90 年代的计算机。由于网络技术的发展,当前的嵌入式产品不仅支持各种通信协议,而且在互联网、浏览器、可视化等方面都取得很大的突破。

1.2 嵌入式操作系统

嵌入式操作系统(Embedded Operation System)产生于 20 世纪 80 年代,当时国际上一些 IT 公司开始进行商用嵌入式操作系统和专用操作系统的设计与开发。到目前为止,已经出现了很多嵌入式操作系统,在嵌入式产品开发中发挥着重要作用。

1.2.1 嵌入式实时操作系统

嵌入式实时操作系统是指在限定的时间内对输入进行快速处理并做出响应的嵌入式操作系统。实时操作系统具有实时性,必须有相应的硬件支持才能达到实时控制的目的。在嵌入式操作系统中,首先要保证实时性,需要调度一切可利用的硬件和软件资源来完成实时控制;其次要考虑提高计算机系统的使用效率,满足控制任务对时间的限制和要求。

实时操作系统(RTOS)在嵌入式领域应用广泛。嵌入式设备具有多样性,由于完成任务的不同,所构建的嵌入式平台一般都有所不同。所以 RTOS 必须具有很大的可剪裁性(Scalability),以适应不同嵌入式硬件平台的需求。现在 RTOS 的研究与应用是国际上发展的热点，国内外很多高校、组织和公司都组建了相关的研发团队。

当前，嵌入式实时操作系统大体可分为商用型和免费型（开源）两种。商用型的实时操作系统性能稳定、可靠，有完善的技术支持和售后服务，但价格一般较高。典型的商用嵌入式实时操作系统有 VxWorks、QNX、OSE、ECOS、PSOS 和 Windows CE 等。美国 WindRiver 公司设计开发的嵌入式实时操作系统 VxWorks 被广泛地应用在通信、军事、航空、航天等高精尖技术领域中，例如 1997 年 4 月在火星探测器上也使用到了 VxWorks。OSE 主要是由 ENEA DataAB 下属的 ENEA OSE SystemsAB 负责开发和技术服务的，在实时操作系统以及分布式和容错性应用上取得了很大的成功。它通常应用于电信行业，比如爱立信等公司。商用嵌入式实时系统一般都是公司针对自己的特定硬件平台而定制的。免费型的实时操作系统在价格方面具有优势，主要有嵌入式 Linux 和 μC/OS-Ⅱ，目前国内外高校、研究机构大多数的研究一般都基于这两个操作系统。

1. 嵌入式 Linux

嵌入式 Linux 是针对嵌入式微控制器的特点而量身定做的一种 Linux 操作系统，包括常用的嵌入式通信协议和常用驱动程序，支持多种文件系统。使用嵌入式 Linux 进行产品开发具有以下好处：

（1）Linux 是源代码开放的，每一个技术细节都是透明的，易于裁剪定制。全世界拥有众多 Linux 爱好者，当在开发中遇到问题时，可以通过网络向广大的 Linux 爱好者求助，有利于问题的快速解决。

（2）目前嵌入式 Linux 已经在多种嵌入式处理器芯片移植成功，有大量且不断增加的开发工具，这些工具为嵌入式系统的开发提供了良好的开发环境。

（3）Linux 内核小、功能强大、运行稳定、效率高。经过众多 Linux 爱好者的不断努力与改进，Linux 系统的功能已经非常完善，现在 Linux 不仅支持网络协议、多种文件系统，而且支持很多应用软件，这对嵌入式开发者来说可以走很多捷径。

当前最为出色的 Linux 内核版本是 2.6，它在文件管理、多任务等很多方面都已非常完善，另外 Linux 正在向支持多核技术发展。Linux 是优秀的嵌入式系统开发软件平台，目前主要有 RT_Linux、μCLinux 和嵌入式 Linux，在嵌入式开发中应用广泛。

2. 嵌入式实时操作内核 μC/OS-Ⅱ

μC/OS 是源代码公开的实时嵌入式系统，μC/OS-Ⅱ 是 μC/OS 的升级版本。其主要特点如下。

1）源代码公开

源代码全部公开，并且可以从有关书籍以及网络上找到详尽的源代码讲解和注释。这样系统变得透明，很容易把操作系统移植到各个不同的硬件平台上。

2）可移植

μC/OS-Ⅱ 绝大部分源代码是用 ANSIC C 写的，可移植性较强。而与微处理器硬件相关的部分是用汇编语言描述的，已经压到最低限度，使得 μC/OS-Ⅱ 便于移植到其他微处理上。μC/OS-Ⅱ 可以在绝大多数 8 位、16 位、32 位，甚至 64 位微处理器、微控制器、数字信号处理器（DSP）上运行。

3）可固化

μC/OS-Ⅱ 是为嵌入式应用而设计的，这就意味着，只要开发者有固化手段（C 编译、连接、下载和固化），μC/OS-Ⅱ 就可以嵌入到所开发的产品中。

4）可裁剪

实际应用中，可以只使用 μC/OS-Ⅱ 中应用程序需要的那些系统服务，也就是说有的产品可以只使用很少几个 μC/OS-Ⅱ 调用，这样可以减少产品中的 μC/OS-Ⅱ 所需的存储器（RAM 和 ROM)空间。这种可裁剪性是依靠条件编译实现的。

5）占先式

μC/OS-Ⅱ 完全是占先式的实时内核，这意味着 μC/OS-Ⅱ 总是运行就绪条件下优先级最高的任务。

6）多任务

μC/OS-Ⅱ 可以管理 64 个任务，不过目前系统保留 8 个，应用程序最多可以有 56 个任务，赋予每个任务的优先级必须是不相同的。

7）可确定

全部的 μC/OS-Ⅱ 的函数调用与服务执行时间是可知的。

8）系统服务

μC/OS-Ⅱ 提供很多系统服务，例如邮箱、消息队列、信号量、块大小固定内存的申请与释放、时间相关函数等。

μC/OS-Ⅱ 自 1992 年以来已经有很多成功的商业应用。另外，2000 年 7 月，μC/OS-Ⅱ 在一个航空项目中得到了美国联邦航空管理局对商用飞机的、符合 RTCA DO-178B 标准的认证。这些表明，该操作系统的质量得到了认证，可以在实际中使用。

μC/OS-Ⅱ 是一个实时操作系统内核，只包含了任务管理、任务调度、时间管理、内存管理和任务间的通信与同步等基本功能，没有提供文件系统、网络驱动及管理、图形界面等模块。但是由于 μC/OS-Ⅱ 的可移植性和开源性，用户可以根据功能需求添加所需的各种服务（当然这些服务需要自己去定义）。

1.2.2 实时操作系统的典型应用

机器人的控制技术一直代表着信息技术、控制技术的前沿，因此我们关注一下嵌入式技术在机器人控制领域的应用情况。

目前机器人技术的发展，由于其应用的复杂性日益提高，对核心硬件的要求也越来越高，速度更快，端口更多，有的甚至采用多处理器和 DSP 进行分布式运算，而操作系统方面，除了支持底层硬件平台的复杂性外，实时性、可靠性和开放性都成了机器人领域操作系统的必备特性。只有好的软硬件平台，才能使整个机器人系统有一个好的载体，机器人的整体性能才会提高。近年来，RTOS 在机器中的应用已经非常广泛，如图 1-1 所示，图 1-1(a）的自动运输车采用 μC/OS-Ⅱ 作为实时内核，图 1-1(b）的火星探测器 rocky-7 使用 VxWorks 操作系统。

随着微控制器性能的不断提高、嵌入式系统的研究和应用发展，RTOS 将会在机器人上有着越来越广泛的应用。如 SONY 公司的 AIBO 系列机器人，就是用一个 RTOS（Aperios）运行在 32 位的处理器硬件平台上。机器人系统既是一个典型的智能机器人系

(a) 自动运输车　　　　　　　(b) 火星探测器rocky-7

图 1-1　带有操作系统的机器人

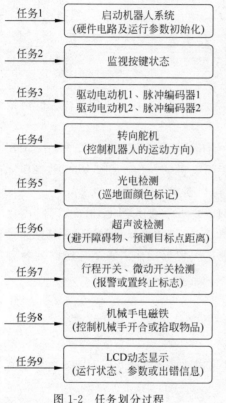

图 1-2　任务划分过程

统，又为多智能体、多机器人、人工生命等理论提供了生动的研究模型。而机器人本身又是嵌入式系统、机电一体化、无线数字通信等技术的高度集成。机器人小车在有限的空间内融合了移动机器人技术、控制技术、无线通信技术、数字电机控制以及智能协调控制等技术。因此嵌入式技术的发展必将推动机器人技术的进步。

如果在硬件平台上成功移植了实时操作系统，则后续的软件开发就是在嵌入式实时操作系统环境下进行，这使得实时应用程序的设计和扩展变得容易，不需要大的改动就可以增加新的功能。通常是将所要完成的控制功能划分成若干个相对独立的任务，然后再分别对各个任务进行应用程序设计，这就简化了编程过程。

例如，图 1-2 是将某机器人控制划分成 9 个任务，在嵌入式实时操作系统下，程序设计写成 9 个任务或进程，进行相对独立的模块设计。在整个控制功能中，如果某个任务需要其他任务创造条件才能执行，这时就可以使用信号量机制。总之，引入了嵌入式操作系统后，大大地简化了软件开发的复杂度。

1.3　嵌入式技术在工程领域的应用

嵌入式系统在工业控制、消费电子、网络设备及电子商务、军事国防等诸多领域有着广泛的应用，如图 1-3 所示。

1. 工业控制领域

工业控制领域包括工控设备、智能仪表和汽车电子。工业控制网络是由传感器、执行机构、显示器和存储设备等组成，用于监视和控制电气设备系统。在工业应用中，控制网络可

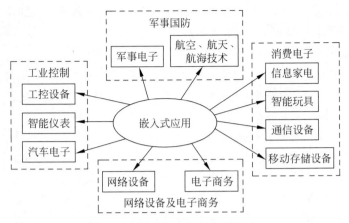

图 1-3　嵌入式系统的应用领域

以用于监视设备的状态、调节转速和流量等,采集模拟输入量、顺序开关/起停设备、与主控制机通信并在显示设备上显示各参量的大小和状态。由于工业控制系统特别强调可靠性和实时性,"量身定做"的嵌入式控制系统恰能满足工业控制的需求。智能仪表的出现推动着工业控制网络的发展,为了适应数字化与自动化的需求,面向工业控制的嵌入式智能仪表得到了迅速的发展。另外,在汽车电子领域中,汽车音响、汽车导航系统的性能不断提升,这些都归功于嵌入式技术的发展。

由于微控制器的完善与性能更新,基于嵌入式芯片的工业自动化设备得到了迅速发展,目前市场上应用最多的嵌入式微控制器有 8 位、16 位、32 位。在工程应用中,自动化生产线是提高生产效率和产品质量、减少人力资源的主要途径,如工业过程控制、数字控制机床、电网设备监测、电力自动控制系统、石油化工监控系统。就传统的工业控制产品而言,低端产品可以采用 8 位或 16 位单片机。但是随着技术和需求的发展,人们满足控制功能的同时,还要求可视化、图形界面、更精确的控制和最多的可扩展功能。因此在未来的发展中,32 位、64 位的处理器会成为工业控制设备的核心,是未来嵌入式发展的主流。

2. 消费电子领域

消费电子领域包括信息家电、智能玩具、通信设备和移动存储设备。

智能家电将成为嵌入式系统最大的应用领域,冰箱、空调、家庭影院等家用电器的网络化、智能化将引领人们的生活步入一个崭新的空间。即使你不在家里,也可以通过电话线、网络进行远程控制。在这些设备中,嵌入式系统将大有用武之地。现在人们提出了家庭智能管理系统,例如水、电、煤气表的远程自动抄表、安全防火、防盗系统,其中嵌入的专用控制芯片将代替传统的人工检查,并实现更高、更准确和更安全的性能。目前在服务领域,如远程终端控制系统、远程点菜器等嵌入式产品已经成功应用,体现了嵌入式系统给人们的生活带来的变化。

3. 网络设备及电子商务领域

现在的网络设备如路由器、交换机、智能节点、无线传感器网络等都集成了不同数量的嵌入式微处理器。当前网络化已经走进了人们的日常生活,如餐厅无接触智能卡(Contactless Smartcard,CSC)发行系统、公共电话卡(如 IC 卡)发行系统、自动售货机、各种智能 ATM 终端。我们可以预见,未来将会出现"一卡通",也就是智能卡。智能卡可以在公共交通、公共收费系统(如水、电、煤气等)、公共电话、自动售货机、银行系统、商场酒店等场所使用,不受地域的限制。

在电子商务领域,嵌入式产品也有广泛的应用,如掌上电脑、智能办公系统、智能终端,在一定程度上突破了地域的限制,为商业活动提供了快速通道。

4. 军事国防领域

一个国家军事国防的能力代表着这个国家的综合技术水平,这一领域包括军事电子和航空、航天、航海技术。嵌入式系统代表先进的控制技术在军事国防领域有着广泛的应用。在 20 世纪 70 年代,单片机出现后,很快引入军事国防领域。现在各种武器控制如坦克控制、导弹精确控制、自动扫雷及引爆装置、隐形轰炸机等,陆海空各种军用电子装备、精确定位系统、反雷达装置等各种军用电子设备中到处可以看到嵌入式系统的应用。

VxWorks 操作系统是美国 WindRiver 公司于 1983 年设计开发的一个嵌入式实时操作系统,是嵌入式操作系统的典型代表之一。它具有良好的性能和很高的可靠性,优化的内核和方便的用户开发环境,在嵌入式开发领域有着广泛应用。

嵌入式产品在市场上随处可见,如 MP4、PDA、数字示波器、网络可视电话、数码相册等。另外,从军事资料中可以看到,基于嵌入式技术的军工产品如航天器、飞机、坦克、精确制导设备等已经用于国防装备。图 1-4 列出了几种应用嵌入式技术的典型产品。

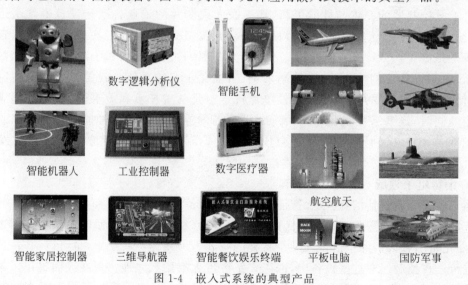

图 1-4 嵌入式系统的典型产品

1.4 嵌入式技术的发展趋势

有人说当前我们正处于信息时代和数字时代,虽然这两个时代没有一个严格的定义,但可以肯定的是我们正在向着这两个时代发展。时代的发展使得嵌入式产品获得了巨大的商机,为嵌入式产品提供了广阔的市场前景,同时也对嵌入式生产厂商提出了新的挑战,从中我们可以看出未来嵌入式系统的发展趋势。

1. 随着信息化与数字化的发展,嵌入式设备进行网络互联是未来发展的趋势

未来的嵌入式设备为了适应信息化与数字化的发展,网络化成为发展的方向。要进行网络互联,在硬件设计上要提供各种网络通信接口,不仅要支持互联网通信协议 TCP/IP,还要支持设备间通信的 UART、IEEE 1394、USB、CAN、Bluetooth、IrDA 等通信接口中的一种或多种;在软件上,一般需要移植嵌入式操作系统,系统内核支持网络模块,提供相应的网络通信协议软件和物理层驱动软件;在应用软件方面,要提供可以在设备上安装嵌入式 Web 浏览器,实现网页浏览和远程数据库的访问。

2. 优化嵌入式系统软硬件内核,提高系统运行速度,降低功耗和硬件成本

嵌入式产品是软件和硬件相结合的设备,为了提高运行速度、降低功耗和成本,要求开发人员尽量裁剪系统的硬件资源和软件内核,利用最少的硬件资源和软件结构实现最多的功能。在实现过程中要不断地优化硬件电路并改进算法,达到最佳的控制功能。在硬件和软件的优化上,没有最好,只有更好,因为随着时代的发展,优化的工具和需求的理念都会不断变化。在硬件、功耗、速度和成本方面,如何找到一个"绝对最佳的结合点",一直是嵌入式产品开发人员所追求的目标。

3. 指令级的并行计算技术将引入嵌入式微处理器

在当前的 CPU 体系结构中,一般是以单指令流单数据流进行架构的,但在工程的实际应用中会出现大量的数据执行相同的运算功能,比如向量计算,这就需要在单个时钟周期内实现多个数据的运算操作。因此我们可以考虑在 CPU 中设计多个执行部件来完成此功能,这种 CPU 的架构形式称为单指令流多数据流体系结构,也称之为指令级的并行计算技术。

4. 嵌入式微处理器将会向多核技术发展

无所不在的智能必将带来无所不在的计算,大量的图像信息也需要高速的处理器来处理,面对海量数据,单个处理器可能无法在规定的时间完成处理。解决这个问题的关键是引入并行计算技术,可以采用多个执行单元同时处理,这就是处理器的多核技术。因此,在嵌入式微处理器中引入多核技术也是未来嵌入式微处理器发展的必然趋势。

5. 嵌入式技术将引领信息时代

嵌入式产品具有自身的优点,如体积小、功耗低等,这也正是其可持续发展战略,因此嵌入式技术具有美好的前景和广阔的发展空间。我们可以预见,嵌入式技术将会引领信息时代,使我们无论身处何时、何地,想要什么信息都可以信手拈来。有人提出了"无所不在的智能"的观点,它是嵌入式系统应用的最高境界。这个观点也是信息时代发展的目标。所谓"无所不在的智能",是指一种嵌入了多种感知和计算设备,并能根据上下文识别人的身体姿态、手势、语音等,进而判断出人的意图,并做出相应反应。在具有适应性的数字感知环境中,它通过智能的、用户定制的内部互连系统和服务制造出理想的氛围,完成理想的功能,从而有效提高人们的工作和生活质量。这一点体现了人们对嵌入式技术发展的信心与期望。

综上所述,嵌入式产品虽然取得了巨大的成就,丰富了当今的时代内涵,但还具有巨大的发展潜力,让我们共同期待以嵌入式为主导的数字信息时代的到来。

思考与练习题

1. 国内嵌入式行业对"嵌入式系统"的定义是什么？如何理解？
2. 嵌入式系统是从何时产生的？简述其发展历程。
3. 当前最常见的源代码开放的嵌入式操作系统有哪些？请举出两例，并分析其特点。
4. 举例说明嵌入式设备在工业控制领域中的应用。
5. 未来嵌入式技术的发展趋势有哪些？

## 第 2 章

ARM 技术与 ARM 体系结构

目前嵌入式处理器以 32 位为主,在 32 位微处理器中又以 ARM 为核心,因此本书将以 ARM 为核心搭建嵌入式开发平台,并基于此平台全面介绍嵌入式开发技术。

本章主要介绍 ARM 处理器的产生与版本发展历史以及各个版本的典型处理器及应用情况和性能分析、ARM 处理器的内核调试结构(重点分析了 ARM7TDMI-S、ARM920 两种结构)、ARM 处理器的工作模式及寄存器组织结构(分析了在什么情况下进入相应的工作模式)、ARM 处理器支持的内存数据存储格式(分为大端格式和小端格式),最后介绍 ARM7 的三级流水线运行机制和 ARM9 的五级流水线运行机制。

2.1 ARM 体系结构版本与内核

2.1.1 ARM 体系结构版本

ARM 处理器是 1983 年 10 月至 1985 年 4 月由位于英国剑桥的 Acorn Computer 公司开发的,于 1985 年 4 月 26 日在 Acorn 公司进行首批 ARM 样片测试并成功地运行了测试程序。

为推广 ARM 技术,1990 年 11 月由苹果电脑、Acorn 电脑集团和 VLSI Technology 合资组建成立了独立的公司:Advanced RISC Machine Limited(简称 ARM Limited),此时 ARM 代表着 Advanced RISC Machine。在当时,Acorn Computer 推出了世界上首个商用芯片 RISC(Reduced Instruction Set Computer,精简指令集计算机)处理器——ARM 处理器。目前,采用 ARM 技术知识产权(IP 核)的微处理器,已经遍及工业控制、消费类电子、通信系统、网络系统等各类产品市场。

ARM 公司只出售 ARM 核心技术授权,不生产芯片。采用 ARM 授权的主要半导体公司有 SAMSUNG、Intel、Philips、Motorola、Atmel 等。

到目前为止,ARM 体系结构共有 7 个版本,如表 2-1 所示,根据其技术的重大突破可以分为两个阶段。

表 2-1　ARM 技术版本与发展阶段

版本	版本变种	系列号	处理器内核
V1	V1	ARM1	ARM1
V2	V2	ARM2	ARM2
	V2a		ARM2aS
		ARM3	ARM3
V3	V3	ARM6	ARM6、ARM600、ARM610
		ARM7	ARM7、ARM700、ARM710
V4	V4T		ARM7TDMI、ARM710T、ARM720T、ARM740T
	V4	ARM8	StrongARM、ARM8、ARM810
	V4T	ARM9	ARM9TDMI、ARM920T、ARM940T
V5	V5TE		ARM9EJ-S
		ARM10	ARM10TDMI、ARM1020E、ARM1026EJ-S
V6	V6	ARM11	ARM11、ARM11562-S、ARM1156T2F-S、ARM11JZF-S
V7	V7	ARM Cortex	ARM Cortex-A8、ARM Cortex-R4、ARM Cortex-M3

第一阶段：版本 V1、V2、V3 这 3 个早期 ARM 版本，功能单一，没有大范围占领市场，主要是处于开发和实验阶段，具体介绍请查阅 ARM 公司相关技术文档。

第二阶段：从 ARM4 开始，ARM 体系结构处于完善和提高阶段。各版本的功能与改进如下。

版本 V4 具有 32 位寻址空间和 7 种工作模式。当前的程序状态保存在当前程序状态寄存器（Current Program Status Register，CPSP）中，为了能够在处理器出现异常时保存程序状态信息，版本 V4 具有程序状态备份寄存器（Saved Program Status Register，SPSR）；具有专门访问程序状态寄存器的指令 MSR、MRS，增加了半字加载/存储指令和读取带符号字节的加载指令；支持 16 位的高密度 Thumb 指令集，内核集成了嵌入式跟踪宏单元，支持实时仿真。

ARM 技术从版本 V4 开始，其性能得到了极大的提高，版本 V4 的典型内核有 ARM7TDMI、ARM720T、ARM9TDMI、ARM940T。这一阶段是成熟的 32 位 RISC 处理器阶段，ARM 技术在这一阶段取得了极大的成功，其产品应用到电子和控制的各个领域。

版本 V5 在原 V4 版本的基础上提高了 ARM/Thumb 的切换效率；增加了前导零计数指令 CLZ（Count Leading Zero）；增加了软件断点调试指令 BKPT；为协处理器设计者增加了更多可选择的指令；支持乘法指令设置标志位。

版本 V6 提高了 CACHE 的命中率，使平均的取指时间和数据操作延时减少，总的内存管理性能提高了近 30%；增加了单指令流、多数据流（Single Instruction stream Multiple Data stream，SIMD）指令集；支持存储器大端格式和小端格式混合的数据操作；增强了实时处理能力，改进了异常处理和中断处理。

版本 V5TE 和版本 V6 引入了 Java 加速器 Jazelle 技术，将 Java 的优势与先进的 32 位 RISC 芯片完美地结合到一起。与普通的 Java 虚拟机相比，Jazelle 使 Java 代码的运行速度提高了 8 倍，功耗却降低了 80%。版本 V6 还增加了 SIMD 功能扩展，适合使用电池供电的便携式设备。SIMD 对音频和视频信息处理进行优化，可以使音频和视频信息处理性能提高 4 倍。这一阶段的典型内核有 ARM9EJ-S、ARM926EJ-S、ARM11JZF-S。

版本 V7 支持 Thumb-2 指令集；具有 NEON 媒体引擎，该引擎具有分离的单指令流、多数据流执行流水线和寄存器组，可共享访问 L1 和 L2 的 Cache，具有灵活的媒体加速功能并且简化了系统带宽设计；采用 Jazelle-RCT 技术，使 Java 程序的即时编译和预编译可以节省 30％以上的代码空间。

2.1.2　ARM 内核版本命名规则

ARM 公司对于每个处理器内核的命名都有一个统一的规则，通过处理器内核名称就可以直观地了解该内核的一些信息。ARM 使用如下命名规则来描述一个处理器。在 ARM 后的字母和数字表明了一个处理器的功能特性。

命名格式如下：

ARM{x}{y}{z}{T}{D}{M}{I}{E}{J}{F}{-S}

大括号内的字母是可选的，各个字母的含义如下：

- x——系列号，例如 ARM7 中的 7、ARM9 中的 9；
- y——内部存储管理/保护单元，例如 ARM72 中的 2、ARM94 中的 4；
- z——内含有高速缓存 Cache；
- T——支持 16 位的 Thumb 指令集；
- D——支持 JTAG 片上调试；
- M——支持用于长乘法操作（64 位结果）的 ARM 指令，包含快速乘法器；
- I——带有嵌入式追踪宏单元（Embedded Trace Macro，ETM），用来设置断点和观察点的调试硬件；
- E——增强型 DSP 指令（基于 TDMI）；
- J——含有 Java 加速器 Jazelle，与 Java 虚拟机相比，Java 加速器 Jazelle 使 Java 代码运行速度提高了 8 倍，功耗降低到原来的 80％；
- F——向量浮点单元；
- S——可综合版本，意味着处理器内核是以源代码形式提供的。这种源代码形式又可以被编译成一种易于 EDA 工具使用的形式。

注意事项：

- ARM7TDMI 之后的所有 ARM 内核，即使 ARM 标志后没有包含那些字符，但也包含了 TDMI 的特性。
- 处理器系列是共享相同硬件特性的一组处理器的具体实现。例如，ARM7TDMI、ARM740T 和 ARM720T 都共享相同的系列特性，都属于 ARM7 系列。
- JTAG 是由 IEEE 1149.1 标准测试访问端口（Standard Test Access Port）和边界扫描来描述的。它是 ARM 用来发送和接收处理器内核与测试器之间调试信息的一系列协议。
- 对于 ARM 版本 V7 体系结构的处理器内核，命名方式与以前的版本不同。版本 V7 用字符串 ARM Cortex 开头，随后附加数字-A、-R、-M 表示该处理器的市场定位方向，其后一般还跟有数字，表示该方向产品的序列号。

2.1.3　主流 ARM 处理器内核系列与应用

ARM 处理器在嵌入式领域取得了极大的成功。当前,主流 ARM 处理器内核系列主要有 ARM7 系列、ARM9 系列、ARM10 系列、ARM11 系列和 ARM Cortex 系列。下面将分别对其进行简单介绍。

1. ARM7 系列

ARM7 系列微处理器基于冯·诺依曼结构,为低功耗的 32 位 RISC 处理器,适用于对价位和功耗要求较高的消费类应用。ARM7 系列微处理器具有如下特点:

(1) 具有嵌入式 ICE－RT 逻辑,调试开发方便。

(2) 能够提供 0.9MIPS/MHz 的三级流水线结构。

(3) 代码密度高并兼容 16 位的 Thumb 指令集。

(4) 对操作系统的支持广泛,包括 Windows CE、Linux、Palm OS 等。

(5) 主频最高可达 130MIPS,高速的运算处理能力能胜任绝大多数的复杂应用。

ARM7 系列微处理器的主要应用领域为工业控制、Internet 设备、网络和调制解调器设备、移动电话等,同时由于其具有极低的功耗,适合对功耗要求较高的应用,如便携式产品。

ARM7 系列微处理器包括如下几种类型的内核:ARM7TDMI、ARM7TDMI-S、ARM720T、ARM7EJ。其中,ARM7TMDI 是目前使用最广泛的 32 位嵌入式 RISC 处理器,属于低端 ARM 处理器核。

2. ARM9 系列

ARM9 系列微处理器基于哈佛结构,在高性能和低功耗特性方面提供最佳的性能。具有以下特点:

(1) 5 级指令流水线,指令执行效率更高。

(2) 提供 1.1MIPS/MHz 处理速度。

(3) 具有独立的数据 Cache 和指令 Cache,具有更高的指令和数据处理能力。

(4) 支持 32 位 ARM 指令集和 16 位 Thumb 指令集。

(5) 支持 32 位的高速 AMBA 总线接口。

(6) 全性能的 MMU(内存管理单元),支持 Windows CE、Linux、Palm OS 等多种主流嵌入式操作系统。

ARM9 系列微处理器主要应用于无线设备、仪器仪表、安全系统、机顶盒、高端打印机、数字照相机和数字摄像机等。

ARM9E 系列微处理器带有增强型 DSP、Java 应用系统的解决方案,极大地减少了芯片的面积和系统的复杂程度。ARM9E 系列微处理器提供了增强的 DSP 处理能力,适合具有大量数据运算的应用场合。

3. ARM10 系列

ARM10 系列微处理器具有高性能、低功耗的特点。与 ARM9 处理器相比较,在同样的时钟频率下,性能提高了近 50%,同时,ARM10E 系列微处理器采用了两种先进的节能方案,使其功耗极低。

ARM10 系列微处理器的主要特点如下:

(1) 6 级指令流水线,指令执行效率更高。

（2）支持 32 位的高速 AMBA 总线接口。

（3）主频最高可达 400MIPS，内嵌并行读写操作部件。

（4）支持 32 位 ARM 指令集和 16 位 Thumb 指令集。

（5）支持数据 Cache 和指令 Cache，具有更高的指令和数据处理能力。

（6）支持 VFP10 浮点处理协处理器。

（7）全性能的 MMU，支持 Windows CE、Linux、Palm OS 等多种主流嵌入式操作系统。

（8）ARM10E 支持 DSP 指令集，适合于需要高速数字信号处理的场合。

ARM10 系列微处理器主要应用于 3G 通信设备、数字消费品、成像设备、工业控制等领域。

4. ARM11 系列

ARM11 系列微处理器内核是 ARM 版本 V6 的第一代设计实现。该系列主要有 ARM1136J、ARM1156T2 和 ARM1176JZ 三个内核型号，分别针对不同应用领域。

ARM V6 架构通过以下几点来增强处理器的性能：

（1）8 级指令流水线，指令执行效率更高。

（2）支持高速 AXI 总线接口。

（3）主频最高可达 740MIPS。

（4）支持高性能浮点运算。

（5）多媒体处理扩展，使 MPEG4 编码/解码速度加快一倍，音频处理速度加快一倍。

（6）增强的 Cache 结构，采用实地址 Cache，减少 Cache 的刷新和重载。

ARM V6 保持向下兼容，保持了所有过去架构中的 T（Thumb 指令）和 E（DSP 指令）扩展，使代码压缩和 DSP 处理特点得到延续；为了加速 Java 代码执行速度的 ARM Jazalle 技术也继续在 ARM V6 架构中发挥重要作用。

ARM11 处理器是为了有效地提供高性能处理能力而设计的。在处理器能提供超高性能的同时，还要保证功耗、面积的有效性。ARM11 高性能的流水线设计是这些功能的重要保证。ARM11 系列微处理器主要应用于多媒体播放设备、智能手机或终端、网络设备、通信基站以及手持游戏设备等。

5. ARM Cortex 系列

新的 ARM Cortex 处理器系列具有先进的 3 级流水线，基于哈佛结构，分为 Cortex-A、Cortex-R 和 Cortex-M 三个系列，分别用于不同的领域。ARM Cortex-A 系列是面向高端的复杂操作系统，运行在包括 Linux、Windows CE 和 Android 等操作系统的消费者娱乐和无线产品设计的；ARM Cortex-R 系列面向需要运行实时操作系统来进行控制应用的系统，包括汽车电子、网络和影像系统；ARM Cortex-M 系列则是面向开发用户要求低成本同时对性能要求不断增加的嵌入式应用设计的。

ARM Cortex-M 系列支持 Thumb-2 指令集，它是 Thumb 指令集的扩展集，可以执行所有已有的为早期的处理器编写的代码。为 ARM Cortex-M 系列所移植的系统代码（例如实时操作系统）可以很容易地移植到基于 ARM Cortex-R 系列的系统。ARM Cortex-A 和 ARM Cortex-R 系列处理器还支持 ARM 32 位指令集，向后完全兼容早期的 ARM 处理器。

ARM Cortex-A 系列处理器目前包括 ARM Cortex-A8、ARM Cortex-A9-MPCore、ARM Cortex-A9-Single Core Processor；ARM Cortex-R 系列处理器目前包括 ARM Cortex-R4 和 ARM Cortex-R4F 两个型号，主要适用于实时系统的嵌入式处理器；ARM Cortex-M 系列处理器主要包括 ARM Cortex-M1、ARM Cortex-M3 两款处理器。

目前,ARM Cortex 系列处理器主要应用于汽车电子、家庭智能网络、无线电技术及企业应用等领域。

2.2　ARM 内核模块

ARM 处理器一般都带有嵌入式追踪宏单元 ETM,它是 ARM 公司自己推出的调试工具,如图 2-1 所示。

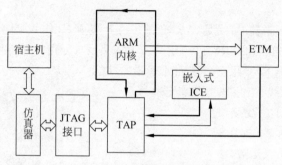

图 2-1　ARM 调试结构框图

ARM 处理器都支持基于 JTAG(Joint Test Action Group,联合测试行动小组)的调试方法。它利用芯片内部的嵌入式 ICE 来控制 ARM 内核操作,可完成单步调试和断点调试等操作。当 CPU 处理单步执行完毕或到达断点处时,就可以在宿主机端查看处理器现场数据,但是它不能在 CPU 运行过程中对实时数据进行仿真。

ETM 解决了上述问题,能够在 CPU 的运行过程中实时扫描处理器的现场信息,并将数据送往 TAP(Test Access Port)控制器。图 2-1 中分为三条扫描链(图中的粗实线),分别用来监视 ARM 内核、ETM、嵌入式 ICE 的状态。

1. ARM7TDMI-S 内核结构

ARM7TDMI-S 是一款 32 位嵌入式 RISC 处理器。它作为优化的硬核是性能、功耗和面积特性的最佳组合。使用 ARM7TDMI-S 使得系统设计师能够设计出小尺寸、低功耗以及高性能的嵌入式设备,其内核结构如图 2-2 所示。

特点:

(1) 32/16 位 RISC 架构(ARM V4T)。

(2) 具有最高性能和灵活性的 32 位 ARM 指令集。

(3) 代码紧凑的 16 位 Thumb 指令集。

(4) 统一的总线接口,指令与数据都在 32 位总线上传输。

(5) 3 级流水线。

(6) 32 位算术逻辑单元(ALU)。

(7) 极小的核心尺寸以及低功耗。

(8) 完全的静态操作。

(9) 协处理器接口。

(10) 扩展的调试设备。

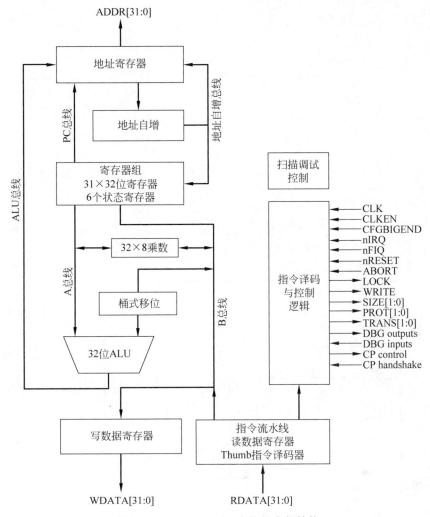

图 2-2　ARM7TDMI-S 内核的内部结构

- 嵌入式 ICE-RT 实时调试单元。
- JTAG 接口单元。
- 与嵌入式跟踪宏单元(ETM)直接连接的接口。

ARM7 系列内核采用了 3 级流水线的内核结构,3 级流水线分别为取指(Fetch)、译码(Decode)、执行(Execute),如图 2-3 所示。

取指:将指令从存储器中取出,放入指令 Cache 中。

译码:由译码逻辑单元完成,是将在上一步指令 Cache 中的指令进行解释,告诉 CPU 将如何操作。

执行:这个阶段包括移位操作、寄存器读、输出结果、寄存器写等。也就是将上一步中已被译码的指令由逻辑电路实现。

指令流水线运行过程如图 2-4 所示,图中 PC 为程序计数器,需要注意的是,PC 指向正被取指的指令而不是正在执行的指令。

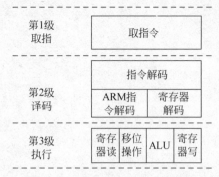

图 2-3　ARM7 的 3 级流水线操作

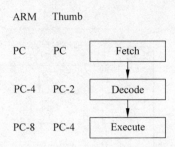

图 2-4　ARM7 的 3 级流水线指令操作示意

2. ARM9 内核结构

ARM920 是一款 32 位嵌入式 RISC 处理器内核。在指令操作上采用 5 级流水线，其组织结构示意如图 2-5 所示，图中的箭头表示数据流的方向。

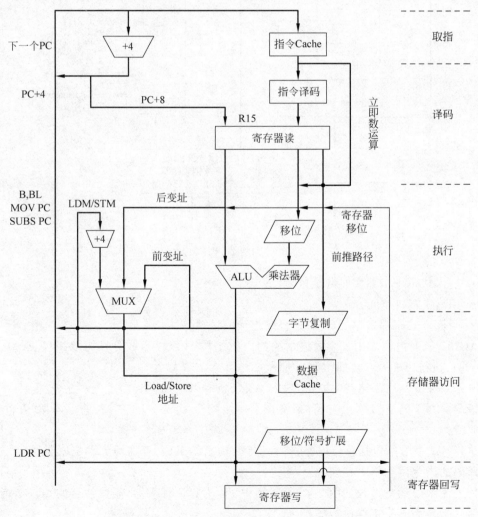

图 2-5　ARM920 的 5 级流水线组织结构示意

（1）取指：从指令 Cache 中读取指令。

（2）译码：对指令进行译码，识别出是对哪个寄存器进行操作并从通用寄存器中读取操作数。

（3）执行：进行 ALU 运算和移位操作，如果是对存储器操作的指令，则在 ALU 中计算出要访问的存储器地址。

（4）存储器访问：如果是对存储器访问的指令，用来实现数据缓冲功能（通过数据 Cache）；如果不是对存储器访问的指令，本级流水线为一个空的时钟周期。

（5）寄存器回写：将指令运算或操作结果写回到目标寄存器中。

5 级流水实现的操作功能如图 2-6 所示。

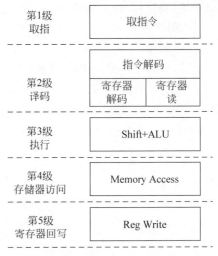

图 2-6　ARM920 的 5 级流水线实现的操作功能

2.3　ARM 处理器的工作模式

ARM 技术的设计者将 ARM 处理器在应用中可能产生的状态进行了分类，并针对同一类型的异常状态设定了一个固定的入口点，当异常产生时，程序会自动跳转到对应异常入口处进行异常服务。ARM 处理器共有 7 种工作模式。

1. 用户模式

用户模式为非特权模式，也就是正常程序执行的模式，大部分任务在这种模式下执行。在用户模式下，如果没异常发生，则不允许应用程序自行改变处理器的工作模式；如果有异常发生，则处理器会自动切换工作模式。

2. FIQ 模式

FIQ 模式也称为快速中断模式，支持高速数据传输和通道处理，当一个高优先级（Fast）中断产生时将会进入这种模式。

3. IRQ 模式

IRQ 模式也称为普通中断模式，当一个低优先级（Normal）中断产生时将会进入这种模式。在这种模式下按中断的处理器方式又分为向量中断和非向量中断两种。通常的中断处理都在 IRQ 模式下进行。

4. SVC 模式

SVC 模式也称为管理模式，它是一种操作系统保护模式。当复位或软中断指令执行时处理器将进入这种模式。

5. 中止模式

当存取异常时将会进入中止模式，用来处理存储器故障、实现虚拟存储或存储保护。

6. 未定义模式

当执行未定义指令时会进入这种模式，主要是用来处理未定义的指令陷阱，支持硬件协处理器的软件仿真，因为未定义指令多发生在对协处理器的操作上。

7. 系统模式

使用和用户模式相同寄存器组的特权模式，用来运行特权级的操作系统任务。

在这 7 种工作模式中，除了用户模式以外，其他 6 种处理器模式可以称为特权模式。在特权模式下，程序可以访问所有的系统资源，也可以任意地进行处理器模式的切换。在这 6 种特权模式中，除了系统模式外的其他 5 种特权模式又称为异常模式，每种异常都对应有自己的异常处理入口点。当异常发生时，处理器会从异常处理入口点执行程序，从而完成异常处理。

2.4 内部寄存器

ARM 处理器共有 37 个寄存器，这些寄存器包括以下两类寄存器。

- 31 个通用寄存器：包括程序计数器（PC）等，这些寄存器都是 32 位寄存器。
- 6 个状态寄存器：状态寄存器也是 32 位的寄存器，但是目前只使用了其中的 14 位。

2.4.1 通用寄存器及其分布

在 ARM 处理器的 7 种模式下，每种工作模式都有一组与之对应的寄存器组。在任意时刻，可见的寄存器组包括 15 个通用寄存器 R0～R14、一个或两个状态寄存器和 PC。在所有的寄存器中，有些是与其他模式下共用的同一个物理寄存器，有些是其自己独立拥有的物理寄存器。各种模式下寄存器分布情况如表 2-2 所示。

表 2-2　ARM 各种模式下寄存器分布情况

	用户模式	系统模式	管理模式	中止模式	未定义模式	IRQ 模式	FIQ 模式
通用寄存器	R0	R0	R0	R0	R0	R0	R0
	R1	R1	R1	R1	R1	R1	R1
	R2	R2	R2	R2	R2	R2	R2
	R3	R3	R3	R3	R3	R3	R3
	R4	R4	R4	R4	R4	R4	R4
	R5	R5	R5	R5	R5	R5	R5
	R6	R6	R6	R6	R6	R6	R6
	R7	R7	R7	R7	R7	R7	R7
	R8	R8	R8	R8	R8	R8	R8_fiq
	R9	R9	R9	R9	R9	R9	R9_fiq
	R10	R10	R10	R10	R10	R10	R10_fiq
	R11	R11	R11	R11	R11	R11	R11_fiq
	R12	R12	R12	R12	R12	R12	R12_fiq
	R13	R13	R13_svc	R13_abt	R13_und	R13_irq	R13_fiq
	R14	R14	R14_svc	R14_abt	R14_und	R14_irq	R14_fiq
	PC	PC	PC	PC	PC	PC	PC
状态寄存器	CPSR	CPSR	CPSR	CPSR	CPSR	CPSR	CPSR
			SPSR_svc	SPSR_abt	SPSR_und	SPSR_irq	SPSR_fiq

根据各个模式所使用寄存器情况可将通用寄存器分为如下两大类：

1. 纯通用寄存器

在表 2-2 中的 R0～R7 和 PC(R15)，这些寄存器所有的模式都可以访问，也就是说这些寄存器是所有模式共用的，是真正意义上的通用寄存器。

由于 ARM 处理器采用的是流水线机制，当正确读取 PC 值时，该值为当前指令地址值加 8 字节。也就是说对于 ARM 指令来说，PC 指向当前指令的下两条指令的地址，在 ARM 状态下指令是字对齐的，PC 值的第 0 位和第 1 位总是为 0；在 Thumb 状态下指令是半字对齐的，PC 值的第 0 位总是为 0。当成功地向 PC 写入一个地址数值时，程序将跳转到该地址执行。

2. 模式分组寄存器

在表 2-2 中的 R8～R14，这些寄存器的使用所对应的物理寄存器要视不同的模式而定。例如在 FIQ 模式下的 R8～R14 都是其私有寄存器，使用时不需要进行数据备份。因为处理器处于 FIQ 模式时，对于其他模式下的 R8～R14 是不可见的。从表 2-2 中可以看出，对于 R13 和 R14，5 种异常模式都有自己的私有寄存器。在不同的模式下使用也不需要备份数据。

另外 R12 和 R13 又有自己的专有用途。

(1) 中间结果保存寄存器 R12：根据 ATPCS 规定，R12 一般在子程序连接代码中使用，作为子程序间的中间结果寄存器。

(2) 栈指针 R13：通用寄存器 R13 通常被用作栈指针，也称为 SP。

R13_mode，其中 mode 是 usr(默认用户模式)、svc、abt、und、irq 和 fiq 的一种。

R13 通常用作堆栈指针。每一种模式都拥有自己的物理 R13。程序初始化 R13，使其指向该模式专用的栈地址。当进入该模式时，可以将需要使用的寄存器保存在 R13 所指的栈中，当退出该模式时，将保存在 R13 所指的栈中的寄存器值弹出。这样就实现了程序的现场保护。

寄存器 R14 又被称为连接寄存器(LR)，在 ARM 中有下面两种特殊用途。

(1) 每一种处理器模式在自己的物理 R14 中存放当前子程序的返回地址。当通过 BL 或者 BLX 指令调用子程序时，R14 被设置成该子程序的返回地址。在子程序中，当把 R14 的值复制到程序计数器 PC 时，就实现了子程序返回。具体的汇编调用方式是 MOV PC、LR 或 BX LR。

(2) 当发生异常中断的时候，该模式下的特定物理 R14 被设置成该异常模式将要返回的地址。

2.4.2 程序状态寄存器

ARM 处理器的程序状态寄存器(PSR)包括 CPSR(当前程序状态寄存器)和 SPSR(程序状态备份寄存器)。其中，CPSR 可以在任何处理器模式下被访问；SPSR 是每一种异常模式下专用的物理状态寄存器，当特定的异常中断发生时，这个寄存器用于存放当前程序状态寄存器的内容。在异常退出时，可以用 SPSR 中保存的值来恢复 CPSR。PSR 的具体格式如图 2-7 所示。

31	30	29	28	27	26　25　24	23	16	15	8	7	6	5	4	0
N	Z	C	V	Q	unused	J	unused	unused		I	F	T	mode	

| 标志域 | 状态域 | 扩展域 | 控制域 |

图 2-7　PSR 的具体格式

32 位的程序状态寄存器分为 4 个域:控制域、扩展域、状态域和标志域。

1. 控制域(PSR[7:0])

PSR[4:0]及 I、F、T 统称为控制位,当异常中断发生时这些位发生变化。在特权级的处理器模式下,软件可以修改这些控制位。

(1) 控制域的低 5 位 PSR[4:0]为处理器模式标志位,具体说明如表 2-3 所示。

表 2-3　CPSR 处理器模式标志位

PSR[4:0]	处理器模式
0b10000	用户模式
0b10001	FIQ 模式
0b10010	IRQ 模式
0b10011	管理模式
0b10111	中止模式
0b11011	未定义指令异常模式
0b11111	系统模式

(2) I——IRQ 中断使能位。

I=1:禁止 IRQ 中断。

I=0:允许 IRQ 中断。

(3) F——FIQ 中断使能位。

F=1:禁止 FIQ 中断。

F=0:允许 FIQ 中断。

一般情况下处理器进入中断服务程序可以通过置位 I 和 F 来禁止中断,但是在本中断服务程序退出前必须恢复原来 I、F 位的值。

(4) T——指令执行的状态控制位,用来说明本指令是 ARM 指令还是 Thumb 指令。对于不同版本的 ARM 处理器,T 控制位有不同的含义:

- 对于 ARM V3 及更低版本和 ARM V4 非 T 系列版本的处理器,没有 ARM 和 Thumb 指令的切换,所以 T 始终为 0。
- 对于 ARM V4 及更高版本的 T 系列处理器,T 控制位含义如下。

T=0:表示执行 ARM 指令。

T=1:表示执行 Thumb 指令。

- 对于 ARM V5 及更高版本的非 T 系列处理器,T 控制位的含义如下。

T=0:表示执行 ARM 指令。

T=1:表示强制下一条执行的指令产生未定义指令中断。

2. 扩展域(PSR[15:8])

当前 ARM 版本中未使用。

3. 状态域(PSR[23:16])

当前 ARM 版本中未使用。

4. 标志域(PSR[31:24])

(1) J——Jazelle 状态标志位,仅 ARM 5TE 以上的版本支持。

J=1:处理器处于 Jazelle 状态。

J=0:处理器未处于 Jazelle 状态。

（2）Q——增强型 DSP 指令是否溢出标志位。

在 ARM V5 的 E 系列处理器中，CPSR 的 bit[27]称为 Q 标志位，主要用于指示增强的 DSP 指令是否发生了溢出。同样地，SPSR 的 bit[27]也称为 Q 标志位，用于在异常中断发生时保存和恢复 CPSR 中的 Q 标志位。

Q＝1：增强型 DSP 指令溢出。

Q＝0：如果使用增强型 DSP 指令，则指示没有溢出。

（3）V——溢出标志位。

对于加减法运算指令，当操作数和运算结果为二进制补码表示的带符号数时，V＝1 表示符号位溢出，其他的指令通常不影响 V 位。

例如：两个正数（最高位为 0）相加，运算结果为一个负数（最高位为 1），则符号位溢出，相应地 V＝1。

（4）C——进位或借位标志位。

对于加法指令（包括比较指令 CMN），结果产生进位，则 C＝1，表示无符号数运算发生上溢出，其他情况下 C＝0。

在减法指令（包括比较指令 CMP）中，结果产生借位，则 C＝0，表示无符号数运算发生下溢出，其他情况下 C＝1。

对于包含移位操作的非加减法运算指令，C 中包含最后一次溢出位的数值。

对于其他非加减法运算指令，C 位的值通常不受影响。

（5）Z——结果为 0 标志位。

Z＝1 表示运算结果是零，Z＝0 表示运算结果不是零。

对于 CMP 指令，Z＝1 表示进行比较的两个数大小相等。

（6）N——符号标志位。

本位设置成当前指令运算结果的 bit[31]的值。当两个补码表示有符号整数运算时，N＝1 表示运算的结果为负数，N＝0 表示结果为正数或零。

（7）PSR[26:25]：当前 ARM 版本中未使用。

2.5　ARM 异常处理

异常通常定义为处理器需要中止指令正常执行的任何情形并转向相应的处理，包括 ARM 内核产生复位、取指或存储器访问失败、遇到未定义指令、执行软件中断指令或者出现外部中断等。大多数异常都对应一个软件的异常处理程序，也就是在异常发生时执行的软件程序。

1. 异常入口

ARM 处理器的异常分为复位、未定义指令、软件中断、预取指中止、数据中止、IRQ 中断、FIQ 中断共 7 种，如表 2-4 所示。异常处理主要是负责处理错误、中断和其他由外部系统触发的事件。

表 2-4　ARM 异常与入口信息

异 常 类 型	处理器模式	优 先 级	向量表偏移
复位	SVC	1	0x00000000
未定义指令	UND	6	0x00000004
软件中断(SWI)	SVC	6	0x00000008
预取指中止	ABT	5	0x0000000c
数据中止	ABT	2	0x00000010
保留	/	/	0x00000014
IRQ 中断	IRQ	4	0x00000018
FIQ 中断	FIQ	3	0x0000001c

（1）复位具有最高的优先级，是系统启动（或芯片复位）时调用的程序。复位程序对异常处理程序和系统进行初始化（包括配置储存器和 Cache）；同时要保证在 IRQ 和 FIQ 中断允许之前初始化外部中断源，避免在没有设置好相应的处理程序前产生中断；还要设置好各种处理器模式的堆栈指针。

（2）下列情况将引起未定义指令异常：

- ARM 试图执行一条真正的未定义指令。
- ARM 遇到一条协处理器指令，可是系统中的协处理器硬件并不存在。
- ARM 遇到一条协处理器指令，系统中协处理器硬件也存在，可是 ARM 不是在超级用户模式下。

解决方法如下：

- 在处理程序中执行软协处理器仿真。
- 禁止在非超级用户模式下操作。
- 报告错误并退出。

（3）软件中断（SWI）和未定义指令异常的优先级最低，共享同一优先级，两者不可能同时出现。当其他异常都没有发生，此时系统才可以处理，当 SWI 发生时，CPSR 会被置成管理模式。如果要实现 SWI 的嵌套，需要保存链接寄存器 R14(LR) 和 CPSR。

（4）预取指中止是由于处理器预取的指令地址不存在，或者地址无法访问，当被预取的指令执行时，发生预取指中止异常。

（5）数据中止异常指示访问了无效的存储器地址，或者当前代码没有正确的数据访问权限。

（6）FIQ 中断的优先级比 IRQ 中断的优先级要高，且内核进入 FIQ 处理程序时，把 FIQ 和 IRQ 都禁止了，因此，任何外部中断源都不能被处理。如果要实现嵌套或者优先级，就要对上下文进行适当处理然后用软件使能中断。同样，要实现 IRQ 的嵌套，也需要相应的上下文操作和软件开中断，但 IRQ 不能屏蔽 FIQ 请求。当 IRQ 中断请求出现时，只有当 FIQ 异常和数据中止异常都没有发生时，IRQ 处理程序才被调用，进入 IRQ 中断处理程序后 IRQ 中断被屏蔽，直到中断源被清除。

2. 异常产生过程与返回

1）异常产生

ARM 在异常产生时会进行以下操作：

（1）将引起异常指令的下一条指令地址保存到新的异常模式的 LR 中，使异常处理程序执行完后能根据 LR 中的值正确返回。

（2）将 CPSR 的内容复制到新的异常模式下的 SPSR 中。

（3）根据异常类型将 CPSR 模式控制位强制设定为发生异常所对应的模式值。

（4）强制 PC 指向相应的异常向量地址。

2）异常返回

ARM 所有异常中，除了复位异常外，其余的异常都需要返回。下面分别讨论各异常返回时程序计数器 PC 值的设定。

（1）从 SWI 和未定义指令返回。

异常是由指令本身引起的，因此内核在计算 LR 时的 PC 值并没有被更新。如图 2-8 所示，⊠表示异常返回后将执行的那条指令。因此返回指令为

MOVS　PC,LR

也就是将 LR 复制到 PC 中实现程序的返回。

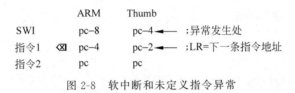

图 2-8　软中断和未定义指令异常

（2）从 FIQ 中断、IRQ 中断和预取异常返回。

异常在当前指令执行完成后才被响应。因此内核在计算 LR 时的 PC 值已被更新。如图 2-9 所示，⊠表示异常返回后将执行的那条指令。因此返回指令为

SUBS PC,LR,#4

也就是将 LR 中的内容减 4（上移一条指令）后，送入 PC 实现异常返回。

```
              ARM   Thumb
指令1        pc-12  pc-6  ◄——— 异常发生在此条指令执行期间
指令2 ⊠     pc-8   pc-4
指令3        pc-4   pc-2  ◄——— ARM:LR=下一条指令地址
指令4        pc     pc    ◄——— Thumb:LR=下两条指令地址
```

图 2-9　FIQ 中断、IRQ 中断和预取异常

（3）从数据异常返回。

异常在当前指令执行时产生并被响应，内核在计算 LR 时的 PC 值已经被更新。如图 2-10 所示，⊠表示异常返回后将执行的那条指令。但是由于数据异常，指令不能得到正常执行。程序返回时还应返回产生异常的指令，重新取指、译码、执行。因此返回指令为

SUBS PC,LR,#8

也就是将 LR 中的内容减 8（上移两条指令）后，送入 PC 实现异常返回，重新执行产生异常的指令。

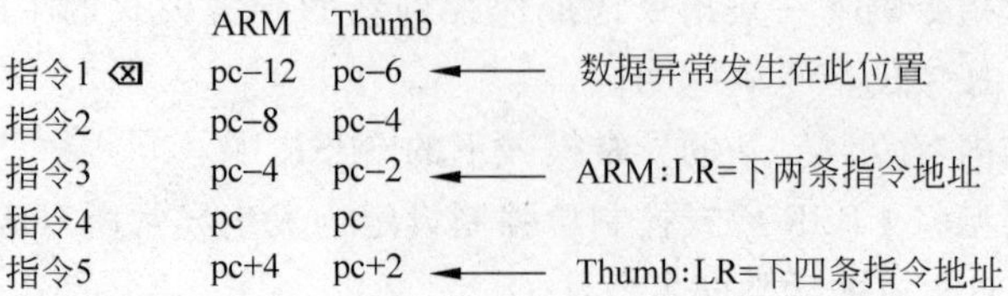

```
              ARM    Thumb
指令1 ⊗     pc−12   pc−6   ←——    数据异常发生在此位置
指令2         pc−8    pc−4
指令3         pc−4    pc−2   ←——    ARM:LR=下两条指令地址
指令4         pc      pc
指令5         pc+4    pc+2   ←——    Thumb:LR=下四条指令地址
```

图 2-10　数据异常

2.6　存储方式与存储器映射机制

ARM 处理器地址空间大小为 4GB，这些字节的单元地址是一个无符号的 32 位数值，其取值范围为 $0 \sim 2^{32}-1$。各存储单元地址作为 32 位无符号数，可以进行常规的整数运算。

当程序正常执行时，每执行一条 ARM 指令，当前指令计数器加 4 字节；每执行一条 Thumb 指令，当前指令计数器加 2 字节。

ARM 处理器对存储器操作的数据单元包括字节（8b）的存取、半字（16b）的存取、字（32b）的存取。

1. 数据存储格式

在 ARM 中，内存地址 A 是字对齐的，有下面几种：

- 地址为 A 的字单元包括字节单元 A，A+1，A+2，A+3。
- 地址为 A 的半字单元包括字节单元 A，A+1。
- 地址为 A+2 的半字单元包括字节单元 A+2，A+3。
- 地址为 A 的字单元包括半字单元 A，A+2。

根据字节在内存单元中高低地址的分配次序可将存储格式分为如下两种。

1）小端存储格式

在小端存储格式（Little-Endian）中，对于地址为 A 的字单元，其中字节单元由低位到高位字节地址顺序为 A，A+1，A+2，A+3；对于地址为 A 的半字单元，其中字节单元由低位到高位字节地址顺序为 A，A+1；这种存储器格式如图 2-11 所示。

2）大端存储格式

在大端存储格式（Big-Endian）中，对于地址为 A 的字单元，其中字节单元由高位到低位字节地址顺序为 A，A+1，A+2，A+3；对于地址为 A 的半字单元，其中字节单元由高位到低位字节地址顺序为 A，A+1。这种存储器格式如图 2-12 所示。

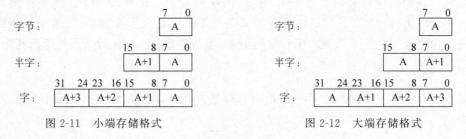

图 2-11　小端存储格式　　　　　　　图 2-12　大端存储格式

3）字数据的大小端举例

【例 2-1】　ARM 处理器中的寄存器 R0 中的数据内容为 0xAABBCCDD,将其存放到内存地址 0x10000 开始的内存单元中,分别采用小端存储格式和大端存储格式存储,试分析内存地址 0x10000 字节单元的内容。

解:采用小端存储格式,内存地址 0x10000～0x10003 中依次存放的数据为 0xDD、0xCC、0xBB、0xAA,因此,内存地址 0x10000 字节单元中的数据为 0xDD。

采用大端存储格式,内存地址 0x10000～0x10003 中依次存放的数据为 0xAA、0xBB、0xCC、0xDD,因此,内存地址 0x10000 字节单元中的数据为 0xAA。

2. 非对齐存储器地址访问问题分析

ARM 处理器处于 ARM 状态时,低两位不为 0;处于 Thumb 状态时,最低位不为 0。这两种情况对存储地址空间进行访问统称为"非对齐存储器地址访问"。

1）非对齐的指令预取操作

如果系统中约定,当发生非对齐的指令预取操作时,忽略地址中相应的位,则由存储系统实现这种忽略。如果是在 ARM 状态下将一个非对齐地址写入 PC,则数据在写入 PC 时数据的第 0 位和第 1 位被忽略,最终 PC 的 bit[1:0]为 0;如果是在 Thumb 状态下将一个非对齐地址写入 PC,则数据在写入 PC 时数据的第 0 位被忽略,最终 PC 的 bit[0]为 0。也就是说这种非对齐的数据会由存储系统自动进行忽略。

2）非对齐地址内存的访问操作

对于 LOAD/STORE 操作,系统定义了下面 3 种可能的结果:

(1) 执行结果不可预知。

(2) 忽略字单元地址低两位的值,即访问地址为字单元;忽略半字单元最低位的值,即访问地址为半字单元。这种忽略是由存储系统自动实现的。

(3) 在 LDR 和 SWP 指令中,对存储器访问忽略造成地址不对齐的低地址位,然后使用这些低地址位控制装载数据的循环。

这三种情况适合于在什么情况下使用,取决于具体的指令。

2.7　ARM 流水线技术分析

1. ARM7 流水线技术

ARM7 微处理器使用流水线来增加处理器指令流的处理速度,这样可使几个操作同时进行,并使处理器与存储系统之间的操作更加高效,能够达到 0.9MIPS/MHz 的指令执行速度。

PC 代表程序计数器,流水线使用 3 个阶段,因此指令分为 3 个阶段执行:

(1) 取指(从存储器装载一条指令)。

(2) 译码(识别将要被执行的指令)。

(3) 执行(处理指令并将结果写回寄存器)。

程序计数器 R15(PC)总是指向"正在取指"的指令,而不是指向"正在执行"的指令或正在"译码"的指令。一般来说,人们习惯性约定将"正在执行的指令作为参考点",称之为当前第 1 条指令,因此 PC 总是指向第 3 条指令。当 ARM 状态时,每条指令为 4 字节,所以 PC

始终指向该指令地址加 8 字节的地址，即 PC 值等于当前程序执行位置＋8。

图 2-13 所示为 ARM7 最佳流水线的运行情况时空图，图中的 MOV、ADD、SUB 指令为单周期指令。从 T1 开始，用 5 个时钟周期执行了 5 条指令，所有的操作都在寄存器中（单周期执行），指令平均周期数（CPI）等于 1 个时钟周期。

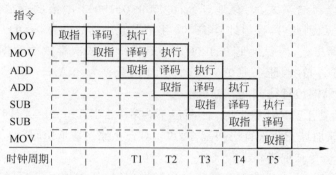

图 2-13 ARM7 单周期指令最佳流水线

2. 3 级流水线运行情况分析

ARM7 的 3 级流水线的运行情况并不是总如图 2-13 所示的那样流畅，平均每个时钟周期执行 1 条指令。当指令代码段中含有非单周期执行的指令时，3 级流水线就会被阻断，产生流水线等待状态。

1）带有存储器访问指令（LDR/STR）的流水线

如图 2-14 所示，对存储器的访问指令 LDR 就是非单周期指令。这类指令在"执行"阶段，首先要进行存储器的地址计算，占用控制信号线，而译码的过程同样需要占用控制信号线，所以下一条指令（SUB）的"译码"被阻断，并且由于 LDR 访问存储器和回写寄存器的过程中需要继续占用执行单元，所以 SUB 指令的"执行"也被阻断。由于采用冯·诺依曼体系结构，不能够同时访问数据存储器和指令存储器，当 LDR 处于访存周期的过程中，MOV 指令的"取指"被阻断。

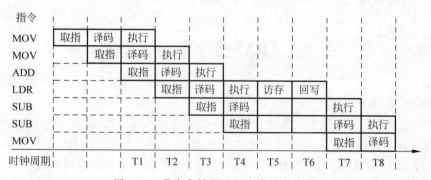

图 2-14 带有存储器访问指令的流水线

在图 2-14 中，处理器用 8 个时钟周期执行了 6 条指令，指令平均周期数（CPI）＝1.33 时钟周期。

2）带有分支指令的流水线

当执行的指令序列中含有具有分支功能的指令（如 BL 等）时，流水线就会被阻断，如

图 2-15 所示,分支指令在执行时,其下数第 1 条指令被译码,其下数第 2 条指令进行取指,但是这两步操作对于处理器来说等于做了无用功,因为分支指令执行完毕后,程序计数器就会转移到新的位置接着进行取指、译码和执行。

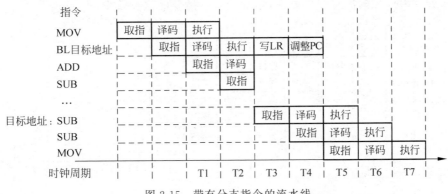

图 2-15　带有分支指令的流水线

BL 执行过程中还包括两个附加操作:写链接寄存器和调整程序指针。这两个操作仍然占用执行单元,这时处于译码和取指的流水线被阻断了。

3) 中断流水线

ARM 处理器中断的发生具有不确定性,与当前所执行的指令没有任何关系。在中断发生时,ARM 处理器总是会执行完当前正被执行的指令,然后才会去响应中断。如图 2-16 所示,在 0x9000 处的指令 AND 执行期间 IRQ 中断发生了,但这时要等待 AND 指令执行完毕。AND 执行完毕后,IRQ 立即获得了执行单元,ARM 处理器开始处理 IRQ 中断,进行保存程序返回地址并调整程序指针指向 0x18 内存单元。在 0x18 处有 IRQ 中断向量(也就是跳向 IRQ 中断服务的指令),接下来执行跳转指令转向中断服务程序,因此流水线又被阻断了,执行 0x18 处指令的过程同带有分支指令的流水线。

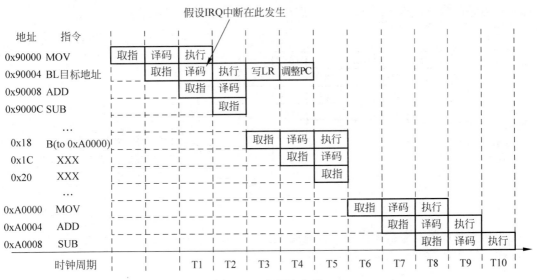

图 2-16　中断流水线

3. ARM9 流水线技术

ARM9 具有 5 级流水线结构，如图 2-17 所示，分别为取指、译码、执行、存储器访问、寄存器回写操作。对比 3 级流水线可以看出，ARM9 的 5 级流水线是将存储器访问和寄存器回写操作分别由单独的流水线来处理，增加处理器指令的执行效率。

图 2-17　ARM9 的 5 级最佳流水线

当 5 级流水线处于最佳状态时如图 2-17 所示。与 ARM7 的 3 级流水线相比较，ARM9 的 5 级流水线增加了存储器访问操作和寄存器回写操作。这样就解决了 3 级流水线对于存储器访问指令（如 LDR/STR）在指令执行阶段的延迟。

4. 5 级流水线互锁分析

在流水线运行过程中可能会出现这种情况：当前指令的执行可能需要前面指令的执行结果，但这时前面的指令没有执行完毕，从而会导致当前指令的执行无法获得合法的操作数，这时就会引起流水线的等待，这种现象在流水线机制里称为互锁。

当互锁发生时，硬件会停止这个指令的执行，直到数据准备好为止。如图 2-18 所示，LDR 指令进行完执行阶段，还需要两个时钟周期来完成存储器访问和寄存器回写操作，但这时指令 MOV 中用到的 R9 正是 LDR 中需要进行寄存器加载操作后的寄存器，因此 MOV 要进行等待，直到 LDR 指令的寄存器回写操作完成（注：现在处理器设计中，可能通过寄存器旁路技术对流水线进行优化，解决一些流水线的冲突问题）。

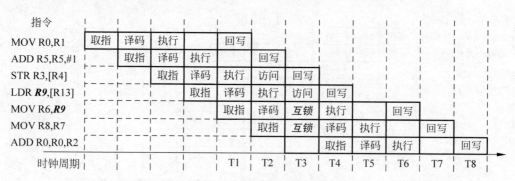

图 2-18　ARM9 的 5 级流水线互锁

虽然流水线互锁会增加代码执行时间，但是为初期的设计者提供了巨大的方便，可以不必考虑所使用的寄存器会不会造成冲突。编译器以及汇编程序员可以通过重新设计代码的顺序或者其他方法来减少互锁的数量。

思考与练习题

1. 简述 ARM 微处理器内核调试结构原理。

2. 分析 ARM7TDMI-S 各字母所代表的含义。

3. ARM 处理器的工作模式有哪几种？其中哪些为特权模式？哪些为异常模式？处理器在什么情况下进入相应的模式？

4. 分析程序状态寄存器(PSR)各位的功能描述，并说明 C、Z、N、V 在什么情况下进行置位和清零。

5. 简述 ARM 处理器异常处理和程序返回的过程。

6. ARM 处理器字数据的存储格式有哪两种？指出这两种格式的区别。

7. 分析带有存储器访问指令(LDR)的流水线运行情况，并用图示说明其流水线的运行机制。

8. 简述 ARM9 的 5 级流水线每一级所完成的功能和实现的操作。

9. 什么是流水线互锁？应如何来解决？举例说明。

## 第 3 章

ARM 指令集寻址方式

ARM 指令集寻址方式可分为 4 大类：数据处理指令寻址、Load/Store 指令的寻址、批量 Load/Store 指令的寻址和协处理指令寻址。

3.1 ARM 指令的编码格式

1. 一般编码格式

每条 ARM 指令占有 4 字节，其指令长度为 32 位。典型的 ARM 指令编码格式如下。

31	28 27	26 25	24	21 20	19	16 15	12 11	0
cond	type	I	opcode	S	Rn	Rd	operand2	

其中：

cond(bit[31:28])：指令执行的条件码。

type(bit[27:26])：指令类型码，根据其编码的不同，所代表各类型如表 3-1 所示。

表 3-1　指令类型码描述

type(bit[27:26])	描　　述
00	数据处理指令及杂类 Load/Store 指令
01	Load/Store 指令
10	批量 Load/Store 指令及分支指令
11	协处理指令与软中断指令

I(bit[25])：第二操作数类型标志码。在数据处理指令里 I=1 时表示第二操作数是立即数，I=0 时表示第二操作数是寄存器或寄存器移位形式。

opcode(bit[24:21])：指令操作码。

S(bit[20])：决定指令的操作结果是否影响 CPSR。

Rn(bit[19:16])：包含第一个操作数的寄存器编码。

Rd(bit[15:12])：目标寄存器编码。

operand2(bit[11:0])：指令第二个操作数。

ARM 汇编指令语法格式：

$<$opcode$>${$<$cond$>$}{S}$<$Rd$>$,$<$Rn$>$,$<$operand2$>$

2. 指令条件码

条件码 cond(bit[31:28])在指令中共占 4 位,其组合形式共有 16 种,如表 3-2 所示。

表 3-2　条件码

条 件 码	条件码助记符	描　　　述	PSR 中的标志位
0000	EQ	相等	Z=1
0001	NE	不相等	Z=0
0010	CS/HS	无符号大于或等于	C=1
0011	CC/LO	无符号小于	C=0
0100	MI	负数	N=1
0101	PL	非负数	N=0
0110	VS	上溢出	V=1
0111	VC	没有上溢出	V=0
1000	HI	无符号数大于	C=1 且 Z=0
1001	LS	无符号小于或等于	C=0 或 Z=1
1010	GE	有符号数大于或等于	N=1 且 V=1 或 N=0 且 V=0
1011	LT	有符号数小于	N=1 且 V=0 或 N=0 且 V=1
1100	GT	有符号数大于	Z=0 且 N=V
1101	LE	有符号数小于或等于	Z=1 或 N!=V
1110	AL	无条件执行	

3.2　数据处理指令寻址方式

1. 数据处理指令第二操作数的构成方式

数据处理指令第二操作数 operand2 的构成有如下 3 种格式。

1) 立即数方式

每个立即数由一个 8 位的常数进行 32 位循环右移偶数位得到,其中循环右移的位数由一个 4 位二进制的两倍表示,即

$<$immediate$>$=immed_8 进行 32 位循环右移(2 * rotate_4)位

合法的立即数,例如：0xff,0x104。不合法的立即数,例如：0x101,0x102。

规则：当立即数值在 0~0xff 范围时,令 immed_8=immediate,rotate_4=0；在其他情况下,汇编编译器选择使 rotate_4 数值最小的编码方式。

2) 寄存器方式

操作数即为寄存器的数值,例如：

MOV R3，R2
ADD R0，R1，R2

3) 寄存器移位方式

操作数为寄存器的数值做相应的移位而得到。在 ARM 指令中移位操作包括逻辑左移、逻辑右移、算术左移、算术右移、循环右移和带扩展的循环右移，这些操作的功能如图 3-1 所示。

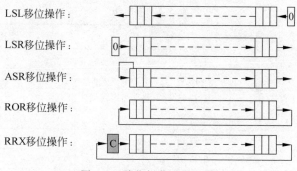

图 3-1　移位操作功能示意

LSL 逻辑左移：空出的最低有效位用 0 填充；

LSR 逻辑右移：空出的最高有效位用 0 填充；

ASL 算术左移：同 LSL；

ASR 算术右移：空出的最高有效位用"符号位"填充；

ROR 循环右移：移出的最低有效位依次填入空出的最高有效位；

RRX 带扩展的循环右移：将寄存器内容循环右移 1 位，空位用原来的 C 标志位填充，移出的最低有效位填入 C 标志位。

2. 具体寻址类型

数据处理指令寻址方式具体可分为 5 种类型，下面分别加以介绍。

1) 第二操作数为立即数

汇编语法格式：

＃＜immediate＞

指令编码格式如下：

31　　28	27	26	25	24　　21	20	19　　16	15　　12	11　　8	7　　0
cond	0	0	1	opcode	S	Rn	Rd	rotate_4	immed_8

其中，由一个 8 位的常数 immed_8 进行 32 位循环右移 rotate_4 的 2 倍位得到的立即数 immediate 作为数据处理指令的第二操作数。例如：

MOV R0，＃0xFC0　　　；R0 <—0xFC0

2) 第二操作数为寄存器

汇编语法格式：

＜Rm＞

指令编码格式如下：

31	28	27	26	25	24	21	20	19	16	15	12	11	4	3	0
cond		0	0	0	opcode		S	Rn		Rd		全为0		Rm	

例如：

ADD R0，R1，R2　　　　；R0←R1＋R2

3）第二操作数为寄存器移位方式，且移位的位数为一个 5 位的立即数

汇编语法格式：

＜Rm＞,＜shift＞ ♯＜shift_imm＞

指令编码格式如下：

31	28	27	26	25	24	21	20	19	16	15	12	11	7	6	5	4	3	0
cond		0	0	0	opcode		S	Rn		Rd		shift_amount		shift		0	Rm	

其中：

shift_amount 表示移位数量；

shift 表示移位类型编码，bit[5]用 H 表示，bit[6]用 S 表示，其描述如表3-3 所示。

表 3-3　shift 编码描述

S	H	描　　述
0	0	逻辑左移 LSL
0	1	逻辑右移 LSR
1	0	算术右移 ASR
1	1	循环右移 ROR

指令的操作数＜operand2＞为寄存器 Rm 的数值按某种移位方式移动 shift_amount 位，这里 shift_amount 的范围是 0～31，当 shift_amount＝0 时，移位位数为32，则移位数范围为 1～32。例如：

MOV R0，R0，LSL ♯n　　　　；R0←R0 ＊（2^n）（n＝ 0～31）

4）第二操作数为寄存器移位方式，且移位数值放在寄存器中

汇编语法格式：

＜Rm＞,＜shift＞＜Rs＞

指令编码格式如下：

31	28	27	26	25	24	21	20	19	16	15	12	11	8	7	6	5	4	3	0
cond		0	0	0	opcode		S	Rn		Rd		Rs		0	shift		1	Rm	

其中：

寄存器 Rs 中存放着要移位的数量；

shift 表示移位类型编码，其描述如表 3-3 所示。

指令的操作数< operand2 >为寄存器 Rm 的数值进行移位得到。移位的数由 Rs 的低 8 位 bit[7:0]决定。

> **注意事项：**
>
> 当 R15 用作 Rn、Rm、Rd、Rs 中的任何一个时，指令会产生不可预知的结果。

5）第二操作数为寄存器进行 RRX 移位得到

汇编语法格式：

< Rm >,RRX

指令编码格式如下：

31　28	27　26　25	24　　21	20	19　　16	15　12	11　　8	7　　4	3　0
cond	0　0　0	opcode	S	Rn	Rd	0 0 0 0	0 1 1 0	Rm

指令的操作数< operand2 >为寄存器 Rm 中的数值进行带扩展的循环右移一位，并用 CPSR 中的 C 条件标志位填补空出的位，CPSR 中的 C 条件标志位则用移出的位代替。

3.3 Load/Store 指令寻址

Load/Store 指令是对内存进行存储/加载数据操作的指令，根据访问的数据格式的不同，将这类指令的寻址分为字、无符号字节的 Load/Store 指令寻址和半字、有符号字节的 Load/Store 指令寻址两大类。

3.3.1 地址计算方法

1. 寄存器间接寻址

寄存器间接寻址就是以寄存器中的值作为操作数的地址，而操作数本身存放在存储器中。例如以下指令：

```
LDR   R0,[R1]        ; R0 ←[R1]
STR   R0,[R1]        ;[R1]← R0
```

在第一条指令中，以寄存器 R1 的值作为操作数的地址，在存储器中取得一个操作数后将其送入 R0 中。

第二条指令将 R0 的值传送到以 R1 的值为地址的存储器中。

2. 基址加变址寻址

基址加变址寻址就是将寄存器（该寄存器一般称作基址寄存器）的内容与指令中给出的地址偏移量相加，从而得到一个操作数的有效地址。变址寻址方式常用于访问某基地址附近的地址单元。

根据访问存储单元和基址寄存器更新的先后顺序可以将基址加变址寻址分为以下两种。

（1）前变址法：基址寄存器中的值和地址偏移量先做加减运算，生成的操作数作为内存访问的地址。

（2）后变址法：将基址寄存器中的值直接作为内存访问的地址进行操作，内存访问完毕后基址寄存器中的值和地址偏移量做加减运算，并更新基址寄存器。

采用变址寻址方式的指令常见有以下几种形式：

```
LDR R0,[R1 ,♯ 4]      ; R0 ←[R1+4]
LDR R0,[R1 ,♯ 4]!     ; R0 ←[R1+4]且 R1←R1+4
LDR R0,[R1],♯ 4       ; R0 ←[R1]且 R1←R1+4
LDR R0,[R1 ,R2]       ; R0 ←[R1+R2]
```

在第一条指令中，将寄存器 R1 的内容加上 4 形成操作数的有效地址，从而取得操作数存入寄存器 R0 中。

在第二条指令中，将寄存器 R1 的内容加上 4 形成操作数的有效地址，从而取得操作数存入寄存器 R0 中；然后，R1 的内容自增 4（也就是 R1 的内容加 4 后写回到 R1 中）。

在第三条指令中，以寄存器 R1 的内容作为操作数的有效地址，从而取得操作数存入寄存器 R0 中；然后，R1 的内容自增 4。

在第四条指令中，将寄存器 R1 的内容加上寄存器 R2 的内容形成操作数的有效地址，从而取得操作数存入寄存器 R0 中。

3.3.2　字、无符号字节寻址

在 Load/Store 指令中，字与无符号字节操作指令编码格式如下：

31　　28	27	26	25	24	23	22	21	20	19　　16	15　　12	11　　　　　　　　0
cond	0	1	I	P	U	B	W	L	Rn	Rd	addressing_mode

汇编指令语法格式如下。

加载指令：

LDR {＜cond＞}{B}{T}＜Rd＞,＜addressing_mode＞

存储指令：

STR {＜cond＞}{B}{T}＜Rd＞,＜addressing_mode＞

其中：

cond 为指令执行的条件，Rn 为基址寄存器，Rd 为源/目标寄存器，addressing_mode 为内存地址构成格式。

$$I = \begin{cases} 1: 偏移量为寄存器或寄存器移位形式 \\ 0: 偏移量为 12 位立即数 \end{cases}$$

$$P = \begin{cases} 1: 前变址操作 \\ 0: 后变址操作 \end{cases}$$

$$U = \begin{cases} 1: 内存地址\ address\ 为基址寄存器\ Rn\ 值加上地址偏移量 \\ 0: 内存地址\ address\ 为基址寄存器\ Rn\ 值减去地址偏移量 \end{cases}$$

$$B = \begin{cases} 1: 指令访问的是无符号的字节数据 \\ 0: 指令访问的是字数据 \end{cases}$$

$$W = \begin{cases} 1: 执行基址寄存器回写操作 \\ 0: 不执行基址寄存器回写操作 \end{cases}$$

$$L = \begin{cases} 1: 执行\ Load\ 操作 \\ 0: 执行\ Store\ 操作 \end{cases}$$

下面我们将重点讨论内存地址构成格式 addressing_mode。

根据指令编码和汇编语法格式的不同,归纳起来共有以下 3 种内存地址构成格式。

1. addressing_mode 中的偏移量为立即数

addressing_mode 中的偏移量为立即数的汇编指令寻址按编码格式可分为以下 3 种形式。

前变址不回写形式:

$[< Rn >, \# + / - < immed\_offset >]$

前变址回写形式:

$[< Rn >, \# + / - < immed\_offset >]!$

后变址回写形式:

$[< Rn >], \# + / - < immed\_offset >$

其指令编码如下:

31	28	27	26	25	24	23	22	21	20	19	16	15	12	11	0
cond		0	1	0	P	U	B	W	L	Rn		Rd		immed_offset	

$$P = \begin{cases} 1: 前变址操作 \\ 0: 后变址操作 \end{cases}$$

$$U = \begin{cases} 1: 内存地址\ address\ 为基址寄存器\ Rn\ 值加上地址偏移量 \\ 0: 内存地址\ address\ 为基址寄存器\ Rn\ 值减去地址偏移量 \end{cases}$$

$$B = \begin{cases} 1: 指令访问的是无符号的字节数据 \\ 0: 指令访问的是字数据 \end{cases}$$

$$W = \begin{cases} 1: 执行基址寄存器回写操作 \\ 0: 不执行基址寄存器回写操作 \end{cases}$$

$$L = \begin{cases} 1: 执行\ Load\ 操作 \\ 0: 执行\ Store\ 操作 \end{cases}$$

addressing_mode 中的偏移量为立即数的汇编指令寻址编码对应的汇编语法格式类型如表 3-4 所示。下面介绍各汇编语法格式下的地址计算方法。

1)$[< Rn >, \# + / - < immed\_offset >]$

内存地址为基址寄存器值加上/减去 immed_offset,其加减由 U 的值来确定。

表 3-4 偏移量为立即数的指令编码类型

W	P	汇编语法格式
0	1	[<Rn>,#+/-<immed_offset>]
1	0	[<Rn>],#+/-<immed_offset>
1	1	[<Rn>,#+/-<immed_offset>]!

2) [<Rn>,#+/-<immed_offset>]!

内存地址为基址寄存器值加上/减去 immed_offset,其加减由 U 的值来确定。当指令执行时,生成的地址值将写入基址寄存器。

3) [<Rn>],#+/-<immed_offset>

内存地址为基址寄存器值,当存储器操作完毕后,将基址寄存器 Rn 值加上/减去 immed_offset,将所得到的值写回到基址寄存器 Rn(更新基址寄存器),其加减由 U 的值来确定。

【例 3-1】 指令功能解析。

LDR R0,[R1,#4]; R0 <—[R1+4]
LDR R0,[R1,#-4]; R0 <—[R1-4]
LDR R0,[R1,#4]!; R0 <—[R1+4],同时 R1=R1+4
LDR R0,[R1],#4; R0 <—[R1],R1=R1+4

2. addressing_mode 中的偏移量为寄存器的值

addressing_mode 中的偏移量为寄存器的汇编指令寻址按编码格式可分为以下 3 种形式。

前变址不回写形式:

[<Rn>,+/-<Rm>]

前变址回写形式:

[<Rn>,+/-<Rm>]!

后变址回写形式:

[<Rn>],+/-<Rm>

其指令编码如下:

31 28	27 26 25	24	23	22	21	20	19 16	15 12	11 4	3 0
cond	0 1 1	P	U	B	W	L	Rn	Rd	全为0	Rm

$P=\begin{cases}1: 前变址操作\\0: 后变址操作\end{cases}$

$U=\begin{cases}1: 内存地址 address 为基址寄存器 Rn 值加上地址偏移量\\0: 内存地址 address 为基址寄存器 Rn 值减去地址偏移量\end{cases}$

$B=\begin{cases}1: 指令访问的是无符号的字节数据\\0: 指令访问的是字数据\end{cases}$

$$W = \begin{cases} 1: 执行基址寄存器回写操作 \\ 0: 不执行基址寄存器回写操作 \end{cases}$$

$$L = \begin{cases} 1: 执行 \text{ Load } 操作 \\ 0: 执行 \text{ Store } 操作 \end{cases}$$

addressing_mode 中的偏移量为寄存器的汇编指令寻址编码对应的汇编语法格式类型如表 3-5 所示。下面介绍各汇编语法格式下的地址计算方法。

表 3-5　偏移量为寄存器的指令编码类型对应关系

W	P	汇编语法格式
0	1	[<Rn>,+/-<Rm>]
1	0	[<Rn>],+/-<Rm>
1	1	[<Rn>,+/-<Rm>]!

1) [<Rn>,+/-<Rm>]

内存地址为基址寄存器值加上/减去 Rm,其加减由 U 的值来确定。

2) [<Rn>,+/-<Rm>]!

内存地址为基址寄存器值加上/减去 Rm,其加减由 U 的值来确定。当指令执行时,生成的地址值将写入基址寄存器。

3) [<Rn>],+/-<Rm>

内存地址为基址寄存器值,当存储器操作完毕后,将基址寄存器 Rn 值加上/减去 Rm,将所得到的值写回到基址寄存器 Rn(更新基址寄存器),其加减由 U 的值来确定。

> **注意事项:**
> - 程序计数器 PC(R15)用作索引寄存器 Rm 时,会产生不可预知的结果。
> - 当 Rn 和 Rm 为同一个寄存器时,会产生不可预知的结果。

【例 3-2】 指令功能解析。

```
LDR R0,[R1,R2]; R0 <—[R1+R2]
LDR R0,[R1,—R2]; R0 <—[R1—R2]
LDR R0,[R1,R2]!; R0 <—[R1+R2],且 R1=R1+R2
LDR R0,[R1],R2; R0 <—[R1], R1=R1+R2
```

3. addressing_mode 中的偏移量通过寄存器移位得到

addressing_mode 中的偏移量是通过寄存器移位所得到的,这类汇编指令寻址按编码格式可分为以下 3 种形式。

前变址不回写形式:

[<Rn>,+/-<Rm>,<shift>#shift_amount]

前变址回写形式:

[<Rn>,+/-<Rm>,<shift>#shift_amount]!

后变址回写形式:

[<Rn>],+/-<Rm>,<shift>#shift_amount

其指令编码格式如下：

31	28	27	26	25	24	23	22	21	20	19　16	15　12	11　　　　7	6　5	4	3　0
cond		0	1	1	P	U	B	W	L	Rn	Rd	shift_amount	shift	0	Rm

$$P = \begin{cases} 1: 前变址操作 \\ 0: 后变址操作 \end{cases}$$

$$U = \begin{cases} 1: 内存地址 address 为基址寄存器 Rn 值加上地址偏移量 \\ 0: 内存地址 address 为基址寄存器 Rn 值减去地址偏移量 \end{cases}$$

$$B = \begin{cases} 1: 指令访问的是无符号的字节数据 \\ 0: 指令访问的是字数据 \end{cases}$$

$$W = \begin{cases} 1: 执行基址寄存器回写操作 \\ 0: 不执行基址寄存器回写操作 \end{cases}$$

$$L = \begin{cases} 1: 执行 Load 操作 \\ 0: 执行 Store 操作 \end{cases}$$

通过寄存器移位得到地址偏移量指令编码对应的汇编语法格式类型如表 3-6 所示。下面介绍各汇编语法格式下的地址计算方法。

表 3-6　偏移量为移位寄存器的指令编码类型对应关系

W	P	汇编语法格式
0	1	[<Rn>, +/-<Rm>, <shift> # shift_amount]
1	0	[<Rn>], +/-<Rm>, <shift> # shift_amount
1	1	[<Rn>, +/-<Rm>, <shift> # shift_amount]!

1）[<Rn>, +/-<Rm>, <shift> # shift_amount]

内存地址为基址寄存器值加上/减去 Rm 通过移位 shift_amount 后所得到的数值，其加减由 U 的值来确定。

2）[<Rn>, +/-<Rm>, <shift> # shift_amount]!

内存地址为基址寄存器值加上/减去 Rm 通过移位 shift_amount 后所得到的数值，其加减由 U 的值来确定。当指令执行时，生成的地址值将写入基址寄存器。

3）[<Rn>], +/-<Rm>, <shift> # shift_amount

内存地址为基址寄存器值，当存储器操作完毕后，将基址寄存器 Rn 值加上/减去 Rm 通过移位 shift_amount 后所得到的数值，将所得到的值写回到基址寄存器 Rn（更新基址寄存器），其加减由 U 的值来确定。

注意事项：
- 程序计数器 PC(R15)用作索引寄存器 Rm 时，会产生不可预知的结果。
- 当 Rn 和 Rm 为同一个寄存器时，会产生不可预知的结果。

【例 3-3】　指令功能解析。

```
LDR    R0,[R1,R2,LSL #2]      ; R0 <-[R1+R2 * 4]
```

```
LDR    R0,[R1,R2,LSL ♯2]!    ; R0←[R1+R2 * 4]且 R1＝R1＋R2 * 4
LDR    R0,[R1],R2,LSL ♯2     ; R0←[R1],R1＝R1＋R2 * 4
```

3.3.3 半字、有符号字节寻址

这类指令可用来加载有符号字节、加载有符号半字、加载/存储无符号半字。一般称这类指令为"杂类的 Load/Store 指令"。

Load/Store 指令对半字、有符号字节操作指令编码格式如下。

31	28	27	25	24	23	22	21	20	19	16	15	12	11			8	7	6	5	4	3		0
cond		0 0 0		P	U	I	W	L	Rn		Rd		addressing_mode				1	S	H	1	addressing_mode		

汇编指令汇编语法格式如下。

加载有符号字节到寄存器：

LDR {<cond>}SB <Rd>,< addressing_mode>

加载有符号半字到寄存器：

LDR {<cond>}SH <Rd>,< addressing_mode>

加载无符号半字到寄存器：

LDR {<cond>}H <Rd>,< addressing_mode>

存储无符号半字到内存：

STR {<cond>}H <Rd>,< addressing_mode>

cond 为指令执行的条件。

$P=\begin{cases}1：前变址操作\\0：后变址操作\end{cases}$

$U=\begin{cases}1：内存地址 address 为基址寄存器 Rn 值加上地址偏移量\\0：内存地址 address 为基址寄存器 Rn 值减去地址偏移量\end{cases}$

$I=\begin{cases}1：偏移量为 8 位立即数\\0：偏移量为寄存器\end{cases}$

$W=\begin{cases}1：执行基址寄存器回写操作\\0：不执行基址寄存器回写操作\end{cases}$

$L=\begin{cases}1：执行 Load 操作\\0：执行 Store 操作\end{cases}$

Rn 为基址寄存器，Rd 为源/目标寄存器，addressing_mode 为内存地址构成格式，对应指令编码中的 S、H 位编码将在 4.3.2 节详细介绍。

下面我们将重点讨论内存地址构成格式 addressing_mode。根据指令编码和汇编语法格式的不同，归纳起来共有以下两种内存地址构成格式。

1. addressing_mode 中的偏移量为立即数

addressing_mode 中的偏移量为立即数的汇编语法格式有以下 3 种。

前变址不回写形式：

[<Rn>,#+/-<immed_offset8>]

前变址回写形式：

[<Rn>,#+/-<immed_offset8>]!

后变址回写形式：

[<Rn>],#+/-<immed_offset8>

其指令编码如下：

31　　28	27　25	24	23	22	21	20	19　16	15　12	11　8	7	6	5	4	3　0
cond	0 0 0	P	U	I	W	L	Rn	Rd	offset_H	1	S	H	1	offset_L

$$P=\begin{cases}1：前变址操作 \\ 0：后变址操作\end{cases}$$

$$U=\begin{cases}1：内存地址 address 为基址寄存器 Rn 值加上地址偏移量 \\ 0：内存地址 address 为基址寄存器 Rn 值减去地址偏移量\end{cases}$$

$$W=\begin{cases}1：执行基址寄存器回写操作 \\ 0：不执行基址寄存器回写操作\end{cases}$$

$$L=\begin{cases}1：执行 Load 操作 \\ 0：执行 Store 操作\end{cases}$$

从指令编码中可以看出，immed_offset8 是一个 8 位的偏移量，这个 8 位的偏移量是由两个 4 位的偏移量（offset_H、offset_L）构成，其中 offset_H 为 8 位偏移量的 bit[7:4]位，offset_L 为 8 位偏移量的 bit[3:0]位。

偏移量为立即数的指令编码对应的汇编语法格式类型如表 3-7 所示。下面介绍各汇编语法格式下的地址计算方法。

表 3-7　偏移量为立即数的指令编码类型

W	P	汇编语法格式
0	1	[<Rn>,#+/-<immed_offset8>]
1	0	[<Rn>],#+/-<immed_offset8>
1	1	[<Rn>,#+/-<immed_offset8>]!

1）　[<Rn>,#+/-<immed_offset8>]

内存地址为基址寄存器值加上/减去 immed_offset8，其加减由 U 的值来确定。

2）　[<Rn>,#+/-<immed_offset8>]!

内存地址为基址寄存器值加上/减去 immed_offset8，其加减由 U 的值来确定。当指令执行时，生成的地址值将写入基址寄存器。

3）　[<Rn>],#+/-<immed_offset8>

内存地址为基址寄存器值，当存储器操作完毕后，将基址寄存器 Rn 值加上/减去 immed_offset8，将所得到的值写回到基址寄存器 Rn（更新基址寄存器），其加减由 U 的值来确定。

注意事项:
- 程序计数器 PC(R15)用作基址寄存器 Rn 时,会产生不可预知的结果。
- 当 S=1 且 L=0 时,表示带符号数的存储指令,目前还没有实现此功能的 ARM 指令。

【例 3-4】 指令功能解析。

```
LDRSB R0,[R1,#4]      ;R0<—[R1+4]字节单元,R0 有符号扩展为 32 位
LDRH R2,[R1,#-4]      ;R2<—[R1-4]半字单元,R2 的高 16 位清零
STRH R0,[R1,#4]!      ;R0 低 16 位—>[R1+4],同时 R1=R1+4
LDRSH R0,[R1],#4      ;R0<—[R1]半字单元且 R0 有符号扩展为 32 位,R1=R1+4
```

2. addressing_mode 中的偏移量为寄存器的值

addressing_mode 中的偏移量为寄存器值的汇编语法格式有以下 3 种。

前变址不回写形式:

$[<Rn>,+/-<Rm>]$

前变址回写形式:

$[<Rn>,+/-<Rm>]!$

后变址回写形式:

$[<Rn>],+/-<Rm>$

其指令编码如下:

31　28	27　25	24	23	22　21	20	19　16	15　12	11　8	7	6　5	4	3　0
cond	0 0 0	P	U	0	W	L	Rn	Rd	全为0	1	S H	1	Rm

$$P=\begin{cases}1:前变址操作\\0:后变址操作\end{cases}$$

$$U=\begin{cases}1:内存地址\ address\ 为基址寄存器\ Rn\ 值加上地址偏移量\\0:内存地址\ address\ 为基址寄存器\ Rn\ 值减去地址偏移量\end{cases}$$

$$W=\begin{cases}1:执行基址寄存器回写操作\\0:不执行基址寄存器回写操作\end{cases}$$

$$L=\begin{cases}1:执行\ Load\ 操作\\0:执行\ Store\ 操作\end{cases}$$

偏移量为寄存器值的指令编码对应的汇编语法格式类型如表 3-8 所示。下面介绍各汇编语法格式下的地址计算方法。

表 3-8　偏移量为寄存器值的指令编码类型对应关系

W	P	汇编语法格式
0	1	$[<Rn>,+/-<Rm>]$
1	0	$[<Rn>],+/-<Rm>$
1	1	$[<Rn>,+/-<Rm>]!$

1) [<Rn>,+/−<Rm>]

内存地址为基址寄存器值加上/减去 Rm,其加减由 U 的值来确定。

2) [<Rn>,+/−<Rm>]!

内存地址为基址寄存器值加上/减去 Rm,其加减由 U 的值来确定。当指令执行时,生成的地址值将写入基址寄存器。

3) [<Rn>],+/−<Rm>

内存地址为基址寄存器值,当存储器操作完毕后,将基址寄存器 Rn 值加上/减去 Rm,将所得到的值写回到基址寄存器 Rn(更新基址寄存器),其加减由 U 的值来确定。

注意事项:
- 程序计数器 PC(R15)用作基址寄存器 Rn 或索引寄存器 Rm 时,会产生不可预知的结果。
- 基址寄存器 Rn 和索引寄存器 Rm 为同一个寄存器时,会产生不可预知的结果。

【**例 3-5**】　指令功能解析。

```
LDRSB R0,[R1,R5]      ; R0 <—[R1+R5]字节单元,R0 有符号扩展为 32 位
LDRH R2,[R1,−R5]      ; R2 <—[R1−R5]半字单元,R2 的高 16 位清零
STRH R0,[R1,R5]!      ; R0 低 16 位—>[R1+R5],同时 R1=R1+R5
LDRSH R0,[R1],R5      ; R0 <—[R1]半字单元且 R0 有符号扩展为 32 位,R1=R1+R5
```

3.4　批量 Load/Store 指令寻址方式

ARM 指令系统提供了批量 Load/Store 指令寻址方式,即通常所说的多寄存器寻址,也就是一次可以传送几个寄存器的值,允许一条指令最多传送 16 个寄存器。

1. 编码格式

批量 Load/Store 指令汇编语法格式如下。

批量加载:

LDM {<cond>}<addressing_mode><Rn>{!},<register>{^^}

批量存储:

STM {<cond>}<addressing_mode><Rn>{!},<register>{^^}

批量 Load/Store 指令编码格式如下:

31 28	27 25	24	23	22	21	20	19 16	15 0
cond	1 0 0	P	U	S	W	L	Rn	register_list

cond 为指令执行的条件。

$$P=\begin{cases}1:\text{前变址操作}\\0:\text{后变址操作}\end{cases}$$

U 表示地址变化的方向。

$$U = \begin{cases} 1: \text{地址向上变化(Upwards)} \\ 0: \text{地址向下变化(Downwards)} \end{cases}$$

$$W = \begin{cases} 1: \text{执行基址寄存器回写操作} \\ 0: \text{不执行基址寄存器回写操作} \end{cases}$$

$$L = \begin{cases} 1: \text{执行 Load 操作} \\ 0: \text{执行 Store 操作} \end{cases}$$

Rn 为基址寄存器,也就是内存地址块的最低地址值。

register_list 表示要加载或存储的寄存器列表,bit[15:0]可以表示 16 个寄存器,如果某位为 1,则该位的位置作为寄存器的编号,此寄存器参与加载或存储。例如,bit[8]为 1,则代表 R8 参与加载或存储。

S 用于恢复 CPSR 和强制用户位。当程序计数器 PC 包含在 LDM 指令的 register_list 中,且 S 为 1 时,则当前模式的 SPSR 被复制到 CPSR 中,使处理器的程序返回和状态的恢复成为一个原子操作。如果 register_list 中不包含程序计数器 PC,S 为 1 则加载或存储的是用户模式下的寄存器组。

addressing_mode 表示地址的变化方式。

注意事项:

指令中寄存器和连续内存地址单元的对应关系:编号低的寄存器对应内存低地址单元,编号高的寄存器对应内存高地址单元。

2. 内存操作

批量 Load/Store 指令在实现寄存器组和连续的内存单元中数据传递时,地址的变化方式(addressing_mode)有以下 4 种类型。

- 后增 IA(Increment After):每次数据传送后地址加 4。
- 先增 IB(Increment Before):每次数据传送前地址加 4。
- 后减 DA(Decrement After):每次数据传送后地址减 4。
- 先减 DB(Decrement Before):每次数据传送前地址减 4。

它们与指令编码中 P、U 的对应关系如表 3-9 所示。

表 3-9　地址变化方式与指令编码中 P、U 的对应关系

addressing_mode	P	U
DA	0	0
IA	0	1
DB	1	0
IB	1	1

3. 堆栈操作

堆栈是一种数据结构,按先进后出(First In Last Out,FILO)的方式工作,使用一个称作堆栈指针的专用寄存器指示当前的操作位置,堆栈指针总是指向栈顶,在 ARM 里常用 R13 作为栈指针(SP)。

根据堆栈指针的指向位置的不同可以将堆栈分为满堆栈和空堆栈。

- 满堆栈(Full Stack)：当堆栈指针指向最后压入堆栈的数据时。
- 空堆栈(Empty Stack)：当堆栈指针指向下一个将要放入数据的空位置时。

根据堆栈的生成方式，又可以分为递增堆栈和递减堆栈。

- 递增堆栈(Ascending Stack)：当堆栈由低地址向高地址生成时。
- 递减堆栈(Decending Stack)：当堆栈由高地址向低地址生成时。

4 种类型的堆栈工作方式如下。

- 满递增堆栈 FA(Full Ascending)：堆栈指针指向最后压入的数据，且由低地址向高地址生成。
- 满递减堆栈 FD(Full Descending)：堆栈指针指向最后压入的数据，且由高地址向低地址生成。
- 空递增堆栈 EA(Empty Ascending)：堆栈指针指向下一个将要放入数据的空位置，且由低地址向高地址生成。
- 空递减堆栈 ED(Empty Descending)：堆栈指针指向下一个将要放入数据的空位置，且由高地址向低地址生成。

栈操作其实也是块拷贝操作，每一条栈操作指令都相应与一条块拷贝操作指令相对应，其对应关系如表 3-10 所示。

表 3-10　块拷贝与栈操作的对应关系

块　拷　贝		栈操作			
		地址变化方向			
		向上		向下	
		满	空	满	空
增	先	STMIB STMFA			LDMIB LDMED
	后		STMIA STMEA	LDMIA LDMFD	
减	先		LDMDB LDMEA	STMDB STMFD	
	后	LDMDA LDMFA			STMDA STMED

例如：

LDMIA R0,{R5-R8};

功能解析：将内存单元[R0]～[R0+15]以字为单位读取到 R5～R8 中，低地址编号的字数据内存单元对应低编号寄存器。

3.5　协处理器指令寻址方式

ARM 支持协处理器操作，其操作要通过协处理器命令来实现，下面讨论协处理指令具体的寻址方式。

1. 协处理器加载/存储指令的寻址方式

协处理器的加载存储指令可以用来实现 ARM 处理器与协处理器之间的数据传输。
其汇编语法格式如下：

< opcode >{< cond >}{L} < coproc >,< CRd >,< addressing_mode >

其中：

opcode 为指令操作码；

coproc 为协处理器名称；

addressing_mode 为指令寻址模式。

根据内存地址的构成方式，可分为索引格式和非索引格式。

1）内存地址索引格式

索引格式类似于 LDR/STR 指令寻址中的立即数作为地址偏移量的形式。

addressing_mode 中的偏移量为 8 位立即数的汇编语法格式有以下 3 种。

前变址不回写形式：

[< Rn >,＃＋/－< immed_offset8 >*4]

前变址回写形式：

[< Rn >,＃＋/－< immed_offset8 >*4]!

后变址回写形式：

[< Rn >],＃＋/－< immed_offset8 >*4

指令编码格式如下：

31　　28	27　　25	24	23	22	21	20	19　　16	15　　12	11　　8	7　　　0
cond	1 1 0	P	U	N	W	L	Rn	CRd	Cp_num	immed_offset8

cond 为指令执行的条件。

Cp_num 为协处理器的编号。

$$P = \begin{cases} 1：前变址操作 \\ 0：后变址操作 \end{cases}$$

$$U = \begin{cases} 1：内存地址 address 为基址寄存器 Rn 值加上地址偏移量 \\ 0：内存地址 address 为基址寄存器 Rn 值减去地址偏移量 \end{cases}$$

N：依赖于具体的协处理器，一般用来表示传输数据的大小。

$$W = \begin{cases} 1：执行基址寄存器回写操作 \\ 0：不执行基址寄存器回写操作 \end{cases}$$

$$L = \begin{cases} 1：执行 Load 操作 \\ 0：执行 Store 操作 \end{cases}$$

CRd 作为目标寄存器的协处理器寄存器。

偏移量为 8 位立即数的指令编码对应的汇编语法格式类型如表 3-11 所示。下面介绍
各汇编语法格式下的地址计算方法：

表 3-11　协处理器加载/存储指令编码 W、P 与地址模式的关系

W	P	汇编语法格式
0	1	［＜Rn＞，＃＋/－＜immed_offset8＞＊4］
1	0	［＜Rn＞］，＃＋/－＜immed_offset8＞＊4
1	1	［＜Rn＞，＃＋/－＜immed_offset8＞4＊］!

（1）［＜Rn＞，＃＋/－＜immed_offset8＞＊4］

第一个内存地址编号为基址寄存器 Rn 值加上/减去 immed_offset8 的 4 倍（其加减由 U 的值来确定），后续的每一个地址是前一个内存地址加 4，直到协处理器发出信号，结束本次数据传输为止。

（2）［＜Rn＞，＃＋/－＜immed_offset8＞＊4］!

内存地址为基址寄存器 Rn 值加上/减去 immed_offset8 的 4 倍（其加减由 U 的值来确定），后续的每一个地址是前一个内存地址加 4，直到协处理器发出信号，结束本次数据传输为止。当指令执行时，生成的地址值（也就是 Rn 值加上/减去 immed_offset8 的 4 倍）将写入基址寄存器。

（3）［＜Rn＞］，＃＋/－＜immed_offset8＞＊4

内存地址为基址寄存器 Rn 值，当存储器操作完毕后，将基址寄存器 Rn 值加上/减去 immed_offset8 的 4 倍（其加减由 U 的值来确定），后续的每一个地址是前一个内存地址加 4，直到协处理器发出信号，结束本次数据传输为止。最后将 Rn 值加上/减去 immed_offset8 的 4 倍写回到基址寄存器 Rn（更新基址寄存器）。

2）内存地址非索引格式

这种指令寻址汇编语法格式为：

［＜Rn＞］，＜user-defined＞

指令编码格式如下：

31　　28	27　　25	24	23	22	21　20	19　　16	15　　12	11　　8	7　　0
cond	1　1　0　0	U	N	0	L	Rn	CRd	Cp_num	user_defined

其中：

cond 为指令执行的条件；

$U = \begin{cases} 1：内存地址 address 为基址寄存器 Rn 值加上地址偏移量 \\ 0：内存地址 address 为基址寄存器 Rn 值减去地址偏移量 \end{cases}$

N：依赖于具体的协处理器，一般用来表示传输数据的大小；

$L = \begin{cases} 1：执行 Load 操作 \\ 0：执行 Store 操作 \end{cases}$

CRd 作为目标寄存器的协处理器寄存器；

Cp_num 为协处理器的编号；

user-defined 为用户自定义内容。

这种寻址方式用来产生一段连续的内存地址，第一个地址值为基址寄存器 < Rn > 的值，后续的每一个地址是前一个内存地址加 4，直到协处理器发出信号，结束本次数据传输为止。

> **注意事项：**
> - 从索引格式和非索引格式寻址情况来看，它们有一个共同点：数据传输的数目是由协处理器来决定的。
> - 在使用中，这两种寻址方式最大可以传输 16 个字数据。

2. 协处理器数据处理指令的寻址方式

协处理器数据处理指令的寻址方式主要通过寄存器寻址，根据寄存器编码来查找相应的寄存器，这部分内容在指令系统中进行详细介绍。

思考与练习题

1. 在指令编码中，条件码占有几位？最多有多少个条件？各个条件是如何形成的？

2. 指令条件码中，V 标志位在什么情况下才能等于 1？

3. 在 ARM 指令中，什么是合法的立即数？判断下面各立即数是否合法，如果合法则写出在指令中的编码格式（也就是 8 位常数和 4 位的移位数）。

0x5430	0x108	0x304	0x501
0xfb10000	0x334000	0x3FC000	0x1FE0000
0x5580000	0x7F800	0x39C000	0x1FE80000

4. 分析逻辑右移、算术右移、循环右移、带扩展的循环右移之间的区别。

5. ARM 数据处理指令具体的寻址方式有哪些？如果程序计数器 PC 作为目标寄存器，会产生什么结果？

6. 在 Load/Store 指令寻址中，字、无符号字节的 Load/Store 指令寻址和半字、有符号字节的寻址之间有什么差别？

7. 块拷贝 Load/Store 指令在实现寄存器组和连续的内存单元中数据传递时，地址的变化方式有哪几种类型？分析它们的地址变化情况。

8. 栈操作指令地址的变化方式有哪几种类型？分析它们的地址变化情况，从而得出栈操作指令寻址和块拷贝 Load/Store 指令之间的对应关系。

9. 分析协处理器加载/存储指令的寻址方式中的内存地址索引格式中不同的汇编语法格式下内存地址的计算方法。

10. 写出下列指令的机器码，并分析指令操作功能。

```
MOV        R0,R1
MOV        R1,#0x198
ADDEQS     R1,R2,#0xAB
CMP        R2,#0Xab
LDR        R0,[R1,#4]
STR        R0,[R1,R1,LSL   #2]!
```

```
LDRH      R0,[R1,♯4]
LDRSB     R0,[R2,♯-2]!
STRB      R1,[R2,♯0xA0]
LDMIA     R0,{R1,R2,R8}
STMDB     R0!,{R1-R5,R10,R11}
STMED     SP!,{R0-R3,LR}
```

第4章

ARM 指令集系统

ARM 微处理器的指令集可以分为数据处理指令、ARM 分支指令、加载/存储指令、批量加载/存储指令、交换指令、程序状态寄存器处理指令、协处理器操作指令和异常产生指令8 类。本章将分类介绍 ARM 指令语法格式、指令编码格式和 ARM 指令的详细功能以及在应用中的注意事项，并给出相应的示例，加深读者对指令的理解。

4.1 数据处理指令

4.1.1 基本数据处理指令

ARM 基本的数据处理指令可以分为 4 类：数据传送指令、算术运算指令、逻辑运算指令和比较指令。

ARM 基本的数据处理指令汇编指令语法格式如下：

$<$ opcode $>\{<$ cond $>\}\{S\}<$ Rd $>,<$ Rn $>,<$ operand2 $>$

ARM 基本的数据处理指令如表 4-1 所示。

表 4-1　ARM 基本数据处理指令

助 记 符	说 明	操 作
MOV{cond}{S}　Rd, operand2	数据传送	Rd←operand2
MVN{cond}{S}　Rd, operand2	数据非传送	Rd←($\sim$operand2)
ADD{cond}{S}　Rd, Rn, operand2	加法运算指令	Rd←Rn+operand2
SUB{cond}{S}　Rd, Rn, operand2	减法运算指令	Rd←Rn−operand2
RSB{cond}{S}　Rd, Rn, operand2	逆向减法指令	Rd←operand2−Rn
ADC{cond}{S}　Rd, Rn, operand2	带进位加法	Rd←Rn+operand2+Carry
SBC{cond}{S}　Rd, Rn, operand2	带借位减法指令	Rd←Rn−operand2−(NOT)Carry
RSC{cond}{S}　Rd, Rn, operand2	带借位逆向减法指令	Rd←operand2−Rn−(NOT)Carry
AND{cond}{S}　Rd, Rn, operand2	逻辑"与"操作指令	Rd←Rn & operand2

助　记　符	说　明	操　作
ORR{cond}{S}　Rd，Rn，operand2	逻辑"或"操作指令	Rd←Rn｜operand2
EOR{cond}{S}　Rd，Rn，operand2	逻辑"异或"操作指令	Rd←Rn ^ operand2
BIC{cond}{S}　Rd，Rn，operand2	位清除指令	Rd←Rn &（～operand2）
CMP{cond}　Rn，operand2	比较指令	标志 N、Z、C、V←Rn－operand2
CMN{cond}　Rn，operand2	负数比较指令	标志 N、Z、C、V←Rn＋operand2
TST{cond}　Rn，operand2	位测试指令	标志 N、Z、C、V←Rn & operand2
TEQ{cond}　Rn，operand2	相等测试指令	标志 N、Z、C、V←Rn ^ operand2

基本的数据处理指令编码格式如下：

31　　28	27 26	25	24　　21	20	19　　16	15　　12	11　　　　　　　0
cond	0 0	I	opcode	S	Rn	Rd	operand2

其中：

cond 为指令执行的条件，当 cond 被忽略时，指令无条件执行；

$$I=\begin{cases}1：第二操作数 operand2 是立即数\\0：第二操作数 operand2 是寄存器移位形式\end{cases}$$

opcode(bit[24:21])：指令操作码，其编码格式如表 4-2 所示；

表 4-2　基本指令操作码编码

操　作　码	指令助记符	说　明
0000	AND	逻辑"与"操作指令
0001	EOR	逻辑"异或"操作指令
0010	SUB	减法运算指令
0011	RSB	逆向减法指令
0100	ADD	加法运算指令
0101	ADC	带进位加法
0110	SBC	带进位减法指令
0111	RSC	带进位逆向减法指令
1000	TST	位测试指令
1001	TEQ	相等测试指令
1010	CMP	比较指令
1011	CMN	负数比较指令
1100	ORR	逻辑"或"操作指令
1101	MOV	数据传送
1110	BIC	位清除指令
1111	MVN	数据非传送

S：决定指令的操作结果或移位情况是否影响 CPSR；

Rn：包含第一个操作数的寄存器编码；

Rd：目标寄存器；

operand2(bit[11:0])：指令第二个操作数，其构成形式见第 3 章数据处理指令寻址部分。

1. 数据传送指令

1) MOV 指令

MOV 指令的汇编语法格式为:

MOV{cond}{S} Rd,operand2

功能:将第二操作数 operand2 表示的数据传送到目标寄存器 Rd 中;如果指令包含后缀 S,则根据操作结果或移位情况更新 CPSR 中的相应条件标志位。

> **注意事项:**
>
> 指令中包含 S 时,如果指令中的目标寄存器< Rd >为 R15,则当前处理器模式对应的 SPSR 的值被复制到 CPSR 寄存器中,对于用户模式和系统模式,指令执行的结果将不可预料;如果指令中的目标寄存器< Rd >不为 R15,指令根据传送的数值设置 CPSR 中的 N 位和 Z 位,并根据移位器的进位值 carry_out 设置 CPSR 的 C 位,CPSR 中的其他位不受影响。

【例 4-1】 指令功能解析。

```
MOV    R1,♯0x80          ; R1 <—0x80
MOV    PC,LR             ; PC<—LR,可以用作子程序返回指令
MOVS   R1,R2,LSL ♯0x02   ; R1 <—R2 * 4,并根据指令运算结果和移位情况
                         ; 设置 CPSR 中的标志位 N、Z 和 C
```

2) MVN 指令

MVN 指令的汇编语法格式为:

MVN{cond}{S} Rd,operand2

功能:将第二操作数 operand2 表示的数据按位取反后传送到目标寄存器 Rd 中;如果指令包含后缀 S,则根据操作结果或移位情况更新 CPSR 中的相应条件标志位。该指令可用作向寄存器中传送一个负数或求一个数的反码。

【例 4-2】 指令功能解析。

```
MVN    R1,♯0xFF00        ; R1 <—0xFFFF00FF
MVNS   R1,R2,LSL ♯0x02   ; R1 <—(R2 * 4 的反码),并根据指令运算结果和移
                         ; 位情况,设置 CPSR 中的标志位 N、Z 和 C
```

2. 算术运算指令

1) ADD 加法指令

ADD 加法指令的汇编语法格式为:

ADD{cond}{S} Rd,Rn,operand2

功能:ADD 指令将 operand2 表示的数据与寄存器 Rn 中的值相加,并把结果传送到目标寄存器< Rd >中;如果指令包含后缀 S,则根据操作结果更新 CPSR 中的相应条件标志位。

【例 4-3】 指令功能解析。

```
ADD    R0,R1,R2          ; R0 <—R1 + R2
ADDS   R0,R1,♯251        ; R0 <—R1 + 251,并根据运算结果更新 CPSR
ADD    R0,R2,R3,LSL♯1    ; R0 <—R2 + (R3 ≪ 1)
```

2）ADC 带 C 标志位的加法指令

ADC 加法指令的汇编语法格式为：

ADC{cond}{S} Rd,Rn,operand2

功能：ADC 带 C 标志位的加法指令将 operand2 表示的数据与寄存器 Rn 中的值相加，再加上 CPSR 中的 C 条件标志位的值，并把结果传送到目标寄存器 Rd 中；如果指令包含后缀 S，则根据操作结果更新 CPSR 中的相应条件标志位。该指令可以实现两个高于 32 位的数据相加运算。

注意事项：

当指令包含后缀 S 时，如果加法运算有进位，则 C=1，否则 C=0。

【例 4-4】　指令功能解析。

实现 64 位数据加法运算：假设 R0 和 R1 存放了一个 64 位数据（作为被加数），R0 存放数据的低 32 位；R2 和 R3 中存放了另一个 64 位数据（作为加数），R2 中存放低 32 位数据。运算结果送回到[R1：R0]中（R0 中存放低 32 位）。

```
ADDS    R0,R0,R2        ;低 32 位相加并影响标志位
ADC     R1,R1,R3        ;高 32 位相加再加上 C 标志位(进位值)
```

3）SUB 减法指令

SUB 加法指令的汇编语法格式为：

SUB{cond}{S} Rd,Rn,operand2

功能：SUB 指令从寄存器 Rn 中减去 operand2 表示的数值，并把结果传送到目标寄存器<Rd>中；如果指令包含后缀 S，则根据操作结果更新 CPSR 中的相应条件标志位。

注意事项：

当指令包含后缀 S 时，如果减法运算有借位，则 C=0，否则 C=1。

【例 4-5】　指令功能解析。

```
SUBS    R0,R1,R2        ;R0 <— R1−R2,并根据运算结果更新 CPSR
SUB     R0,R1,♯250      ;R0 <—R1−250
SUB     R0,R2,R3,LSL♯1  ;R0 <—R2−(R3 ≪ 1)
```

4）SBC 带 C 标志位的减法指令

SBC 加法指令的汇编语法格式为：

SBC{cond}{S} Rd,Rn,operand2

功能：SBC 指令从寄存器<Rn>中减去 operand2 表示的数值，再减去寄存器 CPSR 中 C 条件标志位的反码，并把结果传送到目标寄存器 Rd 中；如果指令包含后缀 S，则根据操作结果更新 CPSR 中的相应条件标志位。该指令可以实现两个高于 32 位的数据相减运算。

注意事项：

当指令包含后缀 S 时，如果减法运算有借位，则 C=0，否则 C=1。

【例 4-6】 指令功能解析。

SBC 指令和 SUBS 指令联合使用可以实现两个 64 位的操作数相减。如果寄存器 R0 和 R1 中放置一个 64 位的被减数,其中 R0 中放置低 32 位数值;寄存器 R2 和 R3 中放置一个 64 位的减数,其中 R2 中放置低 32 位数值。运算结果送回到[R1:R0]中(R0 中存放低 32 位)。

```
SUBS    R0,R0,R2        ;低 32 位相减并影响标志位
SBC     R1,R1,R3        ;高 32 位相减再减去 C 标志位的反码
```

5) RSB 逆向减法指令

RSB 逆向减法指令的汇编语法格式为:

RSB{cond}{S} Rd,Rn,operand2

功能:RSB 指令从第二操作数 operand2 表示的数值中减去寄存器 Rn 值,并把结果传送到目标寄存器 Rd 中;如果指令包含后缀 S,则根据操作结果更新 CPSR 中的相应条件标志位。

其中,各参数的用法与 MOV 传送指令相同。

注意事项:

当指令包含后缀 S 时,如果减法运算有借位,则 C=0,否则 C=1。

【例 4-7】 指令功能解析。

```
RSB     R0,R1,R2        ;R0 <—R2—R1
RSB     R0,R1,♯231      ;R0 <—231—R1
RSB     R0,R2,R3,LSL♯1  ;R0 <— (R3 ≪ 1)—R2
```

6) RSC 带 C 标志位的逆向减法指令

RSC 带 C 标志位的逆向减法指令的汇编语法格式为:

RSC{cond}{S} Rd,Rn,operand2

功能:RSC 指令从 operand2 表示的数值中减去寄存器 Rn 值,再减去寄存器 CPSR 中 C 条件标志位的反码,并把结果传送到目标寄存器 Rd 中;如果指令包含后缀 S,则根据操作结果更新 CPSR 中的相应条件标志位。

注意事项:

当指令包含后缀 S 时,如果减法运算有借位,则 C=0,否则 C=1。

【例 4-8】 指令功能解析。

RSC 指令和 RSBS 指令联合使用可以求一个 64 位数值的负数。

如果寄存器 R0 和 R1 中放置一个 64 位数,其中 R0 中放置低 32 位数值;寄存器 R4 和 R5 中放置其负数,其中 R4 中放置低 32 位数值。

```
RSBS    R4,R0,♯0        ;0 减去低 32 位并影响标志位
RSC     R5,R1,♯0        ;0 减去高 32 位再减去 C 标志位的反码
```

3. 逻辑运算指令

1) AND——"与"逻辑运算指令

AND——"与"逻辑运算指令的汇编语法格式为:

AND{cond}{S} Rd,Rn,operand2

功能：AND 指令将 operand2 表示的数值与寄存器 Rn 的值按位做逻辑"与"操作,并把结果保存到目标寄存器 Rd 中;如果指令包含后缀 S,则根据操作结果更新 CPSR 中的相应条件标志位。

AND 指令可用于提取寄存器中某些位的值。具体做法是设置一个掩码值,将该值中对应于寄存器中欲提取的位设为 1,其他的位设置成 0。对寄存器的值与该掩码值做"与"操作即可得到想要提取的数据。

【例 4-9】　指令功能解析。

 AND　　R0,R0,♯0xFF　；保持 R0 的低 8 位,其余位清 0

2) ORR——"或"逻辑运算指令

ORR——"或"逻辑运算指令的汇编语法格式为：

 ORR{cond}{S} Rd,Rn,operand2

功能：ORR 指令将 operand2 表示的数值与寄存器 Rn 的值按位做逻辑"或"操作,并把结果保存到目标寄存器 Rd 中;如果指令包含后缀 S,则根据操作结果更新 CPSR 中的相应条件标志位。

ORR 指令可用于提取寄存器中某些位的值。具体做法是设置一个掩码值,将该值中对应于寄存器中欲提取的位设为 0,其他的位设置成 1。将寄存器的值与该掩码值做"或"操作即可得到想提取的数据。

【例 4-10】　指令功能解析。

 ORR　　　R0,R0,♯0xFF　　　；保持 R0 的高 24 位,低 8 位(bit[7:0])置 1

3) EOR——"异或"逻辑运算指令

EOR——"异或"逻辑运算指令的汇编语法格式为：

 EOR{cond}{S} Rd,Rn,operand2

功能：EOR 指令将 operand2 表示的数值与寄存器 Rn 的值按位做逻辑"异或"操作,并把结果保存到目标寄存器 Rd 中;如果指令包含后缀 S,则根据操作结果更新 CPSR 中的相应条件标志位。EOR 指令可用于将寄存器中某些位的值取反。将某一位与 0 做逻辑"异或"操作,该位值不变:将某一位与 1 做逻辑"异或"操作,该位值将被求反。

【例 4-11】　指令功能解析。

 EOR　　　R0,R0,♯0xFF　　　；将 R0 的低 8 位(bit[7:0])按位取反

4) BIC——清除逻辑运算指令

BIC——清除逻辑运算指令的汇编语法格式为：

 BIC{cond}{S} Rd,Rn,operand2

功能：BIC 指令将寄存器 Rn 的值与 operand2 表示的数值的反码按位做逻辑"与"操作,并把结果保存到目标寄存器 Rd 中;如果指令包含后缀 S,则根据操作结果更新 CPSR 中的相应条件标志位。BIC 指令可用于将寄存器中某些位的值设置成 0。将某一位与 1 做

BIC 操作,该位值被设置成 0;将某一位与 0 做 BIC 操作,该位值不变。

【例 4-12】 指令功能解析。

BIC   R0,R0,♯0xFF000000   ;清除 R0 中的高 8 位(bit[31:24]),其余位保持不变

4. 比较指令

比较指令没有目标寄存器,只用作更新条件标志位,不保存运算结果,指令后缀无须加 S。在程序设计中,根据操作的结果更新 CPSR 中相应的条件标志位,后面的指令就可以根据 CPSR 中相应的条件标志位来判断是否执行。

1) CMP——相减比较指令

CMP——相减比较指令的汇编语法格式为:

CMP{cond} Rn,operand2

功能:CMP 指令将寄存器 Rn 的值减去 operand2 表示的数值,根据操作结果和寄存器移位情况更新 CPSR 中的相应条件标志位。

注意事项:
- 如果减法运算有借位,则 C=0,否则 C=1。
- CMP 指令与 SUBS 指令的唯一区别在于 CMP 指令不保存操作结果。

【例 4-13】 指令功能解析。

CMP   R0,♯0xAA   ;R0 与 0xAA 相比较,设置相关的标志位
CMP   R0,R1   ;R0 与 R1 相比较,设置相关的标志位

2) CMN——负数比较指令

CMN——负数比较指令的汇编语法格式为:

CMN{cond} Rn,operand2

功能:CMN 指令将寄存器 Rn 的值加上 operand2 表示的数值,根据操作结果和寄存器移位情况更新 CPSR 中的相应条件标志位。

注意事项:
- 如果加法运算有进位,则 C=1,否则 C=0。
- CMN 指令与 ADDS 指令的唯一区别在于 CMN 指令不保存操作结果。

【例 4-14】 指令功能解析。

CMN   R1,♯0x10   ;R1 与 0x10 作相加操作,设置相关的标志位,这条指令的目的是
                       ;判断 R1 中的值是否为 0x10 的补码,如果是,则 Z=1

3) TST——位测试指令

TST——相等测试指令的汇编语法格式为:

TST{cond} Rn,operand2

功能:TST 指令将寄存器 Rn 的值与 operand2 表示的数值按位做逻辑"与"操作,根据操作结果和寄存器移位情况更新 CPSR 中的相应条件标志位。

TST 指令与 ANDS 指令的唯一区别在于 TST 指令不保存操作结果。

【例 4-15】　指令功能解析。

```
TST   R1,♯0x80000000    ;判断 R1 的最高位是否为 0,如果是,则 Z=1
TST   R0,♯0x0FF         ;判断 R0 的低 8 位是否为 0,如果是,则 Z=1
```

4) TEQ——相等测试指令

TEQ——相等测试指令的汇编语法格式为：

TEQ{cond} Rn,operand2

功能：TEQ 指令将寄存器 Rn 的值与 operand2 表示的数值按位做逻辑"异或"操作,根据操作结果和寄存器移位情况更新 CPSR 中的相应条件标志位。

- TEQ 指令与 EOR 指令的唯一区别在于 TEQ 指令不保存操作结果。
- TEQ 指令也可用于比较两个操作数符号是否相同,该指令执行后,CPSR 寄存器中的 N 位为两个操作数符号位做"异或"操作的结果。

【例 4-16】　指令功能解析。

```
TEQ   R0,R1             ;判断 R0 的值与 R1 的值是否相等,如果是,则 Z=1
TEQ   R3,♯0x80000000    ;判断 R3 的值是否等于 0x80000000,如果是,则 Z=1
```

4.1.2　乘法指令

ARM 乘法指令完成两个寄存器中数据的乘法,按照保存结果的数据长度可以分为两类:一类为 32 位的乘法指令,即乘法操作的结果为 32 位;另一类为 64 位的乘法指令,即乘法操作的结果为 64 位。这两种类型的指令共有 6 条,如表 4-3 所示,其中 32 位乘法指令有两条,64 位乘法指令有 4 条。

表 4-3　乘法指令

汇编语法格式	说　明	操　作
MUL{cond}{S}　　Rd, Rm, Rs	32 位乘法指令	Rd←Rm * Rs　　　(Rd≠Rm)
MLA{cond}{S}　　Rd, Rm, Rs, Rn	32 位乘加指令	Rd←Rm * Rs+Rn　　(Rd≠Rm)
UMULL{cond}{S}　RdLo, RdHi, Rm, Rs	64 位无符号乘法指令	(RdHi：RdLo)←Rm * Rs
UMLAL{cond}{S}　RdLo, RdHi, Rm, Rs	64 位无符号乘加指令	(RdHi：RdLo)←Rm * Rs+(RdHi：RdLo)
SMULL{cond}{S}　RdLo, RdHi, Rm, Rs	64 位有符号乘法指令	(RdHi：RdLo)←Rm * Rs
SMLAL{cond}{S}　RdLo, RdHi, Rm, Rs	64 位有符号乘加指令	(RdHi：RdLo)←Rm * Rs+(RdHi：RdLo)

表中各项含义如下。

cond 为指令执行的条件码。当< cond >忽略时指令为无条件执行。

S 决定指令的操作是否影响 CPSR 中条件标志位 N 位和 Z 位的值。当没有 S 时指令不更新 CPSR 中条件标志位的值;当有 S 时指令更新 CPSR 中条件标志位的值。

Rd、RdLo、RdHi 寄存器为目标寄存器。

Rm 寄存器为第一个乘数所在的寄存器。

Rs 为第二个乘数所在的寄存器。

1. 32 位乘法指令

这类指令的编码格式如下:

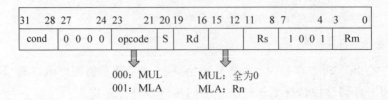

1) MUL

MUL 指令的汇编语法格式如下:

MUL{cond}{S}   Rd,Rm,Rs

MUL 指令实现两个 32 位的数(可以为无符号数,也可以为有符号数)的乘积(Rm * Rs)并将结果存放到一个 32 位的寄存器 Rd 中;如果指令包含后缀 S,则根据操作结果更新 CPSR 中的相应条件标志位。

注意事项:
- 由于两个 32 位的数相乘结果为 64 位,而 MUL 指令仅仅保存了 64 位结果的低 32 位,所以对于带符号的和无符号的操作数来说 MUL 指令执行的结果相同。
- 当 Rd 与 Rm 为同一个寄存器时,指令执行的结果不可预测。
- 寄存器 Rd、Rm、Rs 为 R15 时,指令执行的结果不可预测。

【例 4-17】 指令功能解析。

MUL   R0,R1,R2   ; R0 <—R1 × R2
MULS   R3,R2,R1   ; R3 <—R2 × R1,同时设置 CPSR 中的相关条件标志位

2) MLA

MLA 指令的汇编语法格式如下:

MLA{cond}{S}   Rd,Rm,Rs,Rn

MLA 指令实现两个 32 位的数(可以为无符号数,也可以为有符号数)的乘积,再将乘积(Rm * Rs)加上第 3 个操作数 Rn,并将结果存放到一个 32 位的寄存器 Rd 中;如果指令包含后缀 S,则根据操作结果更新 CPSR 中的相应条件标志位。

注意事项:
- 由于两个 32 位的数相乘结果为 64 位,而 MLA 指令仅仅保存了 64 位结果的低 32 位,所以对于带符号的和无符号的操作数来说 MLA 指令执行的结果相同。
- 当 Rd 与 Rm 为同一个寄存器时,指令执行的结果不可预测。
- 寄存器 Rd、Rm、Rs 为 R15 时,指令执行的结果不可预测。

【例 4-18】　指令功能解析。

```
MLA     R0,R1,R2,R3         ;R0 <— R1 × R2 + R3
MLAS    R0,R1,R2,R3         ;R0 <—R1 × R2 + R3,同时设置 CPSR 中的相关条件标志位
```

2. 64 位乘法指令

这类指令的编码格式如下：

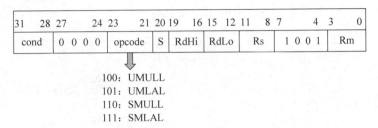

```
100: UMULL
101: UMLAL
110: SMULL
111: SMLAL
```

1) UMULL

UMULL 指令的汇编语法格式如下：

UMULL{cond}{S} RdLo,RdHi,Rm,Rs

UMULL 指令实现两个 32 位无符号数的乘积,乘积结果的高 32 位存放到一个 32 位的寄存器 RdHi 中,乘积结果的低 32 位存放到另一个 32 位的寄存器 RdLo 中;如果指令包含后缀 S,则根据操作结果更新 CPSR 中的相应条件标志位。

注意事项：
寄存器 RdHi、RdLo、Rm、Rs 中任一个为程序计数器 PC(R15)时,指令执行的结果不可预测。

【例 4-19】　指令功能解析。

```
UMULL R0,R1,R2,R3   ;R0＝(R2×R3)的低 32 位
                    ;R1＝(R2×R3)的高 32 位
                    ;其中 R2、R3 中的数为无符号数
```

2) UMLAL

UMLAL 指令的汇编语法格式如下：

UMLAL{cond}{S} RdLo,RdHi,Rm,Rs

UMLAL 指令将两个 32 位无符号数的 64 位乘积结果与由(RdHi：RdLo)表示的 64 位无符号数相加,加法结果的高 32 位存放到寄存器 RdHi 中,加法结果的低 32 位存放到寄存器 RdLo 中;如果指令包含后缀 S,则根据操作结果更新 CPSR 中的相应条件标志位。

注意事项：
寄存器 RdHi、RdLo、Rm、Rs 中任一个为程序计数器 PC(R15)时,指令执行的结果不可预测。

【例 4-20】　指令功能解析。

```
UMLAL R0,R1,R2,R3   ;R0 <—(R2×R3)的低 32 位＋ R0
                    ;R1 <—(R2×R3)的高 32 位＋R1＋低 32 位的进位值,其中
                    ;R2、R3 中的数为无符号数
```

3) SMULL

SMULL 指令的汇编语法格式如下:

SMULL{cond}{S} RdLo,RdHi,Rm,Rs

SMULL 指令实现两个 32 位有符号数的乘积,乘积结果的高 32 位存放到一个 32 位的寄存器 RdHi 中,乘积结果的低 32 位存放到另一个 32 位的寄存器 RdLo 中;如果指令包含后缀 S,则根据操作结果更新 CPSR 中的相应条件标志位。

注意事项:

寄存器 RdHi、RdLo、Rm、Rs 中任一个为程序计数器 PC(R15)时,指令执行的结果不可预测。

【**例 4-21**】 指令功能解析。

(1)

```
SMULL    R0,R1,R2,R3    ; R0 <—(R2×R3)的低 32 位
                        ; R1 <—(R2×R3)的高 32 位
                        ; 其中 R2,R3 中的数为有符号数
```

(2) 写出执行完下面的程序段后,[R3:R2]、[R5:R4]所存放的 64 位乘法结果分别为多少?

```
MVN      R0,♯0x0
MOV      R1,♯0x1
UMULL    R2,R3,R1,R0
SMULL    R4,R5,R1,R0
```

解析:

指令 UMULL R2,R3,R1,R0 实现的是无符号 64 位乘法操作,此时 R0=0xFFFFFFFF,R1=0x1,进行无符号数相乘,结果为 0xFFFFFFFF,因此[R3:R2]中所存放的 64 位乘法结果为 0xFFFFFFFF;

指令 SMULL R4,R5,R1,R0 实现的是有符号 64 位乘法操作,此时 R0=0xFFFFFFFF 作为有符号数,其原码为−1,R1=0x1,进行有符号数相乘,结果为−1,因此[R3:R2]中所存放的 64 位乘法结果为 0xFFFFFFFFFFFFFFFF(其原码为−1)。

4) SMLAL

SMLAL 指令的汇编语法格式如下:

SMLAL{cond}{S}   RdLo,RdHi,Rm,Rs

SMLAL 指令将两个 32 位有符号数的 64 位乘积结果与由(RdHi:RdLo)表示的 64 位有符号数相加,加法结果的高 32 位存放到寄存器 RdHi 中,加法结果的低 32 位存放到寄存器 RdLo 中;如果指令包含后缀 S,则根据操作结果更新 CPSR 中的相应条件标志位。

注意事项:

寄存器 RdHi、RdLo、Rm、Rs 中任一个为程序计数器 PC(R15)时,指令执行的结果不可预测。

【例 4-22】　指令功能解析。

```
SMLAL    R0,R1,R2,R3   ;R0 <—(R2×R3)的低 32 位＋R0
                       ;R1 <—(R2×R3)的高 32 位＋R1＋低 32 位的进位值,其中
                       ;R2、R3 中的数为有符号数
```

4.1.3　杂类的数据处理指令

从 ARM V5 版本指令系统开始支持杂类的数据处理指令 CLZ(Count Leading Zeros, 前导零计数指令),这条指令主要用于计算 32 位寄存器操作数从第 31 位开始连续“0”位的个数,直到遇到“1”停止计数并将“0”的个数送回目标寄存器。这条指令的二进制编码格式如下:

31 28	27 20	19 16	15 12	11 8	7 4	3 0
cond	0 0 0 1 0 1 1 0	全为 1	Rd	全为 1	0 0 0 1	Rm

指令的汇编语法格式:

CLZ＜cond＞＜Rd＞,＜Rm＞

这条指令主要用于计算操作数规范化,例如操作数最高位为 1 时所需要左移的位数。

> **注意事项:**
> • CLZ 指令适用于 ARM V5 指令系统以上版本。
> • CLZ 指令不影响条件码标志。

示例解析:

```
MOV    R4,♯0xAA
CLZ    R2,R4         ;执行后 R2 中的值为 24
```

4.2　ARM 分支指令

分支指令用于实现程序流程的跳转,在 ARM 程序中有两种方法可以实现程序流程的跳转:
- 使用专门的分支指令。
- 直接向程序计数器 PC 写入跳转地址值。

通过向程序计数器 PC 写入跳转地址值,可以实现在 4GB 的地址空间中的任意跳转,在跳转之前结合使用 MOV LR、PC 等类似指令,能够保存程序的返回地址值,从而实现在 4GB 连续地址空间的子程序调用。

ARM 分支指令可以实现从当前指令向前或向后的 32MB 的地址空间跳转。这类分支指令包括分支指令 B、带返回的跳转指令 BL、带返回和状态切换的跳转指令 BLX 和带状态切换的跳转指令 BX。ARM 分支指令如表 4-4 所示。

表 4-4　ARM 分支指令

助　记　符	说　　明	操　　作
B｛cond｝　＜target_address＞	分支指令	PC←target_address
BL｛cond｝　＜target_address＞	带链接的分支指令	PC←target_address，LR←PC
BX｛cond｝　Rm	带状态切换的跳转指令	PC←target_address，切换处理器状态
BLX　＜target_address＞ BLX｛cond｝　Rm	带链接和状态切换的跳转指令	PC←target_address，LR←PC，切换处理器状态

1. 分支指令 B

分支指令 B 可以实现跳转到指定的地址执行程序。

指令的汇编语法格式如下：

B｛＜cond＞｝　＜target_address＞

指令编码格式如下：

31　　28	27　　25	24	23　　　　　　　　　　　　　　　　　　　0
cond	1　0　1	0	signed_immed_24

跳转指令编码中的 signed_immed_24 实际值是相对当前 PC 值的一个偏移量，而不是一个绝对地址，它的值由汇编器来计算。

在指令的汇编语法中 target_address 这个目标地址的计算方法是：将指令中的 24 位带符号的补码立即数扩展为 32 位；将此 32 位数左移两位，得到的值写入到程序计数器 PC 中，即跳转到目标地址。能够实现跳转的范围为 $-32 \sim +32$MB。

注意事项：

目标地址处的指令属于 ARM 指令集。

【例 4-23】　指令功能解析。

B　Label　　　；程序无条件跳转到标号 Label 处执行

CMP　R1，＃0
BEQ　stop　　　；当 R1＝0 时，程序跳转到标号 stop 处执行

2. 带链接的分支指令 BL

带链接的分支指令 BL 可以实现跳转到指定的地址执行程序，同时 BL 指令还将程序计数器 PC 的值保存到 LR 寄存器中。

指令的汇编语法格式如下：

BL｛＜cond＞｝　＜target_address＞

指令编码格式如下：

31　　28	27　　25	24	23　　　　　　　　　　　　　　　　　　　0
cond	1　0　1	1	signed_immed_24

L 决定是否保存返回地址。当有 L 时，指令将下一条指令地址保存到 LR 寄存器中；

当无 L 时,B 指令仅执行跳转,当前 PC 寄存器的值将不会保存到 LR 寄存器中。从指令的编码可以看出,B 与 BL 指令的唯一区别是 bit[24],当 bit[24]＝0 时是 B 指令,当 bit[24]＝1 时是 BL 指令。

BL 跳转指令编码中 signed_immed_24 的含义同 B 指令。

在指令的汇编语法中 target_address 这个目标地址的计算方法是:将指令中的 24 位带符号的补码立即数扩展为 32 位;将此 32 位数左移两位得到的值写入到程序计数器 PC 中,即跳转到目标地址。跳转的范围为－32～＋32MB。

> **注意事项:**
> - 目标地址处的指令属于 ARM 指令集。
> - BL 指令用于实现子程序调用。子程序的返回可以通过将链接寄存器 LR 中的值复制到 PC 寄存器中来实现。

【例 4-24】　指令功能解析。

```
BL    Label      ;程序无条件跳转到标号 Label 处执行时
                 ;同时将当前的 PC 值(下一条指令的地址)保存到 R14 中
```

3. 带状态切换的跳转指令 BX

BX 指令跳转到指令中所指定的目标地址,目标地址处的指令既可以是 ARM 指令,也可以是 Thumb 指令。

指令的汇编语法格式如下:

BX{<cond>}　<Rm>

指令编码格式如下:

31　28	27　　　　　　　　20	19　　　　　　　8	7　　4	3　0
cond	0 0 0 1 0 0 1 0	全为1	0 0 0 1	Rm

BX 指令跳转到 Rm 指定的地址执行程序,如果 Rm 的 bit[0]为 1,则跳转时自动将 CPSR 中的标志位 T 置位,目标地址的代码为 Thumb 代码;如果 Rm 的 bit[0]为 0,则跳转时自动将 CPSR 中的 T 标志位清 0,目标地址的代码为 ARM 代码。

> **注意事项:**
> 当 Rm[1:0]＝0b10 时,由于 ARM 指令是字对齐的,这时会产生不可预料的结果。

【例 4-25】　指令功能解析。

```
BX    R0      ;程序跳转到 R0 指定的地址,并根据 R0 的 bit[0]来切换处理器的状态
```

4. 带链接和状态切换的跳转指令 BLX

BLX 指令从 ARM 指令集跳转到指令中所指定的目标地址,并将处理器的工作状态由 ARM 状态切换到 Thumb 状态,该指令同时将程序计数器 PC 的当前内容保存到链接寄存器 R14 中。因此,当子程序使用 Thumb 指令集,而调用者使用 ARM 指令集时,可以通过 BLX 指令实现子程序的调用和处理器工作状态的切换。同时,子程序的返回可以通过将寄存器 R14 值复制到 PC 中来完成。

根据目标地址形式的不同，带链接和状态切换的跳转指令 BLX 分为如下两种形式。

1）由程序标号给出目标地址

这种形式的 BLX 指令汇编语法格式如下：

BLX　＜target_address＞

对应的指令编码格式如下：

31	28	27	25	24	23	0
1 1 1 1		1 0 1		H	signed_immed_24	

目标地址 target_address 的计算方法是：先对指令中定义的有符号 24 位偏移量用符号位扩展为 32 位，并将该 32 位数左移 2 位，然后将其加到程序计数器 PC 中，H 位（bit[24]）加到目标地址的第一位（bit[1]），目标地址总是 Thumb 指令。跳转的范围为 $-32 \sim +32$MB。

2）寄存器的内容作为目标地址

这种形式的 BLX 指令汇编语法格式如下：

BLX｛＜cond＞｝　＜Rm＞

对应的指令编码格式如下：

31	28	27	20	19	8	7	4	3	0
cond		0 0 0 1 0 0 1 0		全为1		0 0 1 1		Rm	

其中，BLX 指令跳转到 Rm 指定的地址执行程序，如果 Rm 的 bit[0]为 1，则跳转时自动将 CPSR 中的标志位 T 置位，目标地址的代码为 Thumb 代码；如果 Rm 的 bit[0]为 0，则跳转时自动将 CPSR 中的 T 标志位清 0，目标地址的代码为 ARM 代码。

注意事项：
- 这两种不同汇编语法格式对应着不同的指令编码形式，而且机器码差别较大。
- 前一种属于无条件执行指令，后一种是有条件执行的。

【例 4-26】 指令功能解析。

BLX　SUB_thumb　　　；调用 Thumb 代码子程序
⋮

其中，SUB_thumb 为 Thumb 代码。

4.3　加载/存储指令

ARM 微处理器支持加载/存储指令用于在寄存器和存储器之间传送数据。加载指令用于从内存中读取数据放入寄存器中，存储指令用于将寄存器中的数据保存到内存中，如表 4-5 所示。根据寻址方式的不同，ARM 的加载/存储指令可分为两类：
- 用于操作 32 位的字类型数据以及 8 位无符号的字节类型数据；
- 用于操作 16 位半字类型数据和 8 位有符号字节类型数据。

表 4-5　加载/存储指令

汇编语法格式	指令功能	操　　作
LDR{cond}　　Rd,addressing	加载字数据	Rd←[addressing]
LDR{cond}B　Rd,addressing	加载无符号字节数据	Rd←[addressing]
LDR{cond}T　Rd,addressing	以用户模式加载字数据	Rd←[addressing]
LDR{cond}BT　Rd,addressing	以用户模式加载无符号字节数据	Rd←[addressing]
LDR{cond}H　Rd,addressing	加载无符号半字数据	Rd←[addressing]
LDR{cond}SB　Rd,addressing	加载有符号字节数据	Rd←[addressing]
LDR{cond}SH　Rd,addressing	加载有符号半字数据	Rd←[addressing]
STR{cond}　　Rd,addressing	存储字数据	[addressing]←Rd
STR{cond}B　Rd,addressing	存储字节数据	[addressing]←Rd
STR{cond}T　Rd,addressing	以用户模式存储字数据	[addressing]←Rd
STR{cond}BT　Rd,addressing	以用户模式存储字节数据	[addressing]←Rd
STR{cond}H　Rd,addressing	存储半字数据	[addressing]←Rd

4.3.1　加载/存储字、无符号字节指令

1. LDR/STR 指令

LDR 指令用于从内存中将一个 32 位的字数据读取到指令中的目标寄存器中。对于小端内存模式,指令读取的低地址字节数据存放在目标寄存器的低 8 位(bit[7:0]);对于大端的内存模式,指令读取的低地址字节数据存放在目标寄存器的高 8 位(bit[31:24])。

STR 指令用于将一个 32 位寄存器中的字数据写入到指令中指定的内存单元。对于小端内存模式,寄存器的低 8 位存放在低地址字节单元;对于大端内存模式,寄存器的低 8 位存放在高地址字节单元。

指令的汇编语法格式为:

LDR{cond}　　Rd,< addressing >
STR{cond}　　Rd,< addressing >
LDR{cond}T　Rd,< addressing >
STR{cond}T　Rd,< addressing >

指令编码格式如下:

31　　28	27 26	25	24	23	22 21	20	19　　16	15　　12	11　　　　　0
cond	0 1	I	P	U	0 W	L	Rn	Rd	addressing_mode

cond 为指令执行的条件。

$$I = \begin{cases} 1: \text{偏移量为寄存器移位形式} \\ 0: \text{偏移量为 } 12 \text{ 位立即数} \end{cases}$$

$$P = \begin{cases} 1: \text{前变址操作} \\ 0: \text{后变址操作} \end{cases}$$

$$U = \begin{cases} 1: \text{内存地址 address 为基址寄存器 Rn 值加上地址偏移量} \\ 0: \text{内存地址 address 为基址寄存器 Rn 值减去地址偏移量} \end{cases}$$

$$W=\begin{cases} 1\text{:执行基址寄存器回写操作} \\ 0\text{:不执行基址寄存器回写操作} \end{cases}$$

$$L=\begin{cases} 1\text{:执行 Load 操作} \\ 0\text{:执行 Store 操作} \end{cases}$$

Rn 为基址寄存器,Rd 为源/目标寄存器,addressing_mode 为内存地址构成格式,其构成形式详见第 3 章。

LDRT/STRT 是用户模式下的字数据加载/存储指令,当在特权极的处理器模式下使用本指令时,内存系统将该操作当作一般用户模式下的内存访问操作。这种指令在用户模式下使用无效,在特权模式下只能使用前变址形式。

> **注意事项:**
> - LDR 指令一般用于从内存中读取 32 位字数据到通用寄存器中,然后可以在该寄存器中对数据进行一定的操作。
> - 当 PC 作为指令中的目标寄存器时,指令可以实现程序跳转的功能。
> - 异常中断程序是在特权级的处理器模式下执行的,这时如果需要按照用户模式的权限访问内存,可以使用 LDRT 指令。

【例 4-27】 指令功能解析。

```
LDREQ  R0,[R1]              ；当 Z＝1 时,将存储器地址为 R1 的字数据读入寄存器 R0
LDREQ  R0,[R1,R2]           ；当 Z＝1 时,将存储器地址为 R1+R2 的字数据读入寄存器 R0
LDR  R0,[R1,＃－4]           ；将存储器地址为 R1－4 的字数据读入寄存器 R0
LDR R0,[R1,R6] ！           ；将存储器地址为 R1＋R6 的字数据读入寄存器 R0
                            ；并将新地址 R1＋R6 写入 R1
LDR R0,[R1,＃－4] ！         ；将存储器地址为 R1－4 的字数据读入寄存器 R0
                            ；并将新地址 R1－4 写入 R1
LDR R0,[R1],R2              ；将存储器地址为 R1 的字数据读入寄存器 R0
                            ；并将新地址 R1＋R2 写入 R1
LDR R0,[R1,R2,LSL＃2]！      ；将存储器地址为 R1＋R2＊4 的字数据读入寄存器 R0
                            ；并将新地址 R1＋R2＊4 写入 R1
LDR R0,[R1],R2,LSL＃2       ；将存储器地址为 R1 的字数据读入寄存器 R0
                            ；并将新地址 R1＋R2＊4 写入 R1
STR R0,[R1],＃4             ；将 R0 中的字数据写入以 R1 为地址的字存储单元中
                            ；并将新地址 R1＋4 写入 R1
STR R0,[R1,＃4]             ；将 R0 中的字数据写入以 R1＋4 为地址的字存储单元中
STR R0,[R1,＃4]！            ；将 R0 中的字数据写入以 R1＋4 为地址的存储器中
                            ；并将新地址 R1＋4 写入 R1
```

2. LDRB/STRB 指令

LDRB 指令用于从内存中将一个 8 位的字节数据读取到指令中的目标寄存器低 8 位(bit[7:0])中,寄存器的高 24 位(bit[31:8])清零。

STRB 指令用于将一个寄存器的低 8 位(bit[7:0])写入到指令中指定的内存地址字节单元。

指令的汇编语法格式如下:

```
LDR{cond}B      Rd,<addressing>
```

STR{cond}B　　Rd,<addressing>
LDR{cond}BT　Rd,<addressing>
STR{cond}BT　Rd,<addressing>

指令编码格式如下：

31	28	27	26	25	24	23	22	21	20	19	16	15	12	11	0
cond		0	1	I	P	U	1	W	L	Rn		Rd		addressing_mode	

cond 为指令执行的条件。

$$I=\begin{cases}1：偏移量为寄存器移位形式\\0：偏移量为 12 位立即数\end{cases}$$

$$P=\begin{cases}1：前变址操作\\0：后变址操作\end{cases}$$

$$U=\begin{cases}1：内存地址 address 为基址寄存器 Rn 值加上地址偏移量\\0：内存地址 address 为基址寄存器 Rn 值减去地址偏移量\end{cases}$$

$$W=\begin{cases}1：执行基址寄存器回写操作\\0：不执行基址寄存器回写操作\end{cases}$$

$$L=\begin{cases}1：执行 Load 操作\\0：执行 Store 操作\end{cases}$$

Rn 为基址寄存器，Rd 为源/目标寄存器，addressing_mode 为内存地址构成格式，其构成形式详见第 3 章。

LDRBT/STRBT 是用户模式下的字数据加载/存储指令，当在特权极的处理器模式下使用本指令时，内存系统将该操作当作一般用户模式下的内存访问操作。这种指令在用户模式下使用无效，在特权模式下只能使用前变址形式。

> **注意事项：**
> - LDRB 一般用于从内存中读取 8 位字数据到通用寄存器中，然后可以在该寄存器中对数据进行一定的操作。
> - 当 PC 作为指令中的目标寄存器时，指令可以实现程序跳转的功能。
> - 异常中断程序是在特权级的处理器模式下执行的，这时如果需要按照用户模式的权限访问内存，可以使用 LDRBT 指令。

【例 4-28】　指令功能解析。

LDREQB　　R0,[R1]	;当 Z=1 时,将存储器地址为 R1 的字节数据单元读入 ;寄存器 R0 的低 8 位,高 24 位清零
LDREQB　R0,[R1,R2]	;当 Z=1 时,将存储器地址为 R1+R2 的字节数据单元 ;读入寄存器 R0 的低 8 位,高 24 位清零
LDRB　R0,[R1,#−4]	;将存储器地址为 R1−4 的字节数据单元读入寄存器 R0 ;的低 8 位,高 24 位清零
LDRB R0,[R1,R6]!	;将存储器地址为 R1+R6 的字节数据单元读入寄存器 R0 ;的低 8 位,高 24 位清零;并将新地址 R1+R6 写入 R1
LDRB R0,[R1,#−4]!	;将存储器地址为 R1−4 的字节数据单元读入寄存器 R0 ;的低 8 位,高 24 位清零;并将新地址 R1−4 写入 R1

LDRB R0,[R1],R2	;将存储器地址为 R1 的字节数据单元读入寄存器 R0 的
	;低 8 位,高 24 位清零;并将新地址 R1+R2 写入 R1
LDRB R0,[R1,R2,LSL♯2]!	;将存储器地址为 R1+R2 * 4 的字节数据单元读入
	;寄存器 R0 的低 8 位,高 24 位清零;并将新地址
	;R1+R2 * 4 写入 R1
LDRB R0,[R1],R2,LSL♯2	;将存储器地址为 R1 的字节数据单元读入寄存器
	;R0 的低 8 位,高 24 位清零;并将新地址
	;R1+R2 * 4 写入 R1
STRB R0,[R1],♯4	;将 R0 的低 8 位写入以 R1 为地址的字节存储单元
	;中,并将新地址 R1+4 写入 R1
STRB R0,[R1,♯4]	;将 R0 的低 8 位写入以 R1+4 为地址的字节存储单
	;元中
STRB R0,[R1,♯4]!	;将 R0 的低 8 位写入以 R1+4 为地址的字节存储单
	;元中,并将新地址 R1+4 写入 R1

4.3.2　半字、有符号字节访问指令

半字数据访问指令用于内存中的数据与寄存器低 16 位数据进行操作,有符号字节访问指令可实现向寄存器加载 8 位的有符号字节数据。对于向寄存器加载无符号半字数据,寄存器的高 16 位 bit[31:16] 清零;对于向寄存器加载有符号半字数据,寄存器的高 16 位 bit[31:16] 用符号位扩展为 32 位;对于向寄存器加载有符号字节数据,寄存器的高 24 位 bit[31:8] 用符号位扩展为 32 位。

这类指令的汇编语法格式为:

```
LDR{cond}H   Rd,< addressing >
STR{cond}H   Rd,< addressing >
LDR{cond}SH  Rd,< addressing >
LDR{cond}SB  Rd,< addressing >
```

指令编码格式如下:

31	28 27	25 24 23	22 21 20 19	16 15	12 11	8 7 6 5 4 3	0
cond	0 0 0	P U I	W L	Rn	Rd	addressing_mode	1 S H 1	addressing_mode

cond 为指令执行的条件。

$$P=\begin{cases}1:\text{前变址操作}\\0:\text{后变址操作}\end{cases}$$

$$U=\begin{cases}1:\text{内存地址 address 为基址寄存器 Rn 值加上地址偏移量}\\0:\text{内存地址 address 为基址寄存器 Rn 值减去地址偏移量}\end{cases}$$

$$I=\begin{cases}1:\text{偏移量为 8 位立即数}\\0:\text{偏移量为寄存器移位形式}\end{cases}$$

$$W=\begin{cases}1:\text{执行基址寄存器回写操作}\\0:\text{不执行基址寄存器回写操作}\end{cases}$$

$$L = \begin{cases} 1：执行 \text{ Load } 操作 \\ 0：执行 \text{ Store } 操作 \end{cases}$$

Rn 为基址寄存器，Rd 为源/目标寄存器，<addressing_mode>为内存地址构成格式，其构成形式详见第 3 章。

在指令编码中对于 H(bit[5])、S(bit[6])的编码对应的汇编语法格式如表 4-6 所示。

表 4-6　半字、有符号字节访问指令汇编语法格式

S	H	汇编语法格式	
0	1	LDR{cond}H	Rd,<addressing>
		STR{cond}H	Rd,<addressing>
1	0	LDR{cond}SB	Rd,<addressing>
1	1	LDR{cond}SH	Rd,<addressing>

注意事项：
- LDRH 指令一般用于从内存中读取 16 位半字数据到通用寄存器中，然后可以在该寄存器中对数据进行一定的操作。
- 当 PC 作为指令中的目标寄存器时，指令可以实现程序跳转的功能。
- STRH 指令用于将一个 16 位的半字数据写入到指令中指定的内存单元，该半字数据为指令中源操作数寄存器的低 16 位。如果指令中的内存地址不是半字对齐的，指令会产生不可预知的结果。

【例 4-29】　指令功能解析。

```
LDRH R0,[R1],#2       ;将存储器地址为 R1 的半字数据读入寄存器 R0
                      ;R0 的高 16 位清零；并将新地址 R1+2 写入 R1
LDRH R0,[R1,#2]       ;将存储器地址为 R1+2 的半字数据读入寄存器 R0
                      ;R0 的高 16 位清零
LDRH R0,[R1,R2]       ;将存储器地址为 R1+R2 的半字数据读入寄存器 R0
                      ;R0 的高 16 位清零
STRH R0,[R1]          ;将寄存器 R0 中的半字数据写入以 R1 为地址的存储器中
STRH R0,[R1,#2]       ;将寄存器 R0 中的半字数据写入以 R1+2 为地址的存储器中
LDRSB R0,[R1,R2]      ;将存储器地址为 R1+R2 的字节数据单元读入寄存器 R0
                      ;R0 的高 24 位用符号位扩展
LDRSH R0,[R1,R2]!     ;将存储器地址为 R1+R2 的半字数据读入寄存器 R0
                      ;R0 的高 16 位用符号位扩展；同时将新地址 R1+R2 写入 R1
```

4.4　批量加载/存储指令

ARM 微处理器所支持的批量数据加载/存储指令可以一次性实现一片连续的存储器单元和多个寄存器之间进行传送数据。批量数据加载指令用于将一片连续的存储器中的数据传送到多个寄存器中，批量数据存储指令能够实现将多个寄存器中的内容一次性地存放到一片连续存储器中。批量数据加载/存储指令功能简表如表 4-7 所示。

表 4-7 批量数据加载/存储指令功能简表

汇编语法格式	指令功能	操 作
LDM{cond}{mode} Rn{!}, reglist	多寄存器加载	reglist←[Rn…],{Rn 回写}
STM{cond}{mode} Rn{!}, reglist	多寄存器存储	[Rn…]←reglist,{Rn 回写}

根据 LDM/STM 所实现的操作可以将其分为三类：基本批量字数据加载/存储指令、用户模式下的批量字数据加载/存储指令和带 PSR（状态寄存器）操作的批量字数据加载指令。

4.4.1 基本批量字数据加载/存储指令

基本批量字数据加载/存储指令实现将数据从连续的内存单元中读取到寄存器列表中的各寄存器中。它主要用于块数据的存取、数据栈操作以及从子程序中返回等操作。当 PC 包含在 LDM 指令的寄存器列表中时,指令从内存中读取字数据将被当作目标地址值,指令执行后程序将从目标地址处开始执行,即实现了跳转操作。

基本批量字数据加载/存储指令汇编语法格式如下。

批量加载:

LDM {<cond>}<addressing_mode><Rn>{!},<registers>

批量存储:

STM {<cond>}<addressing_mode><Rn>{!},<registers>

基本批量字数据加载/存储指令编码格式如下:

31	28 27		25 24	23	22 21	20 19	16 15	0
cond	1 0	0	P	U	0 W	L Rn	register_list	

cond 为指令执行的条件。

$$P=\begin{cases}1:\text{前变址操作}\\0:\text{后变址操作}\end{cases}$$

U 表示地址变化的方向。

$$U=\begin{cases}1:\text{地址向上变化}\\0:\text{地址向下变化}\end{cases}$$

$$W=\begin{cases}1:\text{执行基址寄存器回写操作}\\0:\text{不执行基址寄存器回写操作}\end{cases}$$

$$L=\begin{cases}1:\text{执行 Load 操作}\\0:\text{执行 Store 操作}\end{cases}$$

Rn 为基址寄存器,装有传送数据的初始地址。register_list 表示要加载或存储的寄存器列表,bit[15:0]可以表示 16 个寄存器,如果某位为 1,则该位的位置作为寄存器的编号,此寄存器参与加载或存储。

注意事项:

- Rn 不允许为程序计数器 PC(R15)。
- 指令中寄存器和连续内存地址单元的对应关系:编号低的寄存器对应内存低地址单元,编号高的寄存器对应内存高地址单元。
- 如果指令中基址寄存器<Rn>在寄存器列表<registers>中,而且指令中寻址方式指定指令执行后更新基址寄存器<Rn>的值,则指令执行会产生不可预知的结果。

【例 4-30】 指令功能解析。

(1) 程序例句。

```
STMFD R13!,{R0,R3-R10,LR}    ;将寄存器列表中的寄存器(R0,R3 到 R10,LR)
                             ;存入堆栈,堆栈指针为 R13
LDMFD R13!,{R0,R3-R10,PC}    ;将堆栈内容恢复到寄存器(R0,R3～R10,PC)
                             ;将 LR 的内容装入 PC,实现子程序的返回
```

(2) 代码。

阅读下列代码段,试分析各个寄存器中的字数据存储在内存中的位置,并写出从内存地址 0x8FEC 开始的连续 20 字节内存地址单元中内容(数据存储采用小端格式)。

```
MOV     R1,#0x9000
MOV     R0,#0x11
MOV     R2,#0x22
MOV     R3,#0x33
MOV     R4,#0x44
MOV     R5,#0x55
STMDB   R1!,{R0,R2-R5}
```

解:代码实现的是多寄存器的批量存储,根据低地址对应编号小的寄存器的原则,写出各个寄存器中的字数据存储在内存中的位置,如图 4-1(a)所示。数据存储采用小端格式,可得寄存器中的字数据在内存中的存储格式如图 4-1(b)所示。

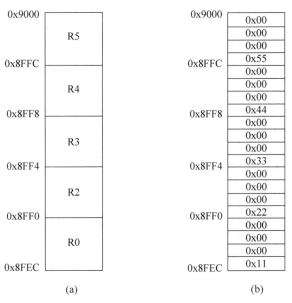

图 4-1　寄存器及字数据与内存地址单元的对应关系

4.4.2 用户模式下的批量字数据加载/存储指令

用户模式下的批量字数据加载/存储指令操作实现的操作是：即使处理器工作在特权模式下,存储系统也将访问看成是处理器在用户模式下,因此所加载/存储的寄存器组为用户模式下的寄存器。该指令寄存器列表中不包含程序计数器 PC,不允许对基址寄存器回写操作。

用户模式下的批量字数据加载/存储指令汇编语法格式如下。

批量加载：

LDM {<cond>}< addressing_mode ><Rn> ,< registers_without_pc >^

批量存储：

STM {<cond>}< addressing_mode ><Rn> ,< registers_without_pc >^

用户模式下的批量字数据加载/存储指令编码格式如下：

31 28	27 25	24	23	22 21	20	19 16	15	14 0
cond	1 0 0	P	U	1 0	L	Rn	0	register_list

cond 为指令执行的条件。

$$P=\begin{cases}1:\text{前变址操作}\\0:\text{后变址操作}\end{cases}$$

U 表示地址变化的方向。

$$U=\begin{cases}1:\text{地址向上变化}\\0:\text{地址向下变化}\end{cases}$$

$$L=\begin{cases}1:\text{执行 Load 操作}\\0:\text{执行 Store 操作}\end{cases}$$

Rn 为基址寄存器,也就是内存地址块的最低地址值。register_list 表示要加载或存储的寄存器列表,bit[14:0]可以表示 15 个寄存器,如果某位为 1,则该位的位置作为寄存器的编号,此寄存器参与加载或存储。registers_without_pc 表示寄存器列表,但不包括程序计数器 PC。^表示指令中所用的寄存器为用户模式下的寄存器。

注意事项：
- 指令中寄存器和连续内存地址单元的对应关系：编号低的寄存器对应内存低地址单元,编号高的寄存器对应内存高地址单元。
- 在用户模式和系统模式下使用本指令会产生不可预知的结果。
- 指令中的基址寄存器是指令执行时的当前处理器模式对应的物理寄存器,而不是用户模式对应的寄存器。
- 异常中断程序是在特权级的处理器模式下执行的,这时如果需要按照用户模式的权限访问内存,则可以使用用户模式下的批量字数据加载/存储指令。

4.4.3 带 PSR 操作的批量字数据加载指令

在带 PSR 操作的批量字数据加载指令中,程序计数器 PC 包含在指令寄存器列表中。该指令将数据从连续的内存单元中读取到指令中寄存器列表中的各寄存器中。它同时将目前处理器模式对应的 SPSR 寄存器内容复制到 CPSR 寄存器中。由于程序计数器 PC 包含在指令寄存器列表中,指令从内存中读取字数据将被当作目标地址值,指令执行后程序将从目标地址处开始执行,即实现了跳转操作。

带 PSR 操作的批量字数据加载指令汇编语法格式如下。

批量加载:

LDM ⟨<cond>⟩<addressing_mode><Rn>⟨!⟩,<registers_with_pc>^

带 PSR 操作的批量字数据加载指令编码格式如下:

31	28	27		25	24	23	22	21	20	19		16	15	14		0
cond		1	0	0	P	U	1	W	1		Rn		1		register_list	

cond 为指令执行的条件。

$$P=\begin{cases}1:前变址操作\\0:后变址操作\end{cases}$$

U 表示地址变化的方向。

$$U=\begin{cases}1:地址向上变化\\0:地址向下变化\end{cases}$$

$$W=\begin{cases}1:执行基址寄存器回写操作\\0:不执行基址寄存器回写操作\end{cases}$$

Rn 为基址寄存器,也就是内存地址块的最低地址值。register_list 表示要加载或存储的寄存器列表,bit[14:0]可以表示 15 个寄存器,如果某位为 1,则该位的位置作为寄存器的编号,此寄存器参与加载。registers_with_pc 表示寄存器列表,程序计数器 PC 必须包括在其中。^表示指令执行时将目前处理器模式下的 SPSR 值复制到 CPSR 中。

注意事项:
- 指令中寄存器和连续内存地址单元的对应关系:编号低的寄存器对应内存低地址单元,编号高的寄存器对应内存高地址单元。
- 如果指令中基址寄存器 Rn 在寄存器列表中,而且指令中寻址方式指定指令执行后更新基址寄存器 Rn 的值,则指令执行会产生不可预知的结果。
- 本指令主要用于从异常中断模式下返回,如果在用户模式或系统模式下使用该指令,会产生不可预知的结果。

【例 4-31】 如何用带 PSR 操作的批量字数据加载指令实现 IRQ 中断的返回?

解:在进入 IRQ 中断处理程序时,首先计算返回地址,并保存相关的寄存器。

```
SUB     R14,R14,#4                ;
STMFD   R13!,{R0-R3,R12,LR}       ;
```

如果 IRQ 中断处理程序返回到被中断的进程则执行下面的指令。该指令从数据栈中恢复寄存器 R0～R3 及 R12 的值,将返回地址传送到 PC 中,并将 SPSR_irq 值复制到 CPSR 中。

```
LDMFD    R13!,{R0-R3,R12,PC}^
```

4.5 交 换 指 令

ARM 指令支持原子操作,主要是用来对信号量进行的操作,因为信号量操作的要求是做原子操作,即在一条指令中完成信号量的读取和修改操作。ARM 微处理器所支持的数据交换指令就能完成此功能,能在一条指令中实现存储器和寄存器之间交换数据。数据交换指令功能简表如表 4-8 所示。

表 4-8 交换指令功能简表

汇编语法格式	指 令 功 能	操 作
SWP{cond} Rd,Rm,[Rn]	寄存器和存储器字数据交换	Rd←[Rn],[Rn]←Rm(Rn≠Rd 或 Rm)
SWP{cond}B Rd,Rm,[Rn]	寄存器和存储器字节数据交换	Rd 的低 8 位←[Rn],[Rn]←Rm 的低 8 位(Rn≠Rd 或 Rm)

1. 字数据交换指令

SWP 是对字数据操作指令,用于将一个寄存器 Rn 为地址的内存字数据单元的内容读取到一个寄存器<Rd>中,同时将另一个寄存器 Rm 的内容写入到该内存单元中。

SWP 字数据交换指令汇编语法格式为:

SWP{<cond>} <Rd>,<Rm>,[<Rn>]

SWP 字数据交换指令编码格式如下:

31 28	27 23	22	21 20	19 16	15 12	11 4	3 0
cond	0 0 0 1 0	0	0 0	Rn	Rd	0 0 0 0 1 0 0 1	Rm

其中:

<cond>为指令执行的条件码,当<cond>忽略时指令为无条件执行;

<Rd>为目标寄存器;

<Rm>寄存器包含将要保存到内存中的数值;

<Rn>寄存器中包含将要访问的内存地址。

注意事项:
- 地址寄存器 Rn 与 Rd 不能为同一个寄存器,Rn 与 Rm 也不能为同一个寄存器;
- 当 Rd 和 Rm 为同一个寄存器时,SWP 指令将寄存器和内存单元的内容互换。

【例 4-32】 指令功能解析。

```
SWP   R0,R1,[R2]        ;将 R2 所指向的存储器中的字数据传送到 R0
                        ;同时将 R1 中的字数据传送到 R2 所指向的存储单元
```

```
SWP  R0,R0,[R1]        ;该指令完成将 R1 所指向的存储器中的字数据与
                       ;R0 中的字数据进行交换
```

2. 字节数据交换指令

SWPB 是对字节操作指令,用于将一个寄存器 Rn 为内存地址的字节数据单元的内容读取到一个寄存器 Rd 中,寄存器 Rd 的高 24 位设置为 0,同时将另一个寄存器 Rm 的低 8 位数值写入到该内存单元中。

SWPB 字数据交换指令汇编语法格式为:

SWP{<cond>}{B} <Rd>,<Rm>,[<Rn>]

SWPB 字数据交换指令编码格式如下:

31　　28	27　　　　23	22	21 20	19　　16	15　　12	11　　　　4	3　　0
cond	0 0 0 1 0	1	0 0	Rn	Rd	0 0 0 0 1 0 0 1	Rm

其中:

<cond>为指令执行的条件码,当<cond>忽略时指令为无条件执行;

<Rd>为目标寄存器;

<Rm>寄存器包含将要保存到内存中的数值,主要用到该寄存器的低 8 位;

<Rn>寄存器中包含将要访问的内存字节单元的地址。

> **注意事项:**
> - 地址寄存器 Rn 与 Rd 不能为同一个寄存器,Rn 与 Rm 也不能为同一个寄存器;
> - 当 Rd 和 Rm 为同一个寄存器时,SWPB 指令将寄存器的低 8 位与内存字节单元的内容互换。

【例 4-33】　指令功能解析。

```
SWPB  R0,R1,[R2]       ;将 R2 所指向的存储器中的字节数据传送到 R0 的低 8 位
                       ;且 R0 的高 24 位清 0,同时将 R1 中的低 8 位数据传送到 R2
                       ;所指向的字节存储单元
SWPB  R0,R0,[R1]       ;该指令完成将 R1 所指向的存储器中的字节数据与 R0 中的
                       ;低 8 位字节数据进行交换
```

4.6　程序状态寄存器访问指令

程序状态寄存器(PSR)访问指令用来实现通用寄存器与程序状态寄存器之间的数据传输,共有两条:读程序状态寄存器指令(MRS)和写程序状态寄存器指令(MSR)。这类指令可以用来修改 CPSR,通常是通过"读取-修改-写回"的操作序列来实现。

虽然提供了 MRS 和 MSR 两条指令可以修改程序状态寄存器,但是当前程序状态寄存器 CPSR 中的 T 控制位是不可以通过"读取-修改-写回"的方式进行修改的,因为 T 位的变化涉及处理器状态的切换。这种情况下,必须通过 BX 等指令完成程序状态的切换(T 位的改变)。

1. 读程序状态寄存器指令

MRS 指令用于将状态寄存器的内容传送到通用寄存器中。这是程序获得程序状态寄存器 PSR 数据的唯一方法。

读程序状态寄存器指令的汇编语法格式：

MRS ｛＜cond＞｝ ＜Rd＞,CPSR

MRS ｛＜cond＞｝ ＜Rd＞,SPSR

指令编码格式如下：

31	28	27					23	22	21	20	19		16	15		12	11		0
cond		0	0	0	1	0		R	0	0	1	1	1	1	Rd			全为0	

其中：

＜cond＞为指令执行的条件码，当＜cond＞忽略时指令为无条件执行；

Rd 寄存器为目标寄存器；

R(bit[22])为 0 时，读 CPSR；R(bit[22])为 1 时，读 SPSR。

> **注意事项：**
> - 通常通过"读取-修改-写回"的操作序列来修改状态寄存器的内容。MRS 指令用于将状态寄存器的内容传送到通用寄存器中。
> - 当异常中断允许嵌套时，需要在进入异常中断之后，嵌套中断发生之前保存当前处理器模式对应的 SPSR。这时需要先通过 MRS 指令读出 SPSR 的值。

【例 4-34】 指令功能解析。

```
MRS      R0,CPSR      ；将当前程序状态寄存器 CPSR 的内容读到 R0 中
MRS      R1,SPSR      ；将程序状态备份寄存器 SPSR 的内容读到 R1 中
```

2. 写程序状态寄存器指令

MSR 指令用于将通用寄存器的内容或一个立即数传送到程序状态寄存器中，实现对程序状态寄存器的修改。

写程序状态寄存器指令的汇编语法格式：

MSR ｛＜cond＞｝　 CPSR_＜fields＞,＜operand2＞

MSR ｛＜cond＞｝　 SPSR_＜fields＞,＜operand2＞

指令编码格式如下：

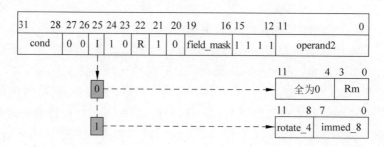

其中：

fields 设置状态寄存器中需要操作的位域。状态寄存器的 32 位可分为 4 个 8 位的域。

bit[31:24]为条件标志位域,用 f 表示；

bit[23:16]为状态位域,用 s 表示；

bit[15:8]为扩展位域,用 x 表示；

bit[7:0]为控制位域,用 c 表示。

第二操作数 operand2 的构成形式有以下两种形式：

<immediate>,将要传送到状态寄存器中的立即数；

<Rm>,包含将要传送到状态寄存器中的数据。

R(bit[22])为 0 时,写 CPSR；R(bit[22])为 1 时,写 SPSR。

注意事项：

- 当退出异常中断处理程序时,如果事先保存了状态寄存器的内容通常使用 MSR 指令将事先保存的状态寄存器内容恢复到状态寄存器中。
- 当需要修改状态寄存器的内容时,通过"读取-修改-写回"指令序列完成,写回操作也是通过 MSR 指令完成的。
- 写程序状态寄存器指令 MSR 只能在特权模式下使用。

【例 4-35】 指令功能解析。

示例 1：

```
MSR    CPSR_c,♯0xD3        ；修改当前程序状态寄存器 CPSR 的 bit[7:0]控制位域使处理器切
                           ；换到管理模式
MSR    CPSR_cxsf,R0        ；将通用寄存器 R0 中的内容传送到当前程序状态寄存器 CPSR 中
```

示例 2：用 ARM 汇编语言编写代码,实现将 ARM 处理器切换到未定义模式,并关闭中断。

解：根据采用的开发编译环境的不同,有以下两种书写格式。

（1）采用 ARM 编译格式书写。

```
Undef_Mode EQU      0x1B
Mode_Mask  EQU      0x1F
NOINT      EQU      0xC0
  MRS      R0,CPSR                            ；读 CPSR
  BIC      R0,R0,♯Mode_Mask
  ORR      R1,R0,♯Undef_Mode｜NOINT           ；修改
  MSR      CPSR_cxsf,R1                       ；进入未定义模式
```

（2）采用 GNU-ARM 编译格式书写。

```
.equ    Undef_Mode,0x1B
.equ    Mode_Mask  0x1F
.equ    NOINT,      0xC0
MRS     R0,CPSR                               @读 CPSR
BIC     R0,R0,♯Mode_Mask
ORR     R1,R0,♯Undef_Mode｜NOINT              @修改
MSR     CPSR_cxsf,R1                          @进入未定义模式
```

4.7 协处理器操作指令

协处理器操作是 ARM 处理器对协处理器进行管理,也就是 ARM 处理器的相关操作通过发送指令给协处理器,让协处理器来完成。ARM 微处理器最多可支持 16 个协处理器,用于各种协处理操作。在程序执行的过程中,每个协处理器只执行针对自身的协处理指令,忽略 ARM 处理器和其他协处理器的指令。

ARM 的协处理器指令主要用于 ARM 处理器初始化协处理器的数据处理操作,以及在 ARM 处理器的寄存器和协处理器的寄存器之间传送数据以及在 ARM 协处理器的寄存器与存储器之间传送数据。ARM 协处理器指令如表 4-9 所示。

表 4-9　ARM 协处理器操作指令

助 记 符	说 明	操 作
CDP｛cond｝ coproc, opcodel, CRd, CRn, CRm｛,opcode2｝	协处理器数据操作指令	取决于协处理器
LDC｛cond｝｛L｝ coproc,CRd,<地址>	协处理器数据读取指令	取决于协处理器
STC｛cond｝｛L｝ coproc,CRd <地址>	协处理器数据写入指令	取决于协处理器
MCR｛cond｝ coproc, opcodel, Rd, CRn, CRm｛,opcode2｝	ARM 寄存器到协处理器寄存器的数据传送指令	取决于协处理器
MRC｛cond｝ coproc, opcodel, Rd, CRn, CRm｛,opcode2｝	协处理器寄存器到 ARM 寄存器的数据传送指令	取决于协处理器

4.7.1 协处理器数据操作指令

协处理器数据操作指令 CDP 用法:ARM 处理器通知 ARM 协处理器执行特定的操作,若协处理器不能成功完成特定的操作,则产生未定义指令异常。其中协处理器操作码 opcode1 和协处理器操作码 opcode2 为协处理器将要执行的操作,目标寄存器和源寄存器均为协处理器的寄存器,指令不涉及 ARM 处理器的寄存器和存储器。CDP 指令的汇编语法格式为:

CDP｛< cond >｝< Cp_num >,< opcode_1 >,< CRd >,< CRn >,< CRm >,｛< opcode_2 >｝

CDP 指令编码格式如下:

31 28	27 24	23 20	19 16	15 12	11 8	7 4	3 0
cond	1 1 1 0	opcode1	CRn	CRd	Cp_num	opcode2	CRm

其中:

< cond >为指令执行的条件码,当< cond >忽略时指令为无条件执行;

< CRd >为目标寄存器的协处理器寄存器;

< CRn >为存放第一个源操作数的协处理器寄存器;

<CRm>为存放第二个源操作数的协处理器寄存器;

<Cp_num>为协处理器的编码;

<opcode1>为协处理器将执行操作的第一操作码;

<opcode2>为协处理器将执行操作的第二操作码(可选)。

【例 4-36】　指令功能解析。

```
CDP    p3,2,C8,C9,C5,6      ;协处理器 p3 的初始化。其中:操作码 1 为 2,操作码 2 为 6
                            ;目标寄存器为 C8,源操作数寄存器为 C9 和 C5
```

4.7.2　协处理器加载/存储指令

协处理器的加载/存储指令可以用来实现 ARM 处理器与协处理器之间的数据传输,共有两条:协处理器数据加载指令 LDC 和协处理器数据存储指令 STC。

协处理器的加载存储指令汇编语法格式如下:

LDC{<cond>}{L}<coproc>,<CRd>,<addressing_mode>
STC{<cond>}{L}<coproc>,<CRd>,<addressing_mode>

addressing_mode 为内存地址的构成方式,详见第 3 章。

协处理器的加载存储指令编码格式如下:

31	28	27		25	24	23	22	21	20	19		16	15		12	11		8	7		0
cond		1	1	0	P	U	N	W	L		Rn			CRd			Cp_num		immed_offset8		

cond 为指令执行的条件。

$P=\begin{cases}1:前变址操作 \\ 0:后变址操作\end{cases}$

$U=\begin{cases}1:内存地址 address 为基址寄存器 Rn 值加上地址偏移量 \\ 0:内存地址 address 为基址寄存器 Rn 值减去地址偏移量\end{cases}$

N:依赖于具体的协处理器,一般用来表示传输数据的大小。在汇编语法格式中,用字母 L 来标示。

$W=\begin{cases}1:执行基址寄存器回写操作 \\ 0:不执行基址寄存器回写操作\end{cases}$

$L=\begin{cases}1:执行 LDC 操作 \\ 0:执行 STC 操作\end{cases}$

CRd 作为目标寄存器的协处理器寄存器。Rn 为 ARM 处理器的通用寄存器,它用作基址寄存器。

Cp_num 为协处理器的编号。

需要注意的是,汇编语法格式中的 L 是表示传输的数据为长整数,其对应指令编码中的 N。而指令二进制编码中的 L 是用来区别 LDC 和 STC 指令。

1. 协处理器数据加载指令 LDC

LDC 指令用于将一系列连续的内存单元的数据读取到协处理器的寄存器中,并由协处理器来决定传输的字数。如果协处理器不能成功地执行该操作,将产生未定义的指令异常中断。

【例 4-37】 指令功能解析。

```
LDC    P3,CR4,[R0]       ;将 ARM 处理器的寄存器 R0 所指向的存储器中的字数据传送
                         ;到协处理器 P3 的 CR4 寄存器中
LDC    P5,CR1,[R0,#4]    ;将 ARM 处理器的寄存器 R0+4 所指向的存储器中的字数据传送
                         ;到协处理器 P5 的 CR1 寄存器中
```

2. 协处理器数据存储指令 STC

STC 指令将协处理器的寄存器中的数据写入到一系列连续的内存单元中,并由协处理器来决定传输的字数。如果协处理器不能成功地执行该操作,将产生未定义指令异常中断。

【例 4-38】 指令功能解析。

```
STC    P3,CR4,[R0],#−4   ;将协处理器 P3 的 CR4 寄存器的值写入到 ARM 处理器的
                         ;寄存器 R0 所指向的存储器中的字数据单元中,指令执行后
                         ;更新基址寄存器 R0 <—R0−4
STC    P5,CR1,[R0,#4]    ;将协处理器 P5 的 CR1 寄存器的值写入到 ARM 处理器的寄
                         ;存器 R0+4 所指向的存储器中的字数据单元中
```

4.7.3　ARM 寄存器与协处理器寄存器数据传输指令

ARM 寄存器与协处理器寄存器数据传输指令用来实现 ARM 通用寄存器与协处理器寄存器之间的数据传输,共有两条:ARM 寄存器到协处理器寄存器的数据传送指令 MCR 和协处理器寄存器到 ARM 寄存器的数据传送指令 MRC。

ARM 寄存器与协处理器寄存器数据传输指令汇编语法格式如下:

MCR{<cond>} <Cp_num>,<opcode1>,<Rd>,<CRn>,<CRm>{,<opcode2>}
MRC{<cond>} <Cp_num>,<opcode1>,<Rd>,<CRn>,<CRm>{,<opcode2>}

ARM 寄存器与协处理器寄存器数据传输指令编码格式如下:

31　　28	27　　24	23　　21	20	19　　16	15　　12	11　　8	7　　5	4	3　　0
cond	1 1 1 0	opcode1	L	CRn	Rd	Cp_num	opcode2	1	CRm

其中:

<cond>为指令执行的条件码,当<cond>忽略时指令为无条件执行;

$L = \begin{cases} 1: \text{执行 MRC 操作} \\ 0: \text{执行 MCR 操作} \end{cases}$

Rd 为 ARM 处理器的通用寄存器,它用作源/目标寄存器;

CRn 为存放第一个操作数的协处理器寄存器;

CRm 为存放第二个操作数的协处理器寄存器;

Cp_num 为协处理器的编码;

opcode1 为协处理器将执行操作的第一操作码;

opcode2 为协处理器将执行操作的第二操作码(可选)。

1. ARM 寄存器到协处理器寄存器的数据传送指令 MCR

MCR 指令将 ARM 处理器的寄存器中的数据传送到协处理器的寄存器中。如果协处理器不能成功地执行该操作,将产生未定义的指令异常中断。

【例 4-39】　指令功能解析。

MCR p6,2,R0,CR1,CR2,4　；指令将 ARM 寄存器 R0 中数据传送到协处理器 p6 的寄存器中,
　　　　　　　　　　　　　　；其中 R0 是存放源操作数的 ARM 寄存器,CR1 和 CR2 是作为目
　　　　　　　　　　　　　　；标寄存器的协处理器寄存器,操作码 1 为 2,操作码 2 为 4

2. 协处理器寄存器到 ARM 寄存器的数据传送指令 MRC

MRC 指令将协处理器的寄存器中的数据传送到 ARM 处理器的寄存器中。如果协处理器不能成功地执行该操作,将产生未定义的指令异常中断。

【例 4-40】　指令功能解析。

MRC p10,3,R3,CR3,CR4,6　；指令将协处理器 p10 寄存器中的数据传送到 ARM 寄存器 R3 中,
　　　　　　　　　　　　　　；其中 R3 是存放目标操作数的 ARM 寄存器,CR3 和 CR4 是作为目
　　　　　　　　　　　　　　；标寄存器的协处理器寄存器,操作码 1 为 3,操作码 2 为 6

4.8　异常产生指令

ARM 处理器所支持的异常产生指令有两条:

- 软中断指令 SWI。
- 断点调试指令 BKPT(用于 ARM V5 及以上的版本)。

1. 软中断指令

SWI(SoftWare Interrupt)指令用于产生软件中断,它将处理器置于监控模式(SVC),从地址 0x08 开始执行指令。ARM 通过这种机制实现用户模式对操作系统中特权模式的程序调用,也就是使用户程序调用操作系统的系统程序成为可能。

软中断指令 SWI 的汇编语法格式为:

SWI{<cond>} <immed_24>

软中断指令 SWI 的指令编码格式如下:

31　　28	27　　　24	23　　　　　　　　　　　　　　　　0
cond	1　1　1　1	immed_24

其中:

<cond>为指令执行的条件码,当<cond>忽略时指令为无条件执行;

immed_24 为 24 位的立即数,该立即数被操作系统用来判断用户程序请求的服务类型。

操作系统在 SWI 的异常处理程序中提供相应的系统服务,指令中 24 位的立即数指定用户程序调用系统例程的类型,相关参数通过通用寄存器传递。

执行过程：

将 SWI 后面指令地址保存到 R14_svc；

将 CPSR 保存到 SPSR_svc；

进入监控模式，将 CPSR[4:0] 设置为 0b10011，将 CPSR[7] 设置为[1]，禁止 IRQ；

将 PC 设置为 0x08，并且开始执行那里的指令。

返回时执行：

MOVS PC,R14

注意事项：

当指令中 24 位的立即数被忽略时，用户程序调用系统例程的类型由通用寄存器 R0 的内容决定，同时，参数通过其他通用寄存器传递。

【例 4-41】 指令功能解析。

SWI 0x02   ；该指令调用操作系统编号为 2 的系统例程

2. 断点中断指令

BKPT(Break Poin T)指令产生软件断点中断，可用于程序的调试。当 BKPT 指令执行时，处理器停止执行下面的指令并进入相应的 BKPT 入口程序（也就是调试程序）。

BKPT 指令的汇编语法格式为：

BKPT <immed_16>

BKPT 指令编码格式如下：

31 28	27 20	19 8	7 4	3 0
1 1 1 0	0 0 0 1 0 0 1 0	immedH	0 1 1 1	immedL

其中：

immed_16 为 16 位的立即数，此立即数被调试软件用来保存额外的断点信息。

注意事项：

BKPT 指令为无条件执行指令。

【例 4-42】 指令示例。

BKPT 0x0A000；
BKPT；

思考与练习题

1. ARM 指令可分为哪几类？哪几条指令是无条件执行的？

2. 如何实现两个 64 位数的加法操作？如何实现两个 64 位数的减法操作？如何求一个 64 位数的负数？

3. 写出 LDRB 指令与 LDRSB 指令二进制编码格式，并指出它们之间的区别。

4. 分析下列每条语句的功能,并确定程序段所实现的操作。

```
CMP     R0,#0
MOVEQ   R1,#0
MOVGT   R1,#1
```

5. 请使用多种方法实现将字数据 0xFFFFFFFF 送入寄存器 R0。

6. 写一条 ARM 指令,分别完成下列操作:

(1) R0＝16

(2) R0＝R1/16(带符号的数字)

(3) R1＝R2 * 3

(4) R0＝－R0

7. 编写一个 ARM 汇编程序,累加一个队列中的所有元素,碰上 0 时停止。结果放入 R4。

8. 写出实现下列操作的 ARM 指令:

当 Z＝1 时,将存储器地址为 R1 的字数据读入寄存器 R0。

当 Z＝1 时,将存储器地址为 R1＋R2 的字数据读入寄存器 R0。

将存储器地址为 R1－4 的字数据读入寄存器 R0。

将存储器地址为 R1＋R6 的字数据读入寄存器 R0,并将新地址 R1＋R6 写入 R1。

9. 写出下列 ARM 指令所实现操作:

```
LDR R2,[R3,#－4]!
LDR R0,[R0],R2
LDR R1,[R3,R2,LSL#2]!;
LDRSB   R0,[R2,#－2]!
STRB    R1,[R2,#0xA0]
LDMIA   R0,{R1,R2,R8}
STMDB   R0!,{R1－R5,R10,R11}
```

10. SWP 指令的优势是什么?

11. 如何用带 PSR 操作的批量字数据加载指令实现 IRQ 中断的返回?

12. 用 ARM 汇编语言编写代码,实现将 ARM 处理器切换到用户模式,并关闭中断。

第 5 章

Thumb 指令 ◀

在 ARM 体系结构中,ARM 指令是 32 位的,具有很高的执行效率。但是对于嵌入式设备而言,其存储空间极其有限,由于每条 ARM 指令都要占用 4 字节,对存储空间的要求较高。为了压缩代码的存储,增加代码存储密度,ARM 公司设计了 16 位的 Thumb 指令。因此在程序状态寄存器中有一个 T 标志位,用来标志处理器运行的指令类型。当处理器在执行 ARM 程序段时,称 ARM 处理器处于 ARM 工作状态;当处理器在执行 Thumb 程序段时,称 ARM 处理器处于 Thumb 工作状态。

严格来讲,Thumb 指令集是 ARM 指令集的一个子集,所有的 Thumb 指令都有对应的 ARM 指令,在应用程序的编写过程中,只要遵循一定调用的规则,Thumb 子程序和 ARM 子程序就可以互相调用。

编程时,可根据任务需求和存储资源合理地选择应用哪种类型的指令:若对系统的性能有较高要求,应使用 32 位的存储系统和 ARM 指令集;若对系统的成本及功耗有较高要求,则应使用 16 位的存储系统和 Thumb 指令集。本章将对 Thumb 指令做详细介绍。

5.1　Thumb 数据处理指令

Thumb 数据处理操作包括数据传送、算术运算、逻辑运算、移位操作和比较操作等。具体的 Thumb 数据处理指令如表 5-1 所示。

表 5-1　Thumb 数据处理指令

指令类型	汇编语法格式	操　作
数据传送指令	MOV Rd,♯expr	Rd←expr,Rd 为 R0~R7
	MOV Rd,Rm	Rd←Rm, Rd、Rm 均可为 R0~R7
数据非传送指令	MVN Rd,Rm	Rd←(～Rm),Rd、Rm 均为 R0~R7
数据取负指令	NEG Rd,Rm	Rd←(－Rm),Rd、Rm 均为 R0~R7

续表

指 令 类 型	汇编语法格式	操　　作
加法运算指令	ADD Rd,Rn,Rm	Rd←Rn＋Rm,Rd、Rn、Rm 为 R0～R7
	ADD Rd,Rn,♯expr3	Rd←Rn＋expr3,Rd、Rn 均为 R0～R7
	ADD Rd,♯expr8	Rd←Rd＋expr8,Rd 为 R0～R7
	ADD Rd,Rm	Rd←Rd＋Rm,Rd、Rm 均可为 R0～R15
SP/PC 加法运算指令	ADD Rd,Rp,♯expr	Rd←SP＋expr 或 PC＋expr,Rd 为 R0～R7
SP 加法运算指令	ADD SP,♯expr	SP←SP＋expr
减法运算指令	SUB Rd,Rn,Rm	Rd←Rn－Rm,Rd、Rn、Rm 均为 R0～R7
	SUB Rd,Rn,♯expr3	Rd←Rn－expr3,Rd、Rn 均为 R0～R7
	SUB Rd,♯expr8	Rd←Rn－expr8,Rd 为 R0～R7
SP 减法运算指令	SUB SP,♯expr	SP←SP－expr
带进位加法指令	ADC Rd,Rm	Rd←Rd＋Rm＋Carry,Rd、Rm 为 R0～R7
带进位减法指令	SBC Rd,Rm	Rd←Rd－Rm－(NOT)Carry,Rd、Rm 为 R0～R7
乘法运算指令	MUL Rd,Rm	Rd←Rd＊Rm,Rd、Rm 为 R0～R7
逻辑"与"操作指令	AND Rd,Rm	Rd←Rd & Rm,Rd、Rm 为 R0～R7
逻辑"或"操作指令	ORR Rd,Rm	Rd←Rd｜Rm,Rd、Rm 为 R0～R7
逻辑"异或"操作指令	EOR Rd,Rm	Rd←Rd ^ Rm,Rd、Rm 为 R0～R7
位清除指令	BIC Rd,Rm	Rd←Rd & (～Rm),Rd、Rm 为 R0～R7
算术右移指令	ASR Rd,Rs	Rd←Rd 算术右移 Rs 位,Rd、Rs 为 R0～R7
	ASR Rd,Rm,♯expr	Rd←Rm 算术右移 expr 位,Rd、Rm 为 R0～R7
逻辑左移指令	LSL Rd, Rs	Rd←Rd ≪ Rs, Rd、Rs 为 R0～R7
	LSL Rd, Rm, ♯expr	Rd←Rm ≪ expr, Rd、Rm 为 R0～R7
逻辑右移指令	LSR Rd, Rs	Rd←Rd ≫ Rs, Rd、Rs 为 R0～R7
	LSR Rd, Rm, ♯expr	Rd←Rm ≫ expr, Rd、Rm 为 R0～R7
循环右移指令	ROR Rd, Rs	Rd←Rd 循环右移 Rs 位,Rd、Rs 为 R0～R7
比较指令	CMP Rn, Rm	标识状态←Rn－Rm, Rn、Rm 均可为 R0～R7
	CMP Rn, ♯expr	标识状态←Rn－expr, Rn 为 R0～R7
负数比较指令	CMN Rn, Rm	标识状态←Rn＋Rm, Rn、Rm 为 R0～R7
位测试指令	TST Rn, Rm	标识状态←Rn & Rm, Rn、Rm 为 R0～R7

5.1.1　寄存器移位指令

Thumb 指令将移位操作作为独立的指令进行操作,可以对寄存器内容直接进行移位操作。

这类指令的汇编语法格式为:

opcode Rd,Rs,♯shift_immed_5

Thumb 寄存器移位指令 16 位编码格式如下:

15	14	13	12	11	10		6	5		3	2		0
0	0	0	opcode		shift_immed_5				Rs			Rd	

其中:

Rd:目标寄存器;

Rs:源操作数寄存器;

shift_immed_5:寄存器移位的数值,取值范围为 0~31;

opcode:指令操作码,其编码类型如表 5-2 所示。

表 5-2　Thumb 寄存器移位指令操作码编码类型

opcode			Thumb 汇编语法格式	实现的操作
0	0	LSL	Rd,Rs,♯shift_immed_5	将 Rs 逻辑左移 shift_immed_5 位,并将结果传送到 Rd 中
0	1	LSR	Rd,Rs,♯shift_immed_5	将 Rs 逻辑右移 shift_immed_5 位,并将结果传送到 Rd 中
1	0	ASR	Rd,Rs,♯shift_immed_5	将 Rs 算术右移 shift_immed_5 位,并将结果传送到 Rd 中

注意事项:

- Rd、Rs 必须在 R0~R7 中选取。
- 指令执行结果影响 N、Z、C 标志位。

【例 5-1】 指令功能解析。

```
LSR R2，R5，♯10    ；将 R5 逻辑右移 10 位,并将结果传送到 R2 中,并影响 N、Z、C 标志位
LSL R0，R3，♯8     ；将 R3 逻辑左移 8 位,并将结果传送到 R0 中,并影响 N、Z、C 标志位
ASR R1，R2，♯3     ；将 R2 算术右移 3 位,并将结果传送到 R1 中,并影响 N、Z、C 标志位
```

5.1.2 低位寄存器算术运算指令

低位寄存器算术运算指令所操作的寄存器选取范围必须在 R0~R7 中选取。

1. 加法与减法运算指令(对 R0~R7 操作)

这类指令的汇编语法格式为:

```
opcode  Rd,  Rs,  Rm
opcode  Rd,  Rs,  ♯immed_3
```

Thumb 加法减法运算指令 16 位编码格式如下:

15	14	13	12	11	10	9	8		6	5		3	2		0
0	0	0	1	1	I	opcode	Rm/immed_3			Rs			Rd		

其中:

Rd:目标寄存器;

Rs:源操作数寄存器;

Rm:第二操作数寄存器;

immed_3:第二操作数为立即数;

I：决定第二操作数是寄存器还是立即数；

opcode：指令操作码，其编码类型如表 5-3 所示。

表 5-3　Thumb 加法与减法运算指令操作码编码类型

opcode	I	Thumb 汇编语法格式			实现的操作
0	0	ADD	Rd,Rs,Rm		Rd←Rs+Rm
0	1	ADD	Rd,Rs,♯immed_3		Rd←Rs+immed_3
1	0	SUB	Rd,Rs,Rm		Rd←Rn−Rm
1	1	SUB	Rd,Rs,♯immed_3		Rd←Rn−immed_3

注意事项：

- Rd、Rs、Rm 必须在 R0～R7 中选取。
- 指令执行结果影响 N、Z、C、V 标志位。

【例 5-2】 指令功能解析。

```
ADD R0,R3,R2    ;R0←R3 + R2,指令执行结果影响 N、Z、C、V 标志位
SUB R1,R2,♯4    ;R1←R2 − 4,指令执行结果影响 N、Z、C、V 标志位
```

2. MOV、CMP、ADD 与 SUB 指令（对 R0～R7 操作）

这类指令的汇编语法格式为：

opcode Rd,♯ immed_8

Thumb MOV、CMP、ADD 与 SUB 指令 16 位编码格式如下：

15	14	13	12 11	10　　8	7　　　　　　　　　　　　0
0	0	0	opcode	Rd	immed_8

其中：

immed_8：寄存器移位的数值；

Rd：目标寄存器；

opcode：指令操作码，其编码类型如表 5-4 所示。

表 5-4　Thumb MOV、CMP、ADD 与 SUB 指令操作码编码类型

opcode		Thumb 汇编语法格式		实现的操作
0	0	MOV	Rd,♯ immed_8	Rd←immed_8
0	1	CMP	Rd,♯ immed_8	标识状态←Rd−immed_8
1	0	ADD	Rd,♯ immed_8	Rd←Rd+immed_8
1	1	SUB	Rd,♯ immed_8	Rd←Rn−immed_8

注意事项：

- Rd 必须在 R0～R7 中选取。
- MOV 指令执行结果影响 N、Z 标志位，CMP、ADD、SUB 指令执行结果影响 N、Z、C、V 标志位。

【例 5-3】 指令功能解析。

```
MOV    R1，#50       ;R0←50,指令执行结果影响标志位
CMP    R2，#0x30     ;根据 R2 － 0x30 的结果来影响标志位
ADD    R1，#0xAA     ;R1←R1 ＋ 0xAA,指令执行结果影响标志位
SUB    R6，#0xAA     ;R6←R6 － 0xAA,指令执行结果影响标志位
```

5.1.3 ALU 操作指令

这类指令的汇编语法格式为：

opcode Rd，Rs

对应的 16 位 Thumb 指令编码格式如下：

15	14	13	12	11	10	9 6	5 3	2 0
0	0	0	0	0	0	opcode	Rs	Rd

其中：

Rd：目标寄存器；

Rs：源操作数寄存器；

opcode：指令操作码,其编码类型如表 5-5 所示。

表 5-5 Thumb ALU 操作指令操作码编码类型

opcode	Thumb 汇编语法格式	实现的操作
0 0 0 0	AND Rd,Rs	Rd←Rd & Rs
0 0 0 1	EOR Rd,Rs	Rd←Rd ^ Rs
0 0 1 0	LSL Rd,Rs	Rd←Rd ≪ Rs
0 0 1 1	LSR Rd,Rs	Rd←Rd ≫ Rs
0 1 0 0	ASR Rd,Rs	Rd←Rd 算术右移 Rs 位
0 1 0 1	ADC Rd,Rs	Rd←Rd＋Rs＋Carry
0 1 1 0	SBC Rd,Rs	Rd←Rd－Rs－(NOT)Carry
0 1 1 1	ROR Rd,Rs	Rd←Rd 循环右移 Rs 位
1 0 0 0	TST Rd,Rs	标识状态←Rd & Rs
1 0 0 1	NEG Rd,Rs	Rd←(－Rs)
1 0 1 0	CMP Rd,Rs	标识状态←Rn－Rs
1 0 1 1	CMN Rd,Rs	标识状态←Rn＋Rs
1 1 0 0	ORR Rd,Rs	Rd←Rd | Rs
1 1 0 1	MUL Rd,Rs	Rd←Rd ＊ Rs
1 1 1 0	BIC Rd,Rs	Rd←Rd &（～Rs）
1 1 1 1	MVN Rd,Rs	Rd←(～Rs)

注意事项：

- Rd、Rs 必须在 R0～R7 中选取。
- AND、EOR、ORR、MUL、BIC、MVN 指令执行结果影响 N、Z 标志位。
- LSL、LSR、ASR、ROR 指令执行结果影响 N、Z、C 标志位。
- ADC、SBC、TST、NEG、CMP、CMN 指令执行结果影响 N、Z、C、V 标志位。

【**例 5-4**】　指令功能解析。

```
EOR    R3，R4      ；R3←R3 EOR R4，指令执行结果影响标志位
ROR    R1，R0      ；R1←R1 循环右移 R0 位，指令执行结果影响标志位
MUL    R0，R7      ；R0←R7 * R0，指令执行结果影响标志位
NEG    R5，R3      ；R5←(－R3)，指令执行结果影响标志位
CMP    R2，R6      ；根据 R2 － R6 来影响标志位
```

5.1.4　带高位寄存器操作的 Thumb 指令

带高位寄存器操作的 Thumb 指令所操作的寄存器可以在 R8～R15 中选取。

这类指令的汇编语法格式为：

```
opcode    Rd，Hs
opcode    Hd，Rs
opcode    Hd，Hs
```

对应的 16 位 Thumb 指令编码格式如下：

15	14	13	12	11	10	9　　8	7	6	5　　　　3	2　　　　0
0	0	0	0	0	0	opcode	H1	H2	Rs/Hs	Rd/Hd

其中：

　　Rd：目标寄存器，寄存器在 R0～R7 中选取；

　　Hd：目标寄存器；寄存器在 R8～R15 中选取；

　　Rs：源操作数寄存器；寄存器在 R0～R7 中选取；

　　Hs：源操作数寄存器；寄存器在 R8～R15 中选取；

　　opcode：指令操作码，其编码类型如表 5-6 所示。

表 5-6　带高位寄存器操作的 Thumb 指令操作码编码类型

opcode	H1	H2	Thumb 汇编语法格式	实现的操作
0　0	0	1	ADD　　Rd，Hs	Rd←Rd＋Hs
0　0	1	0	ADD　　Hd，Rs	Hd←Hd＋Rs
0　0	1	1	ADD　　Hd，Hs	Hd←Hd＋Hs
0　1	0	1	CMP　　Rd，Hs	影响标识状态←Rd－Hs
0　1	1	0	CMP　　Hd，Rs	影响标识状态←Hd－Rs
0　1	1	1	CMP　　Hd，Hs	影响标识状态←Hd－Hs
1　0	0	1	MOV　　Rd，Hs	Rd←Hs
1　0	1	0	MOV　　Hd，Rs	Hd←Rs
1　0	1	1	MOV　　Hd，Hs	Hd←Hs

注意事项：

- 带高位寄存器的 Thumb 中，ADD、MOV 指令不影响标志位。
- CMP 指令执行结果影响 N、Z、C、V 标志位。

【例 5-5】 指令功能解析。

```
ADD    PC, R1      ;PC←PC + R1,指令执行结果不影响标志位
MOV    R13, R14    ;R13←R14,指令执行结果不影响标志位
CMP    R4, R12     ;根据 R4 − R12 来影响标志位
CMP    PC, R12     ;根据 PC − R12 来影响标志位
```

5.1.5 带 SP/PC 的算术运算指令

带 SP/PC 的算术运算指令的操作数中包含 SP 或 PC,分为两种类型:SP/PC 加法运算指令、SP 加法/减法运算指令。

1. SP/PC 加法运算指令
这类指令的汇编语法格式为:

```
ADD    Rd,   PC, #immed_8 × 4
ADD    Rd,   SP, #immed_8 × 4
```

对应的 16 位 Thumb 指令编码格式如下:

15	14	13	12	11	10		8	7		0
1	0	1	0	X		Rd			immed_8	

其中:

immed_8:偏移量,它是一个无符号的立即数表达式,取值范围是 0~255;
Rd:目标寄存器;
X:区别 SP、PC 操作,其编码类型如表 5-7 所示。

表 5-7   Thumb SP/PC 加法运算指令操作码编码类型

X	Thumb 汇编语法格式	实现的操作
0	ADD Rd,PC,#immed_8 × 4	Rd←PC+ immed_8 × 4
1	ADD Rd,SP,#immed_8 × 4	Rd←SP+ immed_8 × 4

注意事项:
- 寄存器 Rd 必须在 R0~R7 中选取;
- 指令执行结果不影响标志位。

【例 5-6】 指令功能解析。

```
ADD   R1,  PC, #0x40   ;R1←PC + 0x40,指令执行结果不影响标志位
ADD   R1,  SP, #576    ;R1←SP +576,指令执行结果不影响标志位
```

2. SP 加法/减法运算指令
这类指令的汇编语法格式为:

```
ADD   SP, #immed_7 × 4
SUB   SP, #immed_7 × 4
```

对应的 16 位 Thumb 指令编码格式如下：

15	14	13	12	11	10	9	8	7	6		0
1	0	1	1	0	0	0	0	S		immed_7	

其中：

SP：目标寄存器；

immed_7：偏移量，它是一个无符号的立即数表达式，取值范围是 $0\sim127$；

S：用于区别 ADD、SUB 操作，其编码类型如表 5-8 所示。

表 5-8　Thumb SP 加法/减法运算指令操作码编码类型

S	Thumb 汇编语法格式	实现的操作
0	ADD SP,♯immed_7 $\times$ 4	SP←PC＋immed_7 $\times$ 4
1	SUB SP,♯immed_7 $\times$ 4	SP←SP−immed_7 $\times$ 4

注意事项：

指令执行结果不影响标志位。

【例 5-7】　指令功能解析。

```
ADD   SP,♯0x40   ;SP←SP＋0x40,指令执行结果不影响标志位
SUB   SP,♯0x20   ;SP←SP−0x20,指令执行结果不影响标志位
```

5.2　Thumb 存储器操作指令

Thumb 存储器操作指令包括无符号字节、半字和字数据的存储与加载，多寄存器的加载与存储指令和栈操作指令。对存储器操作的 Thumb 指令如表 5-9 所示。

表 5-9　对存储器操作的 Thumb 指令

汇编语法格式	说　明	操　作
LDR　Rd,[Rn,♯immed_5×4]	加载字数据	Rd←[Rn,♯immed_5×4],Rd、Rn 为 R0~R7
LDRH　Rd,[Rn,♯immed_5×2]	加载无符号半字数据	Rd←[Rn,♯immed_5×2],Rd、Rn 为 R0~R7
LDRB　Rd,[Rn,♯immed_5×1]	加载无符号字节数据	Rd←[Rn,♯immed_5×1],Rd、Rn 为 R0~R7
STR　Rd,[Rn,♯immed_5×4]	存储字数据	[Rn,♯immed_5×4]←Rd,Rd、Rn 为 R0~R7
STRH　Rd,[Rn,♯immed_5×2]	存储无符号半字数据	[Rn,♯immed_5×2]←Rd,Rd、Rn 为 R0~R7
STRB　Rd,[Rn,♯immed_5×1]	加载无符号字节数据	[Rn,♯immed_5×1]←Rd,Rd、Rn 为 R0~R7
LDR　Rd,[Rn,Rm]	加载字数据	Rd←[Rn,Rm],Rd、Rn、Rm 为 R0~R7

续表

汇编语法格式	说　明	操　作
LDRH　Rd,［Rn,Rm］	加载无符号半字数据	Rd←［Rn,Rm］,Rd、Rn、Rm 为 R0～R7
LDRB　Rd,［Rn,Rm］	加载无符号字节数据	Rd←［Rn,Rm］,Rd、Rn、Rm 为 R0～R7
LDRSH　Rd,［Rn,Rm］	加载有符号半字数据	Rd←［Rn,Rm］,Rd、Rn、Rm 为 R0～R7
LDRSB　Rd,［Rn,Rm］	加载有符号字节数据	Rd←［Rn,Rm］,Rd、Rn、Rm 为 R0～R7
STR　Rd,［Rn,Rm］	存储字数据	［Rn,Rm］←Rd,Rd、Rn、Rm 为 R0～R7
STRH　Rd,［Rn,Rm］	存储无符号半字数据	［Rn,Rm］←Rd,Rd、Rn、Rm 为 R0～R7
STRB　Rd,［Rn,Rm］	存储无符号字节数据	［Rn,Rm］←Rd,Rd、Rn、Rm 为 R0～R7
LDR　Rd,［Pc,♯immed_8×4］	基于 PC 加载字数据	Rd←［PC,♯immed_8×4］,Rd 为 R0～R7
LDR　Rd,label	基于 PC 加载字数据	Rd←［label］,Rd 为 R0～R7
LDR　Rd,［SP,♯immed_8×4］	基于 SP 加载字数据	Rd←［SP,♯immed_8×4］,Rd 为 R0～R7
STR　Rd,［SP,♯immed_8×4］	基于 SP 存储字数据	［SP,♯immed_8×4］←Rd,Rd 为 R0～R7
LDMIA　Rn{!},reglist	多寄存器加载	Reglist←［Rn…］,Rn 回写等（R0～R7）
STMIA　Rn{!},reglist	多寄存器存储	［Rn…］←reglist,Rn 回写等（R0～R7）
PUSH　{reglist,LR}	寄存器入栈指令	［SP…］←reglist,LR,SP 回写等（R0～R7、LR）
POP　{reglist,PC}	寄存器出栈指令	reglist,PC←［SP…］,SP 回写等（R0～R7、PC）

5.2.1　字节、半字和字的加载/存储指令

1. 立即数偏移量的加载/存储指令

这类指令的汇编语法格式为：

```
LDR{B}    Rd,    [Rn,    ♯immed_5 × 4]
STR{B}    Rd,    [Rn,    ♯immed_5 × 4]
```

对应的 16 位 Thumb 指令编码格式如下：

15	14	13	12	11	10　　　　　　6	5　　　3	2　　　0
0	1	1	B	L	immed_5	Rn	Rd

其中：

　　Rd：目标/源寄存器；

　　Rn：基址寄存器；

　　immed_5：偏移量,它是一个无符号的立即数表达式,取值范围是 0～31；

　　L：区分是 LDR 指令还是 STR 指令；

　　B：区分存储的是无符号的字节数据还是字数据。

　　根据 L、B 的编码的不同,所对应的汇编指令如表 5-10 所示。

表 5-10　立即数偏移量的加载/存储指令

L	B	Thumb 汇编语法格式		实现的操作
0	0	STR	Rd,[Rn,#immed_5 × 4]	[Rn+immed_5×4]←Rd
1	0	LDR	Rd,[Rn,#immed_5 × 4]	Rd←[Rn+immed_5×4]字数据单元
0	1	STRB	Rd,[Rn,#immed_5 × 1]	[Rn+immed_5×1]←Rd 低 8 位
1	1	LDRB	Rd,[Rn,#immed_5 × 1]	Rd←[Rn+immed_5×1]字节数据单元

注意事项：

- Rd、Rn 寄存器在 R0~R7 中选取。
- Thumb 立即数偏移量的加载/存储指令不影响标志位。

【例 5-8】 指令功能解析。

```
LDR R2,[R5,#116]    ;将内存地址 R5+116 开始的字数据单元加载到 R2 中
LDRB R0,[R3,#8]     ;将内存地址为 R3+8 的字节数据单元加载到 R0 中,高 24 位清零
STR R1,[R0,#13]     ;将 R1 存储到内存地址为 R0+13 开始的字数据单元
STRB R1,[R0,#13]    ;将 R1 的低 8 位存储到内存地址为 R0+13 的字节数据单元
```

2. 寄存器偏移量的加载/存储指令

寄存器偏移量的加载/存储指令的汇编语法格式为：

```
LDR{B}  Rd,  [Rn,  Rm]
STR{B}  Rd,  [Rn,  Rm]
```

对应的 16 位 Thumb 指令编码格式如下：

15	14	13	12	11	10	9	8		6	5		3	2		0
0	1	0	1	B	L	0		Rm			Rn			Rd	

其中：

Rd：目标/源寄存器；

Rn：基址寄存器；

Rm：偏移量寄存器；

L：区分是 LDR 指令还是 STR 指令；

B：区分存储的是无符号的字节数据还是字数据。

根据 L、B 的编码的不同,所对应的汇编指令如表 5-11 所示。

表 5-11　Thumb 寄存器偏移量的加载/存储指令

L	B	Thumb 汇编语法格式		实现的操作
0	0	STR	Rd,[Rn,Rm]	[Rn+Rm]←Rd
1	0	LDR	Rd,[Rn,Rm]	Rd←[Rn+Rm]字数据单元
0	1	STRB	Rd,[Rn,Rm]	[Rn+Rm]←Rd 低 8 位
1	1	LDRB	Rd,[Rn,Rm]	Rd←[Rn+Rm]字节数据单元

注意事项：

- Rd、Rn、Rm 寄存器在 R0~R7 中选取。
- Thumb 寄存器偏移量的加载/存储指令不影响标志位。

【例 5-9】 指令功能解析。

```
LDR R2，[R5，R0]      ；将内存地址 R5＋R0 开始的字数据单元加载到 R2 中
LDRB R0，[R3，R1]     ；将内存地址为 R3＋R1 的字节数据单元加载到 R0 中
STR R1，[R0，R2]      ；将 R1 存储到内存地址为 R0＋R2 开始的字数据单元
STRB R1，[R0，R2]     ；将 R1 的低 8 位存储到内存地址为 R0＋R2 的字节数据单元
```

3. 有符号字节/半字的加载/存储指令

有符号字节/半字的加载/存储指令的汇编语法格式为：

```
LDRH   Rd，        [Rn，Rm]
STRH   Rd，        [Rn，Rm]
LDRSB  Rd，        [Rn，Rm]
LDRSH  Rd，        [Rn，Rm]
```

对应的 16 位 Thumb 指令编码格式如下：

15	14	13	12	11	10	9	8	6	5	3	2	0
0	1	0	1	H	S	1		Rm		Rn		Rd

其中：

Rd：目标/源寄存器；

Rn：基址寄存器；

Rm：偏移量寄存器；

S：区分是对有符号数操作还是对无符号数操作；

H：区分是对有符号字节数据操作还是对半字数据操作。

根据 S、H 的编码的不同，所对应的汇编指令如表 5-12 所示。

表 5-12　Thumb 有符号字节/半字的加载/存储指令

S	H	Thumb 汇编语法格式		实现的操作
0	0	STRH	Rd，[Rn，Rm]	[Rn＋Rm]←Rd 的低 16 位
0	1	LDRH	Rd，[Rn，Rm]	Rd←[Rn，Rm] 半字数据单元，Rd 高 16 位清零
1	0	LDRSB	Rd，[Rn，Rm]	Rd←[Rn，Rm] 字节数据单元，Rd 高 24 位扩展为符号位
1	1	LDRSH	Rd，[Rn，Rm]	Rd←[Rn，Rm] 半字数据单元，Rd 高 16 位扩展为符号位

注意事项：

- Rd、Rn、Rm 寄存器在 R0～R7 中选取。
- 指令执行不影响标志位。

【例 5-10】 指令功能解析。

```
LDRH R2，[R5，R0]     ；将内存地址 R5＋R0 开始的半字数据单元加载到 R2 中，R2 的高 16 位清零
LDRSH R0，[R3，R1]    ；将内存地址为 R3＋R1 的半字数据单元加载到 R0 中，R0 的高 16 位用
                     ；符号位扩展
STRH R1，[R0，R2]     ；将 R1 的低 16 位存储到内存地址为 R0＋R2 开始的半字数据单元
LDRSB R1，[R0，R2]    ；将内存地址为 R0＋R2 的字节数据单元加载到 R1 中，R1 的高 24 位用
                     ；符号位扩展
```

4. 偏移量为立即数的半字加载/存储指令

偏移量为立即数的半字加载/存储指令的汇编语法格式为:

LDRH Rd,   [Rn,#immed_5 × 2]
STRH Rd,   [Rn,#immed_5 × 2]

对应的 16 位 Thumb 指令编码格式如下:

15	14	13	12	11	10			6	5		3	2		0
0	1	0	0	L		immed_5				Rn			Rd	

其中:

    Rd:目标/源寄存器;

    Rn:基址寄存器;

    immed_5:偏移量,它是一个无符号的立即数表达式,取值范围是 0~31;

    L:区分是 LDR 指令还是 STR 指令。

根据 L 的编码的不同,所对应的汇编指令如表 5-13 所示。

表 5-13   偏移量为立即数的半字操作指令

L	Thumb 汇编语法格式	实现的操作
0	STRH Rd,[Rn,# immed_5 × 2]	[Rn+immed_5 × 2]←Rd 的低 16 位
1	LDRH Rd,[Rn,#immed_5 × 2]	Rd←[Rn,immed_5 × 2] 半字数据单元,Rd 高 16 位清零

注意事项:

- Rd、Rn 寄存器在 R0~R7 中选取。
- 指令执行不影响标志位。

【例 5-11】 指令功能解析。

LDRH R2,[R5,#0x10]   ;将内存地址 R5+0x10 开始的半字数据单元加载到 R2 中
                                  ;R2 的高 16 位清零
STRH R1,[R0,#0x20]   ;将 R1 的低 16 位存储到内存地址为 R0+0x20 开始的半字
                                  ;数据单元

5. PC 作为基址寄存器的字加载指令

PC 作为基址寄存器的加载指令的汇编语法格式为:

LDR Rd,[PC,# immed_8×4]

对应的 16 位 Thumb 指令编码格式如下:

15	14	13	12	11	10	8	7			0
0	0	0	0	0	Rd			immed_8		

其中:

    immed_8:偏移量,它是一个 8 位的无符号的立即数表达式,取值范围是 0~255;

    Rd:目标/源寄存器;

功能描述：将内存地址 PC ＋ immed_8×4 为基地址的字数据单元加载到 Rd 中。

注意事项：

- Rd 寄存器在 R0～R7 中选取。
- 指令执行不影响标志位。

【例 5-12】 指令功能解析。

```
LDR R2,[PC,♯0x10]        ;将内存地址 PC ＋ 0x10 开始的字数据单元加载到 R2 中
LDR R0,[R15,♯0x40]       ;将内存地址 PC ＋ 0x40 开始的字数据单元加载到 R0 中
```

6. SP 作为基址寄存器的加载/存储指令

SP 作为基址寄存器的加载/存储指令的汇编语法格式为：

```
LDR    Rd,[SP,♯ immed_8×4]
STR    Rd,[SP,♯ immed_8×4]
```

对应的 16 位 Thumb 指令编码格式如下：

15	14	13	12	11	10　8	7　　　　　　　　　　　0
1	0	0	1	L	Rd	immed_8

其中：

immed_8：偏移量，它是 8 位的一个无符号的立即数表达式，取值范围是 0～255；

Rd：目标/源寄存器；

L：区分是 LDR 指令还是 STR 指令。

根据 L 的编码的不同，所对应的汇编指令如表 5-14 所示。

表 5-14　SP 作为基址寄存器的加载/存储指令

L	Thumb 汇编语法格式	实现的操作
0	STR　　Rd,[SP,♯immed_8 × 2]	[SP＋immed_8 × 4]←Rd
1	LDR　　Rd,[SP,♯immed_8 × 2]	Rd←[SP＋immed_8 × 4] 字数据单元

注意事项：

- Rd 寄存器在 R0～R7 中选取。
- 指令执行不影响标志位。

【例 5-13】 指令功能解析。

```
LDR R2,[SP,♯0x10]        ;将内存地址 SP＋0x10 开始的字数据单元加载到 R2 中
STR R1,[SP,♯0x20]        ;将 R1 存储到内存地址为 SP＋0x20 开始的字数据单元
```

5.2.2　批量加载/存储指令

1. 寄存器入栈出栈指令

ARM 处理器进行异常处理服务或子程序调用时，可使用寄存器入栈指令 PUSH 和寄存器出栈指令 POP 来保存和恢复现场信息。堆栈地址由 SP 寄存器设置，堆栈是满递减类

型。这类指令的汇编语法格式为：

```
PUSH    {   reglist   }
POP     {   reglist   }
PUSH    {   reglist，LR}
POP     {   reglist，PC}
```

对应的 16 位 Thumb 指令编码格式如下：

15	14	13	12	11	10	9	8	7			0
1	0	1	1	L	1	0	R		reglist		

其中：

reglist：入栈/出栈寄存器列表；

R：程序计数器 PC 和链接寄存器 LR 是否出现在寄存器列表中，由指令编码的该位来决定；

L：区分是 PUSH 指令还是 POP 指令。

根据 L、R 的编码的不同，所对应的汇编指令如表 5-15 所示。

表 5-15　Thumb 寄存器入栈、出栈指令

L	R	Thumb 汇编语法格式		实现的操作
0	0	PUSH	{ reglist }	将 reglist 中的寄存器顺序入栈，并更新 SP
				即[SP…]←reglist，SP 回写
0	1	PUSH	{ reglist，LR }	将 reglist 中的寄存器和 LR 顺序入栈，并更新 SP 即[SP…]←reglist，LR，SP 回写
1	0	POP	{ reglist }	将堆栈中的数据顺序弹出到 reglist 中的寄存器中，并更新 SP。即 reglist←[SP…]，SP 回写
1	1	POP	{ reglist，PC }	将堆栈中的数据顺序弹出到 reglist 中的寄存器和 PC 中，并更新 SP。即 reglist，PC←[SP…]，SP 回写

注意事项：

- reglist 为低编号寄存器(R0～R7)的全部或子集，编号低的寄存器对应内存低地址单元。
- 指令执行不影响标志位。

【例 5-14】　指令功能解析。

```
PUSH    {R0-R3,R5}        ;将寄存器 R0、R1、R2、R3、R5 压栈
POP     {R0-R3,R5}        ;将堆栈中的数据弹出到寄存器 R0、R1、R2、R3、R5 中
PUSH    {R0-R3,R5,LR}     ;将寄存器 R0、R1、R2、R3、R5 和 LR 顺序压栈
POP     {R0-R3,R5,PC}     ;将堆栈中的数据弹出到寄存器 R0、R1、R2、R3、R5 和 PC 中
```

2. 多寄存器加载/存储指令

在 Thumb 多寄存器加载/存储指令中，只使用后增的形式(IA)，可以将低编号寄存器(R0～R7)的全部或子集存储到内存中，还可以将内存中的数据加载到低编号寄存器(R0～R7)的全部或子集中。这类指令的汇编语法格式为：

```
LDMIA  Rn!  {  reglist  }
STMIA  Rn!  {  reglist  }
```

对应的 16 位 Thumb 指令编码格式如下：

15	14	13	12	11	10	8	7	0
1	1	0	0	L	Rn		reglist	

其中：

reglist：入栈/出栈寄存器列表；

L：区分是 LDM 指令还是 STM 指令。

根据 L 的编码的不同，所对应的汇编指令如表 5-16 所示。

表 5-16　Thumb 多寄存器加载/存储指令

L	Thumb 汇编语法格式	实现的操作
0	STMIA Rn!，　{ reglist }	将 reglist 中的寄存器以后增(IA)的方式顺序存储到以 Rn 为基地址的内存单元中，并更新 Rn。即[Rn…]←reglist，Rn 回写
1	LDMIA Rn!，　{ reglist }	将以 Rn 为基地址的内存单元数据以后增(IA)的方式顺序加载到 reglist 中的寄存器中，并更新 Rn。即 reglist←[Rn…]，Rn 回写

注意事项：

- reglist 为低编号寄存器(R0～R7)的全部或子集，编号低的寄存器对应内存低地址单元。
- 指令执行不影响标志位。

【例 5-15】　指令功能解析。

```
STMIA  R4!,{R0-R3,R5}  ;将 R0、R1、R2、R3、R5 中的数据以后增的方式顺序
                       ;存储到以 R4 为基地址的内存单元中，并更新 R4
LDMIA  R4!,{R0-R3,R5}  ;将以 R4 为基地址的内存单元数据以后增的方式顺序
                       ;加载到 R0、R1、R2、R3、R5 中，并更新 R4
```

5.3　Thumb 分支指令

与 ARM 指令一样，在 Thumb 指令集中，也有相应的分支指令实现程序的跳转和子程序的调用。Thumb 分支指令可分为 B 分支指令、带链接的分支指令和带状态切换的分支指令。

5.3.1　B 分支指令

在 Thumb 指令中，B 分支指令又分为条件分支指令和无条件分支指令。

1. 条件分支指令

当指令执行的条件成立时，条件分支指令跳转到指定的地址执行程序。这是 Thumb 指令中唯一的有条件执行指令。这类指令的汇编语法格式为：

B{cond}　label

对应的 16 位 Thumb 指令编码格式如下：

15	14	13	12	11			8	7				0
1	1	0	1		cond					signed_immed_8		

其中：

signed_immed_8：8 位有符号的立即数，由汇编语法格式中的 label 右移一位得到；

cond：指令执行的条件码。

根据 cond 的编码的不同，所对应的标志位及描述如表 5-17 所示。

表 5-17　Thumb 分支指令对应的标志位及描述

条件码	条件码助记符	描　　述	PSR 中的标志位
0000	EQ	相等	Z=1
0001	NE	不相等	Z=0
0010	CS	无符号大于或等于	C=1
0011	CC	无等号小于	C=0
0100	MI	负数	N=1
0101	PL	非负数	N=0
0110	VS	上溢出	V=1
0111	VC	没有上溢出	V=0
1000	HI	无符号数大于	C=1 且 Z=0
1001	LS	无符号小于或等于	C=0 或 Z=1
1010	GE	有符号数大于或等于	N=1 且 V=1 或 N=0 且 V=0
1011	LT	有符号数小于	N=1 且 V=0 或 N=0 且 V=1
1100	GT	有符号数大于	Z=0 且 N=V
1101	LE	有符号数小于/等于	Z=1 或 N!=V

【例 5-16】　指令功能解析。

```
    CMP   R0,#0x10
    BEQ   stop        ;当 R0 等于 16 时,程序跳转到 stop 标号处
    …
stop …
    …
```

2. 无条件分支指令

这类指令的汇编语法格式为：

B　label

对应的 16 位 Thumb 指令编码格式如下：

15	14	13	12	11	10					0
1	1	1	0	0			signed_immed_11			

其中,signed_immed_11 为 11 位有符号的立即数,由汇编语法格式中的 label 右移一位得到,程序可以跳转为-2KB~2KB。

【例 5-17】 指令功能解析。

```
        B    stop    ;程序无条件跳转到 stop 标号处
        ...
stop:   ...
        ...
```

5.3.2 带链接的分支指令

带链接的分支指令 BL 将下一条指令的地址拷贝到 R14(LR)链接寄存器中,然后跳转到指定的地址运行程序。指令的汇编语法格式为:

```
    BL   label
```

对应的 16 位 Thumb 指令编码格式如下:

15	14	13	12	11	10										0
1	1	1	1	H					immed_11						

其中:

immed_11:11 位立即数,作为长跳转的高 11 位/低 11 位;

H:区别+/-4MB 范围的高 11 位偏移或低 11 位偏移,其对应的汇编指令如表 5-18 所示。

表 5-18 Thumb 带链接的分支指令

H	Thumb 汇编语法格式	实现的操作
0		LR←PC+高 11 位偏移量≪12
	BL label	PC←LR+低 11 位偏移量≪1
1		LR←下一条指令地址|1

由于 BL 指令通常需要大的地址范围,无法用一条 16 位的指令格式来实现,因此,Thumb 指令采用两条指令来实现此功能。具体做法是:两条指令中的 immed_11 组合成 22 位的偏移量,并有符号扩展为 32 位,使指令转移范围为-4MB~+4MB。

注意事项:

- BL 指令为无条件执行指令。
- 带链接的分支指令 BL 提供了一种在 Thumb 状态下程序间相互调用的方法,当从子程序返回时,通常使用下面的方式之一:

```
MOV   PC,LR
BX    LR
POP   {PC}
```

5.3.3　带状态切换的分支指令

带状态切换的分支指令的汇编语法格式为：

```
BX   Rs
BX   Hs
```

Thumb 寄存器移位指令 16 位编码格式如下：

15	14	13	12	11	10	9	8	7	6	5	3	2	0
0	1	0	0	0	1	1	1	0	H	Rs/Hs		0 0 0	

其中：

Rs：源操作数寄存器；寄存器在 R0~R7 中选取；

Hs：源操作数寄存器；寄存器在 R7~R15 中选取；

H：区分源操作数寄存器是高编号寄存器还是低编号寄存器，其对应的汇编指令如表 5-19 所示。

表 5-19　Thumb 带状态切换的分支指令

H2	Thumb 汇编语法格式	实现的操作
0	BX　Rs	PC←Rs，切换处理器状态
1	BX　Hs	PC←Hs，切换处理器状态

注意事项：

如果 R[1:0]＝0b10，处理器切换为 ARM 状态时，指令的执行结果不可预知。

【例 5-18】　指令功能解析。

```
        ADR   R1, go_to_ARM
        BX    R1    ；程序跳转到 go_to_ARM 标号处，处理器切换到 ARM 状态
        ...
        ALIGN
        CODE32
go_to_ARM
        ...
```

5.4　Thumb 软中断指令

Thumb 软中断指令 SWI 与 ARM 指令集下的软中断指令相似，用于使处理器产生软件异常，使用这种机制实现在用户模式下对操作系统中特权模式的程序调用。SWI 指令的汇编语法格式为：

```
SWI   immed_8
```

SWI 指令 16 位编码格式如下：

15	14	13	12	11	10	9	8	7		0
1	1	0	1	1	1	1	1		immed_8	

其中,immed_8 是 8 位无符号的立即数,它是软中断的请求号。

> **注意事项:**
> - 进行 SWI 软中断时,处理器切换到 ARM 状态,并处于管理模式,CPSR 保存到管理模式的 SPSR 中,程序跳转到地址 0x08 处(SWI 中断向量地址)。
> - 在执行 SWI 时,immed_8 被处理器忽略,但在指令编码中,它用来确定所请求的服务号。
> - SWI 指令执行不影响条件标志位。

【例 5-19】 指令功能解析。

SWI 0x10 ;产生软中断,所请求的软中断服务号为 16

5.5 Thumb 指令功能码段分析

5.5.1 Thumb 与 ARM 实现功能比较

1. 实现乘法的功能段

1) 与 $2^n(1,2,4,8,\cdots)$ 相乘

```
Thumb    : LSL    Ra, Rb, LSL #n
ARM      : MOV    Ra, Rb, LSL #n
```

2) 与 $2^n+1(3,5,9,17,\cdots)$ 相乘

```
Thumb    : LSL Rt, Rb, #n
           ADD Ra, Rt, Rb
ARM      : ADD Ra, Rb, Rb, LSL #n
```

3) 与 $2^n-1(3,7,15,\cdots)$ 相乘

```
Thumb    : LSL Rt, Rb, #n
           SUB Ra, Rt, Rb
ARM      : RSB Ra, Rb, Rb, LSL #n
```

4) 与 $-2^n(-2,-4,-8,\cdots)$ 相乘

```
Thumb    : LSL Ra, Rb, #n
           MVN Ra, Ra
ARM      : MOV Ra, Rb, LSL #n
           RSB Ra, Ra, #0
```

5）与 $-2^n+1(-1,-3,-7,-15,\cdots)$ 相乘

```
Thumb     : LSL Rt, Rb, #n
            SUB Ra, Rb, Rt
ARM       : SUB Ra, Rb, Rb, LSL #n
```

2. 实现除法的功能段

下面的 ARM 代码实现除法运算,R0 用来存放被除数,R1 用来存放除数,R2 用来存放两数除法运算结果的商,R3 用来存放两数除法运算结果的余数。

```
      MOV      R0,#0x0F        ;(4 字节)
      MOV      R1,#0x06        ;(4 字节)
      MOV      R2,#0x0         ;(4 字节)
Loop
      SUBS     R0,R0,R1        ;(4 字节)
      ADDGE    R2,R2,#1        ;(4 字节)
      BGE      Loop            ;(4 字节)
      ADD      R3,R0,R1        ;(4 字节)
```

上面程序代码的 7 条 ARM 指令占用的存储空间大小为

$$7\times4\ \text{字节}=28\ \text{字节}$$

如果用 Thumb 代码来实现相同的功能,程序代码如下:

```
      MOV      R0,#0x0F        ;(2 字节)
      MOV      R1,#0x06        ;(2 字节)
      MOV      R2,#0x0         ;(2 字节)
Loop
      ADD      R2,#1           ;(2 字节)
      SUB      R0,R1           ;(2 字节)
      BGE      Loop            ;(2 字节)
      SUB      R2,#1           ;(2 字节)
      ADD      R3,R0,R1        ;(2 字节)
```

上面程序代码的 8 条 Thumb 指令占用的存储空间大小为 8×2 字节$=16$ 字节,可见 Thumb 代码在存储密度上高于 ARM 代码。

5.5.2　Thumb 与 ARM 性能比较

Thumb 指令具有较高的代码密度,因为 Thumb 指令的长度为 16 位,即只用 ARM 指令一半的位数来实现同样的功能。但是,要实现特定的程序功能,一般所需的 Thumb 指令的条数较 ARM 指令多。在一般的情况下,Thumb 指令与 ARM 指令的时间效率和空间效率关系为:

- Thumb 代码所需的存储空间为 ARM 代码的 60%～70%。
- Thumb 代码使用的指令数比 ARM 代码多 30%～40%。
- 若使用 32 位的存储器,ARM 代码比 Thumb 代码快约 40%。
- 若使用 16 位的存储器,Thumb 代码比 ARM 代码快 40%～50%。
- 与 ARM 代码相比较,使用 Thumb 代码,存储器的功耗会降低约 30%。

在实际应用中，一般将二者结合起来，也就是 ARM、Thumb 混合编程，充分发挥各自的优势。

思考与练习题

1. 与 32 位的 ARM 指令集相比较，16 位的 Thumb 指令集具有哪些优势？

2. Thumb 指令可分为哪几类？ Thumb 指令有条件执行指令吗？ 如果有，请说明哪些指令是条件执行的。

3. 分析下面的 Thumb 指令程序代码，指出程序所完成的功能。

```
. global _start
. text
. equ    num, 20
_start:
. arm
    MOV      SP, ＃0x400
    ADR      R0, Thumb_start ＋ 1
    BX    R0
. thumb
Thumb_start:
    ASR    R2, R0, ＃31
    EOR    R0, R2
    SUB    R3, R0, R2
stop:
    B    stop
. end
```

4. 用多种方法实现将寄存器 R0 中的数据乘以 10。

5. 带链接的分支指令 BL 提供了一种在 Thumb 状态下程序间相互调用的方法，当从子程序返回时，可以采用哪几种返回方式？

6. 指出下列的 Thumb 程序代码所完成的功能：

```
ASR    R0, R1, ＃31
EOR    R1, R0
SUB    R1, R0
```

## 第6章

ARM 汇编伪指令与伪操作

在嵌入式程序设计中,底层硬件相关的内容必须用汇编语言来书写,这就要求我们必须掌握 ARM 汇编语言伪指令、ARM 汇编语言程序设计中所用的伪操作。本章详细介绍进行汇编语言程序设计时所用的 ARM/Thumb 汇编语言伪指令、由 ARM 公司推出的开发工具所支持的伪操作以及 GNU ARM 开发工具所支持的伪操作。

6.1 汇编语言伪指令

伪指令是 ARM 微处理器支持的汇编语言程序里的特殊助记符,它不在处理器运行期间由机器执行,只是在汇编时将被合适的机器指令代替成 ARM 或 Thumb 指令,从而实现真正的指令操作。

6.1.1 ARM 汇编语言伪指令

1. 大范围地址读取伪指令 LDR

LDR 伪指令将一个 32 位的常数或者一个地址值读取到寄存器中,可以看作是加载寄存器的内容。其语法格式如下:

```
LDR{cond}    register , = expression
```

其中:

cond:指令执行的条件;

register:要加载的目标寄存器;

expression:可以是一个 32 位常数,也可以是程序代码中的标号(地址值)。

在汇编器编译源程序时,LDR 伪指令被替代成具有相同功能的 ARM 指令。如果加载的常数符合 MOV 或 MVN 指令立即数的要求,则用 MOV 或 MVN 指令替代 LDR 伪指令。如果加载的常数不符合 MOV 或 MVN 指令立即数的要求,汇编器将常量放入内存文字池,并使用一条程序相对偏移的 LDR 指令从内存文字池读出常量。后一种情况由于是基于 PC 的地址值,这种伪指令语句的编译与代码的位置相关,同时 LDR 伪指令处的 PC 值到数据缓冲区中的目标数据所在的地址之间的偏移量必须小于 4KB。

【例 6-1】 例句解析。

伪指令语句:

LDR　　　　R0,　=0x0AA00　　　　　　　　　　;R0<—0x0AA00

汇编后:

MOV　　　　R0,　#43520

伪指令语句:

LDR　　　　R1,　=0xAABBCCDD　　　　　　　;R0<—0xAABBCCDD

汇编后:

LDR　　　　R1,　[PC,offset_pool]　　　　　　;offset_pool 是基于 PC 的地址偏移量
　　　　　　　　　...
　　　　　　　　　Lpool　DCD　0xAABBCCDD

2. 中等范围地址读取伪指令 ADRL

ADRL 为中等范围地址读取伪指令,它将基于 PC 相对偏移的地址值或基于寄存器相对偏移的地址值读取到寄存器中。当地址是字节对齐时,取值范围为−64～+64KB,当地址是字对齐时,取值范围为−256～+256KB。当地址是 16 字节对齐时,其取值范围为字节对齐时取值范围的 16 倍。

ADRL 伪指令语法格式如下:

ADRL{cond}　　register , = expression

其中:

cond：指令执行的条件;

register：要加载的目标寄存器;

expression：地址表达式。

在汇编器在处理源程序时,ADRL 伪指令被两条具有 ADRL 等同功能的 ARM 指令(通常用 ADD 或 SUB 指令)替代。如果不能用两条指令实现 ADRL 伪指令的功能,则编译器报告错误,编译失败。

【例 6-2】 以下指令存放在 0x8000 起始的地址单元,分析汇编后的结果。

```
.global _start
.text
_start:
        MOV     R0,  #0x0F
        ADRL    R0,  _start
.end
```

解：汇编后的结果为

0x00008000　　　MOV　　　　　　R0,　#0x0F

0x00008004	SUB	R0，PC，#12
0x00008008	NOP	（MOV R0，R0）

可见，伪指令 ADRL R0，_start 编译后被 SUB R0，PC，#12 和 MOV R0，R0 两条指令取代。

3. 小范围地址读取伪指令 ADR

ADR 为小范围地址读取伪指令，它将基于 PC 相对偏移的地址值或基于寄存器相对偏移的地址值读取到寄存器中。当地址是字节对齐时，取值范围为 $-255 \sim +255$，当地址是字对齐时，取值范围为 $-1020 \sim +1020$。当地址是 16 字节对齐时，其取值范围为字节对齐时取值范围的 16 倍。

ADR 伪指令语法格式如下：

ADR{cond}　　register，= expression

其中：

cond：指令执行的条件；

register：要加载的目标寄存器；

expression：地址表达式。

在汇编器在处理源程序时，ADR 伪指令被一条具有和 ADR 相同功能的 ARM 指令（通常用 ADD 或 SUB 指令）替代。如果不能用一条指令实现 ADR 伪指令的功能，则编译器报告错误，编译失败。

【例 6-3】　下列指令存放在 0x8000 起始的地址单元，分析汇编后的结果。

```
. global _start
. text
_start:
      MOV      R0，  #0x0F
      ADR      R0，  _start
. end
```

解：汇编后的结果为

0x00008000	MOV	R0，#0x0F
0x00008004	SUB	R0，PC，#12

可见，伪指令 ADRL R0，_start 编译后被 SUB　R0，PC，#12 指令取代。

4. 空操作伪指令 NOP

NOP 是空操作伪指令，在汇编时将会被替代成 ARM 中的空操作（也就是什么也没做）指令，例如可能为 MOV　R0，R0 或 ADD R0，R0，#0 或 SUB　R0，R0，#0 等。

其语法格式如下：

NOP

空操作伪指令可用于延时操作。

【例 6-4】 用软件实现延时 5 个时钟周期。

解：用空操作伪指令 NOP 实现：

```
            ...
Delay5：
            NOP
            NOP
            NOP
            NOP
            NOP
            ...
```

6.1.2　Thumb 汇编语言伪指令

1. 大范围地址读取伪指令 LDR

LDR 伪指令将一个 32 位的常数或者一个地址值读取到寄存器中，可以看作是加载寄存器的内容。其语法格式如下：

```
LDR    register ，＝ expression
```

其中：

register：要加载的目标寄存器；

expression：可以是一个 32 位常数，也可以是程序代码中的标号(地址值)。

在汇编器编译源程序时，LDR 指令被替代成具有相同功能的 Thumb 指令。如果加载的常数符合 MOV 或 MVN 指令立即数的要求，则用 MOV 或 MVN 指令替代 LDR 伪指令。如果加载的常数不符合 MOV 或 MVN 指令立即数的要求，汇编器将常量放入内存文字池，并使用一条程序相对偏移的 LDR 指令从内存文字池读出常量。后一种情况由于是基于 PC 的地址值，这种伪指令语句的编译与代码的位置相关，同时 LDR 伪指令处的 PC 值到数据缓冲区中的目标数据所在的地址之间的偏移量必须是正数且小于 1KB。

【例 6-5】 例句解析。

```
LDR   R1，＝0xAABBCCDD        ；R0 <—0xAABBCCDD
LDR   R2，＝DATA_label        ；加载 DATA_label 地址
```

2. 小范围地址读取伪指令 ADR

ADR 为小范围地址读取伪指令，它将基于 PC 相对偏移的地址值读取到寄存器中，相当于 PC 寄存器或其他寄存器的长偏移。偏移量必须是正数且小于 1KB。

ADR 伪指令语法格式如下：

```
ADR    register ，＝ expression
```

其中：

register：要加载的目标寄存器；

expression：地址表达式，expression 必须是局部定义的。

在汇编器处理源程序时，ADR 伪指令被一条具有 ADR 等同功能的 Thumb 指令（通常用 ADD 或 SUB 指令）替代。如果不能用一条指令实现 ADR 伪指令的功能，则编译器报告错误，编译失败。

【例 6-6】 例句解析。

```
        ADR    R0,DATA_label
        …
DATA_label
        DCD    0xAABBCCDD
```

3. 空操作伪指令 NOP

NOP 是空操作伪指令，在汇编时将会被替代成 ARM 中的空操作（也就是什么也没做）指令，例如可能为 MOV R0,R0。

其语法格式如下：

```
 NOP
```

空操作伪指令可用于延时操作。

【例 6-7】 用 Thumb 伪指令实现延时 3 个时钟周期。

解：用空操作伪指令 NOP 实现。

```
NOP
NOP
NOP
```

6.2 ARM 汇编语言伪操作

伪操作（Directive）是 ARM 汇编语言程序里的一些特殊的指令助记符，其作用主要是为完成汇编程序做各种准备工作，对源程序运行汇编程序处理，而不是在计算机运行期间由处理器执行。也就是说，这些伪操作只是在汇编过程中起作用，一旦汇编结束，伪操作也就随之消失。

宏指令是用户根据编程需要定义的一段独立的程序代码，它通过伪操作来定义，宏在被使用之前必须提前定义好。宏之间可以互相调用，也可自己递归调用，通过直接书写宏名来使用宏。宏可以带有输入参数，调用时参数输入必须与宏定义时格式一致。宏定义本身不产生代码，只是在调用它时把宏体直接插入到源程序中。宏与 C 语言中的子函数形参和实参的调用相似，调用宏时通过实际的指令来代替宏体实现相关的一段代码，但宏的调用与子程序的调用有本质的区别：使用宏定义并不会节省程序的空间，其优点是简化程序代码，提高程序的可读性以及宏内容可以同步修改。

伪操作、宏指令一般与编译程序有关，因此 ARM 汇编语言的伪操作、宏指令在不同的编译环境下有不同的编写形式和规则。

目前常用的 ARM 汇编程序的编译环境有两种。

1. ARM 公司推出的 ADS/SDT、RealView MDK 等开发工具

ADS 由 ARM 公司推出,使用了 CodeWarrior 公司的编译器。针对 ARM 资源配置为用户提供了在 CodeWarrior IDE 集成环境下配置各种 ARM 开发工具的能力。以 ARM 为目标平台的工程创建向导,可以使用户以此为基础,快速创建 ARM 和 Thumb 工程。尽管大多数的 ARM 工具链已经集成在 CodeWarrior IDE 中,但是仍有许多功能在该集成环境中没有实现,这些功能大多数是和调试相关的。ARM 的调试器(AXD)没有集成到 CodeWarrior IDE 中,也就是说,用户不能在 CodeWarrior IDE 中进行断点调试和查看变量。在调试时,可以将文件装入调试器,查看程序运行状态和处理器信息。

Keil 是业界最受欢迎的 51 单片机开发工具之一,它拥有流畅的用户界面与强大的仿真功能。ARM 将 Keil 公司收购之后,正式推出了针对 ARM 微控制器的开发工具 RealView Microcontroller Development Kit(简称 Real View MDK 或 MDK),它将 ARM 开发工具 RealView Development Suite(RVDS)的编译器 RVCT 与 Keil 的工程管理、调试仿真工具集成在一起,是一款非常强大的 ARM 微控制器开发工具。

2. GNU ARM 开发工具

GNU 是 GNU's Not UNIX 的递归缩写。在 1983 年 9 月 27 日由 Richard Stallman 公开发起 GNU 计划,它的目标是创建一套完全自由的操作系统。1985 年 Richard Stallman 又创立了自由软件基金会(Free Software Foundation)来为 GNU 计划提供技术、法律以及财政支持。到了 1990 年,GNU 计划已经开发出的软件包括一个功能强大的文字编辑器 Emacs、C 语言编译器 gcc,以及大部分 UNIX 系统的程序库和工具。但仍然没有完成的重要组件就是操作系统的内核。1991 年由 Linus Torvalds 编写出了与 UNIX 兼容的 Linux 操作系统内核并在 GPL 条款下发布。Linux 之后在网上广泛流传,许多程序员参与了开发与修改。1992 年 Linux 与其他 GNU 软件结合,一个完全自由的操作系统正式诞生。该操作系统往往被称为 GNU/Linux 或简称 Linux。

GNU 格式 ARM 汇编语言程序主要是面对在 ARM 平台上移植嵌入式 Linux 操作系统,GNU 组织开发的基于 ARM 平台的编译工具主要由 GNU 的汇编器 as、交叉汇编器 gcc 和链接器 ld 组成。

每种开发工具都有一套与之相对应的伪操作,接下来 6.3 节和 6.4 节分别对 ARM 公司推出的开发工具(简称 ARM 开发工具)和 GNU 组织推出的开发工具(简称 GNU ARM 开发工具)所支持的汇编伪操作进行详细介绍。

6.3 ARM 汇编伪操作

ARM 公司推出的开发工具所支持的汇编伪操作包括符号定义伪操作、数据定义伪操作、汇编代码控制伪操作、汇编信息报告控制伪操作、指令集类型标识伪操作、文件包含伪操作以及其他类型伪操作。

6.3.1　符号定义伪操作

符号定义伪操作用于在 ARM 汇编程序中定义变量、给寄存器定义别名和对变量进行赋值等操作。在 ADS 下常用的符号定义伪操作如表 6-1 所示。

表 6-1　常用的符号定义伪操作（ADS）

操作符	语法格式	功能描述
LCLA	LCLA　　variable	定义一个局部的算术变量并将其初始化为 0
LCLL	LCLL　　variable	定义一个局部的逻辑变量并将其初始化为 FALSE
LCLS	LCLS　　variable	定义一个局部的字符串变量并将其初始化为空串
GBLA	GBLA　　variable	定义一个全局的算术变量并将其初始化为 0
GBLL	GBLL　　variable	定义一个全局的逻辑变量并将其初始化为 FALSE
GBLS	GBLS　　variable	定义一个全局的字符串变量并将其初始化为空串
SETA	variable_a SETA expr_a	给一个全局或局部的算术变量赋值
SETL	variable_l SETL expr_l	给一个全局或局部的逻辑变量赋值
SETS	variable_s SETS expr_s	给一个全局或局部的字符串变量赋值
RLIST	name RLIST ｛registers_list｝	为一个通用寄存器列表定义名称
SN	name　　SN　expr	为一个单精度的 VFP 寄存器定义名称
DN	name　　DN　expr	为一个双精度的 VFP 寄存器定义名称
FN	name　　FN　expr	为一个 FPA 浮点寄存器定义名称
CP	name　　CP　expr	为一个协处理器定义名称
CN	name　　CN　expr	为一个协处理器的寄存器定义名称

1. 局部变量定义 LCLA、LCLL 及 LCLS

局部变量定义伪操作 LCLA、LCLL 及 LCLS 用于定义一个 ARM 程序中的局部变量并将其初始化。伪操作 LCLA 用于定义一个局部的算术变量并将其初始化为 0；伪操作 LCLL 用于定义一个局部的逻辑变量并将其初始化为 FALSE（假）；伪操作 LCLS 用于定义一个局部的字符串变量并将其初始化为空串。

语法格式：

```
LCLA   variable
LCLL   variable
LCLS   variable
```

其中：

variable：所说明的局部变量名称。

> **注意事项：**
> 用伪操作 LCLA、LCLL 及 LCLS 所声明的局部变量在其作用范围内变量名必须唯一。

【例 6-8】　局部变量定义示例。

声明一个局部的算术变量 a_var1 并将其初始化为 0：

```
LCLA   a_var1
```

声明一个局部的逻辑变量 l_var 并将其初始化为 FALSE：

```
LCLL   l_var
```

声明一个局部的字符串变量 s_var 并将其初始化为空串：

```
LCLS   s_var
```

2. 全局变量定义 GBLA、GBLL 及 GBLS

全局变量定义伪操作 GBLA、GBLL 及 GBLS 用于定义一个 ARM 程序中的全局变量并将其初始化。伪操作 GBLA 用于定义一个全局的算术变量并将其初始化为 0；伪操作 GBLL 用于定义一个全局的逻辑变量并将其初始化为 FALSE（假）；伪操作 GBLS 用于定义一个全局的字符串变量并将其初始化为空串。

语法格式：

```
GBLA   variable
GBLL   variable
GBLS   variable
```

其中：

variable：所说明的全局变量名称。

注意事项：

用伪操作 GBLA、GBLL 及 GBLS 所声明的全局变量在整个程序范围内变量名必须唯一。

【例 6-9】　全局变量定义示例。

声明一个全局的算术变量 a_var 并将其初始化为 0：

```
GBLA   a_var
```

声明一个全局的逻辑变量 l_var 并将其初始化为 FALSE：

```
GBLL   l_var
```

声明一个全局的字符串变量 s_var 并将其初始化为空串：

```
GBLS   s_var
```

3. 变量赋值伪操作 SETA、SETL 及 SETS

变量赋值伪操作 SETA、SETL 及 SETS 用于给一个已经定义的全局变量或局部变量赋值。伪操作 SETA 用于给一个全局或局部的算术变量赋值；伪操作 SETL 用于给一个全局或局部的逻辑变量赋值；伪操作 SETS 用于给一个全局或局部的字符串变量赋值。

语法格式：

```
variable_a    SETA   expr_a
variable_l    SETL   expr_l
variable_s    SETS   expr_s
```

其中：

variable_a 表示已经定义过的算术变量，算术表达式 expr_a 为将要赋给变量的值；

variable_l 表示已经定义过的逻辑变量,逻辑表达式 expr_l 为将要赋给变量的值;

variable_s 表示已经定义过的字符串变量,字符串表达式 expr_s 为将要赋给变量的值。

注意事项：

用伪操作 SETA、SETL 及 SETS 对变量赋值前必须声明变量。

【例 6-10】　声明一个全局的算术变量 a_var 并将其赋值为 0xFF,声明一个全局的逻辑变量 l_var 并将其赋值为 TURE,声明一个全局的字符串变量 s_var 并将其赋值为"ARM_ARCHITECTURE"。

```
GBLA    a_var
GBLL    l_var
GBLS    s_var
a_var    SETA    0xFF
l_var    SETL    TURE
s_var    SETS    "ARM_ARCHITECTURE"
```

4. 给通用寄存器列表定义名称 RLIST

RLIST 伪操作用于给一个通用寄存器列表定义名称,使用该伪操作定义的名称可以在 LDM/STM 中使用。

语法格式：

```
name    RLIST    {registers_list}
```

其中：

name：寄存器列表的名称;

registers_list：通用寄存器列表。

注意事项：

在 LDM/STM 指令中,寄存器列表中的寄存器访问次序总是先访问编号低的寄存器,再访问编号高的寄存器。

【例 6-11】　将寄存器列表 R0、R1、R2、R5、R7、R10、R11、R12 的名称定义为 Reglist。

```
Reglist    RLIST    {R0-R2、R5、R7、R10-R12}
```

5. VFP 寄存器名称定义 DN、SN

DN 伪操作用于给双精度 VFP 寄存器定义名称,SN 伪操作用于给单精度 VFP 寄存器定义名称。

语法格式：

```
name    DN    expr
name    SN    expr
```

其中：

name：VFP 寄存器的名称;

expr：要定义的 VFP 寄存器编号,双精度寄存器编号范围为 0～15,单精度寄存器编号范围为 0～31。

注意事项:
- 在使用 DN 伪操作时,D0～D15 是汇编器预先定义的,用户不能再使用。
- 在使用 SN 伪操作时,S0～S31 是汇编器预先定义的,用户不能再使用。

【例 6-12】 将 VFP 单精度寄存器 10 定义为 radius。

```
radius   SN   10
```

将 VFP 双精度寄存器 20 定义为 volume。

```
volume   DN   20
```

6. FPA 浮点寄存器定义名称 FN

FN 伪操作用于给一个 FPA 浮点寄存器定义名称。

语法格式:

```
name     FN   expr
```

其中:

name:FPA 浮点寄存器的名称;

expr:要定义的 FPA 浮点寄存器编号,编号范围为 0～7。

注意事项:

在使用 FN 伪操作时,F0～F7 是汇编器预先定义的,用户不能再使用。

【例 6-13】 将 FPA 浮点寄存器 4 定义为 radius。

```
radius   FN   4
```

7. 协处理器名称定义 CP

CP 伪操作用于给一个协处理器定义名称。

语法格式:

```
name     CP   expr
```

其中:

name:定义的协处理器的名称;

expr:要定义名称的协处理器编号,编号范围为 0～15。

注意事项:

在使用 CP 伪操作时,P0～P15 是汇编器预先定义的,用户不能再使用。

【例 6-14】 将协处理器 10 定义为 CP_bitmap。

```
CP_bitmap   CP   10
```

8. 协处理器寄存器名称定义 CN

CN 伪操作用于给一个协处理器的寄存器定义名称。

语法格式:

```
name     CN   expr
```

其中：

name：定义的协处理器的寄存器名称；

expr：要定义名称的协处理器的寄存器编号，编号范围为 0～15。

注意事项：

在使用 CN 伪操作时，C0～C15 是汇编器预先定义的，用户不能再使用。

【例 6-15】　将协处理器寄存器 10 定义为 RE_buffer。

RE_buffer　CN　10

6.3.2　数据定义伪操作

数据定义伪操作一般用于为特定的数据分配存储单元，也可以完成已分配存储单元的初始化，常用的数据定义伪操作如表 6-2 所示。

表 6-2　常用的数据定义伪操作

操作符	语 法 格 式	功 能 描 述
DCB	{label}　DCB　expr{，expr}…	分配一片连续的字节存储单元并用 expr 初始化
DCW	{label}　DCW　expr{，expr}…	分配一段半字内存单元区域（半字对齐）
DCWU	{label}　DCWU　expr{，expr}…	分配一段半字内存单元区域
DCD	{label}　DCD　expr{，expr}…	分配一段字内存单元（字对齐）
DCDU	{label}　DCDU　expr{，expr}…	分配一段字内存单元
DCFS	{label}　DCFS fpliteral{，fpliteral}…	为单精度浮点数分配字内存单元（字对齐）
DCFSU	{label}　DCFSU fpliteral{，fpliteral}…	为单精度浮点数分配字内存单元
DCFD	{label}　DCFD fpliteral{，fpliteral}…	为双精度浮点数分配双字内存单元（字对齐）
DCFDU	{label}　DCFDU fpliteral{，fpliteral}…	为双精度浮点数分配双字内存单元
DCQ	{label} DCQ {−}expr{，{−}expr}…	分配一个或多个双字内存块（字对齐）
DCQU	{label} DCQU {−}expr{，{−}expr}…	分配一个或多个双字内存块
LTORG	LTORG	声明一个数据缓冲池（Literal Pool）
SPACE	{label}　SPACE　expr	分配一片连续的字节存储区域并将其初始化为 0
MAP	MAP　expr{，base_register}	定义一个结构化的内存表首地址
FIELD	{label}　FIELD　expr	定义一个结构化内存表中的数据域
DCDO	{lable} DCDO expr{，expr}…	将内存单元的内容初始化为相对地址
DCI	{lable}　DCI　expr	分配用于存放代码的内存单元

1. 分配字节存储单元伪操作 DCB

分配字节存储单元伪操作 DCB 用于分配一片连续的字节存储单元并用伪指令中指定的表达式 expr 进行初始化，分配的字节数是由 expr 的个数决定的。表达式 expr 可以为数字或字符串，关键字"DCB"可以用"＝"来代替。

语法格式：

{label}　DCB　expr{, expr }…

其中：

label：可选的程序标号；

expr：−128～255 的数字或字符串。

【例 6-16】

```
Str_buffer      DCB    "ARM7 and   ARM9"          ;申请以 Str_buffer 为起始地址的
                                                  ;连续的内存单元,并用字符串
                                                  ;对"ARM7 and   ARM9"进行初始化
data_buffer     DCB    0x01,0x02,0x03,0x04,0x05   ;申请以 data_buffer 为起始地址
                                                  ;的连续的内存单元,并依次
                                                  ;用 0x01,0x02,0x03,0x04,0x05
                                                  ;进行初始化
Str_buffer      DCB    "ARM7 and   ARM9",0        ;申请以 Str_buffer 为起始地址
                                                  ;的连续的内存单元,并用字符
                                                  ;串"ARM7 and   ARM9"进
                                                  ;行初始化,并以 0 结尾,同 C
                                                  ;语言中的字符串定义
```

2. 分配半字存储单元伪操作 DCW 及 DCWU

分配半字存储单元伪操作 DCW 或 DCWU 用于分配一片连续的半字存储单元并用伪指令中指定的表达式 expr 进行初始化,分配的半字数是由 expr 的个数决定的。表达式 expr 可以为数字表达式或已定义的变量。用 DCW 分配的存储单元严格要求半字对齐,而用 DCWU 分配的存储单元不要求半字对齐。

语法格式：

{label}　DCW　expr{, expr }…
{label}　DCWU　expr{, expr }…

其中：

label：可选的程序标号；

expr：−32768～65535 的数字表达式。

【例 6-17】　例句解析。

```
data_buffer1  DCW     0x01,0x02,0x03,0x04,0x05   ;申请以 data_buffer1 为起始地
                                                 ;址的连续的内存单元,并依
                                                 ;次用半字数据 0x01,0x02,0x03,
                                                 ;0x04,0x05 进行初始化
data_buffer2  DCW     0x1122,X1＋0x02,
              DCWU    0x3344,X2＋0x04,            ;申请以 data_buffer2 为起始地
                                                 ;址的连续的内存单元,并依
                                                 ;次用半字数据 0x1122,X1＋0x02,
                                                 ;0x3344,X2＋0x04 进行初始化
```

3. 分配字存储单元伪操作 DCD 及 DCDU

分配字存储单元伪操作 DCD 或 DCDU 用于分配一片连续的字存储单元并用伪指令中指定的表达式 expr 进行初始化，分配的字数是由 expr 的个数决定的。表达式 expr 可以为数字表达式或已定义的变量，关键字"DCD"可以用"&"来代替。用 DCD 分配的存储单元严格要求字对齐，而用 DCDU 分配的存储单元不要求字对齐。

语法格式：

```
{label}  DCD   expr{,expr}…
{label}  DCDU  expr{,expr}…
```

其中：

label：可选的程序标号；

expr：表达式。

【例 6-18】　例句解析。

```
data_buffer1  DCD    0x01,0x02,0x03,0x04,0x05      ; 申请以 data_buffer1 为起始地
                                                   ; 址的连续的内存单元，并依
                                                   ; 次用字数据 0x01,0x02,0x03,
                                                   ; 0x04,0x05 进行初始化

data_buffer2  DCD    0x11223344,X1+0x02
              DCDU   0xAABBCCDD,X2+0x04            ; 申请以 data_buffer2 为起始地
                                                   ; 址的连续的内存单元，并依
                                                   ; 次用字数据 0x11223344,
                                                   ; X1+0x02,0xAABBCCDD,
                                                   ; X2+0x04 进行初始化
```

4. 分配单精度浮点数存储单元伪操作 DCFS 及 DCFSU

分配单精度浮点数存储单元伪操作 DCFS 及 DCFSU 用于分配一片连续的单精度浮点数存储单元并用伪指令中指定的表达式 fpliteral 进行初始化，每个单精度的浮点数占据一个字单元，分配的字数是由 fpliteral 的个数决定的。用 DCFS 分配的存储单元严格要求字对齐，而用 DCFSU 分配的存储单元不要求字对齐。

语法格式：

```
{label}  DCFS   fpliteral{,fpliteral}…
{label}  DCFSU  fpliteral{,fpliteral}…
```

其中：

label：可选的程序标号；

fpliteral：单精度浮点表达式，取值范围为 $1.17549435e-38 \sim 3.4028234e+38$。

【例 6-19】　例句解析。

```
FPdata_buffer1  DCFS  1.3e8,-2.4e-5,2.5e-9   ; 分配一片连续的字存储单元并初始化为
                                             ; 指定的单精度浮点数，要求严格字对齐
FPdata_buffer2  DCFSU 1.3e8,-2.4e-5,2.5e-9   ; 分配一片连续的字存储单元并初始化为
                                             ; 指定的单精度浮点数，不要求严格字对齐
```

5. 分配双精度浮点数存储单元伪操作 DCFD 及 DCFDU

分配双精度浮点数存储单元伪操作 DCFD 及 DCFDU 用于分配一片连续的双精度浮

点数据存储单元并用伪指令中指定的表达式 fpliteral 进行初始化,每个双精度的浮点数占据 2 个字单元,分配的字数等于 fpliteral 个数的 2 倍。用 DCFD 分配的存储单元严格要求字对齐,而用 DCFDU 分配的存储单元不要求字对齐。

语法格式:

{label}　DCFD　fpliteral{, fpliteral }…
{label}　DCFDU　fpliteral{, fpliteral }…

其中:

label:可选的程序标号;

fpliteral:双精度浮点表达式,取值范围为 $2.22507385850720138e-308 \sim 1.7976931348623157e+308$。

【例 6-20】 分配一片连续的字存储单元并初始化为双精度浮点数 1.3e80,−2.4e−45,2.5e−90,要求严格字对齐。

FPdata_buffer1　　DCFD　1.3e80,−2.4e−45,2.5e−90;

分配一片连续的字存储单元并初始化为指定的双精度浮点数 1.3e80,−2.4e−45,2.5e−90,不要求严格字对齐。

FPdata_buffer2　　DCFDU　1.3e80,−2.4e−45,2.5e−90;

6. 分配双字存储单元伪操作 DCQ 及 DCQU

分配双字存储单元伪操作 DCQ 或 DCQU 用于分配一片连续的双字存储单元并用伪指令中指定的表达式 expr 进行初始化,分配的字数等于 expr 个数的 2 倍。用 DCQ 分配的存储单元严格要求字对齐,而用 DCQU 分配的存储单元不要求字对齐。

语法格式:

{label}　DCQ　{−}expr{, {−}expr }…
{label}　DCQU　{−}expr{, {−}expr }…

其中:

label:可选的程序标号;

expr:用于初始化内存的数字或表达式,其数值必须是整数。expr 前面的"−"是可选取的,如果 expr 前面没有"−",则其取值范围为 $0 \sim 2^{64}-1$;如果 expr 前面有"−",则其取值范围为 $1 \sim 2^{63}-1$。

【例 6-21】 分配一片连续的双字存储单元并初始化为指定的双字数据 −10000,0x1122334455667788,要求严格字对齐。

DWdata_buffer1　　DCQ　−10000,0x1122334455667788;

分配一片连续的双字存储单元并初始化为指定的双字数据 −10000,0x1122334455667788,number+100,不要求严格字对齐。

DWdata_buffer2　　DCQU　−10000,0x1122334455667788,number+100
;number 必须要是已定义过的数字表达式

7. 声明数据缓冲池伪操作 LTORG

LTORG 伪操作用于声明一个数据缓冲池。在使用 LDR 伪指令时,要在适当的位置加入 LTROG 声明数据缓冲池,这样就会把要加载的数据保存到缓存池中,再使用 ARM 加载指令读出,如果没有使用 LTROG 声明数据缓冲池,则汇编器会在程序末尾自动声明。

语法格式:

LTROG

【例 6-22】　(1)声明一个数据缓冲池用来存储 0xAABBCCDD。

```
LDR     R0,  = 0xAABBCCDD
EOR     R1,  R1,  R0
B       SUB_pro
LTROG
```

(2)用 LTORG 伪操作定义数据缓冲池。

```
        AREA    Example,CODE,READONLY
_start  BL   fun_sub1
        ...
fun_sub1
        LDR    R0,  =0xAAAA0000
        MOV  PC,  LR
        LTROG           ;此处定义数据缓冲池,存放 0xAAAA0000
        END
```

8. 分配存储空间伪操作 SPACE

分配存储空间伪操作 SPACE 用于分配一片连续的字节存储区域并将其初始化为 0,表达式 expr 的值表示所分配字节的个数。关键字"SPACE"可以用"％"来代替。

语法格式:

{label}　SPACE　expr

其中:

label:可选的程序标号;

expr:分配的字节数。

【例 6-23】　分配连续 500 字节存储单元并初始化为 0。

SP_data_buffer1 SPACE 500;

9. 定义结构化内存表首地址伪操作 MAP

MAP 伪操作用于定义一个结构化的内存表首地址。关键字"MAP"可以用"＾"来代替。

语法格式:

MAP　　expr{,base_register}

其中:

expr:表示存储到结构化内存表的地址偏移量,如果基址寄存器 base_register 没有指定,则 expr 表示存储到结构化内存表的首地址;

base_register:可选项,指定其寄存器作为结构化内存表的基址寄存器,当指令中包含这一选项时,结构化内存表的首地址为 expr 与 base_register 之和。

> **注意事项:**
> MAP 伪操作通常与 FIELD 伪指令配合使用来定义结构化的内存表,当基址寄存器 base_register 被指定后,其后面所有的 FIELD 伪操作全部以 base_register 为基地址再加上偏移量 expr。

【例 6-24】 定义结构化内存表首地址为 0xA0000。

```
MAP  0xA0000;
```

定义结构化内存表首地址为 R12+0xA0000。

```
MAP  0xA0000,    R12;
```

10. 定义结构化内存表数据域伪操作 FIELD

FIELD 伪操作用于定义一个结构化内存表中的数据域。关键字"FIELD"可以用"♯"来代替。表达式中的值为当前数据域在内存表中所占的字节数。

语法格式:

```
{label}  FIELD  expr
```

其中:

label:可选的程序标号,当指定这一选项时,label 的值为当前内存表的位置计数器的值,汇编处理完这条 FIELD 伪操作后,内存表计数器的值将加上 expr 的值;

expr:FIELD 指定的域所占内存单元字节数。

> **注意事项:**
> - FIELD 伪操作通常与 MAP 伪操作配合使用来定义结构化的内存表。MAP 伪操作定义内存表的首地址,FIELD 伪操作定义内存表中的各个数据域,并可以为每个数据域指定一个标号供其他的操作引用。
> - MAP 和 FIELD 伪操作仅用于定义数据结构,并不实际分配存储单元。
> - MAP 伪操作基址寄存器 base_register 被指定后,将被其后的所有 FIELD 伪操作定义的数据结构默认使用,直到遇到下一个包含基址寄存器 base_register 的 MAP 指令。

【例 6-25】 (1)定义一个结构化的内存表,其首地址固定为 0x300,该结构化内存表包含 4 个域,Fdata1 长度为 4 字节,Fdata2 长度为 8 字节,Fdata3 长度为 100 字节,Fdata4 长度为 200 字节。

```
解:MAP  0x300
    Fdata1   FIELD   4;
    Fdata2   FIELD   8;
    Fdata3   FIELD   100;
    Fdata4   FIELD   200;
```

（2）分析下面 LDR 指令实现的功能。

```
        MAP  4，R12           ;
        FIELD  4              ;
Fdata   FIELD  4              ;
        LDR  R0，Fdata         ;
```

解：程序中结构化内存表首地址为 R12＋4，Fdata 的位置为 R12＋8，因此 LDR 指令就是将内存地址为 R12＋8 的字内存数据单元加载到 R0 中，其功能相当于指令

```
LDR  R0，[R12，#8]
```

11. 取相对地址初始化内存单元伪操作 DCDO

DCDO 伪操作用于分配一段字内存单元（分配的内存都是字对齐的），并将字单元的内容初始化为 expr 基于静态基址寄存器 R9 内容的偏移量。

语法格式：

{lable} DCDO expr{，expr}…

其中：

lable：可选取的标号；

expr：数字表达式或为程序标号，内存分配的字数是由 expr 的个数决定的。

【例 6-26】 例句解析。

```
IMPORT expression          ;声明 expression 为本文件用到的一个外部标号
DCDO    expression          ;字单元其值为 expression 基于 R9 的偏移量
```

12. 分配代码存储单元伪操作 DCI

DCI 伪操作用于分配一段内存单元，并用伪操作中的表达式 expr 所指定的值进行初始化。

DCI 和 DCD 分配很相似，区别在于 DCI 分配的内存中的数据被标识为指令，而不是数据，可用于通过宏指令来定义处理器指令系统不支持的指令。

语法格式：

{lable} DCI expr

其中：

lable：可选取的标号，是内存块起始地址的标号；

expr：数字表达式（整数）或为程序标号。

注意事项：

DCI 伪操作要求内存对齐，对于 ARM 指令要求字对齐，对 Thumb 指令要求半字单元对齐。

【例 6-27】 例句解析。

```
MACRO          ;宏定义
    newinst $ Rd，$ Rm
    DCI     0xe16f0f10     ;这里放的是指令
MEND
```

6.3.3　汇编代码控制伪操作

汇编器在对程序代码进行编译时,会根据汇编控制伪操作的定义情况对程序进行编译,常用的有条件编译、重复汇编和宏定义,如表 6-3 所示。

表 6-3　汇编控制

操　作　符	语　法　格　式	功　能　描　述

IF
ELSE
ENDIF
	IF　　logical_expression
	　　　程序代码段 A
	　　　{ELSE
	　　　程序代码段 B
	　　　}
	ENDIF
		条件汇编代码文件内的一段源代码

WHILE WEND	WHILE　　logical_expression 　　　程序代码段 　　WEND	根据条件重复汇编
MACRO MEND	MACRO { $ label}　　macroname 　　　{ $ parameter{ , $ parameter}…} 　　　程序代码段 　　MEND	标识宏定义的开始和结束
MEXIT	MEXIT	中途跳转出宏

1. IF 条件编译伪操作

IF 条件编译伪操作能够根据条件的成功情况来决定是否对一段程序代码进行编译。当 IF 的逻辑表达式成立时,则编译 IF 后面的程序代码段;当 IF 的逻辑表达式不成立时,则编译 ELSE 后面的程序代码段。

语法格式:

```
IF   logical_expression
    程序代码段 A
{ELSE
    程序代码段 B
}
ENDIF
```

其中:

logical_expression:逻辑表达式。当表达式所表示的条件成立时,则编译程序代码段 A;否则(这个否则是可选的),编译程序代码段 B。

【例 6-28】　例句解析。

```
IF   UART0 = ON
    BL   UART0_init              ;条件成立则初始化 UART0
ELSE
```

```
      BL    UART1_init                ；否则初始化 UART1
ENDIF
```

2. WHILE 条件编译伪操作

WHILE 条件编译伪操作能够根据条件的成功情况来决定是否对一段程序代码段进行重复编译,直到 WHILE 后面的逻辑表达式不成立为止。

语法格式:

```
WHILE   logical_expression
    程序代码段
WEND
```

其中:

logical_expression:逻辑表达式。当表达式所表示的条件成立时,则对一段程序代码段进行重复编译,直到 logical_expression 所表示的条件表达式不成立为止。

【例 6-29】　实现一段程序代码段循环编译 100 次:

```
Counter   SETA   100
WHILE     counter＞0
      …
counter   SETA   counter －1
WEND
```

3. MACRO 宏定义伪操作

MACRO、NEND 可以将一段程序代码定义成一个宏。MACRO 标志宏定义的开始,MEND 标志宏定义的结束。如果在一个宏内开始任何"WHILE"循环或"IF"条件,则必须在到达 MEND 指令之前结束它们,也就是在 MEND 之前要出现相应的结束符"WEND"或"ENDIF"。

如果要提前从宏体中退出(例如从一个宏内的循环体中退出),可采用 MEXIT 伪操作提前跳出宏体。

语法格式:

```
MACRO
{＄label}   macroname   {＄parameter{,＄parameter}…}
      程序代码段
MEND
```

其中:

{＄label}:在宏指令被展开时,标号被替换成用户定义的符号;

macroname:所定义的宏名;

{＄parameter{,＄parameter}…}:宏的参数列表,当宏被展开时被替换成相应的值。

注意事项:
- 宏定义在调用时被替换展开,没有其他的附加操作。
- 宏定义多用于所定义的程序代码量较小,而需要传递形式参数比较多的场合。相对子程序调用而言,能有效地提高处理速度(因为在子程序调用时会有保存和恢复现场等额外的开销)。
- 如果变量在宏定义中被定义,则该变量只在该宏定义体中有效。

【例 6-30】 在 ARM 和 Thumb 代码中,测试并跳转操作需要执行两个 ARM 指令。可以定义一个与下面类似的宏定义:

```
MACRO
    $ label TestAndBranch $ dest，$ reg，$ cc
    $ label CMP $ reg，#0
    B $ cc $ dest
MEND
```

MACRO 指令后面的行是宏原型语句。该语句定义了用于调用该宏的名称(TestAndBranch)。它还定义了一些参数($ label、$ dest、$ reg 和 $ cc)。未指定的参数将被替换为一个空字符串。对于此宏,必须为 $ dest、$ reg 和 $ cc 赋值,以避免出现语法错误。汇编程序会将所提供的值替换到代码中。

可以按如下方式调用此宏:

```
test TestAndBranch NonZero，R0，NE
    …
NonZero
```

在替换后将变成:

```
Test CMP   R0，#0
    BNE NonZero
    …
NonZero
    …
```

6.3.4 汇编信息报告控制伪操作

汇编信息报告控制伪操作用于程序汇编指示,主要在程序调试阶段使用。这类伪操作分为错误信息报告伪操作、诊断信息报告伪操作、列表选项设置伪操作、插入文件标题伪操作,如表 6-4 所示。

表 6-4　汇编信息报告控制伪操作

操 作 符	语 法 格 式	功 能 描 述
ASSERT	ASSERT logical_expression	第二遍扫描中,如果声明条件不成立,则报错
INFO 或 !	INFO numeric_expression，string_expression	支持在汇编处理的第一遍扫描或者第二遍扫描时报告诊断信息
OPT	OPT n	在源程序中设置列表选项
TTL	TTL title	在列表文件的每一页的开头插入一个标题
SUBT	SUBT subtitle	在列表文件的每一页的开头插入一个子标题

1. 错误信息报告伪操作 ASSERT

ASSERT 为错误信息报告伪操作,汇编器对汇编源程序的第二遍扫描中,如果逻辑表达式所表示的条件不成立（为假），则 ASSERT 伪操作将报告错误信息。

语法格式：

ASSERT　logical_expression

其中：

logical_expression：用于表示的条件的逻辑表达式。

注意事项：

用于保证源程序被汇编时满足相关的条件，如果条件不满足，则 ASSERT 伪操作报告错误类型，并终止汇编。

【例 6-31】　测试 a >= 5 条件是否满足，如果不满足，则输出错误信息，并终止汇编。

ASSERT a >= 5

2. 诊断信息报告伪操作 INFO

INFO 为诊断信息报告伪操作，用于在汇编器处理过程中的第一遍扫描或第二遍扫描时报告诊断信息。

语法格式：

INFO numeric_expression，string_expression

其中：

numeric_expression：数字表达式。如果 numeric_expression 为 0，则在第二遍扫描时，伪操作打印 string_expression 的内容；如果 numeric_expression 的值不为 0，则在汇编处理中，第一遍扫描时，伪操作打印 string-expression 的内容，并终止汇编。

【例 6-32】　例句解析。

```
INFO 0, "VERSION 1.0"        ；第二遍扫描时打印"VERSION 1.0"
IF endofdata <= label1       ；在第一遍扫描时条件成立
INFO 4, "data overrun at label1"   ；在第一遍扫描时报告错误信息，终止汇编
ENDIF
```

3. 列表选项设置伪操作 OPT

OPT 为编译列表选项设置伪操作，用于在源程序中设置汇编列表选项。

语法格式：

OPT　n

其中：

n 是 OPT 指令设置选项编号。表 6-5 列出了有效的选项编号及其含义。

表 6-5　编译列表编号及其含义

编　码	选 项 含 义
1	设置常规列表选项
2	关闭常规列表选项
4	设置分页符，在新的一页开始显示
8	将行号重新设置为 0

编　　码	选　项　含　义
16	设置选项，显示 SET,GBL,LCL 伪操作
32	设置选项，不显示 SET,GBL,LCL 伪操作
64	设置选项，显示宏展开
128	设置选项，不显示宏展开
256	设置选项，显示宏调用
512	设置选项，不显示宏调用
1024	设置选项，显示第一遍扫描列表
2048	设置选项，不显示第一遍扫描列表
4096	设置选项，显示条件汇编伪操作
8912	设置选项，不显示条件汇编伪操作
16384	设置选项，显示 MEND 操作
32768	设置选项，不显示 MEND 操作

注意事项：

使用编译选项将使编译器产生列表文件。默认情况下，编译选项将生成常规的列表文件，包含变量声明、宏展开、条件汇编伪操作以及 MEND 伪操作，而且列表文件只是第二遍扫描时给出。

【例 6-33】 在子函数体 function 前插入 OPT 4 伪操作，子函数 function 将在新的一页中显示。

```
        AREA EXAMPLE, CODE, READONLY
Start
        …               ；程序代码 A
        BL function
        …               ；程序代码 B
OPT 4                    ；
function
        …               ；程序代码 C
```

4. 插入文件标题伪操作 TTL 与 SUBT

TTL 和 SUBT 伪操作用于给汇编列表文件插入标题。TTL 伪操作在列表文件的每一页的开头插入一个标题。该 TTL 伪操作将作用在其后的每一页，直到遇到新的 TTL 伪操作。SUBT 伪操作在列表文件的每一页的开头插入一个子标题。该 SUBT 伪操作将作用其后的每一页，直到遇到新的 SUBT 伪操作。

语法格式：

```
TTL title
SUBT subtitle
```

其中：

title 为所插入的列表文件的标题；

subtitle 为所插入的列表文件的子标题。

注意事项：

- TTL 伪操作在列表文件的页顶显示一个标题。如果要在列表文件的第一页显示标题，TTL 伪操作要放在源程序的第一行。当 TTL 伪操作改变页标题时，新的标题在下一页开始起作用。
- SUBT 伪操作在列表文件的页顶显示一个子标题。如果要在列表文件的第一页显示子标题，SUBT 伪操作要放在源程序的第一行。当 SUBT 伪操作改变页子标题时，新的子标题在下一页开始起作用。

【例 6-34】　在列表文件的每一页的开头都插入一个标题 ARM_test 和子标题 test1-5。

```
TTL    ARM_test
SUBT   test1-5
```

6.3.5　指令集类型标识伪操作

指令集类型标识伪操作用来告诉编译器所处理的是 32 位的 ARM 指令还是 16 位的 Thumb 指令，实现这一操作的操作符有 ARM、CODE32、THUMB、CODE16，具体的语法格式及功能描述如表 6-6 所示。

表 6-6　指令集类型标识伪操作

操 作 符	语 法 格 式	功 能 描 述
ARM 或 CODE32	ARM	指示编译器将要处理的是 32 位的 ARM 指令
	CODE32	
THUMB 或 CODE16	THUMB	指示编译器将要处理的是 16 位的 Thumb 指令
	CODE16	

ARM 指令和 CODE32 指令是同义词。它们指示汇编程序将后面的指令解释为 32 位 ARM 指令。必要时，它们也可插入最多三个填充字节，以对齐到下一个字边界。

注意事项：

- 伪操作符 ARM 必须位于 32 位的 ARM 代码之前。
- THUMB 必须位于 16 位的 Thumb 代码之前。
- 指令集类型标识伪操作仅指示汇编程序适当地汇编 ARM、Thumb 指令，并在必要时插入填充字节。伪操作本身并不进行处理器状态的切换。

【例 6-35】　此示例演示如何使用 ARM 和 CODE16 从 ARM 指令跳转到 16 位 Thumb 指令。

```
       AREA   ToThumb，CODE，READONLY
       ENTRY
       ARM                          ;通知编译器其后的指令为 32 位的 ARM 指令
start
       ADR  R0，into_thumb ＋ 1       ;处理器当前处理 ARM 状态
       BX   R0                      ;程序跳转到 into_thumb 并使处理器切换到 Thumb 状态
       THUMB                        ;通知编译器其后的指令为 16 位的 Thumb 指令
```

into_thumb
    MOVS R0，#10   ; Thumb 指令
    ...

6.3.6 文件包含伪操作

文件包含伪操作包括两类：一类是将一个源文件包含到当前源文件中，并将被包含的文件在其当前位置进行汇编处理；另一类也是将一个源文件包含到当前源文件中，但被包含文件不进行汇编处理，如表 6-7 所示。

表 6-7 文件包含伪操作

操 作 符	语 法 格 式	功 能 描 述
GET	GET filename	将一个源文件包含到当前源文件中，并将被包含的文件在其当前位置进行汇编处理
INCLUDE	INCLUDE filename	GET 的同义词
INCBIN	INCBIN filename	将一个文件包含到当前源文件中，被包含文件不进行汇编处理

1. 文件包含伪操作 GET 或 INCLUDE

GET 伪操作用于将一个源文件包含到当前的源文件中，所包含的文件在 GET 指令的位置处进行汇编处理。INCLUDE 是 GET 的同义词。

语法格式：

GET   filename
INCLUDE   filename

其中：

filename：要在汇编中包含的文件名称。汇编程序接受 UNIX 或 MS-DOS 格式的路径名。

注意事项：
- GET 对在汇编代码中包含宏定义、EQU 指令和存储器映射很有用。当完成所包含文件的汇编后，在 GET 指令后的下一行继续汇编。
- 默认情况下，汇编程序在当前位置搜索所包含的文件。当前位置即调用文件所在的目录。使用-i 汇编程序命令行选项可向搜索路径添加目录。不能使用包含空格的文件名或目录名。所包含的文件可包含其他 GET 指令以包含其他文件。
- 如果所包含的文件位于与当前位置不同的目录中，则该目录就成为当前位置，直到所包含的文件结束。原先的当前位置随后恢复。
- GET 不能用于包含目标文件。

【例 6-36】 例句解析。

AREA Example，CODE，READONLY
GET include_s. s   ; 通知编译器文件当前位置包含 include_s. s
GET c:\test\ include_init. s   ; 通知编译器包含 c:\test\目录下的文件 include_init. s

2. 文件原样包含伪操作 INCBIN

INCBIN 伪操作将一个文件包含到当前源文件中,该文件按原样包含,不进行汇编处理。可以使用 INCBIN 来包含可执行文件、文字或其他数据。文件的内容将按字节逐一添加到当前 ELF 节中,而不进行任何方式的解释。汇编在 INCBIN 指令的下一行继续执行。

语法格式:

```
INCBIN    filename
```

其中:

filename:要在汇编中包含的文件名称。汇编程序接受 UNIX 或 MS-DOS 格式的路径名。

> **注意事项:**
> 默认情况下,汇编程序在当前位置搜索所包含的文件。当前位置即调用文件所在的目录。使用-i 汇编程序命令行选项可向搜索路径添加目录。不能使用包含空格的文件名或目录名。

【例 6-37】

```
AREA Example,CODE,READONLY
INCBIN test1.dat         ;在文件当前位置包含文件 test1.dat
INCBIN c:\test\test2.txt ;通知编译器包含 c:\test\目录下的文件 test2.txt
```

6.3.7　其他类型伪操作

除以上介绍的伪操作外,还包括一些其他类型的常用的伪操作,如表 6-8 所示。

表 6-8　其他类型的常用的伪操作

操 作 符	语 法 格 式	功 能 描 述
ALIGN	ALIGN {expr {,offset {,pad {,padsize}}}}	设置对齐方式伪操作
AREA	AREA sectionname{,attr}{,attr}…	定义一个代码段或数据段
END	END	通知汇编程序它已到达源文件的末尾
ENTRY	ENTRY	声明程序的入口点
EQU	name EQU expr{,type}	为数值常量、标号指定一个符号名称。* 是 EQU 的同义词
EXPORT	EXPORT {symbol} {[WEAK {,attr}]}	声明一个符号可以被其他文件引用,相当于声明了一个全局变量
GLOBAL	GLOBAL {symbol} {[WEAK {,attr}]}	EXPORT 的同义词
EXPORTAS	EXPORTAS symbol1,symbol2	将符号导出到目标文件中,该符号与对应的源文件中的符号不同
IMPORT	IMPORT symbol {[{attr}]} IMPORT symbol [WEAK{,attr}]	通知编译器当前的符号不是在本源文件中定义的,而是在其他源文件中定义的,在本源文件中可以引用该符号。不管该名称在当前汇编中是否被引用,该符号将被加入到本源文件的符号表中

操 作 符	语 法 格 式	功 能 描 述
EXTERN	EXTERN symbol {[{attr}]} EXTERN symbol [WEAK{,attr}]	通知编译器当期的符号不是在本源文件中定义的，而是在其他源文件中定义的。如果本源文件没有实际引用该符号，则该符号将不会被加入到本源文件的符号表中
KEEP	KEEP {symbol}	指示汇编器将局部符号保留在目标文件的符号表中
NOFP	NOFP	禁止源程序中包含浮点运算指令
REQUIRE	REQUIRE label	指定段之间的相互依赖关系
REQUIRE8	REQUIRE8 {bool}	当前代码中要求数据栈 8 字节对齐
PRESERVE8	PRESERVE8 {bool}	指示当前代码中数据栈是 8 字节对齐的
ROUT	{name} ROUT	标记局部变量的作用域范围

1. 对齐方式设置伪操作 ALIGN

对齐方式设置伪操作 ALIGN 通过用零或 NOP 指令进行填充来使当前位置与指定的边界对齐。

语法格式：

ALIGN {expr{,offset{,pad {, padsize }}}}

其中：

expr 是一个数值表达式，用于指定对齐方式，取值为 $2^0 \sim 2^{31}$ 范围内的 2 的任何次幂；

offset 可以是任何数值表达式；

pad 可以是任何数值表达式，是对齐时用于填充的字节；

padsize 可为 1、2 或 4。

实现的操作是使当前位置对齐到如下地址：

offset ＋ n ＊ expr(n 的值由内存对齐方式来决定)

如果未指定 expr，则 ALIGN 会将当前位置设置到下一个字（4 字节）边界处。前一个位置和当前新位置之间的未用空间用以下内容填充：

- 如果指定了 pad，则用 pad 的副本填充；
- 当未指定 pad 或在当前节中，AREA 指令设置了 CODEALIGN 属性时，用 NOP 指令填充；
- 其他情况用零填充。

根据 padsize 值的情况，pad 将被分别视为一字节、半字或字。如果未指定 padsize，则 pad 在数据节中默认为字节，在 Thumb 代码中默认为半字，在 ARM 代码中默认为字。

注意事项：
- ADR 伪指令用于 Thumb 代码时只能加载字对齐的地址，但 Thumb 代码内的标签可能不是字对齐的。使用 ALIGN 4 可确保 Thumb 代码内的地址是 4 字节对齐的。
- 使用 ALIGN 可利用有些 ARM 处理器上的高速缓存。例如，ARM940T 带有一个含 16 字节行的高速缓存。使用 ALIGN 16 可在 16 字节边界上对齐函数入口点,并使高速缓存的效率最高。

- LDRD 和 STRD 双字数据传送必须是 8 字节对齐的。如果要用 LDRD 或 STRD 访问数据,则在内存分配指令(如 DCQ)之前使用 ALIGN 8。

【例 6-38】　保证每一个代码段的入口都定义在 32 字节的边界上。

```
AREA cacheable, CODE, ALIGN=5
sub1              ; 程序代码 32 字节边界对齐
…
BL    sub2        ; 程序跳转到新的代码段后,变为 4 字节边界对齐
…

ALIGN 32          ; 再进行 32 字节边界对齐
sub2
…
```

2. 段属性定义伪操作 AREA

汇编程序采用分段式设计,一般的程序可分为多个代码段和数据段。段属性定义伪操作 AREA 用于定义一个代码段或数据段,AREA 伪操作指示汇编器汇编新的代码段或数据段。段是不可分的已命名独立代码或数据块,它们由链接器处理。

语法格式:

    AREA sectionname{,attr}{,attr}…

其中:

sectionname 是将要指定的段名。可以为段选择任何名称。但是,以数字开始的名称必须包含在竖杠内,否则会产生一个缺失段名错误。例如,|1_DataArea|、|2_CodeArea| 等。有些名称是习惯性的名称。例如,|.text| 用于表示由 C 编译器生成的代码段,或以某种方式与 C 库关联的代码节。

attr 是一个或多个用逗号分隔的节属性。有效的属性如表 6-9 所示。

表 6-9　段属性列表

段　属　性	说　　明
ALING=expr	默认情况下,ELF 的代码段的数据段是 4 字节对齐的,expr 可以取 0~31 的数值,相应的对齐方式为 2^{expr} 字节对齐。如 expr=10,代表代码段为 1K 边界对齐。expr 不能为 0 或 1
ASSOC=section	指定与本段相关的 ELF 段,任何时候连接 section 段必须包含 sectionname 段
CODE	指定该段为代码段。READONLY 为默认属性
COMDEF	定义一个通用的段,该段可以包含代码或者数据。在多个源文件中同名的 COMDEF 段必须相同。如果同名的 COMDEF 段不同,则链接器会报错
COMMON	定义一个通用的数据段。该段不包括任何用户代码和数据。它被链接器自动初始化为 0。相同名称的 COMMON 段使用相同的内存单元,每个 COMMON 段的大小不必相同,链接器为其分配最大尺寸的内存
DATA	定义数据段,默认属性为 READWRITE
NOALLOC	指定该段为虚段,并不为其在目标系统上分配内存

段 属 性	说 明
NOINIT	指定本数据段不被初始化或仅初始化为 0。该操作仅为 SPACE/DCB/DCD/DCDU/DCQ/DCQU/DCW/DCWU 伪操作保留了内存单元
READONLY	指定该段不可写,为程序代码段
READWRITE	指定可读可写段。数据段的默认属性

注意事项:

- 一组汇编代码必须至少有一个 AREA 指令。
- 使用 AREA 指令可将源文件细分为 ELF 段。可以在多个 AREA 指令中使用相同的名称。名称相同的所有区域都放在相同的 ELF 段中。只有特定名称的第一个 AREA 伪操作的属性才会被应用。
- 通常应对代码和数据使用不同的 ELF 段。大型程序通常可方便地划分为多个代码段。大量独立的数据集通常也最好放在不同的段中。

【例 6-39】 下列示例定义名为 GPIO_test 的只读代码段。

```
AREA    GPIO_test,  CODE,  READONLY
…                    ;指令代码
```

3. 源程序结尾标识伪操作 END

END 伪操作通知汇编程序它已到达源文件的末尾。

语法格式:

```
END
```

注意事项:

- 每个汇编语言源文件都必须以一行单独的 END 结束。
- 如果源文件已被 GET 指令包含在父文件中,则汇编程序会返回到父文件,并在 GET 指令后的第一行继续汇编。
- 如果在第一轮汇编时到达顶层源文件的 END 指令而没有出现任何错误,则开始第二轮汇编;如果在第二轮汇编时到达顶层源文件的 END 指令,则汇编程序完成汇编,并写入适当的输出。

4. 声明程序的入口点伪操作 ENTRY

ENTRY 伪操作声明程序的入口点。

语法格式:

```
ENTRY
```

注意事项:

- 必须为一个程序指定至少一个 ENTRY 点。如果不存在 ENTRY,则链接时会产生一个警告。
- 在一个源文件内不能使用多个 ENTRY 指令。并非每个源文件都必须包含 ENTRY 指令。如果在一个源文件内有多个 ENTRY 指令,则汇编时会产生错误消息。

【例 6-40】　例句解析。

```
AREA    ARMex，CODE，READONLY
ENTRY            ；程序入口点
…                ；指令代码
```

5. 定义常量或标号名称 EQU

EQU 指令为数值常量、标号指定一个符号名称。* 是 EQU 的同义词。使用 EQU 可定义常数。这类似于在 C 中使用 #define 定义常数。

语法格式：

```
name   EQU expr{，type}
```

其中：

name 是要为数值指定的符号名称；

expr 可以是一个寄存器相对的地址、程序相对的地址、绝对地址或 32 位整型常数；

type 是可选的。type 可为下列值之一：

- 用 ARM 或 CODE32 标号处为 32 位的 ARM 指令；
- THUMB 或 CODE16 标号处为 16 位的 Thumb 指令。

注意事项：

仅当 expr 是一个绝对地址时，才能使用 type。如果导出了 name，则会根据 type 的值，将目标文件的符号表中的 name 条目标记为 ARM、THUMB、CODE32、CODE16。这些信息可由链接器使用。

【例 6-41】　例句解析。

```
Sub1   EQU  0x100          ；定义标号 Sub1 的值为 0x100
Test    EQU   label＋8      ；定义 Test 的值为 label＋8
IRQ_v  EQU   0x18，CODE32  ；定义 IRQ_v 的值为 0x18，且该地址处为 32 位的 ARM 指令
```

6. 声明全局标号伪操作 EXPORT 或 GLOBAL

EXPORT 伪操作声明一个全局的符号，可由链接器用于解析不同的对象和库文件中的符号引用。GLOBAL 是 EXPORT 的同义词。

语法格式：

```
EXPORT   {symbol}   {[WEAK{，attr}]}
GLOBAL   {symbol}   {[WEAK{，attr}]}
```

其中：

symbol 是要导出的符号名称，它是区分大小写的。如果省略了 symbol，则导出所有符号；

WEAK 用于声明其他的同名标号优先该标号被引用。仅当没有其他源导出另一个 symbol 时，才应将此 symbol 导入其他源中。如果使用了不带 symbol 的 [WEAK]，则所有导出的符号都是处于次要地位的。attr 选项如表 6-10 所示。

表 6-10 attr 选项

attr 选项	含　义
DYNAMIC	当源代码链接到动态组件中时,symbol 对于其他组件是可见的
PROTECTED	当源代码链接到动态组件中时,symbol 对于其他组件是可见的,但是不能由其他组件重新定义
HIDDEN	当源代码链接到动态组件中时,symbol 对于其他组件是不可见的

注意事项:
- 使用 EXPORT 可使其他文件中的代码能访问当前文件中的符号。
- 使用 [WEAK] 属性可通知链接器,如果可以使用其他源中的不同 symbol 实例,则不同实例将优先于此实例。[WEAK] 属性可与任何符号可见性属性一起使用。

【例 6-42】 声明一个可全局引用的标号 FUN_test。

```
AREA  test, CODE, READONLY
EXPORT FUN_test
```

重复导出可覆盖符号可见性。在下面的语句中,最后一个 EXPORT 在绑定和可见性上优先:

```
EXPORT SymA[WEAK]
EXPORT SymA[DYNAMIC]
```

7. 将符号导出到目标文件伪操作 EXPORTAS

EXPORTAS 伪操作允许将符号导出到目标文件中,该符号与对应的源文件中的符号不同。

语法格式:

```
EXPORTAS symbol1, symbol2
```

其中:

symbol1 是源文件中的符号名称。symbol1 必须已定义。它可以是任何符号,包括区域名、标签或常数。

symbol2 是希望在目标文件中出现的符号名称。

注意事项:

使用 EXPORTAS 可改变目标文件中的符号,而不必改变源文件中的每个实例。

【例 6-43】 例句解析。

```
    AREA data1, DATA          ;定义数据段 data1
    AREA data2, DATA          ;定义数据段 data2
    EXPORTAS data2, data1     ;data2 中定义的符号将会出现在 data1 的符号表中
one   EQU 2
    EXPORTAS one, two
    EXPORT one                ;符号 two 将在目标文件中以"2"的形式出现
```

8. 外部符号声明伪操作 IMPORT 和 EXTERN

外部符号声明伪操作 IMPORT 和 EXTERN 为汇编程序提供一个未在当前汇编中定义的名称。IMPORT 将导入名称,不管该名称在当前汇编中是否被引用;EXTERN 仅导入在当前汇编中引用的名称。

语法格式:

```
IMPORT symbol {[{attr}]}
IMPORT symbol [WEAK{,attr}]
EXTERN symbol {[{attr}]}
EXTERN symbol [WEAK{,attr}]
```

其中:

symbol 是在单独汇编的源文件、目标文件或库中定义的一个符号名称,符号名区分大小写;

WEAK 防止链接器由于符号没有在其他地方定义而产生错误消息,同时防止链接器搜索还未包含的库;

attr 选项见表 6-10。

> **注意事项:**
> - 在链接时,名称被解析为在其他目标文件中定义的符号,该符号被当作程序地址。如果未指定[WEAK]且在链接时没有找到相应的符号,则链接器会产生错误。
> - 如果指定了[WEAK]且在链接时没有找到相应的符号:如果该引用是 B 或 BL 指令的目标,则将下一指令的地址作为该符号的值,这样就有效地使 B 或 BL 指令变成一个 NOP;否则,该符号的值取为零。

9. 保留局部符号伪操作 KEEP

KEEP 伪操作指示汇编程序在目标文件的符号表中保留局部符号。使用 KEEP 可保留有助于调试的局部符号。所保留的符号出现在 ARM 调试器和链接器映射文件中。

语法格式:

```
KEEP {symbol}
```

其中:

symbol 是要保留的局部符号的名称。如果未指定 symbol,则保留除相对寄存器符号外的所有局部符号。

> **注意事项:**
> - 默认情况下,汇编程序在其输出目标文件中描述的符号仅有导出的符号和重定位所依据的符号。
> - KEEP 不能保留寄存器相对的符号。

【例 6-44】 例句解析。

```
Debug_label   SUB   R2,R1,R0
KEEP   Debug_label   ;将 Debug_label 包含到目标文件的符号表中
```

10. 禁止使用浮点伪操作 NOFP

NOFP 伪操作可确保在软件或目标硬件不支持浮点指令的情况下,不使用任何浮点指令。

语法格式:

NOFP

注意事项:
- 如果在 NOFP 指令后出现一个浮点指令,则会产生一个未知的操作码错误,并且汇编失败。
- 如果 NOFP 出现在浮点指令之后,则汇编程序产生错误:Too late to ban floating point instructions(禁止浮点指令太晚了)并且汇编失败。

11. 指定段的相关性伪操作 REQUIRE

REQUIRE 伪操作指定各段之间的相关性。

语法格式:

REQUIRE label

其中:

label 是所需标签的名称。

注意事项:

使用 REQUIRE 可确保包含了相关段(即使其不是直接调用的)。如果链接中包含了含有 REQUIRE 指令的段,则链接器也将包含含有指定标签定义的段。

12. 堆栈八字节对齐伪操作 REQUIRE8 和 PRESERVE8

REQUIRE8 伪操作指定当前文件要求堆栈 8 字节对齐。它设置 REQ8 编译属性以通知链接器。PRESERVE8 指令指定当前文件保持堆栈 8 字节对齐,它设置 PRES8 编译属性以通知链接器。链接器检查要求堆栈 8 字节对齐的任何代码是否仅由保持堆栈 8 字节对齐的代码直接或间接地调用。

语法格式:

REQUIRE8 {bool}
PRESERVE8 {bool}

其中:

bool 是一个可选布尔常数,取值为 {TRUE} 或 {FALSE}。

注意事项:

如果代码保持堆栈 8 字节对齐,在需要时,可使用 PRESERVE8 设置文件的 PRES8 编译属性。如果您的代码不保持堆栈 8 字节对齐,则可使用 PRESERVE8{FALSE} 确保不设置 PRES8 编译属性。

【例 6-45】 例句解析。

REQUIRE8
REQUIRE8 {TRUE}
REQUIRE8 {FALSE}

PRESERVE8 {TRUE}
PRESERVE8 {FALSE}

13. 局部变量范围定义伪操作 ROUT

ROUT 伪操作标记局部变量的作用域范围。使用 ROUT 指令可限制局部标签的作用域。这样就更容易避免意外引用错误的标签。如果区域中没有 ROUT 指令,则局部标签的作用域是整个区域。

语法格式:

{name}   ROUT

其中:

name 是要分配给作用域的名称。

> **注意事项:**
>
> 使用 name 选项可确保每个引用都指向正确的局部标签。如果标签的名称或对标签的引用与前面的 ROUT 指令不匹配,则汇编程序会产生一条错误消息,并且汇编失败。

【例 6-46】 例句解析。

```
Routine_test   ROUT          ;定义局部标号的有效范围,名称为 Routine_test
    …
1 Routine_test                ;routine_test 范围内的局部标号 1
    …
2 Routine_test                ;Routine_test 范围内的局部标号 2
    …
               BNE %2 Routine_test;若 N=0,则跳转到 Routine_test 范围内的局部标号 2
    …
               B   %1 Routine_test;跳转到 Routine_test 范围内的局部标号 1
    …
Other_rout   ROUT            ;定义新的局部标号的有效范围
```

6.4   GNU ARM 汇编伪操作

在嵌入式系统开发中,不可避免地要使用 GNU 工具,要进行嵌入式 Linux 的移植与开发,其中与硬件直接相关的部分要用汇编语言来编程。本节将重点介绍常用的 GNU 编译环境下的汇编伪操作。

6.4.1   符号定义伪操作

GNU 编译环境下的 ARM 汇编语言程序设计符号定义伪操作如表 6-11 所示。

表 6-11   符号定义伪操作

伪 操 作 符	语 法 格 式	说　　明
. equ	. equ symbol, expr	将 symbol 定义为 expr
. set	. set symbol, expr	作用同 . equ

续表

伪 操 作 符	语 法 格 式	说 明
. equiv	. equiv symbol, expr	定义 symbol 为 expr,若 symbol 已定义则出错
. global	. global symbol	将 symbol 定义为全局标号
. globl	. globl symbol	使用同 . global
. extern	. extern symbol	声明 symbol 为一个外部变量

1. 常量定义伪操作 . equ 或 . set

常量定义伪操作 . equ 或 . set 用于给数字常量或程序中的标号指定一个名称。

语法格式:

```
. equ    symbol, expr
. set    symbol, expr
```

其中:

symbol 为要指定的名称,它可以是以前定义过的符号;

expr 表示数字常量或程序中的标号。

【例 6-47】 例句解析。

```
. global    _start
. text
. equ       aa, 0xAABBCCDD      ;将 0xAABBCCDD 定义成符号 aa
. equ       bb, _start          ;将程序标号_start 定义成符号 bb
_start:
            MOV       R0,   #0x0F
            ADD R0,   R0,   #1
            …
```

2. 常量定义伪操作 . equiv

常量定义伪操作 . equiv 用于给数字常量或程序中的标号指定一个名称。它与伪操作 . equ 或 . set 的唯一区别是:如果 symbol 已定义过,则出错。

语法格式:

```
. equiv    symbol, expr
```

其中:

symbol 为要指定的名称,它不可以是以前定义过的符号;

expr 表示数字常量或程序中的标号。

【例 6-48】 分析下面 3 个程序段能否通过正常编译。

程序段 1:

```
. global    _start
. text
. equ       aa, 0xAABBCCDD    ;将 0xAABBCCDD 定义成符号 aa
. equiv     bb, _start
_start:
            MOV       R0,   #0x0F
            ADD       R0,   R0,   #1
            …
```

程序段 2：

```
. global    _start
. text
. equ      aa,   0xAABBCCDD   ；将 0xAABBCCDD 定义成符号 aa
. equiv    aa,   _start
_start：
          MOV        R0，  ♯0x0F
          ADD        R0，  R0，  ♯1
          …
```

程序段 3：

```
. global    _start
. text
. equ      aa,   0xAABBCCDD   ；将 0xAABBCCDD 定义成符号 aa
. equ      aa,   _start
_start：
          MOV        R0，  ♯0x0F
          ADD        R0，  R0，  ♯1
          …
```

解析：用伪操作. equiv 定义的名称必须是在程序段中第一次定义,伪操作. equ 定义的名称可以在程序段中多次定义。程序段 1 中 bb 是第一次定义,程序段 2 中 aa 在用. equiv 第二次定义编译时就会出错,程序段 3 中用伪操作. equ 可以多次定义,其符号的值取最后一次定义的值。

3. 声明全局常量伪操作. global 或. globl

声明全局常量伪操作. global 或. globl 用于声明一个全局变量,这个变量可以被其他文件引用。

语法格式：

```
. global    symbol
. globl     symbol
```

其中：

symbol 为要声明的全局变量名称。

【例 6-49】　声明全局变量 MAIN_Start。

```
. global    MAIN_Start
```

也可以用. globl 来实现：

```
. globl    MAIN_Start
```

4. 声明外部常量伪操作. extern

声明外部常量伪操作. extern 用于声明一个外部变量,这个变量在其他文件中被定义。

语法格式：

```
. extern    symbol
```

其中：

symbol 为要声明的外部变量名称。

【例 6-50】　实现在当前的程序中使用一个在其他文件中声明的外部变量 MAIN,可以使用以下语句进行声明:

```
.extern    MAIN
```

6.4.2　数据定义伪操作

GNU 编译环境下的 ARM 汇编语言程序设计数据定义伪操作如表 6-12 所示。

表 6-12　数据定义伪操作

伪操作符	语法格式	说　　明
. byte	. byte expr｛, expr｝…	字节定义 expr(8 位数值)
. hword	. hword expr｛, expr｝…	半字定义 expr (16 位数值)
. short	. short expr｛, expr｝…	功能同. hword
. word	. word expr｛, expr｝…	字定义 expr (32 位数值)
. int	. int expr｛, expr｝…	功能同. word
. long	. long expr｛, expr｝…	功能同. word
. ascii	. ascii expr｛, expr｝…	定义字符串 expr(非零结束符)
. asciz	. asciz expr｛, expr｝…	定义字符串 expr(以 0 为结束符)
. string	. string expr｛, expr｝…	功能同. asciz
. quad	. quad expr｛, expr｝…	定义一段双字内存单元
. octa	. octa expr｛, expr｝…	定义一段 4 字内存单元
. float	. float expr｛, expr｝…	定义一个 32 位的 IEEE 单精度浮点数 expr
. single	. single expr｛, expr｝…	功能同. float
. double	. double expr｛, expr｝…	定义 64 位的 IEEE 双精度浮点数 expr
. fill	. fill repeat｛, size｝｛, value｝	用 size 长度 value 填充 repeat 次。size 默认为 1,value 默认为 0
. zero	. zero size	用 0 填充内存(size 字节)
. space	. space size｛, value｝	用 value 填充 size 字节,value 默认为 0
. skip	. skip size｛, value｝	功能同. space
. ltorg	. ltorg	声明一个数据缓冲池

1. 字节定义伪操作. byte

字节定义伪操作. byte 用于分配一段字节内存单元,并用表达式 expr 进行初始化字节内存单元。

语法格式:

```
.byte    expr｛, expr｝…
```

其中:

expr 为数字表达式或程序中的标号。

【例 6-51】　分配一段字节内存单元,并用 25,0x11,031,'x',0x36 进行初始化。

```
.byte  25,0x11,031,'x',0x36
```

2. 半字定义伪操作.hword 或.short

半字定义伪操作.hword 或.short 用于分配一段半字内存单元,并用表达式 expr 进行初始化半字内存单元。

语法格式:

```
.hword    expr〈,expr〉....
.short    expr〈,expr〉…
```

其中:

expr 为数字表达式或程序中的标号。

【例 6-52】　分配一段半字内存单元,并用 12,0xFFE0,0xAABB 进行初始化。

```
.hword    12,0xFFE0,0xAABB
```

也可以用.short 来定义:

```
.short    12,0xFFE0,0xAABB
```

3. 字定义伪操作.word 或.int 或.long

字定义伪操作.word 或.int 或.long 用于分配一段字内存单元,并用表达式 expr 进行初始化。这 3 个符号具有相同的功能。

语法格式:

```
.word    expr〈,expr〉....
.int     expr〈,expr〉…
.long    expr〈,expr〉…
```

其中:

expr 为数字表达式或程序中的标号。

【例 6-53】　分配一段字内存单元,并用 12568,0x12345678,0xAABBCCDD 进行初始化。

```
.word    112568,0x12345678,0xAABBCCDD
```

也可以用.int 来定义:

```
.int     112568,0x12345678,0xAABBCCDD
```

还可以用.long 来定义:

```
.long    112568,0x12345678,0xAABBCCDD
```

4. 字符串定义伪操作.ascii 和.asciz 或.string

字符串定义伪操作.ascii 和.asciz 用于定义字符串 expr。.ascii 伪操作定义非 0 结束符的字符串 expr,.asciz 伪操作定义以 0 为结束符的字符串 expr。.string 和.asciz 具有相同的功能。

语法格式:

```
.ascii     expr〈,expr〉…
.asciz     expr〈,expr〉…
.string    expr〈,expr〉…
```

其中:

expr 表示字符串。

【例 6-54】 定义一个非 0 结束符的字符串"ARM9TDMI":

```
.ascii    "ARM9TDMI"
```

定义一个以 0 为结束符的字符串"ARM9TDMI":

```
.asciz    "ARM9TDMI"
```

也可以用.string 来定义:

```
.string    "ARM9TDMI"
```

5. 双字定义伪操作.quad

双字定义伪操作.quad 用于分配一段双字内存单元,并用表达式 expr 进行初始化双字内存单元。

语法格式:

```
.quad    expr {, expr} …
```

其中:

expr 为数字表达式。

【例 6-55】 分配一段双字内存单元,并用 0x1234567887654321,0xAAAABBBBCCCCDDDD 进行初始化。

```
.quad    0x1234567887654321,0xAAAABBBBCCCCDDDD
```

6. 4 字定义伪操作.octa

4 字定义伪操作.octa 用于分配一段双字内存单元,并用表达式 expr 进行初始化双字内存单元。

语法格式:

```
.octa    expr {, expr} …
```

其中:

expr 为数字表达式。

【例 6-56】 分配一段 4 字内存单元,并用 0x1122334455667788887766554433 2211,0xAAAAAAAABBBBBBBBCCCCCCCCDDDDDDDD 进行初始化。

```
.octa    0x1122334455667788887766554433 2211,
0xAAAAAAAABBBBBBBBCCCCCCCCDDDDDDDD
```

7. 单精度浮点数定义伪操作.float 或.single

单精度浮点数定义伪操作.float 或.single 用于分配一段字内存单元,并用 32 位的 IEEE 单精度浮点数 expr 初始化字内存单元。

语法格式:

```
.float    expr {, expr} …
.single   expr {, expr} …
```

其中：

expr 为 32 位的 IEEE 单精度浮点数。

【例 6-57】　分配一段字内存单元，并用 32 位的 IEEE 单精度浮点数 0f1.23，0f568.23E7，0f3.1E12 进行初始化。

```
.float    0f1.23,   0f568.23E7,   0f3.1E12
```

也可以用 .single 来实现：

```
.single   0f1.23,   0f568.23E7,   0f3.1E12
```

8. 双精度浮点数定义伪操作 .double

双精度浮点数定义伪操作 .double 用于分配一段双字内存单元，并用 64 位的 IEEE 双精度浮点数 expr 初始化字内存单元。

语法格式：

```
.double   expr {, expr }…
```

其中：

expr 为 64 位的 IEEE 双精度浮点数。

【例 6-58】　分配一段字内存单元，并用 64 位的 IEEE 双精度浮点数 0f1.2387，0f528.23E15，0f3.1E9 进行初始化。

```
.double   0f1.2387,   0f528.23E15,   0f3.1E9
```

9. 重复内存单元定义伪操作 .fill

重复内存单元定义伪操作 .fill 用于分配一段字节内存单元，用长度为 size 的 value 值填充 repeat 次。size 默认为 1，value 默认为 0。

语法格式：

```
.fill    repeat {, size}{, value}
```

其中：

repeat 为重复填充的次数；

size 为每次所填充的字节数；

value 为所填充的数据。

【例 6-59】　分配一段内存单元，并用长为 8 字节的数值 0x55AA55AA55AA55AA 填充 100 次。

```
.fill     100,8,0x55AA55AA55AA55AA
```

10. 零填充字节内存单元定义伪操作 .zero

零填充字节内存单元定义伪操作 .zero 用于分配一个 size 长度的内存单元，并用 0 进行初始化。

语法格式：

```
.zero size
```

其中：

size 为所分配的 0 填充字节数。

【例 6-60】　分配一段长度为 100 字节的内存单元，并用 0 进行初始化。

.zero　　100

11. 固定填充字节内存单元定义 .space 或 .skip

固定填充字节内存单元定义伪操作 .space 或 .skip 用于分配一段字节内存单元，用数值 value 填充 size 字节，value 默认为 0。

语法格式：

.space　　size {, value}
.skip　　size {, value}

其中：

size 为所分配的字节数。

【例 6-61】　分配一段长度为 100 字节的内存单元，并用 0x55 进行初始化。

.space　　100,　　0x55

也可以用 .skip 来实现：

.skip　　100,　　0x55

12. 声明数据缓冲池伪操作 .ltorg

.ltorg 伪操作用于声明一个数据缓冲池。在使用 LDR 伪指令时，要在适当的位置加入 .ltorg 声明数据缓冲池，这样就会把要加载的数据保存到缓存池中，再使用 ARM 加载指令读出，如果没有使用 .ltorg 声明数据缓冲池，则汇编器会在程序末尾自动声明。

语法格式：

.ltorg

注意事项：

.ltorg 伪操作还可以放在无条件跳转指令之后或子程序返回指令之后，这样处理器就不会将缓冲池中的内容当作指令来执行。

【例 6-62】　声明一个数据缓冲池用来存储 0xAABBCCDD。

```
LDR      R0,  = 0xAABBCCDD
EOR      R1,  R1,  R0
B        SUB_pro
.ltorg                    @此处定义数据缓冲池,存放 0xAABBCCDD
```

6.4.3　汇编与反汇编代码控制伪操作

GNU 编译环境下的 ARM 汇编语言程序设计汇编代码控制伪操作如表 6-13 所示。

表 6-13　汇编代码控制伪操作

伪操作符	语 法 格 式	功 能 描 述
. arm	. arm	定义以下代码使用 ARM 指令集编译
. code 32	. code 32	作用同 . arm
. thumb	. thumb	定义以下代码使用 Thumb 指令集编译
. code 16	. code 16	作用同 . thumb
. section	. section expr	定义域中包含的段。段(expr)可以是 . text, . data, . bss
. text	. text ⟨subsection⟩	将定义符开始的代码编译到代码段或代码段子段(subsection)
. data	. data ⟨subsection⟩	将定义符开始的代码编译到数据段或数据段子段(subsection)
. bss	. bss ⟨subsection⟩	将变量存放到. bss 段或. bss 段的子段(subsection)
. align	. align⟨alignment⟩ ⟨,fill⟩ ⟨,max⟩	通过用零或指定的数据进行填充来使当前位置与指定的边界对齐
. balign	. balign⟨alignment⟩ ⟨,fill⟩ ⟨,max⟩	作用同 . align
. org	. org offset⟨,expr⟩	指定从当前地址加上 offset 开始存放代码,并且从当前地址到当前地址加上 offset 之间的内存单元,用零或指定的数据进行填充

1. 指令集类型标识伪操作

指令集类型标识伪操作用来告诉编译器所处理的是 32 位的 ARM 指令还是 16 位的 Thumb 指令,实现这一操作的操作符有. arm、. code 32、. thumb、. code 16,具体的语法格式如下:

```
. arm
. code 32
. thumb
. code 16
```

其中:

. arm、. code 32 具有相同的功能,用于指示此伪操作以下代码使用 ARM 指令集编译;

. thumb、. code 16 具有相同的功能,用于指示此伪操作以下代码使用 Thumb 指令集编译。必要时,它们也可插入最多 3 个填充字节,以对齐到下一个字边界。

【例 6-63】 此示例演示从 32 位的 ARM 指令跳转到 16 位 Thumb 指令。

```
. arm                        @ 通知编译器其后的指令为 32 位的 ARM 指令
_start:
ADR   R0, into_thumb + 1     @处理器当前处理 ARM 状态
BX   R0                      @程序跳转到 into_thumb 并使处理器切换到 Thumb 状态
…
. thumb                      @ 通知编译器其后的指令为 16 位的 Thumb 指令
into_thumb:
MOVS   R0,#10                @Thumb 指令
```

2. 段属性定义伪操作

段属性定义伪操作.section 用于定义域中所包含的段,段属性可以是只读代码段(.text)、可读写的数据段(.data)、为全局变量保留的可读写数据区(.bss,也称为清零区)。

语法格式:

.section expr

其中:

expr 为段属性,可以是.text、.data、.bss 中的一个。

【例 6-64】 例句解析。

```
. section        . text          @定义段中包含代码段
. section        . data          @定义段中包含数据段
. section        . bss           @定义段中包含清零区
```

3. 段起始声明伪操作

段起始声明伪操作.text、.data 和.bss 用于在程序段中声明只读代码段(.text)的开始、可读写的数据段(.data)的开始和为全局变量保留的可读写数据区(.bss,也称为清零区)的开始。

具体的语法格式如下:

```
. text
. data
. bss
```

【例 6-65】 例句解析。

```
. text           @声明此位置开始的代码编译到代码段
...
. data           @声明此位置开始定义可读写的数据区
...
. bss            @声明此位置开始定义清零区
...
```

4. 对齐方式设置伪操作.align 或.balign

对齐方式设置伪操作.align 或.balign 通过用零或指定的数据进行填充来使当前位置与指定的边界对齐。如果没有指定对齐方式和所要填充的数据,则默认情况下是字对齐并用零填充。

语法格式:

```
. align     {alignment} { , fill}
. balign    {alignment} { , fill}
```

其中:

alignment 是一个数值表达式,用于指定对齐方式,其取值为 0~15;

fill 用来指定进行填充的数据。

【例 6-66】 指定当前内存地址字对齐,并用零填充对齐的内存单元。

.align

或

.balign

5. 代码位置设置伪操作.org

代码位置设置伪操作.org 用于指定从当前地址加上 offset 开始存放代码,并且从当前地址到当前地址加上 offset 之间的内存单元,用零或指定的数据进行填充。如果没有指定所要填充的数据,默认情况下用零填充。

语法格式:

.org　offset〔, expr〕

其中:

offset 是一个数值表达式,表示地址偏移量;

expr 用来指定进行填充的数据。

【例 6-67】 在地址为 0x8000 处程序代码使用伪操作.org,实现将其下面的代码存放到 0x9000 开始的地址单元,并将地址范围 0x8000～0x9000 的地址单元用 0xAA 进行填充。

.org　0x1000 , 0xAA

6. 其他汇编与反汇编伪操作

其他汇编与反汇编伪操作如表 6-14 所示。

表 6-14　其他汇编与反汇编伪操作

伪操作符	功 能 描 述	语 法 格 式	示　　例
.end	标记汇编文件的结束行,即标号后的代码不做处理	.end	.end
.err	使编译时产生错误报告	.err	.err
.eject	在汇编符号列表文件中插入一分页符	.eject	.eject
.list	产生汇编列表(从 .list 到 .nolist)	.list	.list
.nolist	汇编列表结束处。再次使用.list 产生汇编列表	.nolist	.nolist
.title	使用 heading 作为标题(位于汇编列表文件中文件名下一行)	.title "title_name"	.title "GPIO_TEST"
.sbttl	使用 heading 作为子标题(位于.title 标题下一行)	.sbttl "title_name"	.sbttl "LED_test"
.print	打印信息到标准输出	.print string	.print"ABORT_occur"

6.4.4　预定义控制伪操作

汇编器在对程序代码进行编译时,会根据汇编控制伪操作的定义情况对程序进行编译,常用的有条件编译、宏定义和文件包含，如表 6-15 所示。

表 6-15　汇编控制伪操作

操　作　符	语　法　格　式	功　能　描　述
. if . else . endif	. if　　logical_expression 　　程序代码段 A 　　{. else 　　程序代码段 B 　　} . endif	条件汇编代码文件内的一段源代码，或者将其忽略
. macro . endm	. macro 　　{　macroname 　　　{parameter{,parameter} …} 　　程序代码段 . endm	标识宏定义的开始，以及标识宏定义的结束
. exitm	. exitm	中途跳转出宏
. include	. include "file_name"	包含文件标识

1. 条件编译伪操作. if

. if 条件编译伪操作能够根据条件的成功情况来决定是否对一段程序代码进行编译。当. if 的逻辑表达式成立时，则编译. if 后面的程序代码段；当. if 的逻辑表达式不成立时，则编译. else 后面的程序代码段。

语法格式：

```
. if logical_expression
    程序代码段 A
    {. else
    程序代码段 B
    }
. endif
```

其中：

logical_expression 为逻辑表达式。当表达式所表示的条件成立时，则编译程序代码段 A；否则（这个否则是可选的），编译程序代码段 B。

【例 6-68】　例句解析。

```
. if　UART0 = ON
    BL　UART0_init　　@条件成立则初始化 UART0
. else
    BL　UART1_init　　@否则初始化 UART1
. endif
```

2. 宏定义伪操作. macro

. macro、. endm 可以将一段程序代码定义成一个宏。. macro 标识宏定义的开始，. endm 标识宏定义的结束。如果要允许提前从宏内退出（例如还没有到. endm 标识符时就退出），

可采用 .exitm 伪操作提前跳出宏体。

语法格式：

```
.macro
{  macroname  {parameter{,parameter}…}
    程序代码段
.endm
```

其中：

macroname 为所定义的宏名；

{parameter{,parameter}…}为宏的参数列表。当宏被展开时被替换成相应的值。

> **注意事项：**
>
> - 宏定义，在调用时被替换展开，没有其他的附加操作。
> - 宏定义多用于所定义的程序代码量较小，而需要传递形式参数比较多的场合。相对子程序调用而言，能有效地提高处理速度（因为在子程序调用时会有保存和恢复现场等额外的开销）。
> - 如果变量在宏定义中被定义，则该变量只在该宏定义体中有效。

【例 6-69】

（1）宏字符参数可以使用反斜线"\字符"直接使用：

```
MOV   R0，\arg    @ arg 为宏参
```

（2）宏参数的定义可以使用逗号分隔：

```
.macro ArgMacro arg，arg2
```

宏调用时使用逗号分隔参数：

```
ArgMacro 10，11
```

可定义宏参数的默认值：

```
.macro ArgMacro arg＝1，arg2
```

（3）下面是一个中断处理宏保存现场和转到中断处理子程序的过程：

```
.macro   HANDLER   handle_label
    STMDB   SP!，{ R0-R11，IP，LR }      @将 R0-R11，IP，LR 压栈
    LDR     R0，＝\ handle_label
    LDR     R1，[R0]
    MOV     LR，PC
    BX      R1                          @转中断服务程序
    LDMIA   SP!，{ R0-R11，IP，LR }      @将 R0-R11，IP，LR 出栈
    SUBS    PC，R14，＃4                 @中断返回
.endm
```

当 IRQ 发生软中断时，进行宏调用：

```
HANDLER HandleIRQ
```

思考: 当软中断 SWI 发生时,进行宏调用 HANDLER HanclleSWI 结果如何?
(提示: 软中断和 IRQ 中断所使用的返回指令是不同的。)

3. 文件包含伪操作. include

. include 伪操作用于将一个源文件包含到当前的源文件中,所包含的文件在. include 指令的位置处进行汇编处理。

语法格式:

. include   "file_name"

其中:

file_name 是要在汇编中包含的文件名称。汇编程序接受 UNIX 或 MS-DOS 格式的路径名。

注意事项:

默认情况下,汇编程序在当前位置搜索所包含的文件。当前位置即调用文件所在的目录。使用 -i 汇编程序命令行选项可向搜索路径添加目录。包含空格的文件名和目录名不能括在双引号(" ")内。

【例 6-70】 例句解析。

. include   "memcfg. a"

思考与练习题

1. 在 ARM 汇编语言程序设计中,伪操作与伪指令的区别是什么?

2. 分析 ARM 汇编语言伪指令 LDR、ADRL、ADR 的汇编结果,说明它们之间的区别。

3. 在 ADS 编译环境下,写出实现下列操作的伪操作:

(1) 声明一个局部的算术变量 La_var1 并将其初始化为 0;

(2) 声明一个局部的逻辑变量 Ll_var 并将其初始化为 FALSE;

(3) 声明一个局部的字符串变量 Ls_var 并将其初始化为空串;

(4) 声明一个全局的逻辑变量 Gl_var 并将其初始化为 FALSE;

(5) 声明一个全局的字符串变量 Gs_var 并将其初始化为空串;

(6) 声明一个全局的算术变量 Ga_var 并将其赋值为 0xAA;

(7) 声明一个全局的逻辑变量 Gl_var 并将其赋值为 TURE;

(8) 声明一个全局的字符串变量 Gs_var 并将其赋值为"CHINA"。

4. 用 ARM 开发工具伪操作将寄存器列表 R0~R5、R7、R8 的名称定义为 Reglist。

5. 完成下列数据定义伪操作:

(1) 申请以 data_buffer1 为起始地址的连续的内存单元,并依次用半字数据 0x11、0x22,0x33,0x44,0x55 进行初始化;

(2) 申请以 Str_buffer 为起始地址的连续的内存单元,并用字符串"ARM7 and ARM9"进行初始化。

6. 定义一个结构化的内存表,其首地址固定为 0x900,该结构化内存表包含 2 个域,

Fdata1 长度为 8 字节，Fdata2 长度为 160 字节。

7．在 GNU-ARM 编译环境下，写出实现下列操作的伪操作：

（1）分配一段字节内存单元，并用 57，0x11，031，'Z'，0x76 进行初始化；

（2）分配一段半字内存单元，并用 0xFFE0，0xAABB，0x12 进行初始化；

（3）分配一段字内存单元，并用 0x12345678，0xAABBCCDD 进行初始化；

（4）分配一段内存单元，并用长为 8 字节的数值 0x11 填充 100 次。

8．写出与 GNU-ARM 编译环境下伪操作.arm、.thumb 功能相同的 ARM 标准开发工具编译环境下的伪操作。

第7章

汇编语言程序设计

本章主要介绍 ARM 汇编语言程序设计规范，以及在汇编语言程序设计中所要注意的问题，最后以大量的实例说明汇编语言程序设计方法。

7.1　ARM 编译环境下汇编语句

ARM 汇编语言程序设计是嵌入式程序设计的基础，本节主要讲述在 ARM 编译环境下进行汇编语言程序设计的格式和汇编语句中的符号规则。

7.1.1　ARM 编译环境下汇编语句格式

ADS 环境下 ARM 汇编语句格式如下：

```
{symbol}    {instruction}          {;comment}
{symbol}    {directive}            {;comment}
{symbol}    {pseudo-instruction}   {;comment}
```

其中：

symbol 表示程序标号，一般顶格书写且不能包含空格。在指令或伪指令中，symbol 用作地址标号。

instruction 表示 ARM/Thumb 指令。

directive 表示伪操作。

pseudo-instruction 表示 ARM 或 Thumb 伪指令。

comment 为程序语句的注释。在 ARM 编译环境下以分号作为注释行开始，其结束一直到本行的末尾。

> **注意事项：**
> 在 ARM 编译环境下 ARM 汇编语句不能从一行的顶格书写，在一行语句中，指令的前面必须有空格或 TAB 符号。

7.1.2　ARM 编译环境下汇编语句中的符号规则

ARM 编译环境下汇编语句中符号可以用来表示地址(一般为程序标号)、常量和变量。当标号以数字开头时称为局部标号,只在当前段起作用。

1. 符号命名规则

(1) 符号由大小写字母、数字、下画线组成,且字母是区分大小写的。

(2) 局部标号可以用数字开头,而不能是其他的标号。

(3) 符号在其作用范围内必须是唯一的,不可以有重名,并且程序中的符号不能与系统内部变量或者系统预定义的符号同名。

(4) 程序中的符号不要与指令助记符或者伪操作同名。当程序中的符号和指令助记符或者伪操作同名时,用双竖线将符号括起来,如‖MOV‖,这时双竖线并不是符号的组成部分。也就是说‖MOV‖所表示的符号是 MOV。

2. 常量

ARM 汇编语言中使用到的常量有数字常量、字符常量、字符串常量和布尔常量。

数字常量有以下 3 种表示方式:

(1) 十进制数,如 535、246。

(2) 十六进制数,如 0x645、0xff00。

(3) n_XXX,n 表示 n 进制数,范围为 2~9,XXX 是具体的数字。例如:8_3777。

字符常量用一对单引号括起来,包括一个单字符或者标准 C 中的转义字符。例如'A'、'\n'。

字符串常量由一对双引号以及由它括住的一组字符串组成,包括标准 C 中的转义字符。

如果需要使用双引号""或字符 $,则必须用""和 $$ 代替。

例如,执行语句:

Strtwo　SETS　"This is character of """

编译结果是字符串"This is character of"被赋值给 Strtwo 变量。

布尔常量 TRUE 和 FALSE 在表达式中写为{TRUE}、{FALSE}。

3. 变量

汇编语言中的变量包括数字变量、字符串变量、逻辑变量。

1) 数字变量

数字变量表示的是一个 32 位数的整数,其取值范围为 $0 \sim (2^{32}-1)$；当作为有符号数时,其取值范围为 $-2^{31} \sim (2^{31}-1)$。汇编器对 $-n$ 和 $2^{32}-n$ 不做区别,汇编时对关系运算符采用无符号数方式处理,这就意味着 $0 > -1$ 是{FALSE}。

2) 字符串变量

字符串变量最大长度为 512 字节,最短为 0 字节。字符串表达式的组成元素有字符串常量、字符串变量、操作符等。字符串常量由包含在双引号内的一系列字符组成。当在字符串中包含美元符号 $ 或者引号"时,用 $$ 表示一个 $,用""表示一个"。字符串变量用伪操作 GBLS 或者 LCLS 声明，用 SETS 赋值。取值范围与字符表达式相同。

3）逻辑变量

逻辑变量的取值为{FALSE}和{TRUE}。

汇编规则说明：

对于数字变量来说，如果该变量前面有 $ 字符，在汇编时编译器将该数字变量的数字转换成十六进制的串，然后用该十六进制串取代 $ 字符后的变量。对于逻辑变量，如果该逻辑变量前面有一个 $ 字符，在汇编时编译器将该逻辑变量替换成它的取值（T 或者 F）。

> **注意事项：**
> - 通常情况下，包含在两"|"之间的"$"并不表示变量替换。如果双竖线在双引号内，则将进行变量替换。
> - 使用"."来表示变量名称的结束。

【**例 7-1**】 分析下面两段程序段代码，分析汇编后字符串 string1 的结果。

（1）程序段 1：

```
GBLS      string1
GBLS      D
GBLA      NUM1
num       SETA      0x11223344
D         SETB      "ARM9TDMI"
string1   SETS      "ABC$$ D$NUM"
```

（2）程序段 2：

```
GBLS  string1
GBLS  string2
string2  SETS  "AAA"
string1  SETS  " $string2. BBBCCC"
```

解：在程序段 1 中，由于使用" $$ "则不进行变量替换，将" $$ "当作" $ "；$ NUM 变量替换成 11223344。

汇编后得到：ABC $ D11223344

在程序段 2 中，$ string2 进行变量替换成 AAA。

汇编后得到：AAABBBCCC

4. 字符串表达式操作

ARM 汇编语言中有专门对字符串操作的运算符，包括取字符串的长度、数字转换为字符、提取字符串中的子串和连接两个字符串操作。

1）取字符串的长度 LEN

语法格式：

:LEN：A

功能说明：返回字符串 A 的长度。

2）CHR

CHR 可以将 0～255 的整数作为含一个 ASCII 码字符的字符串。当有些 ASCII 码字符不方便放在字符串中时，可以使用 CHR 将其放在字符串表达式中。

语法格式：

　:CHR:A

功能说明：将 A（A 为某一字符的 ASCII 码值）转换为单个字符。

3）STR

STR 将一个数字量或逻辑表达式转换成串。对于 32 位的数字量，STR 将其转换成 8 个十六进制数组成的串。对于逻辑表达式，STR 将其转换成字符串 T 或者 F。

语法格式：

　:STR:A

功能说明：将 A（A 为数字量或逻辑表达式）转换成字符串。

4）LEFT

返回一个字符串最左端一定长度的字符串。

语法格式：

　A :LEFT: B

功能说明：返回字符串 A 最左端 B（B 为返回长度）长度的字符串。

5）RIGHT

返回一个字符串最右端一定长度的字符串。

语法格式：

　A :RIGHT: B

功能说明：返回字符串 A 最右端 B（B 为返回长度）长度的字符串。

6）CC

用于连接两个字符串，B 串接到 A 串后面。

语法格式：

　A :CC: B

功能说明：将第一个源字符串 A 与第二个源字符串 B 连接起来，连成 AB 的形式。

5. 地址标号

当符号作为程序标号时，其内容为程序语句的地址。对于以数字开头的标号，并且使用 ROUT 指示符时，其作用范围是当前段，这种标号为局部标号。

标号可分为 3 种类型：

（1）PC 相关标号：PC 相关标号表示程序计数器加减一个数值常数后得到的地址值，常用来指明一个分支指令的目标地址，或者访问嵌入到代码段中的一个数据项。具体标记方法是，在汇编语言程序指令的前面写入标号，或者在一个数据指示符前面写入标号。通常用 DCB 或者 DCD 等指示符定义。

（2）寄存器相关标号：寄存器相关标号表示指定寄存器的值加减一个数值常数后得到

的地址值，常用于访问位于数据段中的数据。通常用 MAP 或者 FIELD 等伪操作来定义。

（3）绝对地址：绝对地址是一个 32 位的无符号数字常量，可寻址范围是 $0 \sim (2^{31} - 1)$。使用它可以直接寻址整个地址空间。

ARM 处理器的地址标号分为段内标号和段外标号。段内标号的地址值在汇编时确定，段外标号的地址值在连接时确定。

需要区别程序相对寻址和寄存器相对寻址。在程序段中标号代表其所在位置与段首地址的偏移量，根据程序计数器和偏移量计算地址称为程序相对寻址。在映像文件中定义的标号代表标号到映像首地址的偏移量。映像首地址通常被赋予一个寄存器，根据该寄存器值与偏移量计算地址称为寄存器相对寻址。

6. 局部标号

ARM 汇编语言的局部标号是相对全局标号而言的。局部标号提供分支指令在汇编程序的局部范围内跳转，主要用途是汇编子程序中的循环和条件编码。它是一个 $0 \sim 99$ 的数字，后面可以有选择地附带一个符号名称。

使用 ROUT 指示符可以限制局部标号的范围，从而做到只能在该范围内引用局部标号。如果在该范围的上下两个方向都没有匹配的标号，则汇编器将给出一个错误信号并停止汇编。

局部标号的语法格式如下：

n {routname}

被引用的局部标号语法规则如下：

％｛F ｜ B｝｛A ｜ T｝n {routname}

其中：

- n 是局部标号的数字号；
- routname 是当前局部范围的名称；
- ％表示引用操作；
- F 表示汇编器只向前搜索；
- B 表示汇编器只向后搜索；
- A 表示汇编器搜索宏的所有嵌套层次；
- T 表示汇编器搜索宏的当前层次。

如果 F 和 B 都没有指定，则汇编器首先向前搜索，再向后搜索。如果 A 和 T 都没有指定，则汇编器从宏的当前层次到宏的最高层次搜索，比当前层次低的宏不再搜索。

7.2 GNU 环境下汇编语句与编译说明

GNU 环境下 ARM 汇编语言程序设计主要是面对在 ARM 平台上进行嵌入式 Linux 的开发。GNU 环境下的 ARM 汇编语言程序设计的格式与 ARM 编译环境下的程序设计差别较大，主要表现在伪操作上。GNU 标准中提供了支持 ARM 汇编语言的汇编器 as （arm-elf-as）、交叉编译器 gcc ld（arm-elf-gcc）和链接器 ld（arm-elf-ld）。

7.2.1　GNU 环境下 ARM 汇编语句格式

GNU 环境下 ARM 汇编语言语句格式如下：

{label :}　　　{instruction}　　　{@comment}
{label :}　　　{directive}　　　　{@comment}
{label :}　　　{pseudo-instruction}{@comment}

其中：

label 表示程序标号，一般顶格书写且不能包含空格。在指令或伪指令中，label 用作地址标号。

instruction 表示 ARM/Thumb 指令。

directive 表示伪操作。

pseudo-instruction 表示 ARM/Thumb 伪指令。

comment 为程序语句的注释。在 GNU 编译环境下"@"号作为注释行开始符号，一直到本行的末尾结束。

> **注意事项：**
> - 与 ARM 编译环境下汇编语句不同，在 GNU 编译环境下的汇编语句源代码行不需要缩进。
> - 在 GNU 编译环境下，如果"♯"位于行首则表示一整行为注释内容。

7.2.2　GNU 环境下 ARM 汇编程序编译

1. 基本语法

1）预处理

GNU 汇编器 as 的内部预处理包括移除多余的间隔符代码中的所有注释，并将字符常量转换为数字值。它不做宏处理和文件包含处理，但这些事情可以交由 gcc 编译器去做，文件包含可以用.include 伪操作来实现。

2）注释

GNU ARM Assembly 可识别的注释方式有 C 风格多行注释符/＊ … ＊/、GNU 单行注释符"@"或"♯"。

3）符号

与 C 语言基本一致，符号名由字母、数字以及'_'和'. '组成，大小写敏感。

2. 段与重定位

段是具有相同属性的一段内容。链接器 ld 用于把多个目标文件合并为一个可执行文件。汇编器 as 生成的目标文件都假定从地址 0 开始，ld 为其指定最终的地址。链接器 ld 把目标文件中的每个 section 都作为一个整体，为其分配运行的地址，这个过程就是重定位（Relocation）。

as 所产生的一个目标文件至少有 text、data 和 bss 这 3 个段，每个段都可以为空。如果为 COFF 或 ELF 格式的目标文件，as 还可以根据源文件中使用'. section'伪操作所指定的任意名字的段对源文件进行分配。源文件中使用'. text'或'. data'所指定的内容会分别分配到 text 和 data 段中。源文件中的这些段都属于输入段。在目标文件中，text section 从地址 0 开始，随后是 data section，最后是 bss section。

链接器 ld 负责处理下面 4 类 section：

1）named sections、text section 和 data section

这些段存放着程序代码的相关内容。当程序执行时，text section 是 unalterable 的（RO 段），包含指令、常量等；data section 则是 alterable 的（RW 段），例如 C 变量就放在这里。

2）bss section

该段实际为 ZI 段（清零区），全为 0，用于存放未初始化的全局变量。

3）absolute section

该段中的地址 0 总是被"重定位"到运行时的地址 0。当需要指定一个地址不希望在 ld 重定位时被改变时，可以定义成 absolute section。这时的 absolute section 是不可重定位的。

4）undefined section

在 undefined section 中，包含其他目标文件的地址信息。汇编程序最后变为 text 和 data 两个段。同一属性和名字的段可以分布在程序中的多个地方，这可以使用数字对 subsection 编号来实现。例如，可以把所有的 text 段中的 code 都放在一起，把常量放在一起，最后再组成 text section；还可以把 code 使用'. text 0'标记，把常量使用'. text 1'标记，于是由各个子段组成 text section。

3. 符号说明

1）label

lable 后面要带冒号"："，例如_start：b reset_handler。

2）给符号赋值

下面 3 条语句所完成的功能是相同的，都是实现将 symbol_value 赋值给 symbol_name。

symbol_name = symbol_value

或者

. set symbol_name，symbol_value

或者

. equ symbol_name，symbol_value

3）符号名

可由数字、字母或"."或"_"组成，不可以数字开头，大小写敏感。

编译器和程序员临时使用的符号标签，直接使用'N：'的形式定义，N 代表任意正整数。可使用'Nb'来引用前面最近所定义的 label，使用'Nf'来引用后面最近所定义的 label（b 代表 backwards，f 代表 forwards）。例如：

1：b 2f
2：b 1b

这些符号最后会在汇编时被 as 转换为别的名字。

另外，带'$'的本地符号以'X$'（X 为符号）的形式定义。本地符号最多在一个文件中有效，但是如果定义了一个同名的全局符号，带'$'的本地符号则可以在某些文件中有效。

编程中有时会用到本地址程序计数器'.',可在源文件中指示当前地址。该符号可以被引用或赋值。

7.3 ARM 汇编语言程序设计规范

1. 汇编器预定义的寄存器名称

为增加程序的可读性,ARM 汇编器自定义了寄存器的别名,这些别名与通用寄存器的对应关系和用途如表 7-1 所示。

表 7-1 ARM 汇编器预定义寄存器名称

预定义寄存器名	描　　述
R0～R15	ARM 处理器的通用寄存器
A1～A4	入口参数、处理结果、暂存寄存器;是 R0～R3 的同义词
V1～V8	变量寄存器,R4～R11
SB	静态基址寄存器,R9
SL	栈界限寄存器,R10
FP	帧指针寄存器,R11
IP	内部过程调用暂存寄存器,R12
SP	栈指针寄存器,R13
LR	链接寄存器,R14
PC	程序计数器,R15
CPSR	当前程序状态寄存器
SPSR	程序状态备份寄存器
F0～F7	浮点数运算加速寄存器
S0～S31	单精度向量浮点数运算寄存器
D0～D15	双精度向量浮点数运算寄存器
P0～P15	协处理器 0～15
C0～C15	协处理器寄存器 0～15

在进行程序设计时,程序员可以直接使用这些寄存器名,也可以使用相对应的通用寄存器。一般情况下,对于不同的用途,编程时尽量用相应用途的寄存器存放参数,例如 A1～A4 作为子程序入口参数、处理结果的暂存寄存器,书写程序时尽可能不要用 R0～R3 作为其他用途。

2. ARM 汇编语言程序设计规范

在汇编语言程序设计中,养成良好的编程习惯、形成良好的编码风格是非常重要的。

对各种情况的分析表明,编码阶段产生的错误当中,语法错误大概占 20%,而由于未严格检查软件逻辑导致的错误、函数之间接口错误及由于代码可理解度低导致优化维护阶段对代码的错误修改引起的错误则占了 50% 以上。因此要提高软件质量必须降低编码阶段的错误率,这需要制定详细的软件编程规范,并培训每一位程序员,最终的结果可以把编码阶段的错误降至 10% 左右,同时会大大地缩短测试时间。

为了使程序清晰、具有可维护性,ARM 汇编语言程序设计中对符号和程序设计格式要做到统一规范,建议在程序设计时尽量符合以下要求。

1) 符号命名规则

- 对于变量命名,要考虑简单、直观、不易混淆,标识符的长度一般不超过 12 个字符。可多个单词(或缩写)合在一起,每个单词首字母大写,其余部分小写。

- 对于常量的命名,单词的字母全部大写,各单词之间用下画线隔开。

- 对于函数的命名,单词首字母为大写,其余均为小写。函数名一般应包含一个动词,即函数名应类似一个动词短语形式。例如 Test_UART、Init_Memory。

2) 注释

- 注释的原则是有助于对程序的阅读理解,注释不宜太多也不能太少,太少不利于代码理解,太多则会对阅读产生干扰,因此只在必要的地方才加注释,而且注释要准确、易懂,尽可能简洁。注释量一般控制在 30%~50%。

- 注释应与其描述的代码相近,对代码的注释应放在其上方或右方(对单条语句的注释)相邻位置,不可放在下面,如放于上方则需与其上面的代码用空行隔开。

- 头文件、源文件的头部,应进行注释。注释必须列出文件名、作者、目的、功能、修改日志等。

- 函数头部应进行注释,列出函数的功能、输入参数、输出参数、涉及的通用变量和寄存器、调用的其他函数和模块、修改日志等。

- 维护代码时,要更新相应的注释,删除不再有用的注释。保持代码、注释的一致性,避免产生误解。

3) 程序设计的其他要求

- 太长的语句可以用“\”分成几行来写。

- 语句嵌套层次不得超过 5 层。嵌套层次太多,会增加代码的复杂度及测试的难度,容易出错,增加代码维护的难度。

- 避免相同的代码段在多个地方出现。当某段代码需在不同的地方重复使用时,应根据代码段的规模大小使用函数调用或宏调用的方式代替。这样,对该代码段的修改就可在一处完成,增强代码的可维护性。

- 对于汇编语言的指令关键字和寄存器名,一般用大写表示。

7.4 ARM 汇编语言程序设计实例解析

一般来讲,在嵌入式系统编程中,与硬件直接相关的最低层代码要用汇编语言来编写,本节中所设计的实例,意在帮助读者对嵌入式汇编语言程序设计打下坚实的基础,同时也为嵌入式硬件底层编程做准备。

【例 7-2】 求一个数的阶乘(64 位结果)。

用 ARM 汇编语言设计程序实现求 20!(20 的阶乘),并将其 64 位结果放在[R9:R8]中(R9 中存放高 32 位)。

解:程序设计思路为,64 位结果的乘法指令通过两个 32 位的寄存器相乘,可以得到 64 位的结果,在每次循环相乘中,我们可以将存放 64 位结果两个 32 位寄存器分别与递增量相乘,最后将得到的高 32 位结果相加。程序设计流程如图 7-1 所示。

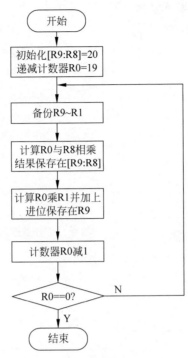

图 7-1 例 7-2 程序设计流程

程序代码如下：

（1）在 GNU ARM 开发环境下编程：

```
/* -----------------------------------------------------------------
 * 使用的寄存器说明：
 *    R8：存放阶乘结果低 32 位
 *    R9：存放阶乘结果高 32 位
 *    R0：计数器，递减至零计数
 *    R1：计算过程中暂存 R9（R9 值使用前会被覆盖）
 * ----------------------------------------------------------- */
.global  _start
.text
_start:
        MOV      R8, #20            @低 32 位初始化为 20
        MOV      R9, #0             @高位初始化为 0
        SUB      R0,R8,#1           @初始化计数器
Loop:
        MOV      R1, R9             @暂存高位值
        UMULL    R8, R9, R0, R8     @[R9:R8]=R0 * R8
        MLA      R9, R1, R0, R9     @R9＝R1 * R0＋R9
        SUBS     R0, R0, #1         @计数器递减
        BNE      Loop               @计数器不为 0 继续循环
Stop:
        B        Stop
.end                                @文件结束
```

（2）在 ARM 集成开发环境下编程：

```
        AREA Fctrl,CODE,READONLY          ; 声明代码段 Fctrl
        ENTRY                             ; 标识程序入口
        CODE32                            ; 声明 32 位 ARM 指令
START
        MOV          R8, #20              ; 低位初始化
        MOV          R9, #0               ; 高位初始化
        SUB          R0,R8,#1             ; 初始化计数器
Loop
        MOV          R1, R9               ; 暂存高位值
        UMULL        R8, R9, R0, R8       ; [R9:R8]＝R0 * R8
        MLA          R9, R1, R0, R9       ; R9＝R1 * R0＋R9
        SUBS         R0, R0, #1           ; 计数器递减
        BNE          Loop                 ; 计数器不为 0 继续循环
Stop
        B     Stop
        END                               ; 文件结束
```

（3）程序执行后输出结果如下：

R8＝0x82B40000

R9＝0x21C3677C

【例 7-3】　对数据区进行 64 位结果累加操作。

先对内存地址 0x3000 开始的 100 个字内存单元填入 0x10000001～0x10000064 字数据，然后将每个字单元进行 64 位累加结果保存于[R9:R8]（R9 中存放高 32 位）。

解：程序设计思路为，先采用循环对各内存单元进行赋值；64 位累加通过低位 32 位采用 ADDS 指令，高 32 位使用 ADC 指令来配合实现。程序设计流程如图 7-2 所示。

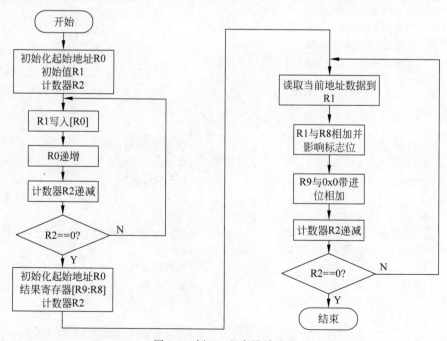

图 7-2　例 7-3 程序设计流程

程序代码如下：

（1）在 GNU ARM 开发环境下编程：

```
/* --------------------------------------------------------------------------------
 * 寄存器使用说明：
 *   R0：存放地址值
 *   R2：递减计数器
 *   R9：64 位递加结果高 32 位
 *   R8：64 位递加结果低 32 位
 * -------------------------------------------------------------------------------- */
. global  _start
. text
. arm
_start:
        MOV     R0，#0X3000          @初始化寄存器
        MOV     R1，#0X10000001
        MOV     R2，#100
loop_1:                              @第一次循环赋值
        STR     R1，[R0]，#4
        ADD     R1，R1，#1
        SUBS    R2，R2，#1
        BNE     loop_1

        MOV     R0，#0X3000
        MOV     R2，#100
        MOV     R9，#0
        MOV     R8，#0
loop_2:                              @第二次循环累加
        LDR     R1，[R0]，#4
        ADDS    R8，R1，R8           @R8＝R8＋R1，进位影响标志位
        ADC     R9，R9，#0           @R9＝R9＋C，C 为进位
        SUBS    R2，R2，#1
        BNE     loop_2
Stop：
        B    Stop
. end                                @文件结束
```

（2）在 ARM 集成开发环境下编程：

```
        AREA  Fctrl，CODE，READONLY          ;声明代码 Fctrl
        ENTRY                                ;标识程序入口
        CODE32                               ;声明 32 位 ARM 指令
START
        MOV         R0，#0X3000              ;初始化寄存器
        MOV         R1，#0X10000001
        MOV         R2，#100
loop_1                                       ;第一次循环赋值
        STR         R1，[R0]，#4
        ADD         R1，R1，#1
        SUBS        R2，R2，#1
        BNE         loop_1
```

```
        MOV             R0,#0X3000
        MOV             R2,#100
        MOV             R9,#0
        MOV             R8,#0
loop_2                                          ; 第二次循环累加
        LDR             R1,[R0],#4
        ADDS            R8,R1,R8                 ; R8=R8+R1,进位影响标志位
        ADC             R9,R9,#0                 ; R9=R9+C,C 为进位
        SUBS            R2,R2,#1
        BNE             loop_2
Stop
        B       Stop
        END                                      ; 文件结束
```

(3) 程序执行后输出结果如下:

```
R8=0X400013BA
R9=0X00000006
```

【例 7-4】 初始化各 ARM 处理器各模式下的堆栈指针 SP(R13)。

解: 程序设计思路为,通过状态寄存器与通用寄存器之间数据传输指令 MRS/MSR 实现,修改时应采用"读取-修改-回写"3 个步骤来实现。每次只需修改相应的域即可,如本次程序只修改 C 控制域。同时应注意系统模式与用户模式公用 SP,只需初始化其一即可。

程序代码如下:

(1) 在 GNU ARM 开发环境下编程:

```
/ *-------------------------------------------------------------------------------
 * 寄存器使用说明:
 * SP_usr: 用户模式下的 SP
 * SP_svc: 管理模式下的 SP
 * SP_und: 未定义模式下的 SP
 * SP_abt: 中止模式下的 SP
 * SP_irq: IRQ 模式下的 SP
 * SP_fiq: FIQ 模式下的 SP
 *---------------------------------------------------------------------------- * /
. equ    _ISR_STARTADDRESS,      0xC7FF000             @设置栈的内存基地址
. equ    UserStack,              _ISR_STARTADDRESS     @用户模式堆栈地址 0xC7FF000
. equ    SVCStack,               _ISR_STARTADDRESS+256  @管理模式堆栈地址 0xC7FF100
. equ    UndefStack,             _ISR_STARTADDRESS+256 * 2 @未定义模式堆栈地址 0xC7FF200
. equ    AbortStack,             _ISR_STARTADDRESS+256 * 3 @中止模式堆栈地址 0xC7FF300
. equ    IRQStack,               _ISR_STARTADDRESS+256 * 4 @IRQ 模式堆栈地址 0xC7FF400
. equ    FIQStack,               _ISR_STARTADDRESS+256 * 5 @FIQ 模式堆栈地址 0xC7FF500
. equ    USERMODE,       0x10                          @用户模式
. equ    FIQMODE,        0x11                          @FIQ 模式
. equ    IRQMODE,        0x12                          @IRQ 模式
. equ    SVCMODE,        0x13                          @管理模式
. equ    ABORTMODE,      0x17                          @中止模式
. equ    UNDEFMODE,      0x1b                          @未定义模式
. equ    SYSMODE,        0x1f                          @系统模式
. equ    MODEMASK,       0x1f                          @模式位掩码
```

```
. global    _start
. text
. arm
_start：
            MRS                 R0,CPSR                 @读取当前 CPSR
            BIC                 R0,R0,#MODEMASK         @清除模式位

            #设置系统模式下的 SP
            ORR                 R1,R0,#SYSMODE
            MSR                 CPSR_c,R1
            LDR                 SP,=UserStack

            #设置未定义模式下的 SP
            ORR                 R1,R0,#UNDEFMODE
            MSR                 CPSR_c,R1
            LDR                 SP,=UndefStack

            #设置中止模式下的 SP
            ORR                 R1,R0,#ABORTMODE
            MSR                 CPSR_c,R1
            LDR                 SP,=AbortStack

            #设置管理模式下的 SP
            ORR                 R1,R0,#SVCMODE
            MSR                 CPSR_c,R1
            LDR                 SP,=SVCStack

            #设置 IRQ 模式下的 SP
            ORR                 R1,R0,#IRQMODE
            MSR                 CPSR_c,R1
            LDR                 SP,=IRQStack

            #设置 FIQ 模式下的 SP
            ORR                 R1,R0,#FIQMODE
            MSR                 CPSR_c,R1
            LDR                 SP,=FIQStack
Stop：
            B       Stop
. end                                                   @文件结束
```

（2）在 ARM 集成开发环境下编程：

```
_ISR_STARTADDRESS       EQU     0xC7FF000                   ;设置栈的内存基地址
UserStack       EQU     _ISR_STARTADDRESS                   ;用户模式堆栈地址 0xC7FF000
SVCStack        EQU     _ISR_STARTADDRESS+256               ;管理模式堆栈地址 0xC7FF100
UndefStack      EQU     _ISR_STARTADDRESS+256 * 2           ;未定义模式堆栈地址 0xC7FF200
AbortStack      EQU     _ISR_STARTADDRESS+256 * 3           ;中止模式堆栈地址 0xC7FF300
IRQStack        EQU     _ISR_STARTADDRESS+256 * 4           ;IRQ 模式堆栈地址 0xC7FF400
FIQStack        EQU     _ISR_STARTADDRESS+256 * 5           ;FIQ 模式堆栈地址 0xC7FF500
USERMODE        EQU     0x10                                ;用户模式
FIQMODE         EQU     0x11                                ;FIQ 模式控制字
```

```
       IRQMODE        EQU         0x12               ;IRQ 模式控制字
       SVCMODE        EQU         0x13               ;管理模式控制字
       ABORTMODE      EQU         0x17               ;中止模式控制字
       UNDEFMODE      EQU         0x1b               ;未定义模式控制字
       SYSMODE        EQU         0x1f               ;系统模式控制字
       MODEMASK       EQU         0x1f               ;模式位掩码控制字
              AREA        Stack_Init,CODE, READONLY  ;声明代码 Stack_Init
              ENTRY                                  ;标识程序入口
              CODE32                                 ;声明 32 位 ARM 指令
       START
              MRS         R0, CPSR                   ;读取当前 CPSR
              BIC         R0, R0, #MODEMASK          ;清除模式位

              ;设置系统模式下的 SP
              ORR         R1, R0, #SYSMODE
              MSR         CPSR_c, R1
              LDR         SP, =UserStack

              ;设置未定义模式下的 SP
              ORR         R1, R0, #UNDEFMODE
              MSR         CPSR_c, R1
              LDR         SP, =UndefStack

              ;设置中止模式下的 SP
              ORR         R1, R0, #ABORTMODE
              MSR         CPSR_c, R1
              LDR         SP, =AbortStack

              ;设置管理模式下的 SP
              ORR         R1, R0, #SVCMODE
              MSR         CPSR_c, R1
              LDR         SP, =SVCStack

              ;设置 IRQ 模式下的 SP
              ORR         R1, R0, #IRQMODE
              MSR         CPSR_c, R1
              LDR         SP, =IRQStack

              ;设置 FIQ 模式下的 SP
              ORR         R1, R0, #FIQMODE
              MSR         CPSR_c, R1
              LDR         SP, =FIQStack
       Stop
              B           Stop
              END         ;文件结束
```

（3）程序执行结果如下：

SP_usr=0xc7ff000
SP_svc=0xc7ff100
SP_und=0xc7ff200

SP_abt＝0xc7ff300

SP_irq＝0xc7ff400

SP_fiq＝0xc7ff500

【例 7-5】 用 ARM 指令实现内存数据区块拷贝操作。

内存数据区定义如下：

```
Src：
        .long    1,2,3,4,5,6,7,8,9,0xA,0xB,0xC,0xD,0xE,0xF,0x10,0x11,0x12
Dst：
        .long    0,0,0,0,0,0,0,0,0,0,0,0,0,0,0,0,0,0
```

请用 ARM 汇编语言编写程序，实现将数据从源数据区 Src(18 个字单元)拷贝到目标数据区 Dst，要求以 4 个字为单位进行块拷贝，如果不足 4 个字时则以字为单位进行拷贝。

解：程序设计思路为，要进行 4 个字的批量拷贝，首先得到要批量拷贝的次数和单字拷贝的次数，在使用寄存器组时还要注意保存现场。

程序代码如下：

(1) 在 GNU ARM 开发环境下编程：

```
/ * -------------------------------------------------------------------------
 * 寄存器使用说明：
 * R0：源数据区指针
 * R1：目标数据区指针
 * R2：单字拷贝次数
 * R3：块拷贝的次数
 * R5～R8：批量拷贝使用的寄存器组
 * SP：栈指针
 * -------------------------------------------------------------------------- * /
. global    _start
. equ NUM,        18                        @设置要批量拷贝的字数
. text
. arm
_start:
            LDR        R0，＝Src             @R0 ＝ 源数据区指针
            LDR        R1，＝Dst             @R1 ＝ 目标数据区指针
            MOV        R2，＃NUM
            MOV        SP，＃0x9000
            MOVS   R3,R2, LSR ＃2            @获得块拷贝的次数
            BEQ        Copy_Words
            STMFD   SP!，{R5-R8}             @保存将要使用的寄存器 R5～R8

＃进行块拷贝,每次拷贝 4 个字
Copy_4Word：
            LDMIA   R0!，{R5-R8}
            STMIA   R1!，{R5-R8}
            SUBS    R3, R3, ＃1
            BNE        Copy_4Word
            LDMFD   SP!，{R5-R8}             @恢复寄存器 R5～R8

＃将剩余的数据区以字为单位拷贝
```

```
Copy_Words:
        ANDS    R2，R2，#3              @获得剩余的数据的字数
        BEQ           Stop
Copy_Word:
        LDR     R3，[r0]，#4
        STR     R3，[r1]，#4
        SUBS    R2，R2，#1
        BNE           Copy_Word
Stop:
        B       Stop
. ltorg
Src:
        . long      1,2,3,4,5,6,7,8,9,0xA,0xB,0xC,0xD,0xE,0xF,0x10,0x11,0x12
Dst:
        . long      0,0,0,0,0,0,0,0,0,0,0,0,0,0,0,0,0,0,0,0,0
. end                          @文件结束
```

(2) 在 ARM 集成开发环境下编程:

```
NUM     EQU         18                 ;设置要批量拷贝的字数
    AREA Copy_Data, CODE,READONLY       ;声明代码段 Copy_Data
    ENTRY                               ;标识程序入口
    CODE32                              ;声明 32 位 ARM 指令
START
        LDR         R0，=Src            ;R0 = 源数据区指针
        LDR         R1，=Dst            ;R1 = 目标数据区指针
        MOV         R2，#NUM
        MOV         SP，#0x9000
        MOVS        R3,R2, LSR #2       ;获得块拷贝的次数
        BEQ         Copy_Words
        STMFD       SP!,{R5-R8}         ;保存将要使用的寄存器 R5～R8

;进行块拷贝,每次拷贝 4 个字
Copy_4Word
        LDMIA       R0!,{R5-R8}
        STMIA       R1!,{R5-R8}
        SUBS        R3，R3，#1
        BNE              Copy_4Word
        LDMFD       SP!,{R5-R8}         ;恢复寄存器 R5～R8

;将剩余的数据区以字为单位拷贝
Copy_Words
        ANDS        R2，R2，#3          ;获得剩余的数据的字数
        BEQ         Stop
Copy_Word
        LDR         R3，[r0]，#4
        STR         R3，[r1]，#4
        SUBS        R2，R2，#1
        BNE         Copy_Word
```

```
Stop
        B       Stop
        LTORG
Src
        DCD         1,2,3,4,5,6,7,8,9,0xA,0xB,0xC,0xD,0xE,0xF,0x10,0x11,0x12
Dst
        DCD         0,0,0,0,0,0,0,0,0,0,0,0,0,0,0,0,0,0,0,0
        END                             ;文件结束
```

（3）程序执行结果如下：

源数据区起始地址：0x00008054

目标数据区起始地址：0x0000809C

Address	0	1	2	3	4	5	6	7	8	9	a	b	c	d	e	f
0x00008050	9C	80	00	00	01	00	00	00	02	00	00	00	03	00	00	00
0x00008060	04	00	00	00	05	00	00	00	06	00	00	00	07	00	00	00
0x00008070	08	00	00	00	09	00	00	00	0A	00	00	00	0B	00	00	00
0x00008080	0C	00	00	00	0D	00	00	00	0E	00	00	00	0F	00	00	00
0x00008090	10	00	00	00	11	00	00	00	12	00	00	00	01	00	00	00
0x000080A0	02	00	00	00	03	00	00	00	04	00	00	00	05	00	00	00
0x000080B0	06	00	00	00	07	00	00	00	08	00	00	00	09	00	00	00
0x000080C0	0A	00	00	00	0B	00	00	00	0C	00	00	00	0D	00	00	00
0x000080D0	0E	00	00	00	0F	00	00	00	10	00	00	00	11	00	00	00
0x000080E0	12	00	00	00	00	00	00	00	00	00	00	00	E8	00	E8	

【例 7-6】 内存数据格式大小端转换操作。

对小端格式内存地址 0x9000 开始的 20 个字数据内存单元中依次填入 0x44332201～0x44332214 字数据调换位置（例如原来值为 AABBCCDD,调换顺序后变为 DDCCBBAA）。

解： 程序设计思路为，首先用 STR 指令向 0x9000 开始的内存单元依次填入 0x44332201～0x44332214,然后进行调换位置。也就是原来的小端的内存存储格式转换为大端格式。我们可以采用异或指令 EOR 来实现。

程序代码如下：

（1）在 GNU 开发环境下编程：

```
/*--------------------------------------------------------------------------
 * 寄存器使用说明：
 * R0：内存地址
 * R2：操作字内存单元个数
 * R4：存放初始化内存单元的字数据
 *------------------------------------------------------------------------- */
.global     _start
.equ        NUM, 20                         @操作字内存单元个数
.text
_start:
        MOV     R2,♯NUM
        LDR     R0,=0x9000                  @内存起始地址
        LDR     R4,=0x44332201

♯初始化内存
Init_mem:
        STR     R4,[R0],♯4
```

```
        SUBS    R2，R2，♯1
        ADD     R4，R4，♯1
        BNE     Init_mem

        MOV     R2，♯NUM
        LDR     R0，＝0x9000
```

♯对内存中数据存储格式进行转换

```
Conversion：
        LDR     R1，[R0]
        EOR     R3，R1，R1，ROR   ♯16
        BIC     R3，R3，♯0x0FF0000
        MOV     R1，R1，ROR   ♯8
        EOR     R1，R1，R3，LSR   ♯8
        STR     R1，[R0]，♯4
        SUBS    R2，R2，♯1
        BNE     Conversion
Stop：   B       Stop
. end                               @文件结束
```

（2）在 ARM 集成开发环境下编程：

```
NUM         EQU         20                      ;设置操作字内存单元个数

    AREA Cnvrsn_Mem,CODE,READONLY               ;声明代码 Cnvrsn_Mem
    ENTRY                                       ;标识程序入口
    CODE32                                      ;声明 32 位 ARM 指令
START
        MOV     R2，♯NUM
        LDR     R0，＝0x9000                     ;内存起始地址
        LDR     R4，＝0x44332201
```

;初始化内存

```
Init_mem
        STR     R4，[R0]，♯4
        SUBS    R2，R2，♯1
        ADD     R4，R4，♯1
        BNE     Init_mem

        MOV     R2，♯NUM
        LDR     R0，＝0x9000
```

;对内存中数据存储格式进行转换

```
Conversion
        LDR     R1，[R0]
        EOR     R3，R1，R1，ROR   ♯16
        BIC     R3，R3，♯0x0FF0000
        MOV     R1，R1，ROR   ♯8
        EOR     R1，R1，R3，LSR   ♯8
        STR     R1，[R0]，♯4
```

```
        SUBS    R2，R2，＃1
        BNE     Conversion
Stop
        B       Stop
        END                             ；文件结束
```

（3）程序执行结果如下：

内存初始化完毕后：

Address	0	1	2	3	4	5	6	7	8	9	a	b	c	d	e	f
0x00009000	01	22	33	44	02	22	33	44	03	22	33	44	04	22	33	44
0x00009010	05	22	33	44	06	22	33	44	07	22	33	44	08	22	33	44
0x00009020	09	22	33	44	0A	22	33	44	0B	22	33	44	0C	22	33	44
0x00009030	0D	22	33	44	0E	22	33	44	0F	22	33	44	10	22	33	44
0x00009040	11	22	33	44	12	22	33	44	13	22	33	44	14	22	33	44

程序执行结果：

Address	0	1	2	3	4	5	6	7	8	9	a	b	c	d	e	f
0x00009000	44	33	22	01	44	33	22	02	44	33	22	03	44	33	22	04
0x00009010	44	33	22	05	44	33	22	06	44	33	22	07	44	33	22	08
0x00009020	44	33	22	09	44	33	22	0A	44	33	22	0B	44	33	22	0C
0x00009030	44	33	22	0D	44	33	22	0E	44	33	22	0F	44	33	22	10
0x00009040	44	33	22	11	44	33	22	12	44	33	22	13	44	33	22	14

【例 7-7】 用 Thumb 指令实现内存数据区块拷贝操作。

内存数据区定义如下：

```
Src：
        .long   1,2,3,4,5,6,7,8,9,0xA,0xB,0xC,0xD,0xE,0xF,0x10,0x11,0x12
Dst：
        .long   0,0,0,0,0,0,0,0,0,0,0,0,0,0,0,0,0,0,0,0,0,0
```

请用 Thumb 指令编写程序，实现将数据从源数据区 Src(18 个字单元)拷贝到目标数据区 Dst,要求以 4 个字为单位进行块拷贝,如果不足 4 个字时则以字为单位进行拷贝。

解：程序设计思路为,根据题目要求用 Thumb 指令编写程序,首先要实现将处理器的状态由 ARM 状态转为 Thumb 状态,然后用 Thumb 指令实现内存拷贝。

程序代码如下：

（1）在 GNU ARM 开发环境下编程：

```
/ *------------------------------------------------------------
 *寄存器使用说明：
 * R0：源数据区指针
 * R1：目标数据区指针
 * R2：要拷贝的字数
 * R3：块拷贝的次数
 * R4-R7：批量拷贝使用的寄存器组
 * SP：栈指针
 *------------------------------------------------------------ * /
.global _start
.equ    NUM,    18              @设置要批量拷贝的字数
.text
_start:
```

```
.arm
        MOV         SP，#0x9000
        ADR         R0，Thumb_start + 1
        BX          R0
.thumb
Thumb_start：
        LDR         R0，=Src              @R0 = 源数据区指针
        LDR         R1，=Dst              @R1 = 目标数据区指针
        MOV         R2，#NUM

        LSR         R3，R2，#2            @获得块拷贝的次数
        BEQ             Copy_Words
        PUSH        {R4-R7}              @保存将要使用的寄存器 R4~R7

#进行块拷贝,每次拷贝 4 个字
Copy_4Word：
        LDMIA       R0!，{R4-R7}
        STMIA       R1!，{R4-R7}
        SUB         R3，#1
        BNE             Copy_4Word
        POP         {R4-R7}              @恢复寄存器 R4~R7

#将剩余的数据区以字为单位拷贝
Copy_Words：
        MOV         R3，#3
        AND         R2，R3               @获得剩余的数据的字数
        BEQ         Stop
Copy_Word：
        LDMIA       R0!，{R3}
        STMIA       R1!，{R3}
        SUB         R2，#1
        BNE             Copy_Word
Stop：
        B           Stop
.ltorg
Src：
        .long       1,2,3,4,5,6,7,8,9,0xA,0xB,0xC,0xD,0xE,0xF,0x10,0x11,0x12
Dst：
        .long       0,0,0,0,0,0,0,0,0,0,0,0,0,0,0,0,0,0
.end                                    @文件结束
```

(2) 在 ARM 集成开发环境下编程：

```
NUM     EQU     18                          ;设置操作字内存单元个数
        AREA Copy_Data_T，CODE，READONLY     ;声明代码 Copy_Data_T
        ENTRY                               ;标识程序入口
START
        CODE32                              ;声明 32 位 ARM 指令
        MOV         SP，#0x9000
        ADR         R0，Thumb_start + 1
        BX          R0
```

```
            CODE16                              ;声明 16 位 Thumb 指令
Thumb_start
            LDR         R0，＝Src                ;R0 ＝ 源数据区指针
            LDR         R1，＝Dst                ;R1 ＝ 目标数据区指针
            MOV         R2，＃NUM
            LSR         R3，R2，＃2              ;获得块拷贝的次数
            BEQ         Copy_Words
            PUSH        {R4-R7}                 ;保存将要使用的寄存器 R4～R7

;进行块拷贝,每次拷贝 4 个字
Copy_4Word
            LDMIA       R0!，{R4-R7}
            STMIA       R1!，{R4-R7}
            SUB         R3，＃1
            BNE         Copy_4Word
            POP         {R4-R7}                 ;恢复寄存器 R4～R7

;将剩余的数据区以字为单位拷贝
Copy_Words
            MOV         R3，＃3
            AND         R2，R3                  ;获得剩余的未拷贝数据的字数
            BEQ         Stop
Copy_Word
            LDMIA       R0!，{R3}
            STMIA       R1!，{R3}
            SUB         R2，＃1
            BNE         Copy_Word
Stop
            B           Stop
;数据区
ALIGN
Src
            DCD         1,2,3,4,5,6,7,8,9,0xA,0xB,0xC,0xD,0xE,0xF,0x10,0x11,0x12
Dst
            DCD         0,0,0,0,0,0,0,0,0,0,0,0,0,0,0,0,0,0,0,0
            END                                 ;文件结束
```

（3）程序执行结果：留给读者自行调试。

【例 7-8】 实现将寄存器高位和低位对称换位。

如何将一个寄存器的高位和低位对称换位,如第 0 位与第 31 位调换,第 1 位与第 30 位调换,第 2 位与第 29 位调换……第 15 位与第 16 位调换。

解：本题目需要对寄存器进行大量的位运算。最基本的设计思想是依次从低位到高位取出源寄存器的内容,然后再依次把它们从高位到低位放置到目标寄存器。进行这一操作,我们可以采用移位操作的方法,通过移位依次从低位取出目标寄存器的各个位,再将其放置到目标寄存器的最低位,然后通过移位操作,送入相应位。

程序代码如下：

```
/*-----------------------------------------------------------------------------
 *寄存器使用说明:
```

* R0：源数据
* R1：计数器,初值为字长(32),递减计数至 0
* R2：目标数据
* --- * /

(1) 在 GNU ARM 开发环境下编程：

```
.global _start
.text
_start:
    LDR     R0, =0x55555555          @ 输入数据
    MOV     R2, #0
Bit_Exchange:
    MOV     R1, #32                  @ 计数器
Bitex_L:
    AND     R3, R0, #1               @ 取出源数据的最低位送入 R3
    ORR     R2, R3, R2, LSL #1       @ 将目标数据左移一位,并将取出的数据送到其最低位
    MOV     R0, R0, LSR #1           @ 源数据右移一位
    SUBS R1, R1, #1                  @ 递减计数
    BNE     Bitex_L
Stop:
    B       Stop
.end                                 @文件结束
```

(2) 在 ARM 集成开发环境下编程：

```
    AREA      Bit_Exch, CODE, READONLY    ; 声明代码段 Bit_Exch
    ENTRY                                 ; 标识程序入口
    LDR       R0, =0x55555555             ; 输入数据
    MOV       R2, #0
Bit_Exchange
    MOV       R1, #32                     ; 计数器
Bitex_L
    AND       R3, R0, #1                  ; 取出源数据的最低位送到 R3
    ORR       R2, R3, R2, LSL #1          ; 将目标数据左移一位,并将取出的数据送到
                                          ; 其最低位
    MOV       R0, R0, LSR #1              ; 源数据右移一位
    SUBS R1, R1, #1                       ; 递减计数
    BNE       Bitex_L
Stop
    B         Stop
    END                                   ; 文件结束
```

(3) 程序运行结果：

目标数据：

R2 = 0xAAAAAAAA

【例 7-9】 CRC(循环冗余校验)码的生成。

将一个 16 位的数据,使用生成多项式 $G(x) = x^{16} + x^{10} + x^5 + 1$,生成 16 位的 CRC 码,并将其与源数据组合在一起,其中高 16 位为源数据,低 16 位为 CRC 码。

解：程序设计思路为,CRC 码的生成需要进行模 2 运算,这里需要实现模 2 除法和模 2 减

法。其实模 2 减法就是异或运算,模 2 除法可以按照如图 7-3 所示的方法进行。

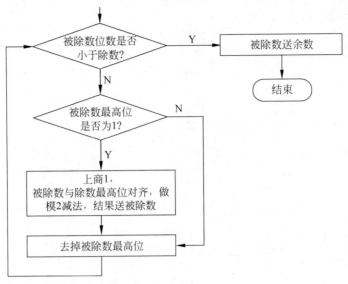

图 7-3 模 2 除法流程

本题目中的 CRC 码就是将源 16 位数据后面添 16 个 0(或左移 16 位),然后进行模 2 除法运算后的余数。

程序源代码如下:

```
/*--------------------------------------------------------------------------------
 * 寄存器使用说明:
 * R0:源数据和存放输出结果
 * R1:计数器
 * R2:多项式位串
 * R3:余数
 *----------------------------------------------------------------------- */
```

(1) 在 GNU ARM 开发环境下编程:

```
.global _start
.text
_start:
    LDR     R0,=0x1234          @ 输入数据
CRC_Generate:
    MOV     R1,#16              @ 计数器
    LDR     R2,=0x10421         @ 生成多项式 x¹⁶+x¹⁰+x⁵+1
    MOV     R3,R0               @ 余数
    MOV     R4,#0               @ 商
CRC_L1:
    MOV     R3,R3,LSL #1        @ 在余数后面填零,继续运算
    MOV     R4,R4,LSL #1        @ 在商后面填零,准备上商
    TST     R3,#0x10000         @ 查看可否上商 1
    BEQ     CRC_L2
    EOR     R3,R3,R2            @ 上商 1 时,余数的变化
    ORR     R4,R4,#1            @ 上商 1
```

```
CRC_L2：
    SUBS    R1，R1，＃1              @ 计数
    BNE     CRC_L1
CRC_Finish：
    ORR     R0，R3，R0，LSL ＃16      @ 组合 CRC 验证码
Stop：
    B       Stop
.end
```

（2）在 ARM 公司集成开发环境下编程：

```
        AREA CRCgenerate，CODE，READONLY          ；声明代码段 CRCgenerate
        ENTRY                                    ；标识程序入口

        LDR   R0，＝0x2            ；输入数据
CRC_Generate
        MOV   R1，＃16             ；计数器
        LDR   R2，＝0x10421        ；生成多项式 x¹⁶＋x¹⁰＋x⁵＋1
        MOV   R3，R0              ；余数
        MOV   R4，＃0             ；商（关于商的操作不影响结果，全部注释掉）
CRC_L1
        MOV   R3，R3，LSL ＃1      ；在余数后面填零，继续运算
        MOV   R4，R4，LSL ＃1      ；在商后面填零，准备上商
        TST   R3，＃0x10000        ；查看可否上商 1
        BEQ   CRC_L2
        EOR   R3，R3，R2          ；上商 1 时，余数的变化
        ORR   R4，R4，＃1         ；上商 1
CRC_L2
        SUBS  R1，R1，＃1         ；计数
        BNE   CRC_L1
CRC_Finish
        ORR   R0，R3，R0，LSL ＃16  ；组合 CRC 码
Stop
        B   Stop
        END
```

（3）程序运行的结果：

最后生成的数据被送到了 R0 中，它的值为 0x1234A19F。

【例 7-10】 把 8421 码数据转换成整型数据。

8421 码是一种十进制数，它采用 4 个 bit 位表示一个十进制位，分别用 0000～1001 表示十进制的 0～9。设计汇编程序将一个可以表示 8 位十进制位的 8421 码数据转换成等价的整数型数据。

解：程序设计思路为，8421 码采用每 4 个位表示一个十进制位，那么依次从低位开始取出源数据的 4 位，就可以得到源数据所表示的数字的各个十进制位（个位、十位……）。然后将它们依次乘以 10 的 n 次幂，进行累加，就可以得到相应的二进制整型数据。

程序源代码如下：

```
/* ---------------------------------------------------------------
* 寄存器使用说明：
```

* R0：源数据，采用 8421 编码

* R1：目标数据，程序输出结果

* R2：计数器

* R5：十进制进位基数(10)

* --- * /

（1）在 GNU 开发环境下编程：

```
. global _start
. text
_start:
    LDR     R0，=0x12345678          @ 源数据，作为 8421 码输入
dec2int：
    MOV     R1，#0                   @ 目标数据
    MOV     R2，#8                   @ 计数器
    MOV     R5，#10                  @ 进位基数 10
Dec2int_L1:
    MUL     R4，R1，R5               @ 将上一次迭代的结果，乘以 10
    MOV     R0，R0，ROR #28          @ 依次从高位向低位取出源数据的 4 位
    AND     R3，R0，#0xF
    ADD     R1，R4，R3               @ 将取出的 4 位数加到结果上
    SUBS    R2，R2，#1
    BNE     Dec2int_L1
Stop:
    B       Stop
. end
```

（2）在 ARM 公司集成开发环境下编程：

```
    AREA Dec，CODE，READONLY    ;声明代码段 Dec
    ENTRY                      ;标识程序入口
    LDR     R0，=0x12345678     ;源数据，作为 8421 码输入
Dec2int
    MOV     R1，#0              ;目标数据
    MOV     R2，#8              ;计数器
    MOV     R5，#10             ;进位基数 10
Dec2int_L1
    MUL     R4，R1，R5          ;将上一次迭代的结果，乘以 10
    MOV     R0，R0，ROR #28     ;依次从高位向低位取出源数据的 4 位
    AND     R3，R0，#0xF
    ADD     R1，R4，R3          ;将取出的 4 位数加到结果上
    SUBS    R2，R2，#1
    BNE     Dec2int_L1
Stop
    B       Stop
    END                        ;文件结束
```

（3）程序运行结果：

目标数据：

R1 = 0x00BC614E(这是 8421 码 12345678 的十六进制表示)

【例 7-11】 行列奇偶校验码的生成。

编写 ARM 汇编程序对于一个 32×32 的 bit 矩阵进行行列奇偶校验码的生成，分别将生成的行奇偶校验码和列奇偶校验码放到 R3 和 R4 中。

解：程序设计思路为，行列奇偶校验的做法实际上是将每一行的 32 个 bit 位进行异或，得到的 32 行的异或后的数据就是行奇偶校验值；将每一列的 32 个 bit 位进行异或，得到的 32 列的异或后的数据就是列奇偶校验值；这两个值合成的 64 个 bit 称作行列奇偶校验码。那么程序就需要分别对行和列进行异或运算即可。

程序源代码如下：

```
/* -------------------------------------------------------------------
 * 寄存器使用说明：
 * R0：源数据区指针
 * R3：行奇偶校验结果
 * R4：列奇偶校验结果
 * ------------------------------------------------------------------- */
```

（1）在 GNU ARM 开发环境下编程：

```
.global _start
.text
_start:
    LDR     R0, =DataZone       @ 源数据区指针
EvenOdd:
    MOV     R1, #32             @ 行计数器
    MOV     R3, #0              @ 行奇偶校验结果
    MOV     R4, #0              @ 列奇偶校验结果
EvenOdd_L1:
    LDR     R2, [R0], #4
    EOR     R4, R4, R2          @ 逐个计算列奇偶校验数
    MOV     R6, #31             @ 列计数器
EvenOdd_L2:
    AND     R5, R2, #1          @ 计算行奇偶校验数
    EOR     R2, R5, R2, LSR #1  @ 将取出的数据逐个位进行异或
    SUBS    R6, R6, #1
    BNE     EvenOdd_L2
EvenOdd_L3:
    ORR     R3, R2, R3, ROR #1  @ 将每一行奇偶校验的结果整合
    SUBS    R1, R1, #1
    BNE     EvenOdd_L1
Stop:
    B       Stop
.data
DataZone:
    .int    0x12345678,    0x87654321,    0xABCDEF12,    0xCDEFAB45
    .int    0x20932197,    0xABC99DA3,    0x5522AB90,    0x338899A2
    .int    0x2345FDEA,    0x77AD3F61,    0x5290C316,    0x2728CE2A
    .int    0x9AC67D4F,    0x8FB247AE,    0x2064887C,    0xCCB3267A
    .int    0x2DFA1947,    0xA245861B,    0x9235AD78,    0xC365A247
    .int    0x2F965AA4,    0x92348365,    0xABC90273,    0x47598334
```

```
    .int      0x453B346A,      0x23AE23DD,      0x35563242,      0x2354CAF2
    .int      0x54379652,      0xA354EF34,      0xBBB32523,      0x234B289A
.end
```

（2）在 ARM 公司集成开发环境下编程：

```
    AREA      Even_Odd, CODE, READONLY      ；声明代码段 Even_Odd
    ENTRY                                    ；标识程序入口
    LDR       R0，=DataZone                  ；源数据区指针
EvenOdd
    MOV       R1，#32                        ；行计数器
    MOV       R3，#0                         ；行奇偶校验结果
    MOV       R4，#0                         ；列奇偶校验结果
EvenOdd_L1
    LDR       R2，[R0]，#4
    EOR       R4，R4，R2                     ；逐个计算列奇偶校验数
    MOV       R6，#31                        ；列计数器
EvenOdd_L2
    AND       R5，R2，#1                     ；计算行奇偶校验数
    EOR       R2，R5，R2，LSR #1             ；将取出的数据逐个位进行异或
    SUBS      R6，R6，#1
    BNE       EvenOdd_L2
EvenOdd_L3
    ORR       R3，R2，R3，ROR #1             ；将每一行奇偶校验的结果整合
    SUBS      R1，R1，#1
    BNE       EvenOdd_L1
Stop
    B         Stop
    ALIGN
DataZone
    DCD       0x12345678,      0x87654321,      0xABCDEF12,      0xCDEFAB45
    DCD       0x20932197,      0xABC99DA3,      0x5522AB90,      0x338899A2
    DCD       0x2345FDEA,      0x77AD3F61,      0x5290C316,      x2728CE2A
    DCD       0x9AC67D4F,      0x8FB247AE,      0x2064887C,      0xCCB3267A
    DCD       0x2DFA1947,      0xA245861B,      0x9235AD78,      0xC365A247
    DCD       0x2F965AA4,      0x92348365,      0xABC90273,      0x47598334
    DCD       0x453B346A,      0x23AE23DD,      0x35563242,      0x2354CAF2
    DCD       0x54379652,      0xA354EF34,      0xBBB32523,      0x234B289A
    END                                      ；文件结束
```

（3）程序运行结果：

行奇偶校验结果：

R3 = 0xFED7A18F

列奇偶校验结果：

R4 = 0x56A1D765

【例 7-12】 选择排序。

对一个整数数组采用选择排序算法进行排序，结果仍旧放到源数组的位置。

解：程序设计思路为，选择排序法是一种常见的排序算法，其算法的基本思想是从数组

的第一个元素开始,依次找到在某个位置的排序后的相应数据,并将找到的数据与原数据交换,来实现排序。

程序源代码如下:

```
/ *---------------------------------------------------------------------
 * 寄存器使用说明:
 * R0:源数据区指针
 * R1:要排序的数据个数
 *---------------------------------------------------------------------* /
```

(1) 在 GNU 开发环境下编程:

```
. global _start
. text
_start:
    LDR     R0, =Datas          @ 输入数据首地址
    LDR     R1, =Num            @ 数据个数
    LDR     R1, [R1]
Sel_Sort:
    MOV     R1, R1, LSL #2      @ 将数据个数转化为数据尾地址
    SUB     R1, R1, #4
    ADD     R1, R0, R1
    SUB     R0, R0, #4
Sort_L1:
    LDR     R4, [R0, #4]!       @ R0 表示当前位置,R4 当前最小数据
    TEQ     R1, R0              @ 检查是否排序结束
    BEQ     Sort_Finish
    MOV     R2, R0              @ R2 表示当前指针位置
    MOV     R3, R0              @ R3 表示当前最小数据的位置
Sort_L2:
    LDR     R5, [R2, #4]!       @ 取出指针所指的数据
    CMP     R4, R5              @ 该数据与当前最小数据比较
    BLT     Sort_L3             @ 如果当前所指数据小于当前最小数据
    MOV     R3, R2              @ 更新当前最小数据
    MOV     R4, R5
Sort_L3:
    TEQ     R1, R2              @ 对当前位置的判断是否结束
    BNE     Sort_L2
Sort_L4:                        @ 如果当前位置的判断结束
    TEQ     R0, R3              @ 检查当前最小数据的位置是否就是当前位置
    BEQ     Sort_L1
    SWP     R4, R4, [R0]        @ 把当前最小数据和当前位置的数据交换
    STR     R4, [R3]
    B       Sort_L1
Sort_Finish:
Stop:
    B   Stop
. data
Datas:
```

```
        .int 0xAABBCC11，0xAABBCC66，0xAABBCC77，0xAABBCC99，0xAABBCC22
        .int 0xAABBCC33，0xAABBCC55，0xAABBCC44，0xAABBCC88，0xAABBCC00
Num：
        .int 10
.end
```

(2) 在 ARM 公司集成开发环境下编程：

```
        AREA Select_Sort，CODE，READONLY        ；声明代码段 Select_Sort
        ENTRY                            ；标识程序入口
        LDR      R0，=Datas               ；输入数据首地址
        LDR      R1，=Num                 ；数据个数
        LDR      R1，[R1]
Sel_Sort
        MOV      R1，R1，LSL ＃2           ；将数据个数转化为数据尾地址
        SUB      R1，R1，＃4
        ADD      R1，R0，R1
        SUB      R0，R0，＃4
Sort_L1
        LDR      R4，[R0，＃4]!            ；R0 表示当前位置，R4 当前最小数据
        TEQ      R1，R0                   ；检查是否排序结束
        BEQ      Sort_Finish
        MOV      R2，R0                   ；R2 表示当前指针位置
        MOV      R3，R0                   ；R3 表示当前最小数据的位置
Sort_L2
        LDR      R5，[R2，＃4]!            ；取出指针所指的数据
        CMP      R4，R5                   ；该数据与当前最小数据比较
        BLT      Sort_L3                 ；如果当前所指数据小于当前最小数据
        MOV      R3，R2                   ；更新当前最小数据
        MOV      R4，R5
Sort_L3
        TEQ      R1，R2                   ；对当前位置的判断是否结束
        BNE      Sort_L2
Sort_L4                                  ；如果当前位置的判断结束
        TEQ      R0，R3                   ；检查当前最小数据的位置是否就是当前位置
        BEQ      Sort_L1
        SWP      R4，R4，[R0]             ；把当前最小数据和当前位置的数据交换
        STR      R4，[R3]
        B        Sort_L1
Sort_Finish
Stop
        B          Stop
        ALIGN
Datas
        DCD 0xAABBCC11，0xAABBCC66，0xAABBCC77，0xAABBCC99，0xAABBCC22
        DCD 0xAABBCC33，0xAABBCC55，0xAABBCC44，0xAABBCC88，0xAABBCC00
Num
        DCD 10
        END                              ；文件结束
```

（3）程序运行结果：

数组经过编译被放置在 0x8064 处，程序执行前数据在内存中的分布如下：

```
ARM7TDMI_S - Memory  Start address 0x8060                    ÷
Tab1 - Hex - No prefix|Tab2 - Hex - No prefix|Tab3 - Hex - No prefix|Tab4 - Hex - No prefix|
Address     0    1    2    3    4    5    6    7    8    9    a    b    c    d    e    f
0x00008060  FE   FF   FF   EA   11   CC   BB   AA   66   CC   BB   AA   77   CC   BB   AA
0x00008070  99   CC   BB   AA   22   CC   BB   AA   33   CC   BB   AA   55   CC   BB   AA
0x00008080  44   CC   BB   AA   88   CC   BB   AA   00   CC   BB   AA   0A   00   00   00
0x00008090  64   80   00   00   8C   80   00   00   10   00   FF   E7   00   E8   00   E8
0x000080A0  10   00   FF   E7   00   E8   00   E8   10   00   FF   E7   00   E8   00   E8
```

经过程序运行后的结果为：

```
ARM7TDMI_S - Memory  Start address 0x8060                    ÷
Tab1 - Hex - No prefix|Tab2 - Hex - No prefix|Tab3 - Hex - No prefix|Tab4 - Hex - No prefix|
Address     0    1    2    3    4    5    6    7    8    9    a    b    c    d    e    f
0x00008060                      00   CC   BB   AA   11   CC   BB   AA   22   CC   BB   AA
0x00008070  33   CC   BB   AA   44   CC   BB   AA   55   CC   BB   AA   66   CC   BB   AA
0x00008080  77   CC   BB   AA   88   CC   BB   AA   99   CC   BB   AA   0A   00   00   00
0x00008090  64   80   00   00   8C   80   00   00   10   00   FF   E7   00   E8   00   E8
0x000080A0  10   00   FF   E7   00   E8   00   E8   10   00   FF   E7   00   E8   00   E8
```

【例 7-13】 实现字符串的逆序拷贝。

编写 ARM 汇编程序，将一个给定的字符串，以逆序拷贝到目标地址中。例如源串为 "ABCDEFG"，拷贝目标串为 "GFEDCBA"。

解： 程序设计思路为，要想实现字符串的逆序拷贝，需要首先将源字符串指针移动到源字符串最后一个字符（'\0'前的字符）。然后，源指针向前移动，目标指针向后移动，依次拷贝。但是由于源指针向前移动，字符串的首部没有像尾部 '\0' 这样的结束标志，因此，在将源字符串移动到尾部的同时，记录字符串的长度，以便拷贝时判断是否拷贝结束。

程序源代码如下：

```
/* -------------------------------------------------------------------
 * 寄存器使用说明：
 * R0：源字符串指针
 * R1：目标字符串指针
 * R4：记录字符串长度
 * ------------------------------------------------------------------- */
```

（1）在 GNU ARM 开发环境下编程：

```
.global _start
.text
_start:
    LDR     R0, =SrcString          @ 源字符串指针
    LDR     R1, =DstString          @ 目标字符串指针
StrCopyDes:
    MOV     R4, #0                  @ 字符串长度记录寄存器
Strcpydes_L1:                       @ 计算字符串的长度
    LDRB    R2, [R0], #1
    ADD     R4, R4, #1
    TST     R2, #0xFF
```

```
        BNE     Strcpydes_L1
        SUB     R4，R4，♯1
        SUB     R0，R0，♯2            @ R0 指向源字符串的末尾
        MOV     R3，R1               @ R3 作为目标串的游标指针
Strcpydes_L2：
        LDRB    R2，[R0]，♯-1        @ 逐个拷贝字符串
        STRB    R2，[R3]，♯1
        SUBS    R4，R4，♯1
        BNE     Strcpydes_L2
Strcpydes_L3：
        STRB    R4，[R3]             @ 向目标串末尾写'\0'，此处 R4 的值一定为 0
Stop：
        B    Stop
. data
SrcString：
    . string "Hello World!"
DstString：
    . string ""
. end
```

（2）在 ARM 公司集成开发环境下编程：

```
        AREA    OP_Copy，CODE，READONLY      ；声明代码段 OP_Copy
        ENTRY                               ；标识程序入口
        LDR     R0，＝SrcString              ；源字符串指针
        LDR     R1，＝DstString              ；目标字符串指针
StrCopyDes
        MOV     R4，♯0                       ；字符串长度记录寄存器
Strcpydes_L1                                ；计算字符串的长度
        LDRB    R2，[R0]，♯1
        ADD     R4，R4，♯1
        TST     R2，♯0xFF
        BNE     Strcpydes_L1
        SUB     R4，R4，♯1
        SUB     R0，R0，♯2                   ；R0 指向源字符串的末尾
        MOV     R3，R1                       ；R3 作为目标串的游标指针
Strcpydes_L2
        LDRB    R2，[R0]，♯-1                ；逐个拷贝字符串
        STRB    R2，[R3]，♯1
        SUBS    R4，R4，♯1
        BNE     Strcpydes_L2
Strcpydes_L3
        STRB    R4，[R3]                     ；向目标串末尾写'\0'，此处 R4 的值一定为 0
Stop
        B       Stop
SrcString
        DCB     "Hello World!"
DstString
        DCB     ""
        END                                 ；文件结束
```

（3）程序运行结果：

```
ARM7TDMI_S - Memory Start addr 0x8040                    ↕

Tab1 - Hex - No prefix Tab2 - Hex - No prefix Tab3 - Hex - No prefix Tab4 - Hex - No prefix
    0  1  2  3  4  5  6  7  8  9  a  b  c  d  e  f    ASCII
48 65 6C 6C 6F 20 57 6F 72 6C 64 21 80 80 21 64   Hello World!..!d
6C 72 6F 57 20 6F 6C 6C 65 48 00 E7 00 E8 00 E8   lroW olleH......
10 00 FF E7 00 E8 00 E8 10 00 FF E7 00 E8 00 E8   ................
```

目标字符串被存放在 0x8040 处，字符串的结果为"!dlroW olleH"。

【例 7-14】 实现整数除法。

编写 ARM 汇编程序，实现整数的除法，整数采用补码表示，被除数和除数通过 R0 和 R1 送入，结果商和余数分别放到 R0 和 R1 中。

解：程序设计思路为，设计除法程序可以模拟二进制的竖式演算的方法，先将被除数和除数高位对齐，观察是否够减，如果够减上商 1，并减去除数；如果不够减上商 0。然后右移除数 1 位，重复操作。问题的关键在于如果处理负数的情况，可以统一到正整数运算，然后再对结果进行负数修正。

程序源代码如下：

```
/* ------------------------------------------------------------------------
 * 寄存器使用说明：
 * R0：被除数输入，并存放程序结果商
 * R1：除数，并存放程序结果余数
 * ------------------------------------------------------------------------ */
```

（1）在 GNU 开发环境下编程：

```
.global _start
.macro mCLZ Rd, Rs             @ 求一个数的前导 0 个数
    MOV      \Rd, #0           @ 在某些 ARM 中，可以使用指令 CLZ 代替
_mCLZ_L1:
    TST      \Rs, #0x80000000
    ADDEQ    \Rd, \Rd, #1
    MOVEQ    \Rs, \Rs, ROR #31
    BEQ      _mCLZ_L1
    MOV      \Rs, \Rs, LSR \Rd
.endm
.macro     mUNSIGN    Rd, Rs    @ 将一个数无符号化
    TST      \Rs, #0x80000000   @ 将无符号的整数放到 Rs 中
    EORNE    \Rd, \Rd, #1       @ 将这个数总的符号部分放到 Rd 中
    MVNNE    \Rs, \Rs
    ADDNE    \Rs, \Rs, #1
.endm
.text
_start:
    LDR      R0, =-123456       @ 被除数
    LDR      R1, =523           @ 除数
Div:
    MOV      R6, #0             @ 结果的符号位
    mUNSIGN  R6, R0             @ 判断被除数和除数的符号，无符号化
    mUNSIGN  R6, R1
```

```
        MOV         R5，#0                    @ 商
        CMP         R0，R1                    @ 如果被除数小于除数
        BLT Division_L2                       @ 直接商 0
        mCLZ        R3，R1                    @ 判断除数位数，确定移位情况
        SUB         R3，R3，#1
        MOV         R1，R1，LSL R3
Division_L1：
        MOV         R5，R5，LSL #1
        CMP         R0，R1                    @ 判断是否够减
        SUBGT       R0，R0，R1                @ 如果够减，做减法，上商 1
        ORRGT       R5，R5，#1
        SUBS        R3，R3，#1
        MOVCS       R1，R1，LSR #1
        BCS Division_L1
Division_L2：
        TST         R6，#1                    @ 处理结果的符号
        MVNNE       R5，R5
        ADDNE       R5，R5，#1
Division_F：
        MOV         R1，R0
        MOV         R0，R5
Stop：
        B           Stop
. end
```

（2）在 ARM 公司集成开发环境下编程：

```
        AREA Int_Division，CODE，READONLY      ;声明代码段 Int_Division
        MACRO
        mCLZ        $Rd，$Rs                  ;求一个数的前导 0 个数
        MOV         $Rd，#0                   ;在某些 ARM 中，可以使用指令 CLZ 代替
_mCLZ_L1
        TST         $Rs，#0x80000000
        ADDEQ       $Rd，$Rd，#1
        MOVEQ       $Rs，$Rs，ROR #31
        BEQ         __mCLZ_L1
        MOV         $Rs，$Rs，LSR $Rd
        MEND
        MACRO
        mUNSIGN     $Rd，$Rs                  ;将一个数无符号化
        TST         $Rs，#0x80000000          ;将无符号的整数放到 Rs 中
        EORNE       $Rd，$Rd，#1              ;将这个数总的符号部分放到 Rd 中
        MVNNE       $Rs，$Rs
        ADDNE       $Rs，$Rs，#1
        MEND

        ENTRY                                 ;标识程序入口
        LDR         R0，=-123456              ;被除数
        LDR         R1，=523                  ;除数
Division
        MOV         R6，#0                    ;结果的符号位
```

```
        mUNSIGN    R6, R0                          ;判断被除数和除数的符号,无符号化
        mUNSIGN    R6, R1
        MOV        R5, #0                          ;商
        CMP        R0, R1                          ;如果被除数小于除数
        BLT Division_L2                            ;直接商 0
        mCLZ       R3, R1                          ;判断除数位数,确定移位情况
        SUB        R3, R3, #1
        MOV        R1, R1, LSL R3
Division_L1
        MOV        R5, R5, LSL #1
        CMP        R0, R1                          ;判断是否够减
        SUBGT      R0, R0, R1                      ;如果够减,做减法,上商 1
        ORRGT      R5, R5, #1
        SUBS       R3, R3, #1
        MOVCS      R1, R1, LSR #1
        BCS Division_L1
Division_L2
        TST        R6, #1                          ;处理结果的符号
        MVNNE      R5, R5
        ADDNE      R5, R5, #1
Division_F
        MOV        R1, R0
        MOV        R0, R5
Stop
        B          Stop
        END                                        ;文件结束
```

（3）程序运行结果：

商 R0 = −236(0xFFFFFF14)
余数 R1 = 28(0x0000001C)

思考与练习题

1. 分别写出 ARM 集成开发环境下 ARM 汇编语句格式与 GNU ARM 环境下 ARM 汇编语句通用格式,并分析它们的区别。

2. 局部标号提供分支指令在汇编程序的局部范围内跳转,它的主要用途是什么？并举一实例加以说明。

3. 先对内存地址 0xB000 开始的 100 个字内存单元填入 0x10000001～0x10000064 字数据,然后将每个字单元进行 64 位累加的结果保存于[R9:R8](R9 中存放高 32 位)。

4. 在 GNU 环境下用 ARM 汇编语言编写程序初始化各 ARM 处理器各模式下的堆栈指针 SP_mode(R13),各模式的堆栈地址如下：

```
.equ    _ISR_STARTADDRESS,   0xcFFF000         @设置栈的内存基地址
.equ    UserStack,           _ISR_STARTADDRESS  @用户模式堆栈地址
.equ    SVCStack,            _ISR_STARTADDRESS+64  @管理模式堆栈地址
```

```
.equ      UndefStack,        _ISR_STARTADDRESS+64*2      @未定义模式堆栈地址
.equ      AbortStack,        _ISR_STARTADDRESS+64*3      @中止模式堆栈地址
.equ      IRQStack,          _ISR_STARTADDRESS+64*4      @IRQ 模式堆栈地址
.equ      FIQStack,          _ISR_STARTADDRESS+64*5      @FIQ 模式堆栈地址
```

5. 内存数据区定义如下：

```
Src:
          .long   1,2,3,4,5,6,7,8,9,0xA,0xB,0xC,0xD,0xE,0xF,0x10
          .long   1,2,3,4,5,6,7,8,9,0xA,0xB,0xC,0xD,0xE,0xF,0x10
Src_Num:  .long   32
Dst:
          .long   0,0,0,0,0,0,0,0,0,0,0,0,0,0,0,0
          .long   0,0,0,0,0,0,0,0,0,0,0,0,0,0,0,0
```

请用 ARM 指令编写程序，实现将数据从源数据区 Src 拷贝到目标数据区 Dst，要求以 6 个字为单位进行块拷贝，如果不足 6 个字时则以字为单位进行拷贝（其中数据区 Src_Num 处存放源数据的个数）。

6. 将一个存放在[R1:R0]中的 64 位数据（其中 R1 中存放高 32 位）的高位和低位对称换位，如第 0 位与第 63 位调换，第 1 位与第 62 位调换，第 2 位与第 61 位调换……第 31 位与第 32 位调换。

7. 内存数据区定义如下：

```
DataZone
    DCD   0x12345678,   0x87654321,   0xABCDEF12,   0xCDEFAB45
    DCD   0x20932197,   0xABC99DA3,   0x5522AB90,   0x338899A2
    DCD   0x2345FDEA,   0x77AD3F61,   0x5290C316,   0x2728CE2A
    DCD   0x9AC67D4F,   0x8FB247AE,   0x2064887C,   0xCCB3267A
    DCD   0x2DFA1947,   0xA245861B,   0x9235AD78,   0xC365A247
    DCD   0x2F965AA4,   0x92348365,   0xABC90273,   0x47598334
    DCD   0x453B346A,   0x23AE23DD,   0x35563242,   0x2354CAF2
    DCD   0x54379652,   0xA354EF34,   0xBBB32523,   0x234B289A
```

以上可以看作一个 8×4 矩阵，请用 ARM 汇编语言在 ARM 集成开发环境下设计程序，实现对矩阵的转置操作。

如果改为在 GNU ARM 环境下编程，程序应如何修改？

## 第 8 章

ARM 汇编语言与嵌入式 C 混合编程

早期的嵌入式程序一般使用汇编语言编程,用汇编语言书写的程序不仅开发效率低,不便于维护,而且可读性较差。由于编译器的发展,嵌入式 C 语言产生了。嵌入式 C 语言能够使嵌入式开发人员更加高效地在嵌入式硬件平台上进行编程,快速构建嵌入式系统软件平台。

本章首先简要地介绍嵌入式 C 语言的编程规范、嵌入式开发中常用的位运算与控制位域及在嵌入式 C 程序设计中要注意的问题,为读者进行嵌入式 C 程序设计打基础。然后介绍在 ARM 汇编语言与嵌入式 C 语言进行相互调用的标准(AAPCS),并以大量的实例说明相互调用应注意的问题。

8.1 嵌入式 C 编程规范

在当前的嵌入式开发中,嵌入式 C 语言是最为常见的程序设计语言,对于程序员来说,能够完成相应功能的代码并不一定是优秀的代码。优秀的代码还要具备易读性、易维护性、可移植和高可靠性。对于编程规范,可能不同的公司有不同的标准,本节只是从最基本的几个方面说明一般的嵌入式 C 程序设计规范。

1. 嵌入式 C 程序书写规范

规范的排版顺序能够增强程序的可读性和可维护性。具体的排版规则如下:

(1) 程序块要采用缩进风格编写,缩进的空格数一般为 4 个,相对独立的程序块之间一般要加一空行。

(2) 较长的语句(例如超过 80 个字符)要分成多行书写,长表达式要在低优先级操作符处划分新行,操作符放在新行之首,划分出的新行要进行适当的缩进,使排版整齐,语句可读。

(3) 循环、判断等语句中若有较长的表达式或语句,则要进行适应的划分,长表达式要在低优先级操作符处划分新行,操作符放在新行之首。

(4) 若函数或过程中参数较长,也要进行适当的划分。

（5）一般不要把多个短语句写在一行中，即每行一般只写一条语句。

（6）程序块的分界符语句的大括号"{"与"}"一般独占一行并且在同一列（也就是列对齐），与引用它们的语句左对齐。

书写规范示例：

```
if ((((ptcb-> OSTCBStat & OS_STAT_SUSPEND) == OS_STAT_RDY)
    &((ptcb-> OSTCBStat & OS_STAT_SUSPEND_X) == OS_STAT_RDY_X))
{
    ⋮                          // 程序代码 A
}
else
{
    ⋮                          // 程序代码 B
}
```

2. 命名规则

在一个项目开发中，所有代码书写要有统一的命名格式，这样会使程序的可读性好，便于软件维护。常用的规则如下：

（1）标识符的名称要简明，能够表达出确切的含义，可以使用完整的单词或通常可以理解的缩写。缩写规则：较短的单词一般去掉"元音"形成缩写；较长的单词可取单词的前几个字母形成缩写；另外，某些单词有常用的缩写，如表 8-1 所示。

表 8-1　常用的缩写

单　　词	缩　　写	单　　词	缩　　写
temp	tmp	variable	var
flag	flg	increment	inc
message	msg	library	lib

（2）如果在命名中使用特殊约定或缩写，则要进行注释说明。应该在源文件的开始之处，对文件中的缩写或约定进行说明注释。

（3）对于变量命名，一般不取单个字符（例如 i、j、k⋯，但 i、j、k 作为局部循环变量是可以的），变量名要有具体含义（有的软件公司规定，使用骆驼法作为变量前缀进行命名，如 i_tmp 表示一个整型的临时变量）。

（4）函数名一般以大写字母开头；所有常量名字母统一用大写。

3. 注释说明

嵌入式 C 程序设计中，注释是程序文件中不可缺少的一部分。注释有助于程序员理解程序的整体结构，也便于以后程序代码的维护与升级。常用的规则如下：

（1）注释的原则是有助于对程序代码的阅读理解，注释不要太多也不能太少，注释语言必须准确、简洁且容易理解。

（2）程序代码源文件头部应进行注释说明，一般应列出版本号、创建日期、作者、硬件描述（如果与硬件相关）、主要函数及其功能、修改日志等。

（3）函数头部应进行注释，列出函数的功能、输入参数、输出参数、返回值、调用关系等信息。

（4）程序中所用到的特定含义的常量、变量,在声明时都要加以注释,说明其特定含义。常量、变量的注释一般放在声明语句的右方。

（5）对于宏定义、数据结构声明(包括数组、结构、类、枚举等),如果其命名不是充分自注释的,也要加以注释。对于单行的宏定义,注释可以放在其右方;对于数据结构的注释一般放在其上方相邻位置;对结构中的每个域的注释放在该域的右方。

（6）如果注释单独占用一行,与其被注释的内容进行相同的缩进方式,一般将注释与其上面的代码用空行隔开。

（7）程序代码修改时,其注释也要及时修改,一定要保证代码与注释保持一致。

命名规则示例:

下面是一个程序代码的源文件头部所进行的注释说明,示例中列出了如下信息:文件名、版本号、创建日期、作者、硬件描述(如果与硬件相关)、主要函数及其功能、修改日志。

```
/ ************************************************************
文件名:Test_LED.c
版本号:v3.0
创建日期:2020-2-20
作者:Qiu Tie
硬件描述:S3C2410 GPF4 连接 LED1,S3C2410 GPF5 连接 LED2
主要函数描述:TestLED1( )函数实现 LED1 进行闪烁;TestLED2( )函数实现 LED2 进行闪烁。
修改日志:2020-2-20 by Qiu Tie:将 LED1 的闪烁间隔时间改为 500ms。
************************************************************ /
```

8.2 嵌入式 C 程序设计中的位运算

在嵌入式程序设计中,位操作是最常用的运算之一,因为在很多情况下要对寄存器中的某位或某个引脚进行操作,这些都需要用位操作来完成。灵活地使用位运算不仅可以实现对硬件资源的控制,还可以有效地提高程序的运行效率。嵌入式 C 提供了 6 种位运算,如表 8-2 所示。

表 8-2 位运算符

位 运 算 符	描　　述	位 运 算 符	描　　述
&	按位与	~	取反
|	按位或	≪	左移
^	按位异或	≫	右移

1. 按位与操作

按位与运算符"&"是把参与运算的两个操作数所对应的各个二进制位进行按位相与。只有当对应的两个二进制位全为 1 时,结果才为 1,否则为 0。参与运算的两个操作数以补码形式出现。例如 7 & 3,补码分别为 0000 0111 与 0000 0011,按位与运算后结果为 0000 0011,等于十进制的 3。按位与操作可以实现将特定的位清零,也可以用于提取出某数的指定位。

【例 8-1】　通过取出 LedStatus 的特定位进行判断选择对端口 B 的数据寄存器进行特定的清零,控制 LED1 和 LED2 灯的点亮,其中端口 B(rPDATAB)第 2、3 引脚分别连接 LED1、LED2(注:引脚从第 0 引脚开始编号,低电平点亮,程序不更改其他位)。

解:(1) 取出 LedStatus 的第 0 位进行判断,如果成立则把端口 B 的数据寄存器的第 2 位清零,其余位状态保留,点亮 LED1。

```
if((LedStatus & 0x01) == 0x01)
    rPDATAB = rPDATAB & 0xFFFFFFFB;
```

(2) 取出 LedStatus 的第 1 位进行判断,如果成立则把端口 B 的数据寄存器的第 3 位清零,其余位状态保留,点亮 LED2。

```
if((LedStatus & 0x02) == 0x02)
    rPDATAB = rPDATAB & 0xFFFFFFF7;
```

2. 按位或操作

按位或操作运算符"|"是把参与运算的两个操作数对应的各个二进制位进行按位相或。对应的两个二进制位中只要有一个为 1,结果就为 1,当两个对应的二进制位都为 0 时,结果为 0。参与运算的两个操作数均以补码形式出现。例如 7 | 3,7 的补码为 0000 0111,3 的补码为 0000 0011,结果为 0000 0111。按位与操作可以实现将特定位的置位操作,也可以用于提取出某数的指定位。

【例 8-2】　通过取出 LedStatus 的特定位进行判断选择对端口 B 的数据寄存器进行特定的置 1,控制 LED1 和 LED2 灯的熄灭,其中端口 B(rPDATAB)第 2、3 引脚分别连接 LED1、LED2(注:引脚从第 0 引脚开始编号,低电平点亮,程序不更改其他位)。

解:(1) 取出 LedStatus 的第 0 位进行判断,如果成立则把端口 B 的数据寄存器的第 2 位置 1,其余位状态保留,熄灭 LED1。

```
if((LedStatus & 0x01) != 0x01)
    rPDATAB = rPDATAB | 0x04;
```

(2) 取出 LedStatus 的第 1 位进行判断,如果成立则把端口 B 的数据寄存器的第 3 位置 1,其余位状态保留,熄灭 LED2。

```
if((LedStatus & 0x02) != 0x02)
    rPDATAB = rPDATAB | 0x08;
```

3. 按位异或操作

按位异或运算符"^"是将参与运算的两个操作数对应的各个二进制位进行相异或,当对应的两个二进制位相异时,结果为 1,相同时为 0。参与运算的两个操作数均以补码形式出现。例如 7 ^ 3,7 的补码为 0000 0111,3 的补码为 0000 0011,结果为 0000 0100。

【例 8-3】　按位异或操作可以实现将特定位的值取反,也可以实现在不引入第三个变量的情况下,交换两个变量的内容。

解:(1) 改变端口 B 的数据寄存器的第 2 位的值,如果原来为 1 则清零,如果原来为 0 则置 1。

```
rPDATAB = rPDATAB ^ 0x04;
```

（2）通过 3 次异或操作将寄存器 rPDATAE 中的内容与变量 tmp 的值进行交换。

```
rPDATAE = rPDATAE ^ tmp
tmp = tmp ^ rPDATAE
rPDATAE = rPDATAE ^ tmp
```

例如，寄存器 rPDATAE 的初始值为 0x12345678，tmp 中的初始值为 0x56781234。

第一步，相异或操作：rPDATAE = rPDATAE ^ tmp

	0x 12	34	56	78
^	0x 56	78	12	34
rPDATAE =	0x(12^56)	(34^78)	(56^12)	(78^34)

第二步，相异或操作：tmp = tmp ^ rPDATAE

	0x(12^56)	(34^78)	(56^12)	(78^34)
^	0x 56	78	12	34
tmp=	0x 12	34	56	78

第三步，相异或操作：rPDATAE = rPDATAE ^ tmp

	0x(12^56)	(34^78)	(56^12)	(78^34)
^	0x 12	34	56	78
rPDATAE =	0x 56	78	12	34

可见，程序执行后，寄存器 rPDATAE 的值变为 0x56781234，tmp 中的值变为 0x12345678，经过 3 次异或操作，实现了两个变量内容的交换。

4. 取反操作

取反运算符"～"实现对参与运算的操作数对应的各个二进制位按位求反。取反运算符"～"具有右结合性。所有 1 变为 0，0 变为 1。例如～(0101 1001) = 1010 0110。在程序中主要用于将操作数的某位或某些位取反，为其他操作提供数据准备。

应用举例：

使变量 tmp 最低位清零。

```
tmp = tmp & ～1          /* ～1能自动适应 16 位机和 32 位机 */
```

5. 移位操作

移位操作分为左移操作与右移操作。左移运算符"≪"实现将"≪"左边的操作数的各个二进制位向左移动"≪"右边操作数所指定的位数，高位丢弃，低位补 0。其值相当于乘以 $2^{左移位数}$。

右移运算符"≫"实现将"≫"左边的操作数的各个二进制位向右移动"≫"右边操作数所指定的位数。对于空位的补齐方式，无符号数与有符号数是有区别的。对无符号数进行右移时，低位丢弃，高位用 0 补齐，其值相当于除以 $2^{右移位数}$。对有符号数进行右移时，根据处理器的支持不同，有的采取逻辑右移，有的则采取算术右移，对于逻辑右移，低位丢弃，高位用 0 补齐；算术右移时，低位丢弃，高位用符号位来补齐。

例如 a = −24 补码表示为 1110 1000，逻辑右移 2 位时，1110 1000 ≫ 2 = 0011 1010，算术右移 2 位时，1110 1000 ≫ 2 = 1111 1010。

另外左移操作常常应用于将特定的位置 1，也可以应用于代替乘法操作和除法操作；在

嵌入式编程过程中,左移操作常用作某寄存器对应的位进行设置。如:

　　♯ define BIT_UTXD1（0x1 ≪ 2）
　　♯ define BIT_UTXD0（0x1 ≪ 3）

这样定义使程序的可读性好。

8.3　嵌入式 C 程序设计中的几点说明

8.3.1　volatile 限制符

　　volatile 的本意为"暂态的"或"易变的",该说明符起到抑制编译器优化的作用。由于访问内部高速缓存 Cache 或寄存器的速度要比访问外部 RAM 快得多,所以编译器一般都会做减少存取外部 RAM 优化。对于一个变量,如果编译器发现赋值后,没有变化,编译器就可能优化代码,直接从内部高速缓存 Cache 或寄存器获取数据,而不是从内存中读取。如果在这段时间里,变量被中断服务或外围设备输入等编译器未知的原因更改,程序可能没有获得最新的值而导致运行结果异常。

　　如果在声明时用 volatile 进行修饰,遇到这个关键字声明的变量,编译器对访问该变量的代码就不再进行优化,从而可以提供特殊地址的稳定访问。也就是说,被 volatile 声明的变量,程序运行时,每次都会从实际内存中读取最新的数据而不是使用暂存的数据。一般 volatile 限制符常用在下面几种情况:

- 存储器映射的硬件寄存器通常也要加 volatile 说明,因为每次对它的读写都可能具有不同意义。
- 中断服务程序中修改的供其他程序检测的变量需要加 volatile。
- 多任务环境下各任务间共享的标志应该加 volatile 进行说明。

【例 8-4】
（1）硬件端口寄存器读取的问题。

```
char x = 0, y = 0, z = 0;

/ * 读取 I/O 空间 0x5400000 端口的内容存入 x 变量 * /
x = ReadChar(0x5400000);
y = x;

/ * 再次读取 I/O 空间 0x5400000 端口的内容存入 x 变量 * /
x = ReadChar (0x5400000);
z = x;
```

很可能被编译器优化为:

```
char x = 0, y = 0, z = 0;

/ * 读取 I/O 空间 0x5400000 端口的内容存入 x 变量 * /
x = ReadChar(0x5400000);
y = x;
z = x;
```

与没优化前的代码相比较,优化后省略了一句"x ＝ ReadChar(0x5400000);",这可能会带来不确定因素,在"y ＝ x;"之后,"z ＝ x;"之前,0x5400000 端口寄存器的内容可能要发生改变。

因此声明时应改为:

```
volatile char x;
char y ＝ 0, z ＝ 0;
```

(2) 中断服务程序中修改的供其他程序检测的变量的问题。

```
static char flg ＝ 0;
main(void)
{
    ...
    while (1)
    {
        if (flg)
        {
            ...                // 程序代码 A

        }
        else
        {
            ...                // 程序代码 B
        }
    }
}


/* 中断服务程序 */
void ISR_INT1(void)
{
    flg＝1;
}
```

这段代码很可能被编译器优化为:

```
static char flg ＝ 0;
main(void)
{
    ...
    while (1)
    {
        ...                // 程序代码 B
    }
}
```

解决问题的方法:将声明语句"static char flg ＝ 0;"改为"volatile static char flg ＝ 0;"。

8.3.2 地址强制转换与多级指针

1. 地址强制转换
在 C 程序设计中,绝对地址 0x0FA00 只是被当成一个整型数,如果要把它当成一个地址来使用就需要进行地址强制转换。如定义一个整型指针 int ＊ p，然后把绝对地址 0x0FA00 转换成一个整型的地址值赋给这个整型指针，则 p ＝（int ＊）0x0FA00。

因此在嵌入式程序设计中，经常可以看到寄存器用如下方式进行定义：

```
# define rPCONA    （＊（volatile unsigned ＊）0x1D20000）
# define rPDATA    （＊（volatile unsigned ＊）0x1D20004）
```

其中，0x1D20000 为 S3C44B0 端口 A 的控制寄存器地址，0x1D20004 为 S3C44B0 端口 A 的数据寄存器地址。

2. 多级指针

一级指针是直接指向数据对象的指针，即其中存放的是数据对象，如变量或数组元素的地址。二级指针是指向指针的指针，它并不直接指向数据对象，而是指向一级指针。也就是说，二级指针中存放的是一级指针的地址。类似地，三级指针是指向指针的指针的指针，三级指针存放的是二级指针的地址。多级指针的地址指向关系如图 8-1 所示。

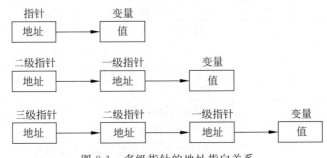

图 8-1　多级指针的地址指向关系

【例 8-5】 分析下列程序代码的执行结果。

```
# include < stdio. h >
main(){
    int value＝100;
    int ＊ p1, ＊＊ p2, ＊＊＊ p3;
    p1 ＝ & value;
    p2 ＝ &p1;
    p3 ＝ &p2;
    printf("value＝%d\n", value);
    printf(" ＊ p1＝%d\n", ＊ p1);
    printf(" ＊＊ p2＝%d\n", ＊＊ p2);
    printf(" ＊＊＊ p3＝%d\n", ＊＊＊ p3);
}
```

解析：p1 为一级指针的地址，由于 p1 ＝ & value，则 ＊ p1 指向变量 value 的值；

p2 ＝ &p1，则 ＊＊ p2 指向变量 value 的值；

p3 ＝ &p2，则 ＊＊＊ p3 指向变量 value 的值。

因此程序执行输出结果为：

```
value＝100
 ＊ p1＝100
 ＊＊ p2＝100
 ＊＊＊ p3＝100
```

8.3.3 预处理的使用

在源程序被编译器处理之前，编译预处理器首先对源程序中的预处理命令进行展开或处理。预处理命令书写格式为以"♯"开头，占单独书写行，语句尾不加分号。常见预处理命令如表 8-3 所示。

表 8-3 常见预处理命令

指 令	描 述
♯ define	宏定义
♯ undef	取消宏定义
♯ include	文件包含命令
♯ ifdef	如果宏已经定义过
♯ ifndef	如果宏未定义过
♯ if	编译预处理中的条件指令，相当于 C/C++ 中的 if
♯ elif	与 ♯ if 配合使用，相当于 C/C++ 中的 else if
♯ else	与 ♯ if 配合使用，相当于 C/C++ 中的 else
♯ endif	条件编译结束标志
♯ line	语句所在行数表示
♯ error	显示编译错误信息
♯ pragma	为编译程序提供非常规的控制流信息

1. 宏定义（♯ define）

1）不带参数的宏

不带参数的宏定义的一般形式为：

♯ define 宏名 ［宏体］

其功能是用指定表示符（宏名）代替字符序列（宏体），可以定义在任何位置，一般定义在函数外面。如果没有使用 ♯ undef，它的作用域是从定义命令开始到文件的结束为止。下面通过示例来了解如何使用 undef 结束宏名的作用域，♯ undef 的语法格式为：

♯ undef 宏名

【例 8-6】 示例解析。

（1）♯ define 与 ♯ undef 的使用。

```
♯ define NUMBER 100          // 宏名 NUMBER 作用域开始
main()
{
    ⋮
}
♯ undef NUMBER               // 宏名 NUMBER 作用域结束
♯ define NUMBER 200          // 新的宏名 NUMBER 作用域开始
    ⋮
```

在预编译时将宏展开,用宏体替换宏名,此时不做语法检查,宏的展开如下所示。

(2) 宏展开举例。

```
#define YES 1
#define NO 0
if(x == YES)            printf("welcome!\n");
else if(x == NO)        printf("error!\n");

// 展开后
if(x == 1)             printf("welcome!\n");
else if(x == 0)        printf("error!\n");
```

如果引号内的内容与宏名相同,那么将不会被对应的字符序列所替换,如下所示。

(3) 宏替换举例。

```
#define PI 3.14
printf("2 * PI = %f\n",PI * 2);

// 展开后,引号内 PI 没有被 3.14 替换
printf("2 * PI = %f\n",3.14 * 2);
```

2) 带参数的宏定义

带参数的宏定义一般形式为:

```
#define 宏名(参数表) 宏体
```

需要说明的是,宏名与左括号之间没有空格,宏的展开是将形参用实参替换,其他字符保留,宏体及各形参外一般应加括号()。

【例 8-7】　示例解析。

```
// 不合理的定义
#define POWER(x) x * x
x = 4; y = 6;
z = POWER(x + y);

// 宏展开后
z = x + y * x + y;

// 一般应该写成
#define POWER(x) ((x) * (x))

// 对应的宏展开
z = ((x + y) * (x + y));
```

3) 宏定义与函数

有些函数的功能可以通过使用宏定义来实现。

【例 8-8】　求两个数的最大值举例,如表 8-4 所示。

但是宏定义与函数之间在参数类型、处理过程等问题上有所不同,带参宏与函数的区别如表 8-5 所示。

表 8-4 求两个数的最大值举例

实 现 类 别	代 码

宏定义实现	`#define MAX(x, y) (x)>(y)? (x):(y)`
	`...`
	`main()`
	`{`
	    `int a, b, c, d, t;`
	    `...`
	    `t = MAX(a+b, c+d);` // 使用宏定义
	    `...`
	`}`

函数实现	`int max(int x,int y)`
	`{`
	    `return(x>y?x:y);`
	`}`

表 8-5 带参宏与函数的区别

类别	带 参 宏	函 数
处理时间	编译时被展开	程序运行时被处理
参数类型	无须定义参数类型	要定义实参、形参数据类型
处理过程	不分配内存单元 只是进行简单的字符替换	分配内存单元 先求出实参数值,再传入形参
运行速度	不占运行时间	调用和返回占时间
代码长度	每展开一次都使代码长度增长,使用宏次数多时,宏展开后源程序变长	函数调用不使代码变长
返回值	没有返回值	可以得到返回值

2. 文件包含

文件包含(#include)的功能是使一个源文件可以将另一个源文件的内容全部包含进来,它的一般形式为:

```
#include "文件名"          // 先搜索当前目录,再搜索标准目录,可以指定目录
#include <文件名>          // 直接按标准目录搜索
```

文件包含的处理过程是在预编译时,用被包含文件的内容取代该预处理命令,再把包含后的结果文件作为一个源文件编译。需要注意的是,一个 include 命令只能指定一个被包含的文件,若带有多个文件则需要多个 include 命令。文件包含是允许嵌套的,即在一个被包含的文件中又可以包含另一个文件。一般来说在头文件(*.h)中包含宏定义、数据结构定义、函数说明等,然后在源文件(*.c)中使用文件包含命令。

【例 8-9】 示例解析。

```
/* 头文件 test.h */
#define SQR(x) ((x) * (x))
#define CUBE(x) ((x) * (x) * (x))
#define QUAD(x) ((x) * (x) * (x) * (x))
```

```
/* 源文件 test.c */
# include < stdio.h >
# include "e:\qiutie\test.h"                    // 指定目录,包含头文件
# define MAX_POWER 10
void main()
{
    int n;
    printf("number\t exp2\t exp3\t exp4\n");
    printf("----\t----\t-----\t------\n");
    for(n=1;n<=MAX_POWER;n++)
    printf("%2d\t %3d\t %4d\t %5d\n",n,SQR(n),CUBE(n),QUAD(n));
}
```

在 cygwin 下进行调试编译,程序运行结果如图 8-2 所示。

3. 条件编译

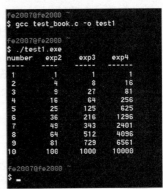

条件编译包括 # ifdef、# ifndef、# if、# elif、# else、# endif 共 6 条预处理指令。条件编译的功能在于对源程序中的一部分内容只有满足某种条件的情况下才进行编译。

1) 形式 1

如例 8-10 的基本格式所示,当标识符已经使用 # define 定义过,则对程序段 1 进行编译,否则编译程序段 2,其中的 # else 部分可以省略。

图 8-2　程序运行结果

【例 8-10】 条件编译格式示例解析。形式 1 示例如表 8-6 所示。

表 8-6　形式 1 示例

功　能	示　例	说　明
基本格式	# ifdef 标识符 　　程序段 1 # else 　　程序段 2 # endif	如果标识符已经定义,进入到程序 1,否则进入到程序段 2
提高可移植性	# define IBM-PC 0 /* 或 # define IBM-PC */ ⋮ # ifdef IBM-PC 　# define INT 16 # else 　# define INT 32 # endif	在不同的 PC 上,INT 的位数是不一样的,可能是 16 位,也可能是 32 位,通过宏定义可以在不同的 PC 上执行程序,提高了程序的可移植性

调试程序	# define DEBUG
	⋮
	# ifdef DEBUG
	　printf("x=%d, y=%d",x ,y);
	# endif
		为了方便调试,往往会利用一些输出语句,利用宏定义,在结束调试后,只要把 # define DEBUG 删除就可以了

2）形式2

与形式1类似，所不同的是使用的是♯ifndef。如果标识符未被定义过，则对程序段1进行编译，否则编译程序段2。

【例8-11】 示例解析。

```
♯ifndef 标识符
    程序段1
♯else
    程序段2
♯endif
```

3）形式3

当表达式1为真时，对程序段1进行编译；当表达式2为真时，对程序段2进行编译；否则，对程序段3进行编译。

【例8-12】 条件编译格式示例解析。形式3示例如表8-7所示。

表8-7 形式3示例

功　能	示　例	说　明
基本格式	♯ifdef 表达式1 　　程序段1 ♯elif 表达式2 　　程序段2 ♯else 　　程序段3 ♯endif	表达式1成立,执行程序段1 表达式2成立,执行程序段2 表达式1、2都不成立,则执行程序段3

应用举例	♯define CHANGE 1
	void main()
	{
	　　char s[20]="c language",c;
	　　int i=0;
	　　while((c=s[i++])!='\0')
	　　{
	　　　♯ifdef CHANGE
	　　　if(c>='a'&&c<='z')
	　　　　c-=32;
	　　　if(c>='A'&&c<='Z')
	　　　　c+=32;
	　　　♯endif
	　　　printf("%c",c);
	　　}
	}
		这里的表达式是宏定义CHANGE,当定义为1时,执行代码段,否则不执行代码段

8.4　嵌入式 C 程序设计格式

1. 可重入函数

在嵌入式编程中经常可以提到一个概念,就是函数的"可重入性"(Reentrant)。下面我们来了解什么是函数的可重入性。

如果某个函数可以被多个任务并发使用,而不会造成数据错误,就说这个函数具有可重入性,相应地,这个函数就可以称为可重入函数。相反,不可重入(Non-Reentrant)函数不能被多个任务所共享,除非能确保函数的互斥(例如使用信号量机制或在代码的关键部分禁止中断)。可重入函数可以在任意时刻被中断,稍后再继续运行,不会造成数据错误。

可重入函数可以使用局部变量,也可以使用全局变量。如果使用全局变量,则应通过关中断、信号量(P、V 操作)等手段对其加以保护,若不加以保护,则此函数就不具有可重入性,即当多个进程调用此函数时,很有可能使得此全局变量变为不可知状态。

【例 8-13】　分析下面的函数是否具有可重入性,如果没有,应如何处理才能使其具有可重入性。

```
static int tmp;
void swap(int * a, int * b)
{
   tmp= * a;
   * a= * b;
   * b=tmp;
}
```

解析:示例中,如果在多线程条件下,操作系统可能会在 swap 还没有执行完的情况下,切换到其他线程中,那个线程可能更改 tmp 的值而造成数据错误码,所以以上代码不具有可重入性。

要使其具有可重入性,有两种方法。

(1) 将 tmp 改为局部变量。

```
void swap(int * a, int * b)
{
    int tmp;
    tmp= * a;
    * a= * b;
    * b=tmp;
}
```

(2) 在操作系统中,通过信号量机制使得函数具有可重入性。

```
static int tmp;
void swap(int * a, int * b)
{
  [申请信号量操作]
  tmp= * a;
```

```
    * a＝ * b;
    * b＝tmp;
    ［释放信号量操作］
}
```

若申请不到信号量，则说明其他的进程正处于数据交换过程中，当前进程需要等待信号量释放后才能继续执行。

2. 中断处理程序

嵌入式系统中经常会用到中断，如软中断、外部中断以及 MCU 各外围设备的中断等。在标准 C 中不包含对中断服务的自动处理，许多编译器开发商在标准 C 上增加了对中断的支持，提供了自定义的一些关键字用于说明中断服务程序（Interrupt Service Routine，ISR），比如常见的有_interrupt、♯program interrupt 等，如果一个函数被说明为中断服务程序，编译器会自动为该函数添加中断处理所需要的保存现场和出栈代码。

在编写中断服务程序时需要满足如下要求：

（1）不能向中断服务程序传递参数。

（2）中断服务程序没有返回值。

（3）中断服务程序要尽可能短，以减少中断服务程序的处理时间，保证实时系统的性能。

3. 模块化程序设计

嵌入式 C 程序设计主要采用模块化设计方法，将系统内的任务进行合理的划分，将具有同一属性或相同类别的代码归为一类组成模块，每个模块的功能相对独立。将整个软件系统分为多个模块，编程思路就会很清晰。

嵌入式 C 语言作为一种结构化的程序设计语言，主要依据功能来进行模块的划分。嵌入式软件系统主要有两类模块：硬件驱动模块，一种特定硬件对应一个模块；系统控制功能实现模块，主要是面对具体的应用划分模块。嵌入式系统软件模块划分关系如图 8-3 所示。

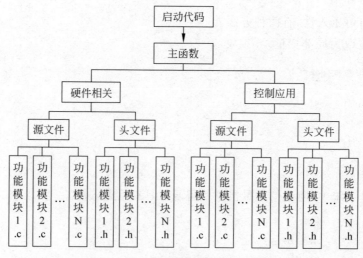

图 8-3 嵌入式系统软件模块划分关系

一般每个模块都由一个.c 源文件和一个.h 头文件组合而成。在硬件相关模块里,源文件一般是对接口功能的封装,将硬件功能定义为功能码段,供应用程序调用,头文件是对于该模块硬件接口寄存器的地址定义和宏定义;在控制应用模块里,源文件用来实现控制任务,头文件用来对相应模块所用到的外部变量或函数进行声明。

如果某模块提供给其他模块调用的外部函数或外部变量,则要在.h 文件中用 extern 关键字进行声明,并在该模块的.c 源文件中定义该变量。如果没有十分必要的用法,不要在.h 文件中定义变量,否则可能会造成重定义或内存资源浪费。

【**例 8-14**】　现有模块 module_A、module_B、module_C、module_D,要求在模块 module_D 中提供可供模块 module_A、module_B、module_C 使用的 char 型变量 count。

解析:首先在模块 module_D 的.c 文件中定义 char count = 0

```
/ * module_D. c * /
char count = 0;
```

然后在模块 module_D 的.h 文件中声明 char count 为外部变量:

```
/ * module_D. h * /
extern char count;
```

接下来在模块 module_A 的源文件中包含模块 module_D 的.h 文件:

```
/ * module_A. c * /
# include " module_D. h"
```

在模块 module_B 的源文件中包含模块 module_D 的.h 文件:

```
/ * module_B. c * /
# include " module_D. h"
```

在模块 module_C 的源文件中包含模块 module_D 的.h 文件:

```
/ * module_C. c * /
# include " module_D. h"
```

于是在模块 module_A、module_B、module_C 中就可以使用公共的 char 型变量 count 了。

8.5　过程调用标准 ATPCS 与 AAPCS

为了充分发挥硬件和软件性能,通常需要将汇编语言与嵌入式 C 语言同时使用,进行混合编程,这就需要了解嵌入式 C 语言与汇编语言之间的相互调用标准。

过程调用标准 ATPCS(ARM-Thumb Produce Call Standard)规定了子程序间相互调用的基本规则。ATPCS 规定子程序调用过程中寄存器的使用规则、数据栈的使用规则及参数的传递规则。这些规则为嵌入式 C 语言程序和汇编程序之间相互调用提供了依据。

2007 年,ARM 公司推出了新的过程调用标准 AAPCS(ARM Architecture Produce Call Standard),它只是改进了原有的 ATPCS 的二进制代码的兼容性。目前这两个标准都在被使用,下面所描述的规则,对于 ATPCS 和 AAPCS 都是相同的。

8.5.1 寄存器使用规则

寄存器的使用,必须满足如下规则:

(1)子程序间通过寄存器 R0~R3 传递参数,寄存器 R0~R3 可记作 A1~A4。被调用的子程序在返回前无须恢复寄存器 R0~R3 的内容。

(2)在子程序中,ARM 状态下使用寄存器 R4~R11 来保存局部变量,寄存器 R4~R11 可记作 V1~V8。如果在子程序中使用到了寄存器 V1~V8 中的某些寄存器,则子程序进入时必须保存这些寄存器的值,在返回前必须恢复这些寄存器的值。Thumb 状态下只能使用 R4~R7 来保存局部变量。

(3)寄存器 R12 用作子程序间调用时临时保存栈指针,函数返回时使用该寄存器进行出栈,记作 IP;在子程序间的链接代码中常有这种使用规则。

(4)通用寄存器 R13 用作数据栈指针,记作 SP。在子程序中 R13 不能用于其他用途。寄存器 SP 在进入子程序时的值和退出子程序时的值必须相等。

(5)通用寄存器 R14 用作链接寄存器,记作 LR。R14 用于保存子程序的返回地址。如果在子程序中保存了返回地址,则寄存器 R14 可以用于其他用途。

(6)通用寄存器 R15 用作程序计数器,记作 PC,不能用于其他用途。

在 ARM 汇编器的上述规则中的别名和特殊名称都是预定义的。ATPCS 中各寄存器的使用规则及其名称的对应关系如表 8-8 所示。

表 8-8 ATPCS 中各寄存器的使用规则及其名称的对应关系

寄存器	别名	特殊名称	使 用 规 则
R0	A1		参数/结果/scratch 寄存器 1
R1	A2		参数/结果/scratch 寄存器 2
R2	A3		参数/结果/scratch 寄存器 3
R3	A4		参数/结果/scratch 寄存器 4
R4	V1		局部变量寄存器 1
R5	V2		局部变量寄存器 2
R6	V3		局部变量寄存器 3
R7	V4	WR	局部变量寄存器 4/Thumb 状态工作寄存器
R8	V5		ARM 状态局部变量寄存器 5
R9	V6	SB	ARM 状态局部变量寄存器 6,在支持 RWPI 的 ATPCS 中为静态基址寄存器
R10	V7	SL	ARM 状态局部变量寄存器 7,在支持数据栈检查的 ATPCS 中为数据栈界限指针
R11	V8	FP	ARM 状态局部变量寄存器 8/ARM 状态帧指针
R12		IP	子程序内部调用的 scratch 寄存器

寄存器	别名	特殊名称	使 用 规 则
R13		SP	数据栈指针
R14		LR	链接寄存器
R15		PC	程序计数器

8.5.2　数据栈使用规则

根据堆栈指针指向位置的不同分为满（Full）栈和空（Empty）栈。当栈指针指向栈顶元素（即最后一个入栈的数据元素）时，称为满栈；当栈指针指向与栈顶元素相邻的一个可用空数据单元时，称为空栈。

根据数据栈增长方向的不同也可分为递增栈和递减栈。当数据栈向内存地址编号减小的方向增长时，称为递减栈；当数据栈向内存地址编号增加的方向增长时，称为递增栈。

结合这两种特点，可以有如下 4 种数据栈：满递减（Full Descending，FD）、空递减（Empty Descending，ED）、满递增（Full Ascending，FA）和空递增（Empty Ascending，EA）。

过程调用标准规定数据栈为 FD 类型，并且对数据栈的操作是要求 8 字节对齐的。与数据栈相关的名词如表 8-9 所示。

表 8-9　与数据栈相关的名词

名　　　称	描　　　述
数据栈指针（Stack Pointer，SP）	最后一个写入栈的数据的内存地址
数据栈的基地址（Stack Base，SB）	数据栈的最高地址。由于 ATPCS 中的数据栈是 FD 类型的，所以最早入栈的数据所占用的内存单元是基地址的下一个内存单元
数据栈界限（Stack Limit，SL）	数据中可使用的最低的地址单元
已占用的数据栈（Used Stack）	数据栈的基地址和数据栈的栈指针之间的内存区域，包括栈指针对应的内存单元，但不包括基地址对应内存单元
未占用的数据栈（Unused Stack）	数据栈指针和数据栈界限之间的内存区域，包括数据栈界限对应的内存单元，但不包括栈指针对应的内存单元
数据栈中的数据帧（Stack Frames，SF）	数据中为子程序分配的用来保存寄存器和局部变量的区域

8.5.3　参数传递规则

根据参数个数是否固定可以将子程序分为参数个数固定的子程序和参数个数可变的子程序。下面分别介绍这两种子程序的参数传递规则。

1. 参数个数可变的子程序参数传递规则

对于参数个数可变的子程序，当参数个数不超过 4 个时，可以使用寄存器 R0～R3 来传递；当参数个数超过 4 个时，还可以使用数据栈进行参数传递。

在参数传递时，将所有参数看作是存放在连续的内存子单元中的字数据。然后依次将各个字数据传送到寄存器 R0、R1、R2、R3 中，如果参数多于 4 个，将剩余子数据传送到数据栈中,入栈的顺序与参数顺序相反,即最后一个字数据先入栈。

根据如上规则,对于一个浮点数参数可以通过寄存器传递,也可以通过数据栈传递,还可以一半通过寄存器传递,一半通过数据栈传递。

2. 参数个数固定的子程序参数传递规则

对于参数个数固定的子程序,根据处理器中是否包含浮点运算部件分为两种形式。

1) 不包含浮点运算部件

如果系统不包含浮点运算的硬件部件且没有浮点参数时,则依次将各参数传送到寄存器 R0~R3 中,如果参数个数多于 4 个,则将剩余的字数据通过数据栈来传递;如果包括浮点参数,则要通过相应的规则将浮点参数转换为整数参数,然后依次将各参数传送到寄存器 R0~R3 中。如果参数多于 4 个,则将剩余字数据传送到数据栈中,入栈的顺序与参数顺序相反,即最后一个字数据先入栈。

2) 包含浮点运算部件

如果系统包含浮点运算的硬件部件,将按照如下规则传递:

- 各个浮点参数按顺序处理。
- 为每个浮点参数分配寄存器。分配方法是:找到编号最小的满足该浮点参数需要的一组连续的 FP 寄存器进行参数传递。

【例 8-15】 (1) 在 GNU ARM 环境下编写代码,实现 C 语言程序调用 ARM 汇编语言程序完成字符串 string1 与字符串 string2 互换(注:本题程序设计要求不允许复制字符串结束符'\0'后面的内容)。

在 Init.s 文件中写代码实现向 C 函数的跳转:

```
/*   Init.s  */
.global    _start
.extern    Main
.text
    LDR     R0, = Main
    MOV     LR, PC
    BX      R0
END:
    B   END
.end
```

在 main.c 中写代码:

```
/*   main.c  */
extern void string_swap(char * ,char * );
Main( )
{

    char N =20;
    char *string1="ARM9TDMI-S";
    char *string2="I study ARM-9";
    string_swap(string1,string2);
}
```

在 ARM 汇编子程序的 STRSWAP.s 文件中写代码实现字符串的互换:

```
/*    STRSWAP.s   */
.global  string_swap
string_swap:                              @ 交换 string1 和 string2 都有数据长度
        LDRB    R2,[R0],#1
        LDRB    R3,[R1],#1
        STRB    R2,[R1,#-1]
        STRB    R3,[R0,#-1]
        CMP     R2,#0
        CMPNE   R3 ,#0
        BNE     string_swap
        SUBS    R2,R2,R3
        BMI     copy_string2
copy_string1:                             @ string1 的长度大于 string2
        LDRB    R2,[R0],#1
        STRB    R2,[R1],#1
        CMP     R2,#0
        BNE     copy_string1
        MOV     PC,LR
copy_string2:                             @ string1 的长度小于 string2
        LDRB    R3,[R1],#1
        STRB    R3,[R0],#1
        CMP     R3,#0
        BNE     copy_string2
        MOV     PC,LR
```

（2）在 ARM 标准开发环境下编写代码，实现 C 语言程序调用 ARM 汇编语言程序完成字符串 string1 与字符串 string2 互换（注：本题程序设计要求不允许复制字符串结束符'\0'后面的内容）。

在 Init.s 文件中写代码实现向 C 函数的跳转：

```
EXTERN  __main
AREA Str_Swap,CODE,READONLY              ;声明代码
ENTRY                                    ;标识程序入口
B  __main
```

在 main.c 中写代码：

```
/*    main.c   */
extern void string_swap( );
void  __main (void)
{
    char string1[100]="ARM9TDMI-S";
    char string2[100]="I study ARM-9";
    string_swap(string1,string2);           ;参数通过 R0、R1 来传递
}
```

在 ARM 汇编子程序中 STRSWAP.s 文件中写代码实现字符串的互换：

```
;   STRSWAP.s
    EXPORT   string_swap
    AREA Str_Swap,CODE,READONLY            ;声明代码.global   string_swap
```

```
string_swap                                    ; 交换 string1 和 string2 都有数据长度
            LDRB      R2,[R0],#1
            LDRB      R3,[R1],#1
            STRB      R2,[R1,#-1]
            STRB      R3,[R0,#-1]
            CMP       R2,#0
            CMPNE     R3 ,#0
            BNE       string_swap
            SUBS      R2,R2,R3
            BMI       copy_string2
copy_string1                                   ; string1 的长度大于 string2
            LDRB      R2,[R0],#1
            STRB      R2,[R1],#1
            CMP       R2,#0
            BNE       copy_string1
            MOV       PC,LR
copy_string2                                   ; string1 的长度小于 string2
            LDRB      R3,[R1],#1
            STRB      R3,[R0],#1
            CMP       R3,#0
            BNE       copy_string2
            MOV       PC,LR
```

3. 子程序结果返回规则

过程调用标准规定子程序结果的返回规则如下：

（1）结果为一个 32 位的整数时，通过寄存器 R0 返回；结果为一个 64 位的整数时，通过寄存器 R0、R1 返回。

（2）结果为一个浮点数时，可以通过浮点运算部件的寄存器 F0、D0 或者 S0 返回；结果为复合型的浮点数（如复数）时，可以通过寄存器 F0～Fn 或者 D0～Dn 返回。

（3）对于位数更多的结果，需要通过内存来传递。

【例 8-16】 分析执行下面的程序代码后，寄存器 R0、R1 中的值。

在 main. c 中写代码：

```
/*    main. c    */
extern long long Factorial();
void Main(void)
{
    Factorial();

    /*注：在此处查看 R0、R1 中的内容*/
    return 0;
}
```

在 factorial. c 中写代码：

```
/*    factorial. c    */
long long Factorial()
{
```

```
        char i;
        long long Nx=1;
        for(i=1;i<=20;i++)Nx=Nx * i;
            return Nx;
}
```

程序代码中 long long 用于声明 64 位整型数,子程序 Factorial()用于求 20 的阶乘,结果为 64 位。根据过程调用标准的子程序结果返回规则,64 位结果将通过 R0、R1 传递,R1中存放高 32 位结果。因此程序执行结果如下:

```
R0=0x82B40000
R1=0x21C3677C
```

8.6　ARM 汇编语言与嵌入式 C 混合编程相互调用

在嵌入式程序设计中,有些场合(如对具体的硬件资源进行访问)必须用汇编语言来实现,可以采用在嵌入式 C 语言程序中嵌入汇编语言或嵌入式 C 语言调用汇编语言来实现。

8.6.1　内嵌汇编

内嵌的汇编指令与通常的 ARM 指令有所区别,是在嵌入式 C 程序中嵌入一段汇编代码,这段汇编代码在形式上表现为独立定义的函数体,遵循过程调用标准。

1. 语法格式

在嵌入式 C 程序中内嵌汇编使用关键字"__asm"。在 ARM 开发工具编译环境下与GNU ARM 编译环境下的内嵌汇编在格式上略有差别。

1)ARM 标准开发工具编译环境下内嵌汇编语法格式

在 ARM 标准开发工具编译环境下的内嵌汇编语言程序段,可以直接引用 C 语言中的变量定义。具体的语法格式如下:

```
__asm
{
    指令;[指令]
    指令;[指令]                // 注释
      ⋮
    [指令]
}
```

例如:

```
/*   main.c   */
void __main(void)
{
    int var=0xAA;
    __asm                      // 内嵌汇编标识
```

```
{
    MOV R1,var
    CMP R1,#0xAA
}
while(1);
}
```

2）GNU ARM 环境下内嵌汇编语法格式

在 GNU ARM 编译环境下内嵌汇编语言程序段，不能直接引用 C 语言中的变量定义。如果有多条汇编指令需要嵌入，则可用"\"将它们归为一条语句。具体的语法格式如下：

```
__asm
(
"指令；[指令；]\
指令；[指令；]\
    ：\
[指令；]"
);
```

例如：

```
/ * main. c * /
void __main(void)
{
    int var=0xAA;
    __asm
    (
    " MOV R5,#0xAA;\/ * 注意：这里不要直接使用 C 代码中提供的变量 * /
     MOV R6,#0xBB;\
     CMP R1,#0;"
     );
    while(1);
}
```

2. 内嵌汇编的局限性

1）操作数

ARM 开发工具编译环境下内嵌汇编语言，指令操作数可以是寄存器、常量或 C 语言表达式。可以是 char、short 或 int 类型，而且是作为无符号数进行操作。如果是有符号数，则需要自己添加相应的处理操作。当在内嵌汇编指令中同时用到了物理寄存器和 C 语言表达式时，表达式不要过于复杂；当表达式过于复杂时，需要使用较多的物理寄存器，有可能产生冲突。GNU ARM 编译环境下内嵌汇编语言与上述稍有差别，不能直接引用 C 语言中的变量。

2）物理寄存器

在内嵌汇编指令中，使用物理寄存器有如下限制：

- 不要直接向程序计数器 PC 赋值，程序的跳转只能通过 B 或 BL 指令实现。
- 一般将寄存器 R0～R3、R12 及 R14 用于子程序调用存放中间结果，因此在内嵌汇编指令中，一般不要将这些寄存器同时指定为指令中的物理寄存器。
- 在内嵌的汇编指令中使用物理寄存器时，如果有 C 语言变量使用了该物理寄存器，则编译器将在合适的时候保存并恢复该变量的值。需要注意的是,当寄存器 SP、SL、FP 以及 SB 用于特定的用途时,编译器不能恢复这些寄存器的值。

- 通常在内嵌汇编指令中不要指定物理寄存器,因为有可能会影响编译器分配寄存器,进而可能影响代码运行的效率。

3) 标号、常量及指令展开

C 语言程序中的标号可以被内嵌的汇编指令所使用。但是只有 B 指令可以使用 C 语言程序中的标号,BL 指令不能使用 C 语言程序中的标号。

在 ARM 开发工具编译环境汇编指令中,常量前的符号"♯"可以省略。如果内嵌的汇编指令中包含常量操作数,则该指令可能会被汇编器展开成几条指令。例如乘法指令 MUL 可能会被展开成一系列的加法操作和移位操作。各个展开的指令对 CPSR 寄存器中的各个条件标志位可能会产生影响。

4) 内存单元的分配

内嵌汇编器不支持汇编语言中用于内存分配的伪操作。所用的内存单元的分配都是通过 C 语言程序完成的,分配的内存单元通过变量以供内嵌的汇编器使用。

5) SWI 和 BL 指令

SWI 和 BL 指令用于内嵌汇编时,除了正常的操作数域外,还必须增加如下 3 个可选的寄存器列表:

- 用于存放输入的参数的寄存器列表。
- 用于存放返回结果的寄存器列表。
- 用于保存被调用的子程序工作寄存器的寄存器列表。

3. 内嵌汇编器与 armasm 汇编器的区别

与 armasm 汇编器相比,使用内嵌的汇编器要注意以下几点:

- 内嵌汇编器不支持"LDR Rn,＝ expression"伪指令,使用"MOV Rn,expression"代替,不支持 ADR、ADRL 伪指令。
- 十六进制数前要使用前缀 0x,不能使用 &。当使用 8 位移位常量导致 CPSR 中的 ALU 标志位需要更新时,N、Z、C、V 标志中的 C 不具有实际意义。
- 指令中使用的 C 变量不能与任何物理寄存器同名,否则会造成混乱。
- 不支持 BX 和 BLX 指令。
- 使用内嵌汇编器,不能通过对程序计数器 PC 赋值实现程序返回或跳转。
- 编译器可能使用寄存器 R0～R3、R12 及 R14 存放中间结果,使用这些寄存器时要特别注意。

8.6.2　ARM 汇编语言与嵌入式 C 程序相互调用

ARM 汇编语言与嵌入式 C 程序相互调用分为汇编程序调用 C 程序和 C 程序调用汇编语言程序,其参数传递遵循过程调用标准。

1. 汇编程序调用 C 程序

这里要特别注意参数的传递规则,程序设计时要严格遵守 ATPCS。在 GNU ARM 编译环境下,汇编程序中要使用 .extern 伪操作声明将要调用的 C 程序;在 ARM 开发工具编译环境下,汇编程序中要使用 IMPORT 伪操作声明将要调用的 C 程序。

【例 8-17】

(1) 在 GNU ARM 编译环境下设计程序,用 ARM 汇编语言调用 C 语言实现 20 的阶乘操作,并将 64 位结果保存到寄存器 R0、R1 中,其中 R1 中存放高 32 位结果。

首先建立汇编源文件 start.s:

```
/*   start.s   */
.global _start
.extern Factorial          @声明 Factorial 是一个外部函数
.equ Ni, 20                 @要计算的阶乘数
.text
_start:
     MOV R0, #Ni           @将参数装入 R0
     BL Factorial          @调用 Factorial,并通过 R0 传递参数
Stop:
     B Stop
.end
```

然后建立 C 语言源文件 factorial.c:

```
/*   factorial.c   */
long long Factorial(char N)
{
   char i;
   long long Nx=1;
   for(i=1;i<=N;i++)Nx=Nx*i;
        return Nx;          // 通过 R0,R1 返回结果
}
```

(2) 在 ARM 开发工具编译环境下设计程序,用 ARM 汇编语言调用 C 语言实现 20 的阶乘操作,并将 64 位结果保存到寄存器 R0、R1 中,其中 R1 中存放高 32 位结果。

首先建立汇编源文件 start.s:

```
/*   start.s   */
     IMPORT Factorial            ;声明 Factorial 是一个外部函数
Ni   EQU 20                      ;要计算的阶乘数
     AREA Fctrl,CODE,READONLY    ;声明代码 Fctrl
     ENTRY                       ;标识程序入口
start
     MOV R0, #Ni                 ;将参数装入 R0
     BL Factorial                ;调用 Factorial,并通过 R0 传递参数
     /*注:在此处观察结果*/
Stop
     B Stop
     END                         ;文件结束
```

然后建立 C 语言源文件 factorial.c:

```
/*   factorial.c   */
long long Factorial(char N)
{
```

```
        char i;
        long long Nx=1;
        for(i=1;i<=N;i++)Nx=Nx*i;
            return Nx;                          // 通过 R0,R1 返回结果
    }
```

程序运行结果如下：

```
R0   =   0x82B40000
R1   =   0x21C3677C
```

2. C 程序调用汇编程序

C 程序调用汇编程序也要特别注意参数的传递规则，程序设计时要严格遵守 ATPCS。在 GNU ARM 编译环境下，在汇编程序中要使用 .global 伪操作声明汇编程序为全局的函数，可被外部函数调用，同时在 C 程序中要用关键字 extern 声明要调用的汇编语言程序。

在 ARM 开发工具编译环境下，汇编程序中要使用 EXPORT 伪操作声明本程序可以被其他程序调用。同时也要在 C 程序中用关键字 extern 声明要调用的汇编语言程序。

【例 8-18】

(1) 在 GNU ARM 编译环境下设计程序，用 C 语言调用 ARM 汇编语言实现 20 的阶乘(20!)操作，并将 64 位结果保存到 0xFFFFFFF0 开始的内存地址单元，按照小端格式低位数据存放在低地址单元。

第一步：建立启动 C 程序的代码，请读者参阅前面的章节自行建立。

第二步：建立 C 语言源文件 main.c。

```
/*   main.c   */
extern void Factorial(char Nx);          // 声明 Factorial 是一个外部函数
Main()
{
    char N=20;
    Factorial(N);                        // 调用汇编文件实现 N! 操作

    /*注：在此处观察结果*/
    while(1);
}
```

第三步：建立汇编源文件 Factorial.s。

```
/*   Factorial.s   */
. global Factorial                       @声明 Factorial 为一个全局函数
Factorial:
        MOV      R8,R0                    @取参数
        MOV      R9,#0                    @高位初始化
        SUB      R0,R8,#1                 @初始化计数器
Loop:
        MOV      R1,R9                    @暂存高位值
        UMULL    R8,R9,R0,R8              @[R9:R8]=R0*R8
        MLA      R9,R1,R0,R9              @R9=R1*R0+R9
        SUBS     R0,R0,#1                 @计数器递减
```

```
        BNE       Loop                    @计数器不为 0 继续循环
        LDR       R0,＝0xFFFFFFF0
        STMIA     R0,{R8,R9}              @结果保存到 0xFFFFFFF0 开始的内存单元
        MOV       PC,LR                   @子程序返回
```

（2）在 ARM 开发工具编译环境下设计程序，用 C 语言调用 ARM 汇编语言实现 20 的阶乘（20!）操作，并将 64 位结果保存到 0xFFFFFFF0 开始的内存地址单元，按照小端格式低位数据存放在低地址单元。

第一步：建立启动 C 程序的代码，请读者参阅前面的章节自行建立。

第二步：建立 C 语言源文件 main.c，与 GNU ARM 编译环境下相同。

```
/*   main.c   */
extern void Factorial(char Nx);          // 声明 Factorial 是一个外部函数
_main()
{
     char N＝20;
     Factorial(N);                       // 调用汇编文件实现 N! 操作

     /*注：在此处观察结果*/
     while(1);
}
```

第三步：建立汇编源文件 Factorial.s。

```
/*    Factorial.s   */
AREA   Fctrl, CODE, READONLY            ;声明代码段 Fctrl
EXPORT Factorial
Factorial
        MOV       R8, R0                ;取参数
        MOV       R9, ＃0               ;高位初始化
        SUB       R0,R8,＃1             ;初始化计数器
Loop
        MOV       R1, R9                ;暂存高位值
        UMULL     R8, R9, R0, R8        ;[R9;R8]＝R0 * R8
        MLA       R9, R1, R0, R9        ;R9＝R1 * R0＋R9
        SUBS      R0, R0, ＃1           ;计数器递减
        BNE       Loop                  ;计数器不为 0 继续循环
        LDR       R0,＝0xFFFFFFF0
        STMIA     R0,{R8,R9}            ;结果保存到 0xFFFFFFF0 开始的内存单元
        MOV       PC,LR                 ;子程序返回
```

程序运行结果如下：

Address	0	1	2	3	4	5	6	7	8	9	a	b	c	d	e	f
0xFFFFFFB0	10	00	FF	E7	00	E8	00	E8	10	00	FF	E7	00	E8	00	E8
0xFFFFFFC0	10	00	FF	E7	00	E8	00	E8	10	00	FF	E7	00	E8	00	E8
0xFFFFFFD0	10	00	FF	E7	00	E8	00	E8	10	00	FF	E7	00	E8	00	E8
0xFFFFFFE0	10	00	FF	E7	00	E8	00	E8	10	00	FF	E7	00	E8	00	E8
0xFFFFFFF0	00	00	B4	82	7C	67	C3	21	00	00	00	00	00	00	00	00

进行嵌入式编程，C 语言的功底也要扎实。关于 C 语言的基本知识，本书没有详细介绍，请读者参阅相关书籍进行 C 语言编程的强化训练。

思考与练习题

1. 严格按照嵌入式 C 语言的编程规范，写一个 C 语言程序，实现将一个二维数组内的数据行和列进行排序。

2. 嵌入式 C 程序设计中常用的移位操作有哪几种？请说明每种运算所对应的 ARM 指令实现。

3. volatile 限制符在程序中起什么作用？请举例说明。

4. 请分析下列程序代码的执行结果。

```
# include < stdio. h >
main(){
    int value=0xFF1;
    int * p1, ** p2, *** p3, **** p4;
    p1 = & value;
    p2 = &p1;
    p3 = &p2;
    p4 = &p3;
    printf(" **** p4 = % x\n", **** p4);
}
```

5. 分析宏定义 # define POWER(x) x * x 是否合理，举例说明。如果不合理，应如何更改？

6. 条件编译在程序设计中有哪些用途？

7. 何为可重入函数？如果使程序具有可重入性，在程序设计中应注意哪些问题？

8. 现有模块 module_1、module_2、module_3，要求在模块 module_1 中提供可供模块 module_2、module_3 使用的 int 型变量 xx，请写出模块化程序设计框架。

9. ATPCS 与 AAPCS 的全称是什么？它们有什么差别？掌握子程序调用过程中寄存器的使用规则、数据栈的使用规则及参数的传递规则，在具体的函数中能够熟练应用。

10. 内嵌式汇编有哪些局限性？编写一段代码采用 C 语言嵌入汇编程序，在汇编程序中实现字符串的拷贝操作。

第 9 章

S3C44B0/S3C2410/S3C2440 硬件结构与关键技术分析

嵌入式系统是由硬件和软件两部分组成的,硬件平台是软件的载体,对嵌入式开发和功能的扩展起着决定性的作用。嵌入式的硬件核心是嵌入式微控制器(也称为 MCU),分为 8位、16 位和 32 位几种。当前,32 位的 ARM 技术成为嵌入式开发的技术核心,因此 ARM 处理器对嵌入式产品的更新换代起着巨大的推动作用。

Samsung 公司推出的 16/32 位 RISC 处理器 S3C44B0、S3C2410/S3C2440 成为当前较流行的 ARM 处理器芯片。S3C44B0 是基于 ARM7TDMI 架构的,S3C2410/S3C2440 是基于 ARM920T 架构的。当前,这两款芯片在嵌入式开发领域被广泛应用。本章主要介绍 S3C44B0 和 S3C2410/S3C2440 的硬件资源和整体架构,对其存储控制器、NAND Flash 控制原理、时钟电源管理、通用 I/O 接口和中断控制器做了详细介绍,并通过一定的实例来加深读者对关键技术的理解。

9.1　处理器简介

S3C44B0 和 S3C2410/S3C2440 为手持设备和普通应用提供了低成本、低功耗、高性能微控制器的解决方案。为了降低整个系统的成本,S3C44B0 和 S3C2410/S3C2440 分别提供了很多内置功能部件,大大缩短了工程应用的开发周期。通过提供一系列完整的系统外围设备,S3C44B0 和 S3C2410/S3C2440 大大减少了整个系统的成本,消除了为系统配置额外器件的需要。它们低功耗、精简和出色的全静态设计特别适用于对成本和功耗敏感的应用。

1. S3C44B0 微控制器

S3C44B0 的主要功能和特点如下:

(1) 带 8KB Cache 的 ARM7TDMI 核。

(2) 内置系统存储控制器(片选逻辑,支持 ROM、SRAM、Flash、FP/EDO/SDRAM)。

(3) LCD 控制器(支持 256 色的 STN,集成 1 个 DMA 控制器)。

(4) 2 个通用 DMA 控制器(ZDMA)/2 个外围 DMA 控制器(BDMA)。

(5) 2 个带硬件握手的 UART 控制器(符合 550 标准)/1 个 SIO。

(6) 1 个支持多主设备的 I²C 控制器。

(7) 1 个 IIS 总线控制器。

(8) 5 个 PWM 定时器和 1 个内部定时器。

(9) 看门狗定时器(Watch Dog)。

(10) 71 个通用可编程的 I/O 口和 8 个外部中断源。

(11) 具有 8 通道输入的 10 位 ADC。

(12) 具有日历功能的实时时钟(RTC)。

(13) 功率控制模式:Normal、Slow、Idle 和 Stop。

(14) 带锁相环(PLL)的片内时钟发生器。

S3C44B0 内部结构如图 9-1 所示,它采用了 ARM7TDMI 内核,0.25μm 工艺的 CMOS 标准宏单元和存储编译器以及一种新的总线结构 SAMBAII(三星 ARM CPU 嵌入式微处理器总线结构)。ARM7TDMI 体系结构的特点是它集成了 Thumb 代码压缩器,片上的 ICE 断点调试支持和一个 32 位的硬件乘法器。

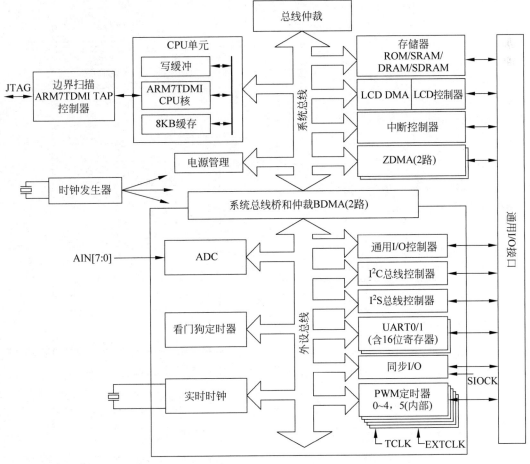

图 9-1　S3C44B0 内部结构

2. S3C2410/S3C2440 微控制器

与 S3C44B0 相比,基于 ARM920T 核架构的微控制器 S3C2410/S3C2440 具有更强大的功能，如图 9-2 所示，其主要特点如下。

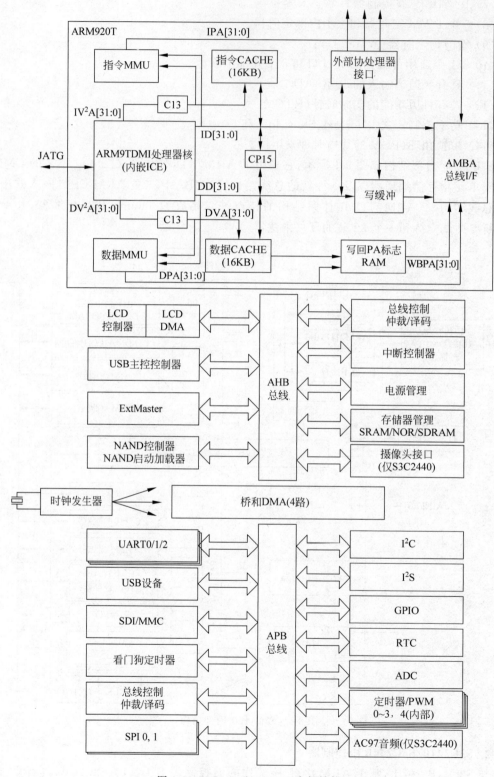

图 9-2 S3C2410/S3C2440 内部结构

(1) 独立的 16KB 指令 Cache 和 16KB 数据 Cache。

(2) 系统存储控制器(片选逻辑,支持 ROM、SRAM、Flash、FP/EDO/SDRAM)。

(3) LCD 控制器(支持 STN,TFT 液晶显示屏,集成 1 个 DMA 控制器)。

(4) 内置系统存储控制器(片选逻辑,支持 ROM、SRAM、Flash、FP/EDO/SDRAM)。

(5) NAND Flash 控制器。

(6) 4 个通道的 DMA,支持存储器与 I/O 之间的数据直接传输。

(7) 3 个带硬件握手的 UART 控制器。

(8) 1 个支持多主设备的 I^2C 控制器。

(9) 1 个 IIS 总线控制器。

(10) 2 个 SPI 接口。

(11) 2 个 USB 主机接口,1 个 USB 设备接口。

(12) SD 卡接口和 MMC 接口。

(13) 4 个具有 PWM 功能的 16 位定时/计数器和 1 个 16 位内部定时器,支持外部的时钟源。

(14) 看门狗定时器(Watch Dog)。

(15) 117 个通用可编程的 I/O 口和 24 个外部中断源。

(16) 具有 8 通道输入的 10 位 ADC。

(17) 具有日历功能的实时时钟(RTC)。

(18) 功率控制模式:Normal、Slow、Idle 和 Stop。

(19) 带锁相环(PLL)的片内时钟发生器。

(20) 摄像头接口(仅 S3C2440)。

(21) AC97 声卡支持(仅 S3C2440)。

S3C2410/S3C2440 则采用了 ARM920T 内核,线宽为 $0.18\mu m$ 工艺的 CMOS 标准宏单元和存储器单元以及一种叫作 Advanced Microcontroller Bus Architecture(AMBA)新型总线结构。ARM920T 实现了 MMU、AMBA BUS 和 Harvard 高速缓冲体系结构,这一结构具有独立的 16KB 指令 Cache 和 16KB 数据 Cache,每个 Cache 都是由 8 字长的行构成的。

9.2　S3C44B0/S3C2410/S3C2440 存储控制器

存储器是嵌入式系统的重要组成部分,在嵌入式开发中,扩展存储器是重要的一步。S3C44B0 和 S3C2410/S3C2440 的存储器控制器提供访问外部存储器所需要的存储器控制信号,便于扩展外部存储器。

9.2.1　S3C44B0 存储控制与地址空间

1. 存储格式小/大端选择

S3C44B0 通过外部引脚选择,如表 9-1 所示。当 nRESET 为低时,ENDIAN 引脚电平决定了哪种模式被选择。如果 ENDIAN 引脚通过一个下拉电阻接地,小端模式被选择。如果 ENDIAN 引脚通过一个上拉电阻接电源电压,那么大端模式被选择。

表 9-1　大/小端选择

ENDIAN 输入（nRESET 为低时）	大/小端模式
0	小端
1	大端

2. 地址空间分布

S3C44B0 存储空间分布如图 9-3 所示，共有 8 个 Bank，每个 Bank 为 32MB，总共 256MB。

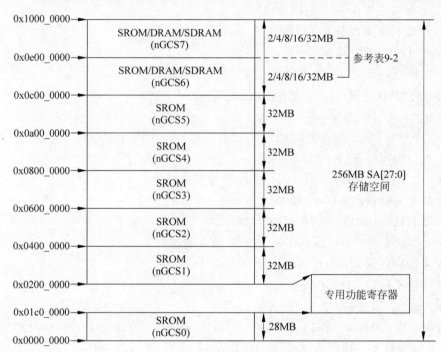

图 9-3　S3C44B0 的存储空间分布

　　S3C44B0 的 8 个存储器 Bank 中，Bank0～Bank6 的起始地址是固定的，Bank7 起始地址是可变的；Bank0～Bank5 这 6 个为 ROM、SRAM 等类型的存储器 Bank；Bank6、Bank7 这 2 个可作为 SROM、SDRAM、FP/EDO/SDRAM 等类型的存储器 Bank，这 2 个 Bank 的大小是可变选的，但 Bank6 与 Bank7 必须有相同的存储器大小，如表 9-2 所示。

表 9-2　S3C44B0 的 Bank6/7 地址分布

地址	2MB	4MB	8MB	16MB	32MB
Bank6（S3C44B0）					
起始地址	0x0c000000	0x0c000000	0x0c000000	0x0c000000	0x0c000000
终止地址	0x0c1fffff	0x0c3fffff	0x0c7fffff	0x0cffffff	0x0dffffff
Bank7（S3C44B0）					
起始地址	0x0c200000	0x0c4000000	0x0c800000	0x0d000000	0x0e000000
终止地址	0x0c3fffff	0x0c7fffff	0x0cffffff	0x0dffffff	0x0fffffff

9.2.2　S3C2410/S3C2440 存储控制与地址空间

　　S3C2410/S3C2440 的存储空间分布如图 9-4 所示，共有 8 个 Bank，每个 Bank 为 128MB，总

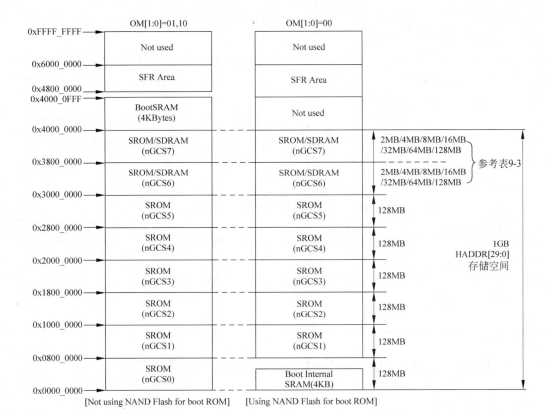

注意：
1. SROM表示ROM或SRAM类型存储器
2. SFR表示特殊功能寄存器

图 9-4　S3C2410/S3C2440 的存储空间分布

共 1GB。

S3C2410/S3C2440 的 8 个存储器 Bank 中，Bank0～Bank6 的起始地址是固定的，Bank7 起始地址是可变的；Bank0～Bank5 这 6 个为 ROM、SRAM 等类型的存储器 Bank；Bank6、Bank7 这 2 个可作为 ROM、SRAM、SDRAM 等类型的存储器 Bank，这 2 个 Bank 的大小是可变的，但 Bank6 与 Bank7 必须有相同的存储器大小，如表 9-3 所示。

表 9-3　S3C2410/S3C2440 的 Bank6/7 地址分布

地址	2MB	4MB	8MB	16MB	32MB	64MB	128MB
Bank6（S3C2410）							
起始地址	0x30000000	0x30000000	0x30000000	0x30000000	0x30000000	0x30000000	0x30000000
终止地址	0x301fffff	0x303fffff	0x307fffff	0x30ffffff	0x31ffffff	0x33ffffff	0x37ffffff
Bank7（S3C2410）							
起始地址	0x30200000	0x30400000	0x30800000	0x31000000	0x32000000	0x34000000	0x38000000
终止地址	0x303fffff	0x307fffff	0x30ffffff	0x31ffffff	0x33ffffff	0x37ffffff	0x3fffffff

9.2.3　S3C44B0/S3C2410/S3C2440 存储位宽控制

S3C44B0 所有 Bank 的可编程访问大小为 8/16/32b。所有存储器 Bank 的访问周期都是可编程的。总线访问周期可通过外部等待(Wait)来延长。支持 DRAM/SDRAM 的自刷新和掉电模式,支持 DRAM 的同步或异步寻址。

S3C2410/S3C2440 的 Bank0 为 16/32b,其他 Bank 可编程的访问大小为 8/16/32b。所有存储器 Bank 的访问周期都是可编程的。总线访问周期可通过外部等待来延长。支持 SDRAM 的自刷新和掉电模式。

S3C44B0 的 Bank0 数据总线(nGCS0)宽度需要配置成 8/16/32b,S3C2410/S3C2440 的 Bank0 数据总线宽度需要配置成 16/32b。因为 Bank0 是 ROM 区(映射到 0x0000 0000)的引导,Bank0 总线宽度需要在 ROM 访问前确定,在复位时根据 OM[1:0]的逻辑电平来确定。S3C44B0/S3C2410/S3C2440 存储器数据宽度选择情况如表 9-4 所示。

表 9-4　S3C44B0/S3C2410/S3C2440 存储器数据宽度选择情况

OM1(操作模式 1)	OM0(操作模式 0)	引导 ROM 数据宽度
0	0	S3C44B0:8b S3C2410/S3C2440:NAND Flash 模式
0	1	16b
1	0	32b
1	1	测试模式

9.2.4　S3C44B0/S3C2410/S3C2440 存储器接口时序分析

1. 引脚时序分析

1) S3C2410/S3C2440 nWAIT 引脚操作

如果 WAIT 相应的每个存储器 Bank 使能,当寄存器 Bank 活动时 nOE 时间通过外部 nWAIT 引脚被延长;nWAIT 从 tacc-1 时刻开始检测;在 nWAIT 为高电平的下一个时钟周期,nOE 将恢复高电平;nWE 信号与 nOE 信号有相同的关系,如图 9-5 所示。

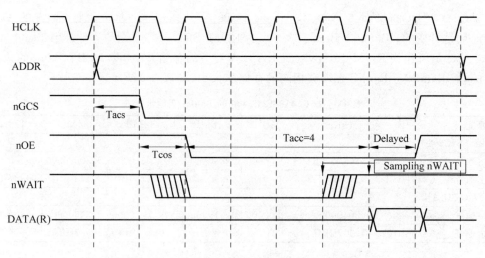

图 9-5　S3C2410/S3C2440 外部 nWAIT 时序

2) S3C2410/S3C2440 nXBREQ/nXBACK 引脚操作

如果 nXBREQ 被拉低,S3C2410/S3C2440 会通过拉低 nXBACK 来响应;如果 nXBACK

为低电平,地址/数据总线和存储器控制信号会处于高阻态;如果 xBREQ 是高电平,
nXBACK 也会是高电平,如图 9-6 所示。

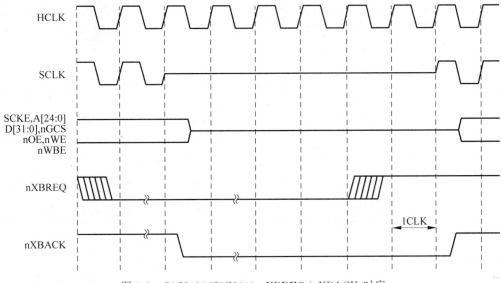

图 9-6　S3C2410/S3C2440 nXBREQ/nXBACK 时序

3) S3C2410/S3C2440 nGCS 引脚操作

S3C2410/S3C2440 nGCS 时序如图 9-7 所示。

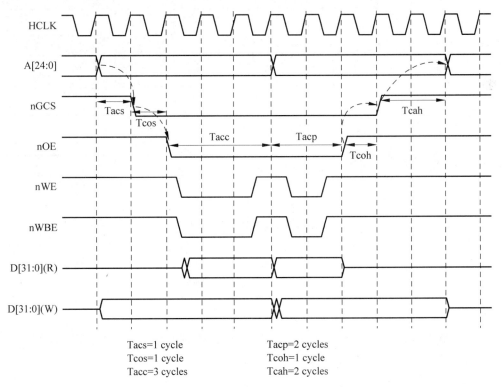

图 9-7　S3C2410/S3C2440 nGCS 时序

4) S3C2410/S3C2440 SDRAM 引脚时序

SDRAM 是易失性存储器,由于电容等储能元件即使在不断电的情况下也会放电,因此,其所存储的数据每隔一段时间就要刷新一次。SDRAM 芯片的地址信号分成行地址信号和列地址信号两部分,它们复用芯片的地址引脚,采用分时进行传递的方式,其时序如图 9-8 所示。

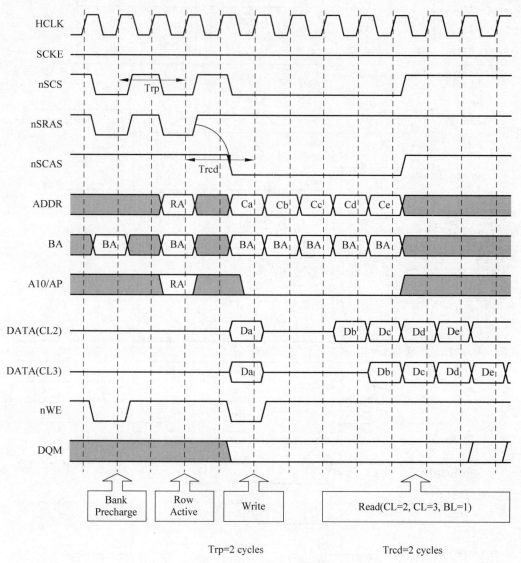

图 9-8 S3C2410/S3C2440 SDRAM 时序

2. S3C44B0/S3C2410/S3C2440 存储器接口

对于扩展的外部存储器芯片总线的位宽的不同,微控制器 S3C44B0/S3C2410/S3C2440 与其引脚的连线也不同,其连接关系如表 9-5 所示。

1）ROM 接口

常见的 ROM 芯片有 8 位和 16 位两种，S3C44B0/S3C2410/S3C2440 的数据总线具有 32 位宽度，要使其充分发挥性能，可以用 4 片 8 位 ROM 组成 32 位宽度的数据总线，其接口如图 9-9（a）所示。对于 16 位总线宽度的 ROM，与微控制器的接口如图 9-9（b）所示。

表 9-5　S3C44B0/S3C2410/S3C2440 与存储器连线

存储器地址引脚	对应 S3C44B0/S3C2410/S3C2440 地址引脚连接		
	8b 数据总线	16b 数据总线	32b 数据总线
A0	A0	A1	A2
A1	A1	A2	A3
A2	A2	A3	A4
…	…	…	…

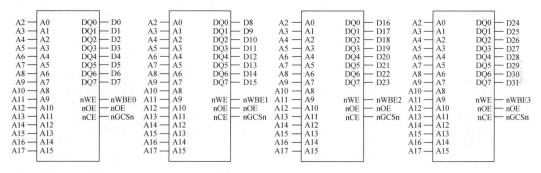

(a) 4片8位ROM存储器接口

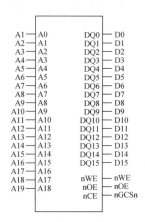

(b) 16位ROM存储器接口

图 9-9　S3C44B0/S3C2410/S3C2440 与 ROM 存储器接口

2）SDRAM 接口

根据 ROM 的接口，可以设计出 SDRAM 存储器接口电路，如图 9-10 所示，其中，图 9-10（a）是单片 16 位 SDRAM 芯片接口引脚连线。图 9-10（b）是 2 片 16 位 SDRAM 存储器引脚连线。

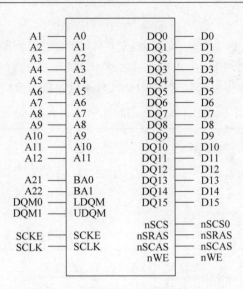

(a) 单片16位SDRAM存储器接口

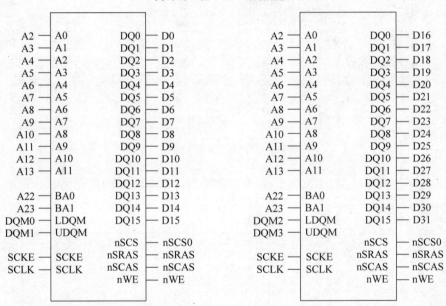

(b) 2片16位SDRAM存储器接口

图 9-10　S3C44B0/S3C2410/S3C2440 与 ROM 存储器接口

9.2.5　S3C44B0/S3C2410 存储控制寄存器

1. 总线宽度和等待控制寄存器（BWSCON）

在存储控制器中，所有类型的主时钟都对应着总线时钟。例如，在 DRAM 和 SRAM 中的 MCLK 与总线时钟相同，SDRAM 中的 SCLK 也与总线时钟相同。在存储控制器这里，一个时钟就表示一个总线时钟。总线宽度和等待控制寄存器 BWSCON 信息如表 9-6 所示。

表 9-6　BWSCON 寄存器信息

寄存器	S3C44B0 地址	S3C2410/S3C2440 地址	读/写	描　　述	复位值
BWSCON	0x01C80000	0x48000000	R/W	总线宽度和等待状态控制寄存器	0x000000

BWSCON 寄存器

BWSCON	位	描　　述	初始值
ST7	[31]	决定 SRAM 映射 Bank7 是否使用 UB/LB 0＝不使用 UB/LB 1＝使用 UB/LB	0
WS7	[30]	决定 Bank7 的 WAIT 状态 0＝WAIT 禁止　1＝WAIT 使能	0
DW7	[29:28]	决定 Bank7 的数据总线宽度 00＝8 位　01＝16 位　10＝32 位　11＝保留	0
ST6	[27]	决定 SRAM 映射 Bank6 是否使用 UB/LB 0＝不使用 UB/LB 1＝使用 UB/LB	0
WS6	[26]	决定 Bank6 的 WAIT 状态 0＝WAIT 禁止　1＝WAIT 使能	0
DW6	[25:24]	决定 Bank6 的数据总线宽度 00＝8 位　01＝16 位　10＝32 位　11＝保留	0
ST5	[23]	决定 SRAM 映射 Bank5 是否使用 UB/LB 0＝不使用 UB/LB 1＝使用 UB/LB	0
WS5	[22]	决定 Bank5 的 WAIT 状态 0＝WAIT 禁止　1＝WAIT 使能	0
DW5	[21:20]	决定 Bank5 的数据总线宽度 00＝8 位　01＝16 位　10＝32 位　11＝保留	0
ST4	[19]	决定 SRAM 映射 Bank4 是否使用 UB/LB 0＝不使用 UB/LB 1＝使用 UB/LB	0
WS4	[18]	决定 Bank4 的 WAIT 状态 0＝WAIT 禁止　1＝WAIT 使能	0
DW4	[17:16]	决定 Bank4 的数据总线宽度 00＝8 位　01＝16 位　10＝32 位　11＝保留	0
ST3	[15]	决定 SRAM 映射 Bank3 是否使用 UB/LB 0＝不使用 UB/LB 1＝使用 UB/LB	0
WS3	[14]	决定 Bank3 的 WAIT 状态 0＝WAIT 禁止　1＝WAIT 使能	0
DW3	[13:12]	决定 Bank3 的数据总线宽度 00＝8 位　01＝16 位　10＝32 位　11＝保留	0
ST2	[11]	决定 SRAM 映射 Bank2 是否使用 UB/LB 0＝不使用 UB/LB 1＝使用 UB/LB	0

续表

BWSCON	位	描　述	初始值
WS2	[10]	决定 Bank2 的 WAIT 状态 0＝WAIT 禁止　1＝WAIT 使能	0
DW2	[9:8]	决定 Bank2 的数据总线宽度 00＝8 位　01＝16 位　10＝32 位　11＝保留	0
ST1	[7]	决定 SRAM 映射 Bank1 是否使用 UB/LB 0＝不使用 UB/LB 1＝使用 UB/LB	0
WS1	[6]	决定 Bank1 的 WAIT 状态 0＝WAIT 禁止　1＝WAIT 使能	0
DW1	[5:4]	决定 Bank1 的数据总线宽度 00＝8 位　01＝16 位　10＝32 位　11＝保留	0
DW0	[2:1]	决定 Bank0 的数据总线宽度（只读） 00＝8 位　01＝16 位　10＝32 位　11＝保留 状态的选择通过 OM[1:0]引脚决定	—
ENDIAN （S3C44B0）	[0]	决定大小端模式（只读） 0＝小端　1＝大端 状态的选择通过 ENDIAN 引脚决定	—
保留 （S3C2410/S3C2440）	[0]		—

注意：nBE[3:0]相当于 nWBE[3:0]和 nOE 的"与"信号。

2. 总线控制寄存器

1）BANKCONn：nGCS0～nGCS5

总线控制寄存器 BANKCON0～ BANKCON5 信息如表 9-7 所示。

表 9-7　BANKCON0～BANKCON5 寄存器信息

寄存器	S3C44B0 地址	S3C2410/S3C2440 地址	读/写	描　述	复位值
BANKCON0	0x01C80004	0x48000004	R/W	Bank0 控制寄存器	0x0700
BANKCON1	0x01C80008	0x48000008	R/W	Bank1 控制寄存器	0x0700
BANKCON2	0x01C8000C	0x4800000C	R/W	Bank2 控制寄存器	0x0700
BANKCON3	0x01C80010	0x48000010	R/W	Bank3 控制寄存器	0x0700
BANKCON4	0x01C80014	0x48000014	R/W	Bank4 控制寄存器	0x0700
BANKCON5	0x01C80018	0x48000018	R/W	Bank5 控制寄存器	0x0700

BANKCONn 寄存器

BANKCONn	位	描　述	初始状态
Tacs	[14:13]	在 nGCSn 起效前，地址信号建立时间 00 ＝ 0 clock　01＝ 1 clock　10 ＝ 2 clocks　11＝ 4 clocks	00
Tcos	[12:11]	在 nOE 起效前，片选建立时间 00 ＝ 0 clock　01＝ 1 clock　10 ＝ 2 clocks　11＝ 4 clocks	00

续表

BANKCONn	位	描　　述	初始状态
Tacc	[10:8]	访问周期 000 = 1 clock　001 = 2 clocks　010 = 3 clocks　011 = 4 clocks 100 = 6 clocks　101 = 8 clocks　110 = 10 clocks 111 = 14 clocks 注意：nWAIT 信号被使用时，Tacc=4 clocks	111
Toch	[7:6]	nOE 后，片选保持时间 00 = 0 clock　01 = 1 clock　10 = 2 clocks　11 = 4 clocks	000
Tcah	[5:4]	nGCSn 后，地址信号保持时间 00 = 0 clock　01 = 1 clock　10 = 2 clocks　11 = 4 clocks	00
Tpac	[3:2]	分页模式的访问周期 00 = 2 clocks　01 = 3 clocks　10 = 4 clocks　11 = 6 clocks	00
PMC	[1:0]	分页模式配置 00 = 正常（1 data）　01 = 4 data　10 = 8 data　11 = 16 data	00

2）BANK 控制寄存器

总线控制寄存器 BANKCON6、BANKCON7 信息如表 9-8 所示。

表 9-8　BANKCON6、BANKCON7 寄存器信息

寄存器	S3C44B0 地址	S3C2410/S3C2440 地址	读/写	描　　述	复位值
BANKCON6	0x01C8001C	0x4800001C	R/W	Bank6 控制寄存器	0x18008
BANKCON7	0x01C80020	0x48000020	R/W	Bank7 控制寄存器	0x18008

BANKCONn 寄存器

BANKCONn	位	描　　述	初始状态
MT	[16:15]	决定 Bank6 和 Bank7 的存储器类型 00 = ROM 或 SRAM　　01 = FP DRAM（S3C44B0）/保留（S3C2410/S3C2440） 11 = Sync. DRAM　　10 = EDO DRAM（S3C44B0）/保留（S3C2410/S3C2440）	11
S3C44B0/S3C2410/S3C2440 存储器类型 = ROM 或 SRAM [MT=00]（15-bit）			
Tacs	[14:13]	nGCSn 起效前，地址信号建立时间 00 = 0 clock　01 = 1 clock　10 = 2 clocks　11 = 4 clocks	00
Tcos	[12:11]	nOE 起效前，片选建立时间 00 = 0 clock　01 = 1 clock　10 = 2 clocks　11 = 4 clocks	00
Tacc	[10:8]	访问周期 000 = 1 clock　001 = 2 clocks　010 = 3 clocks　011 = 4 clocks 100=6 clocks　101=8 clocks　110=10 clocks　111=14 clocks	111
Tcoh	[7:6]	nOE 后，片选保持时间 00 = 0 clock　01 = 1 clock　10 = 2 clocks　11 = 4 clocks	00
Tcah	[5:4]	nGCSn 之后，地址信号保持时间 00 = 0 clock　01 = 1 clock　10 = 2 clocks　11 = 4 clocks	00

续表

BANKCONn	位	描　述	初始状态
Tacp	[3:2]	分页模式下的访问周期(@Page 模式) 00 = 2 clocks　01 = 3 clocks　10 = 4 clocks　11 = 6 clocks	00
PMC	[1:0]	分页模式配置 00 = 正常(单数据访问)　01 = 4 数据连续访问 10 = 8 数据连续访问　　11 = 16 数据连续访问	10
S3C44B0/S3C2410/S3C2440 存储器类型 = SDRAM [MT=11] (4b)			
Trcd	[3:2]	RAS 到 CAS 的延时 00 = 2 clocks　01 = 3 clocks　10 = 4 clocks	10
SCAN	[1:0]	列地址位数 00 = 8b　01 = 9b　10 = 10b	00
S3C44B0 存储器类型 = FP DRAM [MT=01] 或 EDO DRAM [MT=10] (6b)			
Trcd	[5:4]	RAS 到 CAS 的延时 00 = 1 clock　01 = 2 clocks　10 = 3 clocks　11 = 4 clocks	00
Tcas	[3]	CAS 脉冲宽度 0 = 1 clock　1 = 2 clocks	0
Tcp	[2]	CAS 预充电时间 0 = 1 clock　1 = 2 clocks	0
CAN	[1:0]	列地址位数 00 = 8b　01 = 9b　10 = 10b　11 = 11b	00

3. 刷新控制寄存器

刷新控制寄存器 REFRESH 信息如表 9-9 所示。

表 9-9　REFRESH 寄存器信息

寄存器	S3C44B0 地址	S3C2410/S3C2440 地址	读/写	描　述	复位值
REFRESH	0x01C80024	0x48000024	R/W	DRAM/SDRAM 刷新控制器 (S3C44B0) SDRAM 刷新控制寄存器 (S3C2410/S3C2440)	0xac0000

REFRESH 寄存器

REFRESH	位	描　述	初始状态
REFEN	[23]	DRAM/SDRAM 刷新使能 0 = 禁止　1 = 使能	1
TREFMD	[22]	DRAM/SDRAM 刷新模式 0 = 自动刷新　1 = 手动刷新	0
Trp	[21:20]	S3C44B0/S3C2410/S3C2440：SDRAM RAS 预充电时间 00 = 2 clocks　01 = 3 clocks　10 = 4 clocks　11 = 不支持 S3C44B0：DRAM RAS 预充电时间 00 = 1.5 clocks　01 = 2.5 clocks　10 = 3.5 clocks　11 = 4.5 clocks	10

续表

REFRESH	位	描　述	初始状态
Trc		S3C44B0：SDRAM 最小行周期时间 00 = 4 clocks　01 = 5 clocks　10 = 6 clocks　11 = 7 clocks	
Tsrc	[19:18]	S3C2410/S3C2440：SDRAM 半行周期时间 00 = 4 clocks　01 = 5 clocks　10 = 6 clocks　11 = 7 clocks SDRAM 行周期时间(Trc)＝Tsrc ＋ Trp 如果 Trp = 3 clocks 并且 Tsrc = 7 clocks，Trc = 3 ＋ 7 = 10 clocks	11
Tchr	[17:16]	S3C44B0：CAS 保持时间(DRAM) 00 = 1 clock　01 = 2 clocks　10 = 3 clocks　11 = 4 clocks	00
保留		S3C2410/S3C2440：未使用	
保留	[15:11]	S3C44B0/S3C2410/S3C2440：未使用	0000
刷新计数器	[10:0]	S3C44B0：DRAM / SDRAM 刷新计数器值 刷新时间 ＝ (2^{11}－刷新计数器值＋1)/MCLK S3C2410/S3C2440：SDRAM 刷新计数器值 刷新时间 ＝ (2^{11}－ 刷新计数器值＋1)/HCLK	0
		举例：如果刷新时间为 15.6μs 并且 MCLK/HCLK 为 60MHz，刷新计数器的值如下：刷新计数器值 ＝ 2^{11} ＋ 1 － 60×15.6 = 1113	

4. BANKSIZE 寄存器

BANKSIZE 寄存器信息如表 9-10 所示。

表 9-10　BANKSIZE 寄存器信息

寄存器	S3C44B0 地址	S3C2410/S3C2440 地址	读/写	描　述	复位值
BANKSIZE	0x01C80028	0x48000028	R/W	设置 Bank 大小的寄存器	0x0

BANKSIZE 寄存器

BANKSIZE	位	描　述	初始状态
BURST_EN	[7]	S3C2410/S3C2440：ARM 内核 BURST 操作使能　S3C44B0：无此位 0 = 禁止 BURST 操作　1 = 使能 BURST 操作	0
保留	[6]	未使用	0
SCKE_EN	[5]	S3C2410/S3C2440：SCKE 使能控制 SDRAM 低功耗模式 S3C44B0：无此位 0 = SDRAM 低功耗模式禁止　1 = SDRAM 低功耗模式使能	0
SCLK_EN /SCLKEN	[4]	S3C44B0/S3C2410/S3C2440：在 SDRAM 下，SCLK 使能能够减少功耗。当 SDRAM 不被访问时 SCLK 为低电平。推荐置1。 0 = SCLK 始终活动　1 = SCLK 只有在 SDRAM 被访问时激活	0
保留	[3]	未使用	0
BK76MAP	[2:0]	Bank6/7 存储空间分配 S3C44B0： 000 = 32MB/32MB　100 = 2MB/2MB　101 = 4MB/4MB 110 = 8MB/8MB　111 = 16MB/16MB S3C2410/S3C2440： 010 = 128MB/128MB　001 = 64MB/64MB 000＝32MB/32MB　111＝16MB/16MB 110＝8MB/8MB　101＝4MB/4MB 100＝2MB/2MB	000 S3C44B0 010 S3C2410/ S3C2440

重要说明：

- S3C44B0：所有 13 个存储器控制器需要用 STMIA 指令编写。
- S3C44B0：在 STOP 模式/SL_IDLE 模式，DRAM/SDRAM 需要进入自身刷新模式。
- S3C2410/S3C2440：在 Power_OFF 模式下，SDRAM 需要进入自刷新模式。

9.2.6　SDRAM 接口电路设计

SDRAM 的行地址线和列地址线是分时复用的，也就是地址线要分两次送出，先送行地址线，再送列地址线。这样可进一步减少地址线的数量、提高器件的性能，但寻址过程变得复杂了。当前比较流行的 SDRAM 一般都以存储块（Bank）为单位区域，把 SDRAM 存储区分为很多独立的小区域，由 Bank 地址线 BA 控制 Bank 之间的选择；SDRAM 的行、列地址线贯穿所有的 Bank；每个 Bank 的数据位宽同整个存储器的相同。Bank 内的字线和位线的长度就可被限制在合适的范围内，从而加快存储器单元的存取速度。

HY57V561620 是现代公司生产的容量为 32MB（4MB×16b×4Bank）的 SDRAM，其内部结构如图 9-11 所示。DQ0～DQ15 是 16 位的数据总线；A0～A12 是行地址总线，列地址总线与 A0～A8 复用；BA0、BA1 是 Bank 的选通信号线；CLK 是时钟输入引脚，CKE 是时钟使能引脚；由 $\overline{RAS}$、$\overline{CAS}$、$\overline{CS}$、$\overline{WE}$ 组成的信号时序用于控制片选、行地址选通、列地址选通；LDQM、UDQM 用于控制数据输入输出。

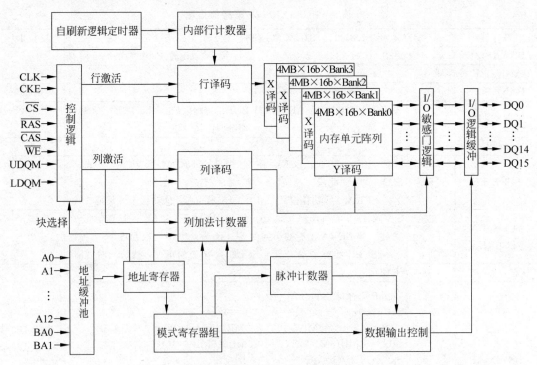

图 9-11　HY57V561620 内部结构

SDRAM 接口电路如图 9-12 所示。使用了两片 HY57V561620，扩展了 64MB 的 RAM，S3C2410/S3C2440 的地址线 A24、A25 作为 HY57V561620 片内 Bank 的选择线，S3C2410/

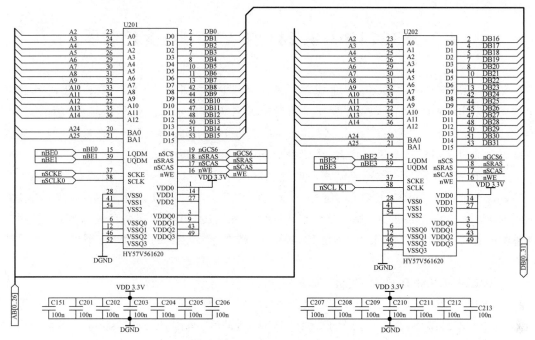

图 9-12 SDRAM 接口电路

S3C2440 的 nGCS6 引脚将这两片 SDRAM 的地址空间定位在 Bank6。两片 HY57V561620 合成数据总线宽度为 32 位。电路图下部的电容能够防止芯片电源信号的抖动。

9.2.7 S3C44B0 存储器初始化实例

下面给出一个实例对存储控制器进行编程配置。使用一条 STM 指令完成 13 个控制寄存器的初始化。

示例如下：

```
LDR     R0，=SMRDATA
LDMIA  R0，{R1-R13}
LDR     R0，=0x01C80000 ；BWSCON 寄存器地址
STMIA  R0，{R1-R13}
SMRDATA DATA
DCD 0x22221210          ；BWSCON
DCD 0x00000600          ；GCS0
DCD 0x00000700          ；GCS1
DCD 0x00000700          ；GCS2
DCD 0x00000700          ；GCS3
DCD 0x00000700          ；GCS4
DCD 0x00000700          ；GCS5
DCD 0x0001002A          ；GCS6，EDO DRAM(Trcd＝3，Tcas＝2，Tcp＝1，CAN＝10b)
DCD 0x0001002A          ；GCS7，EDO DRAM
DCD 0x00960000 ＋ 953   ；Refresh(REFEN＝1，TREFMD＝0，Trp＝3，Trc＝5，Tchr＝3)
DCD 0x0                  ；Bank Size, 32MB/32MB
DCD 0x20                 ；MRSR 6(CL＝2)
DCD 0x20                 ；MRSR 7(CL＝2)
```

9.3 S3C2410/S3C2440 NAND Flash 控制器

NOR Flash 和 NAND Flash 是现在市场上两种主要的非易失闪存。Intel 公司于 1988 年首先开发出 NOR Flash 技术，改变了由 EPROM 和 EEPROM 主导市场的局面。1989 年，东芝公司发布了 NAND Flash 结构，强调降低每比特的成本、更高的性能，并且像磁盘一样可以通过接口进行升级。由此，人们开始向着海量存储迈进。

NAND Flash 则是高数据存储密度的理想解决方案。NOR Flash 的特点是芯片内执行（eXecute In Place，XIP），这样应用程序可以直接在 Flash 闪存内运行，不必再把代码读到系统 RAM 中。NAND Flash 结构能提供极高的单元密度，可以达到高存储密度，并且写入和擦除的速度也很快。应用 NAND Flash 的困难在于 Flash 的管理和需要特殊的系统接口。

1. S3C2410 NAND Flash 控制器原理

S3C2410/S3C2440 的启动代码可以在 NOR Flash 中运行。但为了支持 NAND Flash 启动方式，S3C2410/S3C2440 内置了一个 SRAM 缓冲区，叫作 Steppingstone。当系统启动时，Steppingstone 内的代码会被执行。通常，启动代码会从 NAND Flash 拷贝到 SDRAM。使用硬件 ECC 来检查 NAND Flash 数据有效性。拷贝完成后，主程序将在 SDRAM 上运行。

在自启动模式下，复位后启动代码被传输到 Steppingstone，并在 Steppingstone 上执行。Steppingstone 4KB 内置 SRAM 缓冲区能够在 NAND Flash 启动后用于其他目的。

图 9-13 为 S3C2410/S3C2440 内部的 NAND Flash 控制模块。其中，在接口引脚中，I/O0～I/O7 是数据总线；在控制引脚中，CLE 是命令锁存使能引脚，ALE 是地址锁存使能引脚，这两个信号用来控制 I/O 数据总线上的信号是命令还是地址，nCE、nRE 和 nWE 分别是片选信号、读使能信号和写使能信号；在状态引脚中，R/nB 用于指示设备的状态，当数据写入、读取时，R/nB 用于指示设备正"忙"，用高电平表示，否则输出低电平。

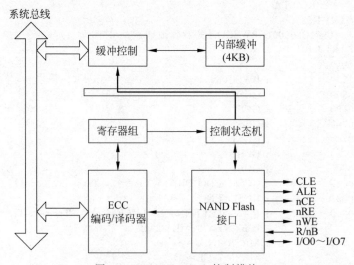

图 9-13 NAND Flash 控制模块

NAND Flash 实现机制如图 9-14 所示。

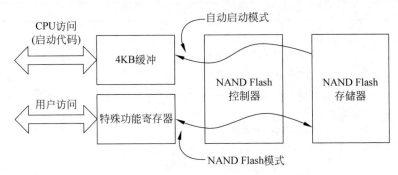

图 9-14　NAND Flash 实现机制

自启动模式次序：

（1）完成复位。

（2）当自启动模式使能，最初 4KB 的 NAND Flash 存储器拷贝到 Steppingstone 的内置 4KB 缓冲区中。

（3）Steppingstone 映射到 nGCS0。

（4）CPU 开始执行 Steppingstone 4KB 内置缓冲区中的启动代码。

注意事项：

在自启动模式中 ECC 不会进行检查。所以最初 4KB NAND Flash 不能有位错误。

NAND Flash 模式配置：

（1）通过 NFCONF 寄存器设置 NAND Flash 的配置。

（2）把 NAND Flash 命令写到 NFCMD 寄存器中。

（3）把 NAND Flash 地址写到 NFADDR 寄存器中。

（4）通过 NFSTAT 寄存器确定 NAND Flash 的读写状态。在读操作前或在编程操作后要检查 R/nB 信号。

S3C2410/S3C2440 在用 NAND 启动时，要对 NAND Flash 进行配置。首先 OM[1:0] = 00b 来使能 NAND Flash 控制器的自启动模式，NAND Flash 的存储器页大小应为 512 字节，设置 NCON 对 NAND Flash 内存地址进行选择。

2. 专用功能寄存器

NAND Flash 配置寄存器（NFCONF）信息如表 9-11 所示。

表 9-11　NFCONF 寄存器信息

寄存器	地址	读/写	描　　述	复位值
NFCONF	0x4E000000	R/W	NAND Flash 配置	—

NFCONF 寄存器

NFCONF	位	描　　述	初始状态
Enable/Disable	[15]	NAND Flash 控制器 使能/禁止 0 = 禁止 NAND Flash 控制器 1 = 使能 NAND Flash 控制器 在自启动后此位会自动清 0 为了访问 NAND Flash 存储器，此位必须被设置	0

续表

NFCONF	位	描　　述	初始状态
保留	[14:13]	保留	—
Initialize ECC	[12]	预置 ECC 解码器/编码器 0 = 不预置 ECC　1 = 预置 ECC S3C2410 只支持 512 字节 ECC 检测，所以要求每次预设置 ECC 512 字节	0
NAND Flash Memory chip enable	[11]	NAND Flash 存储器 nFCE 控制 0 = NAND flash nFCE = 低（活动） 1 = NAND flash nFCE = 高（不活动） 在自启动后，nFCE 将不活动	—
TACLS	[10:8]	CLE 和 ALE 宽度设定值（0～7） 宽度（Duration）= HCLK * （TACLS + 1）	
保留	[7]	保留	—
TWRPH0	[6:4]	TWRPH0 宽度设定值（0～7） 宽度（Duration）= HCLK * （TWRPH0 + 1）	0
保留	[3]	保留	—
TWRPH1	[2:0]	TWRPH1 宽度设定值（0～7） 宽度（Duration）= HCLK * （TWRPH1 + 1）	0

S3C2440 的 NAND Flash 配置寄存器信息如表 9-12 所示。

表 9-12　S3C2440 的 NAND Flash 配置寄存器信息

NFCONF	位	描　　述	初始状态
保留	[15:14]	保留	—
TACLS	[13:12]	CLE 和 ALE 宽度（Duration）设置值为 0～3 宽度周期=HCLK * TAC;S	01
保留	[11]	保留	0
TWRPH0	[10:8]	TWRPH0 宽度设定值（0～7） 宽度周期 = HCLK * （TWRPH0 + 1）	000
保留	[7]	保留	0
TWRPH1	[6:4]	TWRPH1 宽度设定值（0～7） 宽度周期 = HCLK * （TWRPH1 + 1）	000
高级 Flash（只读）	[3]	对于自动加载的高级 NAND Flash 存储器 0：支持 256 字节/页或 512 字节/页的 NAND Flash 存储器 1：支持 1024 字节/页或 2048 字节/页的 NAND Flash 存储器	H/W 设置（NCON0）
页大小（只读）	[2]	对于自动加载的高级 NAND Flash 存储器页大小 当高级 Flash 位=0 时， 0：256 字/页；1：512 字节/页 当高级 Flash 位=1 时， 0：1024 字/页；1：2048 字节/页	H/W 设置（GPG13）

NFCONF	位	描 述	初始状态
地址周期 （只读）	[1]	对于自动加载的高级 NAND Flash 存储器地址周期 当高级 Flash 位＝0 时， 0：3 个地址周期；1：4 个地址周期 当高级 Flash 位＝1 时， 0：4 个地址周期；1：5 个地址周期	H/W 设置 （GPG14）
总线宽度 （R/W）	[0]	对于自动加载和一般访存时的高级 NAND Flash 存储器 I/O 总线宽度 0：8 位总线；1：16 位总线	H/W 设置 （GPG15）

S3C2440 的 NAND Flash 控制寄存器（NFCONT）信息如表 9-13 所示。

表 9-13 NFCONT 寄存器信息

寄存器	地址	读/写	描 述	复位值
NFCONT	0x4E000004	R/W	NAND Flash 控制	0x384

NFCONT	位	描 述	初始状态
保留	[15:14]	保留	0
锁紧	[13]	锁紧配置 0：禁止锁紧；1：使能锁紧	0
软锁紧	[12]	软锁紧配置 0：禁止锁紧；1：使能锁紧	1
保留	[11]	保留	0
EnbIllegalAccINT	[10]	非法访问中断控制 0：禁止中断；1：使能中断	0
EnbRnBINT	[9]	RnB 状态输入信号传输中断控制 0：禁止中断；1：使能中断	0
RnB_TransMode	[8]	RnB 传输检测控制 0：检测上升沿；1：检测下降沿	0
保留	[7]	保留	0
SpareECCLock	[6]	锁定备用区 ECC 生成 0：未锁定备用区 ECC；1：锁定备用区 ECC	1
MainECCLock	[5]	锁定主数据区 ECC 生成 0：未锁定主数据区 ECC；1：锁定主数据区 ECC	1
InitECC	[4]	初始化 ECC 解码/编码（只写） 1：初始化 ECC 解码/编码	0
保留	[3:2]	保留	00
Reg_nCE	[1]	NAND Flash 存储器 nFCE 信号控制 0：增强 nFCE 到低电平（使能片选） 1：增强 nFCE 到高电平（禁止片选）	1
MODE	[0]	NAND Flash 控制器操作模式 0：禁止 NAND Flash 控制器 1：使能 NAND Flash 控制器	0

NAND Flash 命令设置寄存器(NFCMD)信息如表 9-14 所示。

表 9-14 NFCMD 寄存器信息

寄存器	S3C2410 地址	S3C2440 地址	读/写	描　　述	复位值
NFCMD	0x4E000004	0x4E000008	R/W	NAND Flash 命令设置寄存器	0x00

NFCMD 寄存器			
NFCMD	位	描　　述	初始状态
保留	[15:8]	保留	—
Command	[7:0]	NAND Flash 存储器命令值	0x00

NAND Flash 地址设置寄存器(NFADDR)信息如表 9-15 所示。

表 9-15 NFADDR 寄存器信息

寄存器	S3C2410 地址	S3C2440 地址	读/写	描　　述	复位值
NFADDR	0x4E000008	0x4E00000C	R/W	NAND Flash 地址设置寄存器	0x00

NFADDR 寄存器			
NFADDR	位	描　　述	初始状态
保留	[15:8]	保留	—
Address	[7:0]	NAND Flash 存储器地址值	0x00

NAND Flash 数据寄存器(NFDATA)信息如表 9-16 所示。

表 9-16 NFDATA 寄存器信息

寄存器	S3C2410 地址	S3C2440 地址	读/写	描　　述	复位值
NFDATA	0x4E00000C	0x4E000010	R/W	NAND Flash 数据寄存器	—

NFDATA 寄存器			
NFDATA	位	描　　述	初始状态
Data	S3C2410 [7:0] S3C2440[31:0]	NAND Flash 读/编程 数据值 在写情况下：编程数据 在读情况下：读取数据	—

S3C2410 的 NAND Flash 操作状态寄存器(NFSTAT)信息如表 9-17 所示。

表 9-17 NFSTAT 寄存器信息

寄存器	地址	读/写	描　　述	复位值
NFSTAT	0x4E000010	R	NAND Flash 操作状态	—

NFSTAT 寄存器			
NFSTAT	位	描　　述	初始状态
保留	[16:1]	保留	—
RnB	[0]	NAND Flash 存储器就绪/忙 状态 (通过 R/nB 引脚检测此信号) 0 = NAND Flash 存储器忙 1 = NAND Flash 存储器就绪可操作	—

S3C2410 的 NAND Flash ECC 寄存器（NFECC）信息如表 9-18 所示。

表 9-18 NFECC 寄存器信息

寄存器	地址	读/写	描 述	复位值
NFECC	0x4E000014	R	NAND Flash ECC（错误校验码）寄存器	—

NFECC 寄存器

NFECC	位	描 述	初始状态
ECC2	[23:16]	错误校验码♯2	—
ECC1	[15:8]	错误校验码♯1	—
ECC0	[7:0]	错误校验码♯0	—

对于更详细的 S3C2440 的 NAND Flash 寄存器信息请参考官方数据手册。

3. 典型 NAND Flash 芯片

K9F5608 是 Samsung 半导体生产的 NAND Flash 芯片，其引脚结构如图 9-15 所示。

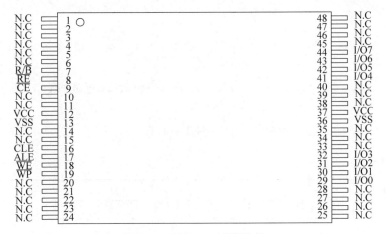

图 9-15 K9F5608 引脚结构

各引脚的功能描述如表 9-19 所示。

表 9-19 引脚功能描述

引脚名称	描 述
I/O0～I/O7	数据/命令/地址的输入/输出端口（与数据总线共享）
CLE	命令锁使能
ALE	地址锁存使能
$\overline{CE}$	NAND Flash 片选使能
$\overline{RE}$	NAND Flash 读使能
$\overline{WE}$	NAND Flash 写使能
$\overline{WP}$	写保护
R/$\overline{B}$	用于指示设备的状态

图 9-16 给出了 K9F5608 与 S3C2410/S3C2440 的接口电路原理。图中的 JP501 为写保护跳线,防止存储器被意外改写。

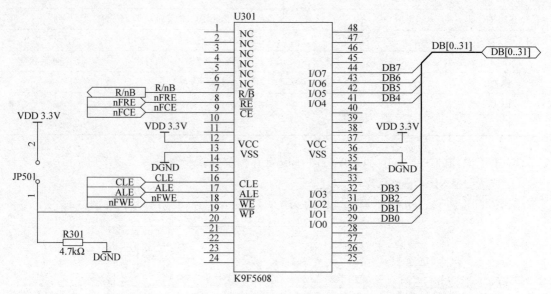

图 9-16   K9F5608 与 S3C2410/S3C2440 的接口电路原理

图 9-17、图 9-18 为 K9F5608 编程时序图和流程图。

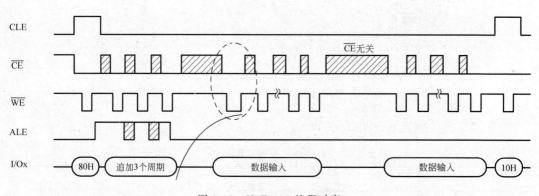

图 9-17   K9F5608 编程时序

首先,MCU 通过数据线向 K9F5608 芯片送入写命令 0x80,接着再通过数据线输出 NAND Flash 存储单元的首地址,地址可由多个字节组成,这时要顺序输出。然后再输出需要写入的数据,以及输出命令 0x10。完成以上操作后,读取状态寄存器并判断 R/$\overline{B}$ 引脚,得知 K9F5608 芯片的闲/忙状态情况,若空闲,则进行校验。校验时,先通过数据线向 K9F5608 芯片输出写命令 0x00,再通过数据线输出需要校验的 NAND Flash 存储单元的地址,并读出数据进行比较,如果相等则完成编程工作。

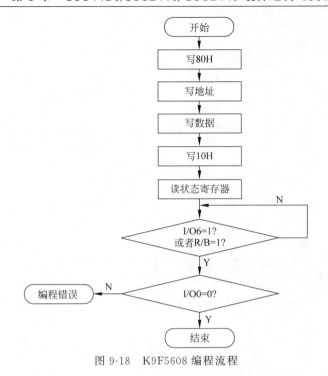

图 9-18　K9F5608 编程流程

9.4　S3C44B0/S3C2410/S3C2440 时钟与电源管理

　　S3C44B0 的时钟生成器能够为 CPU 和外围设备产生所需的时钟信号。时钟生成器能够通过 S/W 控制每个外围设备块提供或者断开时钟,以减少电源消耗。如同 S/W 这种类型的可控性,S3C44B0 提供许多电源管理方案来满足给定任务的最优电源消耗。S3C44B0 的电源管理有 5 种模式:正常模式、低速模式、空闲模式、停止模式和 LCD 的 SL 空闲模式。

　　S3C2410/S3C2440 的时钟控制逻辑能够产生设备所需的时钟信号,包括 CPU 的 FCLK、AHB 总线外设的 HCLK 以及 APB 总线外设的 PCLK。S3C2410/S3C2440 有两个锁相环(PLL):一个为 FCLK、HCLK、PCLK;另一个为 USB 块设备(48MHz)专用。时钟控制逻辑可以不使用 PLL 通过软件来控制每个外围设备连接/断开时钟,以减少电源的消耗。S3C2410/S3C2440 的电源管理模块有 4 种活动模式:正常模式、低速模式、休眠模式和断电模式。

9.4.1　S3C44B0/S3C2410/S3C2440 时钟管理

1. 时钟结构

　　S3C44B0 的时钟发生器模块如图 9-19 所示。主时钟源来自外部晶振或外部时钟。时钟发生器有一个需要连接到外部晶体振荡器,并且有一个 PLL 把低频率震荡输出作为它的输入,然后产生满足 S3C44B0 需求的高频率时钟。时钟发生器模块在复位或停止模式下能够产生稳定的时钟频率。

　　S3C2410/S3C2440 的时钟发生器模块如图 9-20 所示。主时钟源来自外部晶振(XTIpll)或外部时钟(EXTCLK)。时钟发生器有一个需要连接到外部晶振的振荡器(振荡放大器),并且有两个 PLL,用来产生满足 S3C2410/S3C2440 需求的高频率时钟。

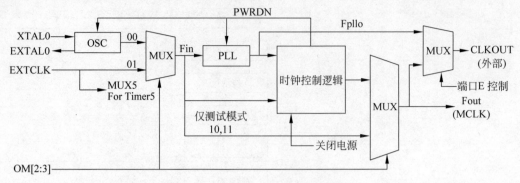

图 9-19　S3C44B0 的时钟发生器模块

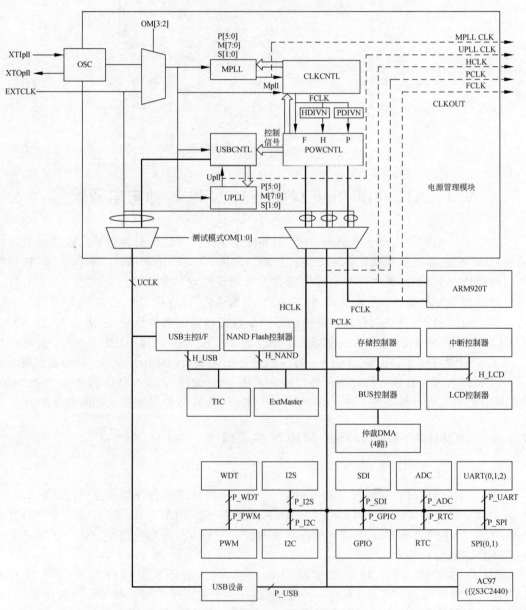

图 9-20　S3C2410/S3C2440 的时钟发生器模块

2. 时钟源的选择

控制模式引脚(OM3 和 OM2)与 S3C44B0/S3C2410/S3C2440 时钟源选择的结合关系如表 9-20 所示。OM[3:2]状态通过查阅 OM3 和 OM2 引脚在 nRESET 上升沿时的值是内部锁存的。

表 9-20　S3C44B0/S3C2410/S3C2440 时钟源选择

S3C44B0

模式 OM[3:2]	时钟源	晶体驱动	PLL 开始状态	Fout
00	晶振时钟	使能	使能(1)	PLL 输出(1)
01	外部时钟	禁止	使能(1)	PLL 输出(1)
其他(10,11)	测试模式			

S3C2410/S3C2440

模式 OM[3:2]	MPLL 状态	UPLL 状态	主时钟源	USB 时钟源
00	On	On	晶振	晶振
01	On	On	晶振	外部时钟
10	On	On	外部时钟	晶振
11	On	On	外部时钟	外部时钟

注意事项:

(1) S3C44B0 中,尽管 PLL 在复位不久就启动,但是直到 S/W 写入有效设置到 PLLCON 寄存器,PLL 输出不能被使用。在有效设置之前,晶振的时钟或者外部时钟源被直接作为 Fout。即使用户希望保留 PLLCON 寄存器的默认值,仍然需要写入相同的值到 PLLCON 寄存器。如果 S3C44B0 通过 XTAL0 与 EXTAL0 作为 PLL 输出,EXTCLK 可专门作为 Timer5 的 TCLK。

(2) S3C2410/S3C2440 中,尽管 MPLL 在复位不久就启动,但是 MPLL 输出不能作为系统时钟直到软件写入有效设置到 MPLLCON 寄存器。在有效设置之前,外部晶振或外部时钟源会被直接作为系统时钟。即使用户不希望改变 MPLLCON 的默认值,也需要写入相同值到 MPLLCON 寄存器中。

(3) 在 S3C2410/S3C2440 中,当 OM[1:0]是 0b11 时为测试模式。

3. PLL

内置时钟发生器的 S3C44B0 PLL/S3C2410/S3C2400 MPLL 是一个以频率与相位输入信号的基准的同步输出信号的电路。VCO(电压控制振荡器)产生适当频率输出作为 DC 电压的输入,驱动器 P 通过 p 驱动输入频率(Fin),驱动器 M 通过 m 驱动 VCO 输出频率作为鉴频鉴相器(PFD)的输入,驱动器 S 通过 s 驱动输入频率,来作为 S3C44B0 Fpllo/S3C2410/S3C2400 Mpll(PLL/MPLL 模块的输出频率)、相位差探测器、充电泵和环路滤波。输出时钟频率 Fpllo/Mpll 与输入时钟频率 Fin 通过如下公式关联起来:

$$S3C44B0: F_{pllo} = (m \times F_{in}) / (p \times 2^s)$$
$$m = M + 8, \quad p = P + 2$$
$$S3C2410: M_{pllo} = (m \times F_{in}) / (p \times 2^s),$$
$$S3C2440\ M_{pllo} = (2m \times F_{in}) / (P \times 2^s)$$
$$m = M + 8, \quad p = P + 2$$

S3C2410/S3C2440 的内置时钟发生器 UPLL 与 MPLL 相同。S3C44B0 PLL 锁定时间是 PLL 输出稳定所需的时间。锁定时间应大于 $208\mu s$。在从停止和 SL 空闲模式重置与唤醒后,分别需要锁定时间通过带锁时计数寄存器的内部逻辑自动插入。自动插入锁定时间的计算如下:

t_lock(H/W 逻辑的 PLL 锁定时间)=(1/Fin)×n(n=LTIMECNT 值)

4. 上电复位

如图 9-21 所示,晶振开始振荡数毫秒后,当 S3C44B0 的 OSC(S3C2410/S3C2440:XTIpll) 时钟稳定后 nRESET 得到释放,PLL 开始根据默认的 PLL 配置进行运作。但 PLL 在上电复位后变得不稳定,所以 Fin 代替 Fpllo(S3C2410/S3C2440:Mpll)在 S/W(S3C2410/S3C2440:软件)更新 PLLCON 的配置前直接反馈到 Fout。即使用户在复位后想使用 PLLCON 寄存器的默认值,也需要通过 S/W(S3C2410/S3C2440:软件)写入相同的值给 PLLCON 寄存器。

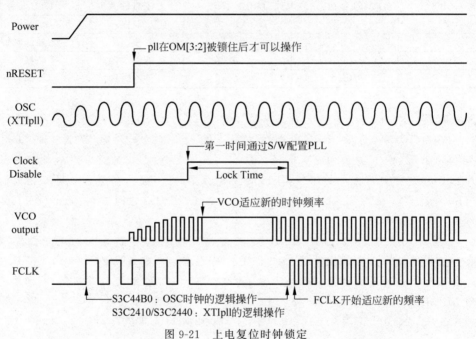

图 9-21　上电复位时钟锁定

在正常模式下的操作,如果用户希望通过写 PMS 值的方法改变频率,PLL 锁定时间会自动写入。在锁定时间里,时钟不支持内部模块。正常操作模式下 PLL 设置如图 9-22 所示。

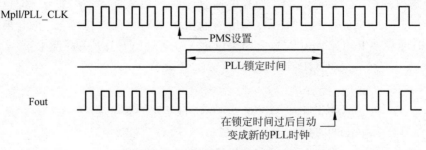

图 9-22　正常操作模式下 PLL 设置

9.4.2　S3C44B0/S3C2410/S3C2440 电源管理

S3C44B0/S3C2410/S3C2440 电源管理模块通过控制系统时钟,实现减少系统的电源功耗。S3C44B0 的方法与 PLL、时钟控制逻辑、外设时钟控制以及唤醒信号相关。S3C2410/S3C2440 则与 PLL、时钟控制逻辑(FCLK、HCLK 和 PCLK)以及唤醒信号相关。S3C2410/S3C2440 时钟分配模块如图 9-23 所示。

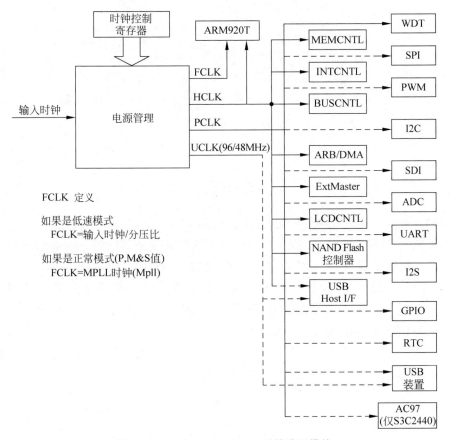

图 9-23　S3C2410/S3C2440 时钟分配模块

1. S3C44B0 电源管理状态机

S3C44B0 的电源管理有 5 种模式:正常模式、低速模式、空闲模式、停止模式和 LCD 的 SL 空闲模式。S3C44B0 电源管理状态机如图 9-24 所示。

正常模式:用来支持 CPU 和所有外设的时钟。在所有外设都启动的情况下电源消耗达到最大。用户可以控制外设的 S/W 选项。例如当不需要定时器和 DMA 时,用户可以切断定时器和 DMA 的时钟来减少电源消耗。

低速模式:也叫 non-PLL 模式。与正常模式不同,低速模式不使用 PLL,直接利用外部时钟作为 S3C44B0 的主时钟。在这种模式下,电源消耗只依赖于外部时钟频率。由 PLL 引起的电源消耗已经被排除。

空闲模式:只断开 CPU 内核的时钟,但为所有外设提供时钟。在这种模式下,CPU 内

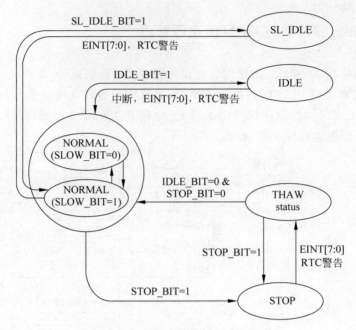

图 9-24　S3C44B0 电源管理状态机

核的电源消耗被减少了。任何中断请求都可以使 CPU 从空闲模式下被唤醒。

停止模式：通过禁止 PLL 来冻结 CPU 和所有外部设备的时钟。当前只有小于 $10\mu A$ 的泄漏电流。这种情况下 CPU 的外部中断可以使之从停止模式被唤醒。

LCD 的 SL 空闲模式：使得 LCD 控制器得以工作。在这种情况下，除了 LCD 控制器外的 CPU 及外部设备的时钟被停止，这种模式下的电源消耗要小于空闲模式。

2. S3C2410/S3C2440 电源管理状态机

S3C2410/S3C2440 的电源管理模块有 4 种活动模式：正常模式、低速模式、休眠模式和断电模式。S3C2410/S3C2440 电源管理状态机如图 9-25 所示。

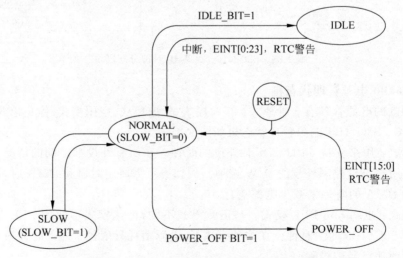

图 9-25　S3C2410/S3C2440 电源管理状态机

　　S3C2410/S3C2440 的正常模式、低速模式、空闲模式这 3 种模式与 S3C44B0 一样,其断电模式有所差别。

　　断电模式:断开内部电源。这样,在此模式下除了唤醒逻辑外 CPU 和内部逻辑没有电源消耗。为了能够使用断电模式,需要两个独立的供电电源:一个为唤醒逻辑提供电源;另一个提供内部逻辑包括 CPU 的电源,并且可以控制电源的开/关。在断电模式下,为 CPU 和内部逻辑供电的第二供电电源将会关闭。从断电模式下被唤醒需要通过 EINT[15:0]或者 RTC 告警中断。

9.4.3　S3C44B0/S3C2410/S3C2440 时钟与电源管理专用寄存器

　　锁时计数寄存器(锁定时间)LOCKTIME 信息如表 9-21 所示。

表 9-21　LOCKTIME 寄存器信息

寄存器	S3C44B0 地址	S3C2410/S3C2440 地址	读/写	描　　述	复位值
LOCKTIME	0x01D8000C	0x4C000000	R/W	PLL 锁定时间计数寄存器	有效位为 1

S3C44B0 寄存器

S3C44B0 LOCKTIME	位	描　　述	初始值
LTIME CNT	[11:0]	PLL 锁时计数值	0xFFF

S3C2410/S3C2440

S3C2410/S3C2440 LOCKTIME	位	描　　述	初始值
U_LTIME	S3C2410: [23:12] S3C2440: [31:16]	UCLK 的 UPLL 锁时计数器值 S3C2410: U_LTIME>150μs S3C2440: U_LTIME>300μs	有效位为 1
M_LTIME	S3C2410: [11:0] S3C2440: [15:0]	FCLK, HCLK, and PCLK 的 MPLL 锁时计数器值 S3C2410: M_LTIME>150μs S3C2440: M_LTIME>300μs	有效位为 1

　　1. PLL 控制寄存器(S3C44B0 PLLCON/S3C2410/S3C2440 MPLLCON 和 UPLLCON)

　　S3C44B0 的 F_{pllo}/ S3C2410/S3C2440 M_{pllo}:

$$Fpllo(Mpllo) = (m \times Fin) / (p \times 2^s) \quad (S3C2440:Fpllo(Mpllo)=(2m\times Fin)/(P\times 2^s))$$

$$m = (MDIV + 8), p = (PDIV + 2), S = SDIV$$

　　2. PLL 值选择指南

　　S3C44B0:

- $Fpllo * 2^s$ 需要小于 170MHz。
- S 越大越好。
- (Fin / p) 的推荐值为 1MHz 或更高,但是 (Fin / p) < 2MHz。

　　S3C2410/S3C2440:

$$Fout = m \times Fin / (p \times 2^s) \quad (S3C2440:Fout=2m \times Fin/(p \times 2^s))$$
$$Fvco = m \times Fin / p \, (m=MDIV+8, p=PDIV+2, s=SDIV)$$
$$(S3C2440:Fvco=2m \times Fin/p)$$

PLL 配置寄存器信息如表 9-22 所示。

表 9-22　PLL 配置寄存器信息

寄存器	地址	读/写	描　述	复位值
S3C44B0 寄存器				
PLLCON	0x01D80000	R/W	PLL 配置寄存器	0x38080
S3C2410/S3C2440				
MPLLCON	0x4C000004	R/W	MPLL 配置寄存器	S3C2410:0x0005C080 S3C2440:0x00096030
UPLLCON	0x4C000008	R/W	UPLL 配置寄存器	S3C2410:0x00028080 S3C2440:0x0004D030
S3C44B0 的 PLLCON 寄存器				
PLLCON	位	描　述		初始状态
MDIV	[19:12]	主分频控制		0x38
PDIV	[9:4]	预分频控制		0x08
SDIV	[1:0]	后分频控制		0x0
S3C2410/S3C2440 的 PLLCON 寄存器				
PLLCON	位	描　述		初始状态
MDIV	[19:12]	主分频控制		S3C2410:0x5C/0x28 S3C2440:0x96/0x4D
PDIV	[9:4]	预分频控制		S3C2410:0x08/0x08 S3C2440:0x03/0x03
SDIV	[1:0]	后分频控制		0x0/0x0

时钟控制寄存器(CLKCON)信息如表 9-23 所示。

表 9-23　CLKCON 寄存器信息

	寄存器	地址	读/写	描　述	复位值
S3C44B0	CLKCON	0x01D80004	R/W	时钟发生器控制寄存器	0x7FF8
S3C2410/ S3C2440		0x4C00000C			S3C2410:0x7FFF0 S3C2440:0xFFFFF0
S3C44B0 寄存器					
S3C44B0 CLKCON	位	描　述			初始状态
IIS	[14]	控制 MCLK 到 IIS 模块 0 = 禁止　1=使能			1
IIC	[13]	控制 MCLK 到 IIC 模块 0 = 禁止　1=使能			1
ADC	[12]	控制 MCLK 到 ADC 模块 0 = 禁止　1=使能			1

续表

S3C44B0 CLKCON	位	描　　述	初始状态
RTC	[11]	控制 MCLK 到 RTC 控制模块 即使此位被清 0,RTC Timer 仍然存在 0 = 禁止　1=使能	1
GPIO	[10]	控制 MCLK 到 GPIO 模块 设置 1 来使用来自 EINT[4:7] 的中断请求 0 = 禁止　1=使能	1
UART1	[9]	控制 MCLK 到 UART1 模块 0 = 禁止　1=使能	1
UART0	[8]	控制 MCLK 到 UART0 模块 0 = 禁止　1=使能	1
BDMA0,1	[7]	控制 MCLK 到 BDMA 模块 0 = 禁止　1=使能 如果 BDMA 关闭,则外部总线上的外部设备可能不能被访问	1
LCDC	[6]	控制 MCLK 到 LCDC 模块 0 = 禁止　1 = 使能	1
SIO	[5]	控制 MCLK 到 SIO 模块 0 = 禁止　1 = 使能	1
ZDMA0,1	[4]	控制 MCLK 到 ZDMA 模块 0 = 禁止　1 = 使能	1
PWMTIMER	[3]	控制 MCLK 到 PWMTIMER 模块 0 = 禁止　1 = 使能	1
IDLE BIT	[2]	进入空闲模式。此位不能被自动清除 0 = 禁止　1 = 转换到空闲(SL 空闲)模式	0
SL_IDLE	[1]	SL 空闲模式选项。此位不能被自动清除 0 = 禁止　1 = SL 空闲模式 为了进入 SL 空闲模式,CLKCON 寄存器需要被置为 0x46	0
STOP BIT	[0]	进入停止模式。此位不能被自动清除 0 = 禁止　1 = 转换到停止模式	0

S3C2410/S3C2440 寄存器

S3C2410/ S3C2440 CLKCON	位	描　　述	初始状态
AC97 (仅 S3C2440)	[20]	控制 PCLK 到 AC97 模块 0 = 禁止　1 = 使能	1
Camera (仅 S3C2440)	[19]	控制 HCLK 到 Camera 模块 0 = 禁止　1 = 使能	1
SPI	[18]	控制 PCLK 到 SPI 模块 0 = 禁止　1 = 使能	1
IIS	[17]	控制 PCLK 到 IIS 模块 0 = 禁止　1 = 使能	1

S3C2410/ S3C2440 CLKCON	位	描　　述	初始状态
IIC	[16]	控制 PCLK 到 IIC 模块 0 = 禁止　1 = 使能	1
ADC （和触摸屏）	[15]	控制 PCLK 到 ADC 模块 0 = 禁止　1 = 使能	1
RTC	[14]	控制 PCLK 到 RTC 控制模块 即使此位被清 0，RTC Timer 仍然存在 0 = 禁止　1=使能	1
GPIO	[13]	控制 PCLK 到 GPIO 模块 0 = 禁止　1 = 使能	1
UART2	[12]	控制 PCLK 到 UART2 模块 0 = 禁止　1 = 使能	1
UART1	[11]	控制 PCLK 到 UART1 模块 0 = 禁止　1 = 使能	1
UART0	[10]	控制 PCLK 到 UART0 模块 0 = 禁止　1 = 使能	1
SDI	[9]	控制 PCLK 到 SDI 接口模块 0 = 禁止　1 = 使能	1
PWMTIMER	[8]	控制 PCLK 到 PWMTIMER 模块 0 = 禁止　1 = 使能	1
USB 设备	[7]	控制 PCLK 到 USB 设备模块 0 = 禁止　1 = 使能	1
USB 主机	[6]	控制 PCLK 到 USB 主机模块 0 = 禁止　1 = 使能	1
LCDC	[5]	控制 PCLK 到 LCDC 模块 0 = 禁止　1 = 使能	1
NAND Flash 控制器	[4]	控制 PCLK 到 NAND Flash 控制模块 0 = 禁止　1 = 使能	1
POWER-OFF	[3]	控制 S3C2410/S3C2440 的断电模式 0 = 禁止　1 = 转换到断电模式	0
IDLE BIT	[2]	进入空闲模式。此位不能被自动清除 0 = 禁止　1 = 转换到空闲模式	0
保留	[1]	保留	0
SM_BIT	[0]	S3C2440 特殊模式。正常推荐为 0。 此位只能在特殊的条件进入到特殊模式，OM3 = 1 并且通过 nRESET 唤醒，S3C2440 此位保留	0

低速时钟控制寄存器（CLKSLOW）信息如表 9-24 所示。

表 9-24　CLKSLOW 寄存器信息

	寄存器	地址	读/写	描　述	复位值
S3C44B0	CLKSLOW	0x01D80008	R/W	低速时钟控制寄存器	0x9
S3C2410/ S3C2440		0x4C000010			0x00000004

S3C44B0 寄存器

S3C44B0 CLKSLOW	位	描　述	初始状态
PLL_OFF	[5]	0：PLL 开启 PLL 只有当 SLOW_BIT 为 1 时可以开启。在 PLL 稳定时间过后（最小为 150μs），SLOW_BIT 可能会清 0 1：PLL 关闭 PLL 只有当 SLOW_BIT 为 1 时才可以关闭	0x0
SLOW_BIT	[4]	0：Fout ＝ Fpllo（PLL 输出） 1：Fout ＝ Fin / （2×SLOW_VAL）（SLOW_VAL＞0） 　　Fout ＝ Fin（SLOW_VAL ＝ 0）	0x0
SLOW_VAL	[3:0]	当 SLOW_BIT 开启时低速时钟的分频值	0x9

S3C2410/S3C2440 寄存器

S3C2410/ S3C2440 CLKSLOW	位	描　述	初始状态
UCLK_ON	[7]	0：UCLK 开启（UPLL 也开启，UPLL 锁定时间自动写入） 1：UCLK 关闭（UPLL 也关闭）	0
保留	[6]	保留	—
MPLL_OFF	[5]	0：PLL 开启 在 PLL 稳定时间过后（最小为 150μs），SLOW_BIT 可能会清 0 1：PLL 关闭 PLL 只有当 SLOW_BIT 为 1 时才可以关闭	0
SLOW_BIT	[4]	0：FCLK ＝ Mpll（MPLL 输出） 1：低速模式 FCLK ＝ 输入时钟 / （2 x SLOW_VAL）（SLOW_VAL＞0） FCLK ＝ 输入时钟（SLOW_VAL ＝ 0） 输入时钟（输入 clock）＝ XTIpll 或 EXTCLK	0
保留	[3]	保留	—
SLOW_VAL	[2:0]	当 SLOW_BIT 开启时低速时钟的分频值	0x4

　　S3C2410/S3C2440 时钟分频控制寄存器（CLKDIVN）信息如表 9-25 所示。

表 9-25　CLKDIVN 寄存器信息

寄存器	S3C2410/S3C2440 地址	读/写	描　述	复位值
CLKDIVN	0x4C000014	R/W	时钟分频控制寄存器	0x00000000

S3C2410CLKDIVN 寄存器

CLKDIVN	位	描　述	初始状态
保留	[2]	芯片验证专用总线时钟比率	0
HDIVN	[1]	0：HCLK 与 HCLK 有相同的时钟 1：HCLK 的时钟为 FCLK/2	0
PDIVN	[0]	0：PCLK 与 HCLK 有相同的时钟 1：PCLK 的时钟为 FCLK/2	0

CLKDIVN	位	描 述	初始状态
DIVN_UPLL	[3]	UCLK 选择寄存器 0：UCLK＝UPLL 时钟 1：UCLK＝UPLL 时钟/2	0
HDIVN	[2:1]	00：HCLK 与 FCLK 有相同的时钟 01：HCLK 的时钟为 FCLK/2 10：当 CAMDIVN[9]＝0 时 HCLK＝FCLK/4；当 CAMDIVN[9]＝1 时 HCLK＝FCLK/8 11：当 CAMDIVN[8]＝0 时 HCLK＝FCLK/3；当 CAMDIVN[8]＝1 时 HCLK＝FCLK/6	00
PDIVN	[0]	0：PCLK 与 HCLK 有相同的时钟 1：PCLK 的时钟为 HCLK/2	0

注：S3C2440 的 CAMDIVN 寄存器功能描述见芯片技术手册。

9.5 S3C44B0/S3C2410/S3C2440 通用 I/O 端口

S3C44B0 有 71 个多功能输入输出(I/O)引脚,有如下 5 个端口。

- 两个 9 位 I/O 端口(端口 E 和 F)
- 两个 8 位 I/O 端口(端口 D 和 G)
- 一个 16 位 I/O 端口(端口 C)
- 一个 10 位 I/O 端口(端口 A)
- 一个 11 位 I/O 端口(端口 B)

S3C2410 有 117 个多功能输出引脚,有如下 8 个端口。

- 端口 A(GPA)：23 位输出端口
- 端口 B(GPB)：11 位 I/O 端口
- 端口 C(GPC)：16 位 I/O 端口
- 端口 D(GPD)：16 位 I/O 端口
- 端口 E(GPE)：16 位 I/O 端口
- 端口 F(GPF)：8 位 I/O 端口
- 端口 G(GPG)：16 位 I/O 端口
- 端口 H(GPH)：11 位 I/O 端口

S3C2440 有 130 个多功能输入输出引脚,有如下 9 个端口。

- 端口 A(GPA)：25 位输出端口
- 端口 B(GPB)：11 位 I/O 端口
- 端口 C(GPC)：16 位 I/O 端口
- 端口 D(GPD)：16 位 I/O 端口
- 端口 E(GPE)：16 位 I/O 端口
- 端口 F(GPF)：8 位 I/O 端口
- 端口 G(GPG)：16 位 I/O 端口
- 端口 H(GPH)：9 位 I/O 端口
- 端口 J(GPJ)：13 位 I/O 端口

　　每个端口都可以方便地用软件配置,以满足各种系统配置和设计要求,在主程序开始之前一般都要对引脚的功能进行定义。如果引脚没有使用复合功能,可以配置成 I/O 端口。

9.5.1　端口控制描述

1. 端口配置寄存器

　　在 S3C44B0 和 S3C2410/S3C2440 中,大多数引脚都是复合式的。所以,需要决定每个引脚所选择的功能,端口控制寄存器用来决定每个引脚的功能。在 S3C44B0 中,如果 PG0~PG7 用于在掉电模式下的唤醒信号,这些端口需要配置成中断模式。在 S3C2410/S3C2440 中,如果 GPF0~GPF7 和 GPG0~GPG7 用于断电模式下的唤醒信号,这些端口必须配置成中断模式。

2. 端口数据寄存器

　　如果端口被配置成输出端口,数据可以从相应的位写入。如果端口被配置成输入端口,数据可以从相应的位读出。

3. 端口上拉寄存器

　　端口上拉寄存器控制每个端口组的上拉电阻使能/禁止。当相应的位置为 0 时,引脚的上拉电阻被使能。当相应的位置为 1 时,上拉电阻被禁止。

4. 外部中断控制寄存器

　　S3C44B0 的 8 个外部中断与 S3C2410/S3C2440 的 24 个外部中断通过多种信号方法被请求。EXTINT 寄存器可以设置外部中断触发的方式,如低电平触发、高电平触发、下降沿触发、上升沿触发和双沿触发。因为 S3C44B0 的每一个外部中断引脚都有一个数字滤波器,所以能够准确地识别中断信号。

9.5.2　端口寄存器

1. S3C44B0 端口寄存器

　　1)端口 A 寄存器

　　端口 A 控制寄存器 PCONA 和数据寄存器 PDATA 信息如表 9-26 所示。

表 9-26　PCONA、PDATA 寄存器信息

寄存器	地址	读/写	描　　述	复位值
PCONA	0x01D20000	R/W	配置端口 A 的引脚	0x3ff
PDATA	0x01D20004	R/W	端口 A 的数据寄存器	未定义

PCONA 寄存器

PCONA	位	描　　述
PA9	[9]	0 = 输出　　1 = ADDR24
PA8	[8]	0 = 输出　　1 = ADDR23
PA7	[7]	0 = 输出　　1 = ADDR22
PA6	[6]	0 = 输出　　1 = ADDR21
PA5	[5]	0 = 输出　　1 = ADDR20
PA4	[4]	0 = 输出　　1 = ADDR19
PA3	[3]	0 = 输出　　1 = ADDR18
PA2	[2]	0 = 输出　　1 = ADDR17

PCONA 寄存器

PCONA	位	描　述
PA1	[1]	0 ＝ 输出　　　1 ＝ ADDR16
PA0	[0]	0 ＝ 输出　　　1 ＝ ADDR0

PDATA 寄存器

PDATA	位	描　述
PA[9:0]	[9:0]	当端口被配置成输出端口时,引脚状态与对应的位相同 当端口被配置成功能引脚时,将会读到未定义的值

2）端口 B 寄存器

端口 B 控制寄存器 PCONB 和数据寄存器 PDATB 信息如表 9-27 所示。

表 9-27　PCONB、PDATB 寄存器信息

寄存器	地址	读/写	描　述	复位值
PCONB	0x01D20008	R/W	配置端口 B 的引脚	0x7ff
PDATB	0x01D2000C	R/W	端口 B 的数据寄存器	未定义

PCONB 寄存器

PCONB	位	描　述
PB10	[10]	0 ＝ 输出　　　1 ＝ nGCS5
PB9	[9]	0 ＝ 输出　　　1 ＝ nGCS4
PB8	[8]	0 ＝ 输出　　　1 ＝ nGCS3
PB7	[7]	0 ＝ 输出　　　1 ＝ nGCS2
PB6	[6]	0 ＝ 输出　　　1 ＝ nGCS1
PB5	[5]	0 ＝ 输出　　　1 ＝ nWBE3/nBE3/DQM3
PB4	[4]	0 ＝ 输出　　　1 ＝ nWBE2/nBE2/DQM2
PB3	[3]	0 ＝ 输出　　　1 ＝ nSRAS/nCAS3
PB2	[2]	0 ＝ 输出　　　1 ＝ nSCAS/nCAS2
PB1	[1]	0 ＝ 输出　　　1 ＝ SCLK
PB0	[0]	0 ＝ 输出　　　1 ＝ SCKE

PDATB 寄存器

PDATB	位	描　述
PB[10:0]	[10:0]	当端口被配置成输出端口时,引脚状态与对应的位相同 当端口被配置成功能引脚时,将会读到未定义的值

3）端口 C 寄存器

端口 C 控制寄存器 PCONC、数据寄存器 PDATC 和上拉电阻使能寄存器 PUPC 信息如表 9-28 所示。

表 9-28　PCONC、PDATC 寄存器信息

寄存器	地址	读/写	描　述	复位值
PCONC	0x01D20010	R/W	配置端口 C 的引脚	0xaaaaaaaa
PDATC	0x01D20014	R/W	端口 C 的数据寄存器	未定义
PUPC	0x01D20018	R/W	端口 C 上拉电阻使能寄存器	0x0

PCONC 寄存器

PCONC	位	描　述		
PC15	[31:30]	00 = 输入	01 = 输出	
		10 = DATA31	11 = nCTS0	
PC14	[29:28]	00 = 输入	01 = 输出	
		10 = DATA30	11 = nRTS0	
PC13	[27:26]	00 = 输入	01 = 输出	
		10 = DATA29	11 = RxD1	
PC12	[25:24]	00 = 输入	01 = 输出	
		10 = DATA28	11 = TxD1	
PC11	[23:22]	00 = 输入	01 = 输出	
		10 = DATA27	11 = nCTS1	
PC10	[21:20]	00 = 输入	01 = 输出	
		10 = DATA26	11 = nRTS1	
PC9	[19:18]	00 = 输入	01 = 输出	
		10 = DATA25	11 = nXDREQ1	
PC8	[17:16]	00 = 输入	01 = 输出	
		10 = DATA24	11 = nXDACK1	
PC7	[15:14]	00 = 输入	01 = 输出	
		10 = DATA23	11 = VD4	
PC6	[13:12]	00 = 输入	01 = 输出	
		10 = DATA22	11 = VD5	
PC5	[11:10]	00 = 输入	01 = 输出	
		10 = DATA21	11 = VD6	
PC4	[9:8]	00 = 输入	01 = 输出	
		10 = DATA20	11 = VD7	
PC3	[7:6]	00 = 输入	01 = 输出	
		10 = DATA19	11 = IISCLK	
PC2	[5:4]	00 = 输入	01 = 输出	
		10 = DATA18	11 = IISDI	
PC1	[3:2]	00 = 输入	01 = 输出	
		10 = DATA17	11 = IISDO	
PC0	[1:0]	00 = 输入	01 = 输出	
		10 = DATA16	11 = IISLRCK	

PDATC 寄存器

PDATC	位	描　述
PC[15:0]	[15:0]	当端口被配置成输入端口,相应的位为引脚状态 当端口被配置成输出端口时,引脚状态与对应的位相同 当端口被配置成功能引脚时,将会读到未定义的值

PUPC 寄存器

PUPC	位	描　述
PC[15:0]	[15:0]	0:上拉电阻与相应的引脚连接使能 1:上拉电阻被禁止

4) 端口 D 寄存器

端口 D 控制寄存器 PCONC、数据寄存器 PDATD 和上拉电阻使能寄存器 PUPD 信息如表 9-29 所示。

表 9-29 PCONC、PDATD、PUPD 寄存器信息

寄存器	地址	读/写	描　　述	复位值
PCOND	0x01D2001C	R/W	配置端口 D 的引脚	0x0000
PDATD	0x01D20020	R/W	端口 D 的数据寄存器	未定义
PUPD	0x01D20024	R/W	端口 D 上拉禁止寄存器	0x0

PCOND 寄存器

PCOND	位	描　　述	
PD7	[15:14]	00 = 输入　　01 = 输出	10 = VFRAME　　11 = 保留
PD6	[13:12]	00 = 输入　　01 = 输出	10 = VM　　11 = 保留
PD5	[11:10]	00 = 输入　　01 = 输出	10 = VLINE　　11 = 保留
PD4	[9:8]	00 = 输入　　01 = 输出	10 = VCLK　　11 = 保留
PD3	[7:6]	00 = 输入　　01 = 输出	10 = VD3　　11 = 保留
PD2	[5:4]	00 = 输入　　01 = 输出	10 = VD2　　11 = 保留
PD1	[3:2]	00 = 输入　　01 = 输出	10 = VD1　　11 = 保留
PD0	[1:0]	00 = 输入　　01 = 输出	10 = VD0　　11 = 保留

PDATD 寄存器

PDATD	位	描　　述
PD[7:0]	[7:0]	当端口被配置成输入端口,相应的位为引脚状态 当端口被配置成输出端口时,引脚状态与对应的位相同 当端口被配置成功能引脚时,将会读到未定义的值

PUPD 寄存器

PUPD	位	描　　述
PD[7:0]	[7:0]	0:上拉电阻与相应的引脚连接使能 1:上拉电阻被禁止

5) 端口 E 寄存器

端口 E 控制寄存器 PCONE、数据寄存器 PDATE 和上拉电阻使能寄存器 PUPE 信息如表 9-30 所示。

表 9-30　PCONE、PDATE、PUPE 寄存器信息

寄存器	地址	读/写	描　述	复位值
PCONE	0x01D20028	R/W	配置端口 E 的引脚	0x00
PDATE	0x01D2002C	R/W	端口 E 的数据寄存器	未定义
PUPE	0x01D20030	R/W	端口 E 上拉禁止寄存器	0x00

PCONE 寄存器

PCONE	位	描　述
PE8	[17:16]	00 = 保留（ENDIAN）　　01 = 输出 10 = CODECLK　　11 = 保留 PE8 只有在复位周期才能够被用作 ENDIAN
PE7	[15:14]	00 = 输入　　01 = 输出 10 = TOUT4　　11 = VD7
PE6	[13:12]	00 = 输入　　01 = 输出 10 = TOUT3　　11 = VD6
PE5	[11:10]	00 = 输入　　01 = 输出 10 = TOUT2　　11 = TCLK in
PE4	[9:8]	00 = 输入　　01 = 输出 10 = TOUT1　　11 = TCLK in
PE3	[7:6]	00 = 输入　　01 = 输出 10 = TOUT0　　11 = 保留
PE2	[5:4]	00 = 输入　　01 = 输出 10 = RxD0　　11 = 保留
PE1	[3:2]	00 = 输入　　01 = 输出 10 = TxD0　　11 = 保留
PE0	[1:0]	00 = 输入　　01 = 输出 10 = Fpllo out　　11 = Fout out

PDATE 寄存器

PDATE	位	描　述
PE[8:0]	[8:0]	当端口被配置成输出端口时，引脚状态与对应的位相同 当端口被配置成功能引脚时，将会读到未定义的值

PUPE 寄存器

PUPE	位	描　述
PE[7:0]	[7:0]	0：上拉电阻与相应的引脚连接使能 1：上拉电阻被禁止 PE8 没有可编程上拉电阻

6）端口 F 寄存器

端口 F 控制寄存器 PCONF、数据寄存器 PDATF 和上拉电阻使能寄存器 PUPF 信息如表 9-31 所示。

表 9-31　PCONF、PDATF、PUPF 寄存器信息

寄存器	地址	读/写	描　述	复位值
PCONF	0x01D20034	R/W	配置端口 F 的引脚	0x0000
PDATF	0x01D20038	R/W	端口 F 的数据寄存器	未定义
PUPF	0x01D2003C	R/W	端口 F 上拉禁止寄存器	0x0

PCONF 寄存器

PCONF	位	描　述		
PF8	[21:19]	000 = 输入　　011 = SIOCLK	001 = 输出　　100 = IISCLK	010 = nCTS1　　其他 = 保留
PF7	[18:16]	000 = 输入　　011 = SIORxD	001 = 输出　　100 = IISDI	010 = RxD1　　其他 = 保留
PF6	[15:13]	000 = 输入　　011 = SIORDY	001 = 输出　　100 = IISDO	010 = TxD1　　其他 = 保留
PF5	[12:10]	000 = 输入　　011 = SIOTxD	001 = 输出　　100 = IISLRCK	010 = nRTS1　　其他 = 保留
PF4	[9:8]	00 = 输入　　10 = nXBREQ	01 = 输出　　11 = nXDREQ0	
PF3	[7:6]	00 = 输入　　10 = nXBACK	01 = 输出　　11 = nXDACK0	
PF2	[5:4]	00 = 输入　　10 = nWAIT	01 = 输出　　11 = 保留	
PF1	[3:2]	00 = 输入　　10 = IICSDA	01 = 输出　　11 = 保留	
PF0	[1:0]	00 = 输入　　10 = IICSCL	01 = 输出　　11 = 保留	

PDATF 寄存器

PDATF	位	描　述
PF[8:0]	[8:0]	当端口被配置成输入端口,相应的位为引脚状态 当端口被配置成输出端口时,引脚状态与对应的位相同 当端口被配置成功能引脚时,将会读到未定义的值

PUPF 寄存器

PUPF	位	描　述
PF[8:0]	[8:0]	0：上拉电阻与相应的引脚连接使能 1：上拉电阻被禁止

7）端口 G 寄存器

端口 G 控制寄存器 PCONG、数据寄存器 PDATG 和上拉电阻使能寄存器 PUPG 信息如表 9-32 所示。

表 9-32　PCONG、PDATG、PUPG 寄存器信息

寄存器	地址	读/写	描　述	复位值
PCONG	0x01D20040	R/W	配置端口 G 的引脚	0x0
PDATG	0x01D20044	R/W	端口 G 的数据寄存器	未定义
PUPG	0x01D20048	R/W	端口 G 上拉禁止寄存器	0x0

PCONG 寄存器

PCONG	位	描　述	
PG7	[15:14]	00 = 输入　　10 = IISLRCK	01 = 输出　　11 = EINT7

PCONG	位	描　　述	
PG6	[13:12]	00 ＝ 输入　　　　01 ＝ 输出 10 ＝ IISDO　　　11 ＝ EINT6	
PG5	[11:10]	00 ＝ 输入　　　　01 ＝ 输出 10 ＝ IISDI　　　11 ＝ EINT5	
PG4	[9:8]	00 ＝ 输入　　　　01 ＝ 输出 10 ＝ IISCLK　　11 ＝ EINT4	
PG3	[7:6]	00 ＝ 输入　　　　01 ＝ 输出 10 ＝ nRTS0　　11 ＝ EINT3	
PG2	[5:4]	00 ＝ 输入　　　　01 ＝ 输出 10 ＝ nCTS0　　11 ＝ EINT2	
PG1	[3:2]	00 ＝ 输入　　　　01 ＝ 输出 10 ＝ VD5　　　11 ＝ EINT1	
PG0	[1:0]	00 ＝ 输入　　　　01 ＝ 输出 10 ＝ VD4　　　11 ＝ EINT0	

PDATG 寄存器

PDATG	位	描　　述
PG[7:0]	[7:0]	当端口被配置成输入端口,相应的位为引脚状态 当端口被配置成输出端口时,引脚状态与对应的位相同 当端口被配置成功能引脚时,将会读到未定义的值

PUPG 寄存器

PUPG	位	描　　述
PG[7:0]	[7:0]	0:上拉电阻与相应的引脚连接使能 1:上拉电阻被禁止

8) 专用上拉电阻控制寄存器

在停止/LCD 的 SL 空闲模式,数据总线(D[31:0]或者 D[15:0])在高阻态。但是,因为 I/O 引脚的特性,数据总线上拉电阻被启用,以减少在停止/SL 空闲模式上的电源消耗。D[31:16]引脚上拉电阻可以被 PUPC 寄存器控制。D[15:0]引脚上拉电阻可以通过 SPUCR 寄存器进行控制。

在停止模式下,存储器控制信号可以被选为高阻态或原状态,以防止通过设置 SPUCR 寄存器的 HZ@STOP 域而导致存储器故障。

专用上拉电阻控制寄存器 SPUCR 信息如表 9-33 所示。

表 9-33　SPUCR 寄存器信息

寄存器	地址	读/写	描　　述	复位值
SPUCR	0x01D2004C	R/W	专用上拉寄存器[2:0]	0x4

SPUCR 寄存器

SPUCR	位	描　　述	
HZ@STOP	[2]	0 ＝ 引脚的先前状态　　　1 ＝ HZ@stop	
SPUCR1	[1]	0 ＝ DATA[15:8]端口上拉电阻使能 1 ＝ DATA[15:8]端口上拉电阻禁止	
SPUCR0	[0]	0 ＝ DATA[7:0]端口上拉电阻使能 1 ＝ DATA[7:0]端口上拉电阻禁止	

9) 外部中断控制寄存器

外部中断控制寄存器 EXTINT 信息如表 9-34 所示。

表 9-34 EXTINT 寄存器信息

寄存器	地址	读/写	描　述	复位值
EXTINT	0x01D20050	R/W	外部中断控制寄存器	0x000000

EXTINT 寄存器

EXTINT	位	描　述
EINT7	[30:28]	设置 EINT7 的信号方法 000 = 低电平中断　　　001 = 高电平中断 01x = 下降沿触发　　　10x = 上升沿触发 11x = 双沿触发
EINT6	[26:24]	设置 EINT6 的信号方法 000 = 低电平中断　　　001 = 高电平中断 01x = 下降沿触发　　　10x = 上升沿触发 11x = 双沿触发
EINT5	[22:20]	设置 EINT5 的信号方法 000 = 低电平中断　　　001 = 高电平中断 01x = 下降沿触发　　　10x = 上升沿触发 11x = 双沿触发
EINT4	[18:16]	设置 EINT4 的信号方法 000 = 低电平中断　　　001 = 高电平中断 01x = 下降沿触发　　　10x = 上升沿触发 11x = 双沿触发
EINT3	[14:12]	设置 EINT3 的信号方法 000 = 低电平中断　　　001 = 高电平中断 01x = 下降沿触发　　　10x = 上升沿触发 11x = 双沿触发
EINT2	[10:8]	设置 EINT2 的信号方法 000 = 低电平中断　　　001 = 高电平中断 01x = 下降沿触发　　　10x = 上升沿触发 11x = 双沿触发
EINT1	[6:4]	设置 EINT1 的信号方法 000 = 低电平中断　　　001 = 高电平中断 01x = 下降沿触发　　　10x = 上升沿触发 11x = 双沿触发
EINT0	[2:0]	设置 EINT0 的信号方法 000 = 低电平中断　　　001 = 高电平中断 01x = 下降沿触发　　　10x = 上升沿触发 11x = 双沿触发

10) 外部中断挂起寄存器

外部中断请求(4,5,6,7)是"或"关系,提供一个中断信号给中断控制器。即 ENIT4、ENIT5、ENIT6 和 ENIT7 在中断控制器中共享相同的中断请求线(EINT4/5/6/7)。如果每个外部中断请求中断,EXTINTPND 的相应位将会被设置成 1。中断服务例程必须在清除外部挂起条件(EXTINTPND)后清除中断挂起条件(INTPND)。EXTINTPND 通过写 1 来清除。外部中断挂起寄存器 EXTINTPND 信息如表 9-35 所示。

表 9-35　EXTINTPND 寄存器信息

寄存器	地址	读/写	描　述	复位值
EXTINTPND	0x01D20054	R/W	外部中断挂起寄存器	0x00

EXTINTPND 寄存器

EXTINTPND	位	描　述
EXTINTPND3	[3]	如果 EINT7 被激活,EXINTPND3 位被置 1,并且 INTPND[21]被置 1
EXTINTPND2	[2]	如果 EINT6 被激活,EXINTPND2 位被置 1,并且 INTPND[21]被置 1
EXTINTPND1	[1]	如果 EINT5 被激活,EXINTPND1 位被置 1,并且 INTPND[21]被置 1
EXTINTPND0	[0]	如果 EINT4 被激活,EXINTPND0 位被置 1,并且 INTPND[21]被置 1

2. S3C2410/S3C2440 端口寄存器

1) 端口 A 寄存器

端口 A 控制寄存器 GPACON 和数据寄存器 GPADAT 信息如表 9-36 所示,其中 S3C2440 的第 24、25 位作为保留位。

表 9-36　GPACON、GPADAT 寄存器信息

寄存器	地址	读/写	描　述	复位值
GPACON	0x56000000	R/W	配置端口 A 的引脚	0x7FFFFF
GPADAT	0x56000004	R/W	端口 A 的数据寄存器	未定义
保留	0x56000008	—	保留	未定义
保留	0x5600000C	—	保留	未定义

GPACON 寄存器

GPACON	位	描　述
GPA22	[22]	0 = 输出　　1 = nFCE
GPA21	[21]	0 = 输出　　1 = nRSTOUT (nRSTOUT = nRESET & nWDTRST & SW_RESET(MISCCR[16]))
GPA20	[20]	0 = 输出　　1 = nFRE
GPA19	[19]	0 = 输出　　1 = nFWE
GPA18	[18]	0 = 输出　　1 = ALE
GPA17	[17]	0 = 输出　　1 = CLE
GPA16	[16]	0 = 输出　　1 = nGCS5
GPA15	[15]	0 = 输出　　1 = nGCS4
GPA14	[14]	0 = 输出　　1 = nGCS3
GPA13	[13]	0 = 输出　　1 = nGCS2
GPA12	[12]	0 = 输出　　1 = nGCS1
GPA11	[11]	0 = 输出　　1 = ADDR26
GPA10	[10]	0 = 输出　　1 = ADDR25
GPA9	[9]	0 = 输出　　1 = ADDR24
GPA8	[8]	0 = 输出　　1 = ADDR23
GPA7	[7]	0 = 输出　　1 = ADDR22
GPA6	[6]	0 = 输出　　1 = ADDR21

GPACON	位	描　　述
GPA5	[5]	0 ＝ 输出　　　　1 ＝ ADDR20
GPA4	[4]	0 ＝ 输出　　　　1 ＝ ADDR19
GPA3	[3]	0 ＝ 输出　　　　1 ＝ ADDR18
GPA2	[2]	0 ＝ 输出　　　　1 ＝ ADDR17
GPA1	[1]	0 ＝ 输出　　　　1 ＝ ADDR16
GPA0	[0]	0 ＝ 输出　　　　1 ＝ ADDR0

GPADAT 寄存器

GPADAT	位	描　　述
GPA[22:0]	[22:0]	当端口被配置为输出端口时,引脚状态与对应的位相同 当端口被配置为功能端口时,读取的该端口数据为乱码

注: S3C2440 的 GPADAT 具有 GPA[24:23],但是保留备用的。

2) 端口 B 寄存器

端口 B 控制寄存器 GPBCON、数据寄存器 GPBDAT 和上拉电阻使能寄存器 GPBUP 信息如表 9-37 所示。

表 9-37　GPBCON、GPBDAT 和 GPBUP 寄存器信息

寄存器	地址	读/写	描　　述	复位值
GPBCON	0x56000010	R/W	配置端口 B 的引脚	0x0
GPBDAT	0x56000014	R/W	端口 B 的数据寄存器	未定义
GPBUP	0x56000018	R/W	端口 B 上拉禁止寄存器	0x0
保留	0x5600001C	—	保留	未定义

GPBCON 寄存器

GPBCON	位	描　　述
GPB10	[21:20]	00 ＝ 输入　　　　01 ＝ 输出 10 ＝ nXDREQ0　　11 ＝ 保留
GPB9	[19:18]	00 ＝ 输入　　　　01 ＝ 输出 10 ＝ nXDACK0　　11 ＝ 保留
GPB8	[17:16]	00 ＝ 输入　　　　01 ＝ 输出 10 ＝ nXDREQ1　　11 ＝ 保留
GPB7	[15:14]	00 ＝ 输入　　　　01 ＝ 输出 10 ＝ nXDACK1　　11 ＝ 保留
GPB6	[13:12]	00 ＝ 输入　　　　01 ＝ 输出 10 ＝ nXBREQ　　11 ＝ 保留
GPB5	[11:10]	00 ＝ 输入　　　　01 ＝ 输出 10 ＝ nXBACK　　11 ＝ 保留
GPB4	[9:8]	00 ＝ 输入　　　　01 ＝ 输出 10 ＝ TCLK0　　11 ＝ 保留
GPB3	[7:6]	00 ＝ 输入　　　　01 ＝ 输出 10 ＝ TOUT3　　11 ＝ 保留
GPB2	[5:4]	00 ＝ 输入　　　　01 ＝ 输出 10 ＝ TOUT2　　11 ＝ 保留

GPBCON	位	描 述	
GPB1	[3:2]	00 = 输入	01 = 输出
		10 = TOUT1	11 = 保留
GPB0	[1:0]	00 = 输入	01 = 输出
		10 = TOUT0	11 = 保留

GPBDAT 寄存器

GPBDAT	位	描 述
GPB[10:0]	[10:0]	当端口被配置为输入端口时,从外部源来的数据可以被读到相应引脚
		当端口被配置为输出端口时,写入寄存器的数据可以被送到相应引脚
		当端口被配置为功能端口时,读取的该端口数据为乱码

GPBUP 寄存器

GPBUP	位	描 述
GPB[10:0]	[10:0]	0:上拉电阻与相应的引脚连接使能
		1:上拉电阻被禁止

3) 端口 C 寄存器

端口 C 控制寄存器 GPCCON、数据寄存器 GPCDAT 和上拉电阻使能寄存器 GPCUP 信息如表 9-38 所示。

表 9-38 GPCCON、GPCDAT 和 GPCUP 寄存器信息

寄存器	地址	读/写	描 述	复位值
GPCCON	0x56000020	R/W	配置端口 C 的引脚	0x0
GPCDAT	0x56000024	R/W	端口 C 的数据寄存器	未定义
GPCUP	0x56000028	R/W	端口 C 上拉禁止寄存器	0x0
保留	0x5600002C	—	保留	未定义

GPCCON 寄存器

GPCCON	位	描 述	
GPC15	[31:30]	00 = 输入	01 = 输出
		10 = VD[7]	11 = 保留
GPC14	[29:28]	00 = 输入	01 = 输出
		10 = VD[6]	11 = 保留
GPC13	[27:26]	00 = 输入	01 = 输出
		10 = VD[5]	11 = 保留
GPC12	[25:24]	00 = 输入	01 = 输出
		10 = VD[4]	11 = 保留
GPC11	[23:22]	00 = 输入	01 = 输出
		10 = VD[3]	11 = 保留
GPC10	[21:20]	00 = 输入	01 = 输出
		10 = VD[2]	11 = 保留
GPC9	[19:18]	00 = 输入	01 = 输出
		10 = VD[1]	11 = 保留
GPC8	[17:16]	00 = 输入	01 = 输出
		10 = VD[0]	11 = 保留

GPCCON	位	描　述	
GPC7	[15:14]	00 = 输入	01 = 输出
		10 = LCDVF2	11 = 保留
GPC6	[13:12]	00 = 输入	01 = 输出
		10 = LCDVF1	11 = 保留
GPC5	[11:10]	00 = 输入	01 = 输出
		10 = LCDVF0	11 = 保留
GPC4	[9:8]	00 = 输入	01 = 输出
		10 = VM	11 = 保留
GPC3	[7:6]	00 = 输入	01 = 输出
		10 = VFRAME	11 = 保留
GPC2	[5:4]	00 = 输入	01 = 输出
		10 = VLINE	11 = 保留
GPC1	[3:2]	00 = 输入	01 = 输出
		10 = VCLK	11 = 保留
GPC0	[1:0]	00 = 输入	01 = 输出
		10 = LEND	11 = 保留

GPCDAT 寄存器

GPCDAT	位	描　述
GPC[15:0]	[15:0]	当端口被配置为输入端口时,从外部源来的数据可以被读到相应引脚 当端口被配置为输出端口时,写入寄存器的数据可以被送到相应引脚 当端口被配置为功能端口时,读取的该端口数据为乱码

GPCUP 寄存器

GPCUP	位	描　述
GPC[15:0]	[15:0]	0:上拉电阻与相应的引脚连接使能 1:上拉电阻被禁止

4) 端口 D 寄存器

端口 D 控制寄存器 GPDCON、数据寄存器 GPDDAT 和上拉电阻使能寄存器 GPDUP 信息如表 9-39 所示。

表 9-39　GPDCON、GPDDAT 和 GPDUP 寄存器信息

寄存器	地址	读/写	描　述	复位值
GPDCON	0x56000030	R/W	配置端口 D 的引脚	0x0
GPDDAT	0x56000034	R/W	端口 D 的数据寄存器	未定义
GPDUP	0x56000038	R/W	端口 D 上拉禁止寄存器	0xF000
保留	0x5600003C	—	保留	未定义

GPDCON 寄存器

GPDCON	位	描　述	
GPD15	[31:30]	00 = 输入	01 = 输出
		10 = VD23	11 = nSS0
GPD14	[29:28]	00 = 输入	01 = 输出
		10 = VD22	11 = nSS1

GPDCON	位	描　述	
GPD13	[27:26]	00 = 输入 10 = VD21	01 = 输出 11 = 保留
GPD12	[25:24]	00 = 输入 10 = VD20	01 = 输出 11 = 保留
GPD11	[23:22]	00 = 输入 10 = VD19	01 = 输出 11 = 保留
GPD10	[21:20]	00 = 输入 10 = VD18	01 = 输出 11 = 保留
GPD9	[19:18]	00 = 输入 10 = VD17	01 = 输出 11 = 保留
GPD8	[17:16]	00 = 输入 10 = VD16	01 = 输出 11 = 保留
GPD7	[15:14]	00 = 输入 10 = VD15	01 = 输出 11 = 保留
GPD6	[13:12]	00 = 输入 10 = VD14	01 = 输出 11 = 保留
GPD5	[11:10]	00 = 输入 10 = VD13	01 = 输出 11 = 保留
GPD4	[9:8]	00 = 输入 10 = VD12	01 = 输出 11 = 保留
GPD3	[7:6]	00 = 输入 10 = VD11	01 = 输出 11 = 保留
GPD2	[5:4]	00 = 输入 10 = VD10	01 = 输出 11 = 保留
GPD1	[3:2]	00 = 输入 10 = VD9	01 = 输出 11 = 保留
GPD0	[1:0]	00 = 输入 10 = VD8	01 = 输出 11 = 保留

GPDDAT 寄存器

GPDDAT	位	描　述
GPD[15:0]	[15:0]	当端口被配置为输入端口时,从外部源来的数据可以被读到相应引脚 当端口被配置为输出端口时,写入寄存器的数据可以被送到相应引脚 当端口被配置为功能端口时,读取的该端口数据为未定义值

GPDUP 寄存器

GPDUP	位	描　述
GPD[15:0]	[15:0]	0：上拉电阻与相应的引脚连接使能 1：上拉电阻被禁止 (GPD[15:12]在初始条件下是"上拉禁止"状态)

5）端口 E 寄存器

端口 E 控制寄存器 GPECON、数据寄存器 GPEDAT 和上拉电阻使能寄存器 GPEUP

信息如表 9-40 所示。

表 9-40　GPECON、GPEDAT 和 GPEUP 寄存器信息

寄存器	地址	读/写	描述	复位值
GPECON	0x56000040	R/W	配置端口 E 的引脚	0x0
GPEDAT	0x56000044	R/W	端口 E 的数据寄存器	未定义
GPEUP	0x56000048	R/W	端口 E 上拉禁止寄存器	0x0
保留	0x5600004C	—	保留	未定义

GPECON 寄存器

GPECON	位	描述	
GPE15	[31:30]	00 = 输入	01 = 输出（开启漏输出）
		10 = IICSDA	11 = 保留
GPE14	[29:28]	00 = 输入	01 = 输出（开启漏输出）
		10 = IICSCL	11 = 保留
GPE13	[27:26]	00 = 输入	01 = 输出
		10 = SPICLK0	11 = 保留
GPE12	[25:24]	00 = 输入	01 = 输出
		10 = SPIMOSI0	11 = 保留
GPE11	[23:22]	00 = 输入	01 = 输出
		10 = SPIMISO0	11 = 保留
GPE10	[21:20]	00 = 输入	01 = 输出
		10 = SDDAT3	11 = 保留
GPE9	[19:18]	00 = 输入	01 = 输出
		10 = SDDAT2	11 = 保留
GPE8	[17:16]	00 = 输入	01 = 输出
		10 = SDDAT1	11 = 保留
GPE7	[15:14]	00 = 输入	01 = 输出
		10 = SDDAT0	11 = 保留
GPE6	[13:12]	00 = 输入	01 = 输出
		10 = SDCMD	11 = 保留
GPE5	[11:10]	00 = 输入	01 = 输出
		10 = SDCLK	11 = 保留
GPE4	[9:8]	00 = 输入	01 = 输出
		10 = I2SSDO	11 = I2SSDI
GPE3	[7:6]	00 = 输入	01 = 输出
		10 = I2SSDI	11 = nSS0
GPE2	[5:4]	00 = 输入	01 = 输出
		10 = CDCLK	11 = 保留
GPE1	[3:2]	00 = 输入	01 = 输出
		10 = I2SSCLK	11 = 保留
GPE0	[1:0]	00 = 输入	01 = 输出
		10 = I2SLRCK	11 = 保留

GPEDAT 寄存器

GPEDAT	位	描　述
GPE [15:0]	[15:0]	当端口被配置为输入端口时,从外部源来的数据可以被读到相应引脚 当端口被配置为输出端口时,写入寄存器的数据可以被送到相应引脚 当端口被配置为功能端口时,读取的该端口数据为未定义值

GPEUP 寄存器

GPEUP	位	描　述
GPE[15:0]	[15:0]	0:上拉电阻与相应的引脚连接使能 1:上拉电阻被禁止

6) 端口 F 寄存器

端口 F 控制寄存器 GPFCON、数据寄存器 GPFDAT 和上拉电阻使能寄存器 GPFUP 信息如表 9-41 所示。

表 9-41　GPFCON、GPFDAT 和 GPFUP 寄存器信息

寄存器	地址	读/写	描　述	复位值
GPFCON	0x56000050	R/W	配置端口 F 的引脚	0x0
GPFDAT	0x56000054	R/W	端口 F 的数据寄存器	未定义
GPFUP	0x56000058	R/W	端口 F 上拉禁止寄存器	0x0
保留	0x5600005C	—	保留	未定义

GPFCON 寄存器

GPFCON	位	描　述	
GPF7	[15:14]	00 = 输入	01 = 输出
		10 = EINT7	11 = 保留
GPF6	[13:12]	00 = 输入	01 = 输出
		10 = EINT6	11 = 保留
GPF5	[11:10]	00 = 输入	01 = 输出
		10 = EINT5	11 = 保留
GPF4	[9:8]	00 = 输入	01 = 输出
		10 = EINT4	11 = 保留
GPF3	[7:6]	00 = 输入	01 = 输出
		10 = EINT3	11 = 保留
GPF2	[5:4]	00 = 输入	01 = 输出
		10 = EINT2	11 = 保留
GPF1	[3:2]	00 = 输入	01 = 输出
		10 = EINT1	11 = 保留
GPF0	[1:0]	00 = 输入	01 = 输出
		10 = EINT0	11 = 保留

GPFDAT 寄存器

GPFDAT	位	描　述
GPF [7:0]	[7:0]	当端口被配置为输入端口时,从外部源来的数据可以被读到相应引脚 当端口被配置为输出端口时,写入寄存器的数据可以被送到相应引脚 当端口被配置为功能端口时,读取的该端口数据为未定义值

GPFUP 寄存器

GPFUP	位	描　述
GPF[7:0]	[7:0]	0：上拉电阻与相应的引脚连接使能 1：上拉电阻被禁止

7）端口 G 寄存器

端口 G 控制寄存器 GPGCON、数据寄存器 GPGDAT 和上拉电阻使能寄存器 GPGUP 信息如表 9-42 所示。

表 9-42　GPGCON、GPGDAT 和 GPGUP 寄存器信息

寄存器	地址	读/写	描　述	复位值
GPGCON	0x56000060	R/W	配置端口 G 的引脚	0x0
GPGDAT	0x56000064	R/W	端口 G 的数据寄存器	未定义
GPGUP	0x56000068	R/W	端口 G 上拉禁止寄存器	0xF800
保留	0x5600006C	—	保留	未定义

GPGCON 寄存器

GPGCON	位	描　述	
GPG15	[31:30]	00 ＝ 输入	01 ＝ 输出
		10 ＝ EINT23	11 ＝ nYPON(S3C2410)，保留(S3C2440)
GPG14	[29:28]	00 ＝ 输入	01 ＝ 输出
		10 ＝ EINT22	11 ＝ YMON(S3C2410)，保留(S3C2440)
GPG13	[27:26]	00 ＝ 输入	01 ＝ 输出
		10 ＝ EINT21	11 ＝ nXPON(S3C2410)，保留(S3C2440)
GPG12	[25:24]	00 ＝ 输入	01 ＝ 输出
		10 ＝ EINT20	11 ＝ XMON(S3C2410)，保留(S3C2440)
GPG11	[23:22]	00 ＝ 输入	01 ＝ 输出
		10 ＝ EINT19	11 ＝ TCLK1
GPG10 （5V 容错输入）	[21:20]	00 ＝ 输入	01 ＝ 输出
		10 ＝ EINT18	11 ＝ 保留
GPG9 （5V 容错输入）	[19:18]	00 ＝ 输入	01 ＝ 输出
		10 ＝ EINT17	11 ＝ 保留
GPG8 （5V 容错输入）	[17:16]	00 ＝ 输入	01 ＝ 输出
		10 ＝ EINT16	11 ＝ 保留
GPG7	[15:14]	00 ＝ 输入	01 ＝ 输出
		10 ＝ EINT15	11 ＝ SPICLK1
GPG6	[13:12]	00 ＝ 输入	01 ＝ 输出
		10 ＝ EINT14	11 ＝ SPIMOSI1
GPG5	[11:10]	00 ＝ 输入	01 ＝ 输出
		10 ＝ EINT13	11 ＝ SPIMISO1
GPG4	[9:8]	00 ＝ 输入	01 ＝ 输出
		10 ＝ EINT12	11 ＝ LCD_PWREN
GPG3	[7:6]	00 ＝ 输入	01 ＝ 输出
		10 ＝ EINT11	11 ＝ nSS1

续表

GPGCON	位	描　述	
GPG2	[5:4]	00 ＝ 输入	01 ＝ 输出
		10 ＝ EINT10	11 ＝ nSS0
GPG1	[3:2]	00 ＝ 输入	01 ＝ 输出
		10 ＝ EINT9	11 ＝ 保留
GPG0	[1:0]	00 ＝ 输入	01 ＝ 输出
		10 ＝ EINT8	11 ＝ 保留

GPGDAT 寄存器

GPGDAT	位	描　述
GPG [15:0]	[15:0]	当端口被配置为输入端口,从外部源来的数据可以被读到相应引脚
		当端口被配置为输出端口,写入寄存器的数据可以被送到相应引脚
		当端口被配置为功能端口,读取的该端口数据为乱码

GPGUP 寄存器

GPGUP	位	描　述
GPG[15:0]	[15:0]	0：上拉电阻与相应的引脚连接使能
		1：上拉电阻被禁止
		(GPG[15:11]在初始条件下是"上拉禁止"状态)

8）端口 H 寄存器

端口 H 控制寄存器 GPHCON、数据寄存器 GPHDAT 和上拉电阻使能寄存器 GPHUP 信息如表 9-43 所示。

表 9-43　GPHCON、GPHDAT 和 GPHUP 寄存器信息

寄存器	地址	读/写	描　述	复位值
GPHCON	0x56000070	R/W	配置端口 H 的引脚	0x0
GPHDAT	0x56000074	R/W	端口 H 的数据寄存器	未定义
GPHUP	0x56000078	R/W	端口 H 上拉禁止寄存器	0x0
保留	0x5600007C	—	保留	未定义

GPHCON 寄存器

GPHCON	位	描　述	
GPH10	[21:20]	00 ＝ 输入	01 ＝ 输出
		10 ＝ CLKOUT1	11 ＝ 保留
GPH9	[19:18]	00 ＝ 输入	01 ＝ 输出
		10 ＝ CLKOUT0	11 ＝ 保留
GPH8	[17:16]	00 ＝ 输入	01 ＝ 输出
		10 ＝ UCLK	11 ＝ 保留
GPH7	[15:14]	00 ＝ 输入	01 ＝ 输出
		10 ＝ RXD2	11 ＝ nCTS1
GPH6	[13:12]	00 ＝ 输入	01 ＝ 输出
		10 ＝ TXD2	11 ＝ nRTS1
GPH5	[11:10]	00 ＝ 输入	01 ＝ 输出
		10 ＝ RXD1	11 ＝ 保留
GPH4	[9:8]	00 ＝ 输入	01 ＝ 输出
		10 ＝ TXD1	11 ＝ 保留

续表

GPHCON	位	描 述	
GPH3	[7:6]	00 = 输入　01 = 输出	10 = RXD0　11 = 保留
GPH2	[5:4]	00 = 输入　01 = 输出	10 = TXD0　11 = 保留
GPH1	[3:2]	00 = 输入　01 = 输出	10 = nRTS0　11 = 保留
GPH0	[1:0]	00 = 输入　01 = 输出	10 = nCTS0　11 = 保留

GPHDAT 寄存器

GPHDAT	位	描 述
GPH [10:0]	[10:0]	当端口被配置为输入端口时,从外部源来的数据可以被读到相应引脚 当端口被配置为输出端口时,写入寄存器的数据可以被送到相应引脚 当端口被配置为功能端口时,读取的该端口数据为乱码

GPHUP 寄存器

GPHUP	位	描 述
GPH[10:0]	[10:0]	0：上拉电阻与相应的引脚连接使能 1：上拉电阻被禁止

9）S3C2440 端口 J 寄存器

端口 J 控制寄存器 GPJCON、数据寄存器 GPJDAT 和上拉电阻使能寄存器 GPJUP 信息如表 9-44 所示。

表 9-44　GPHCON、GPHDAT 和 GPHUP 寄存器信息

寄存器	地址	读/写	描 述	复位值
GPJCON	0x560000D0	R/W	配置端口 J 的引脚	0x0
GPJDAT	0x560000D4	R/W	端口 J 的数据寄存器	未定义
GPJUP	0x560000D8	R/W	端口 J 上拉禁止寄存器	0x00000
保留	0x560000DC	—	保留	未定义

GPJCON	位	描 述	
GPJ10	[25:24]	00 = 输入　01 = 输出	10 = CAMRESET　11 = 保留
GPJ10	[23:22]	00 = 输入　01 = 输出	10 = CAMCLKOUT　11 = 保留
GPJ9	[21:20]	00 = 输入　01 = 输出	10 = CAMHREF　11 = 保留
GPJ9	[19:18]	00 = 输入　01 = 输出	10 = CAMVSYNC　11 = 保留
GPJ8	[17:16]	00 = 输入　01 = 输出	10 = CAMPCLK　11 = 保留
GPJ7	[15:14]	00 = 输入　01 = 输出	10 = CAMDATA[7]　11 = 保留
GPH6	[13:12]	00 = 输入　01 = 输出	10 = CAMDATA[6]　11 = 保留

GPJCON	位	描　述	
GPJ5	[11:10]	00 = 输入	01 = 输出
		10 = CAMDATA[5]	11 = 保留
GPJ4	[9:8]	00 = 输入	01 = 输出
		10 = CAMDATA[4]	11 = 保留
GPJ3	[7:6]	00 = 输入	01 = 输出
		10 = CAMDATA[3]	11 = 保留
GPJ2	[5:4]	00 = 输入	01 = 输出
		10 = CAMDATA[2]	11 = 保留
GPJ1	[3:2]	00 = 输入	01 = 输出
		10 = CAMDATA[1]	11 = 保留
GPJ0	[1:0]	00 = 输入	01 = 输出
		10 = CAMDATA[0]	11 = 保留
GPJDAT	位	描　述	
GPJ[12:0]	[12:0]	当端口被配置为输入端口时,从外部源来的数据可以被读到相应引脚	
		当端口被配置为输出端口时,写入寄存器的数据可以被送到相应引脚	
		当端口被配置为功能端口时,读取的该端口数据为未定义值	
GPHJP	位	描　述	
GPH[12:0]	[12:0]	0：上拉电阻与相应的引脚连接使能	
		1：上拉电阻被禁止	

10）杂项控制寄存器

杂项控制寄存器 MISCCR 信息如表 9-45 所示。

表 9-45　MISCCR 寄存器信息

寄存器	地址	读/写	描　述	复位值
MISCCR	0x56000080	R/W	杂项控制寄存器	0x10330

MISCCR 寄存器

MISCCR	位	描　述
S3C2440 的 BATT_FUNC S3C2410：S3C2440：OFFREFRESH	[21:20]	S3C2410：S3C2410 保留,对 S3C2440 详见其器件手册
		S3C2440：0：自刷新禁止,1：自刷新使能
nEN_SCKE	[19]	0：SCKE = Normal　　1：SCKE = L level
		在断电模式下保护 SDRAM
nEN_SCLK1	[18]	0：SCLK1= SCLK　　1：SCLK1= L level
		在断电模式下保护 SDRAM
nEN_SCLK0	[17]	0：SCLK0= SCLK　　1：SCLK0= L level
		在断电模式下保护 SDRAM
nRSTCON	[16]	nRSTOUT 软件控制（SW_RESET）
		0：nRSTOUT = 0, 1：nRSTOUT = 1
保留	[15:14]	保留 00b
USBSUSPND1	[13]	USB 端口 1 模式
		0 = Normal　　1= Suspend

MISCCR	位	描 述
USBSUSPND0	[12]	USB 端口 0 模式 0 = Normal　　　1= Suspend
保留	[11]	保留 00b
CLKSEL1	[10:8]	CLKOUT1 输出信号源 000 = MPLL CLK　　001 = UPLL CLK　　010 = FCLK 011 = HCLK　　　100 = PCLK　　　101 = DCLK1 11x = 保留
保留	[7]	0
CLKSEL0	[6:4]	CLKOUT0 输出信号源 000 = MPLL CLK　　001 = UPLL CLK　　010 = FCLK 011 = HCLK　　　100 = PCLK　　　101 = DCLK0 11x = 保留
USBPAD	[3]	0 = 为 USB 设备关联 USB 引脚 1 = 为主 USB 关联 USB 引脚
MEM_HZ_CON	[2]	此位推荐为 0 CLKCON[0] = 1 时影响 nGCS[7:0]，nWE，nBE[3:0]，nSRAS， nSCAS，ADDR[26:0] 0 = 高阻态（Hi-Z）　　1 = 先前状态
SPUCR_L	[1]	端口上拉电阻 S3C2410 DATA[15:0]，S3C2440 DATA[31:16] 0 = 使能　　　1 = 禁止
SPUCR_H	[0]	端口上拉电阻 S3C2410 DATA[31:16]，S3C2440 DATA[15:0] 0 = 使能　　　1 = 禁止

11) DCLK 控制寄存器

此寄存器定义作为外部源的时钟的 DCLKn 信号。只有当 CLKOUT[1:0]被设置成发送 DCLKn 信号时，DCLKCON 才能被实际操作。DCLK 控制寄存器 DCLKCON 信息如表 9-46 所示。

表 9-46　DCLKCON 寄存器信息

寄存器	地址	读/写	描 述	复位值
DCLKCON	0x56000084	R/W	DCLK0/1 控制寄存器	0x0

DCLKCON 寄存器

DCLKCON	位	描 述
DCLK1CMP	[27:24]	DCLK1 比较值（<DCLK1DIV） 如果 DCLK1DIV 是 n，则低电平时间是（n+1），高电平时间是 （(DCLK1DIV+1)－(n+1)）
DCLK1DIV	[23:20]	DCLK1 分频值 DCLK1 频率 = 时钟源 / (DCLK1DIV+1)
保留	[19:18]	00b
DCLK1SelCK	[17]	选择 DCLK1 时钟源 0 = PCLK　　　1 = UCLK(USB)

DCLKCON	位	描　述
DCLK1EN	[16]	DCLK1 使能 0 = 禁止　　　1 = 使能
保留	[15:12]	0000b
DCLK0CMP	[11:8]	DCLK0 比较值（<DCLK0DIV） 如果 DCLK0DIV 是（n），则低电平时间是（n＋1），高电平时间是 （(DCLK0DIV＋1)－(n＋1))
DCLK0DIV	[7:4]	DCLK0 分频值 DCLK0 频率 = 时钟源 / (DCLK0DIV＋1)
保留	[3:2]	00b
DCLK0SelCK	[1]	选择 DCLK0 时钟源 0 = PCLK　　　1 = UCLK(USB)
DCLK0EN	[0]	DCLK0 使能 0 = 禁止　　　1 = 使能

12）外部中断控制寄存器

外部中断控制寄存器 EXTINTn 信息如表 9-47 所示。

表 9-47　EXTINTn 寄存器信息

寄存器	地址	读/写	描　述	复位值
EXTINT0	0x56000088	R/W	外部中断控制寄存器 0	0x0
EXTINT1	0x5600008C	R/W	外部中断控制寄存器 1	0x0
EXTINT2	0x56000090	R/W	外部中断控制寄存器 2	0x0

EXTINT0 寄存器

EXTINT0	位	描　述
EINT7	[30:28]	设置 EINT7 的信号方法 000 = 低电平　　　001 = 高电平　　　01x = 下降沿触发 10x = 上升沿触发　　　11x = 双沿触发
EINT6	[26:24]	设置 EINT6 的信号方法 000 = 低电平　　　001 = 高电平　　　01x = 下降沿触发 10x = 上升沿触发　　　11x = 双沿触发
EINT5	[22:20]	设置 EINT5 的信号方法 000 = 低电平　　　001 = 高电平　　　01x = 下降沿触发 10x = 上升沿触发　　　11x = 双沿触发
EINT4	[18:16]	设置 EINT4 的信号方法 000 = 低电平　　　001 = 高电平　　　01x = 下降沿触发 10x = 上升沿触发　　　11x = 双沿触发
EINT3	[14:12]	设置 EINT3 的信号方法 000 = 低电平　　　001 = 高电平　　　01x = 下降沿触发 10x = 上升沿触发　　　11x = 双沿触发
EINT2	[10:8]	设置 EINT2 的信号方法 000 = 低电平　　　001 = 高电平　　　01x = 下降沿触发 10x = 上升沿触发　　　11x = 双沿触发

续表

EXTINT0	位	描　述		
EINT1	[6:4]	设置 EINT1 的信号方法 000 ＝ 低电平	001 ＝ 高电平	01x ＝ 下降沿触发
		10x ＝ 上升沿触发	11x ＝ 双沿触发	
EINT0	[2:0]	设置 EINT0 的信号方法 000 ＝ 低电平	001 ＝ 高电平	01x ＝ 下降沿触发
		10x ＝ 上升沿触发	11x ＝ 双沿触发	

EXTINT1 寄存器

EXTINT1	位	描　述		
FLTEN15	[31]	S3C2410 保留，S2C2440 滤波使能：0 禁止，1 使能		
EINT15	[30:28]	设置 EINT15 的信号方法 000 ＝ 低电平	001 ＝ 高电平	01x ＝ 下降沿触发
		10x ＝ 上升沿触发	11x ＝ 双沿触发	
FLTEN14	[27]	S3C2410 保留，S2C2440 滤波使能：0 禁止，1 使能		
EINT14	[26:24]	设置 EINT14 的信号方法 000 ＝ 低电平	001 ＝ 高电平	01x ＝ 下降沿触发
		10x ＝ 上升沿触发	11x ＝ 双沿触发	
FLTEN13	[23]	S3C2410 保留，S2C2440 滤波使能：0 禁止，1 使能		
EINT13	[22:20]	设置 EINT13 的信号方法 000 ＝ 低电平	001 ＝ 高电平	01x ＝ 下降沿触发
		10x ＝ 上升沿触发	11x ＝ 双沿触发	
FLTEN12	[19]	S3C2410 保留，S2C2440 滤波使能：0 禁止，1 使能		
EINT12	[18:16]	设置 EINT12 的信号方法 000 ＝ 低电平	001 ＝ 高电平	01x ＝ 下降沿触发
		10x ＝ 上升沿触发	11x ＝ 双沿触发	
FLTEN11	[15]	S3C2410 保留，S2C2440 滤波使能：0 禁止，1 使能		
EINT11	[14:12]	设置 EINT11 的信号方法 000 ＝ 低电平	001 ＝ 高电平	01x ＝ 下降沿触发
		10x ＝ 上升沿触发	11x ＝ 双沿触发	
FLTEN10	[11]	S3C2410 保留，S2C2440 滤波使能：0 禁止，1 使能		
EINT10	[10:8]	设置 EINT10 的信号方法 000 ＝ 低电平	001 ＝ 高电平	01x ＝ 下降沿触发
		10x ＝ 上升沿触发	11x ＝ 双沿触发	
FLTEN9	[7]	S3C2410 保留，S2C2440 滤波使能：0 禁止，1 使能		
EINT9	[6:4]	设置 EINT9 的信号方法 000 ＝ 低电平	001 ＝ 高电平	01x ＝ 下降沿触发
		10x ＝ 上升沿触发	11x ＝ 双沿触发	
FLTEN8	[3]	S3C2410 保留，S2C2440 滤波使能：0 禁止，1 使能		
EINT8	[2:0]	设置 EINT8 的信号方法 000 ＝ 低电平	001 ＝ 高电平	01x ＝ 下降沿触发
		10x ＝ 上升沿触发	11x ＝ 双沿触发	

EXTINT2 寄存器

EXTINT2	位	描 述		
FLTEN23	[31]	EINT23 滤波使能	0 = 禁止	1 = 使能
EINT23	[30:28]	设置 EINT23 的信号方法 000 = 低电平 001 = 高电平 01x = 下降沿触发 10x = 上升沿触发 11x = 双沿触发		
FLTEN22	[27]	EINT22 滤波使能	0 = 禁止	1 = 使能
EINT22	[26:24]	设置 EINT22 的信号方法 000 = 低电平 001 = 高电平 01x = 下降沿触发 10x = 上升沿触发 11x = 双沿触发		
FLTEN21	[23]	EINT21 滤波使能	0 = 禁止	1 = 使能
EINT21	[22:20]	设置 EINT21 的信号方法 000 = 低电平 001 = 高电平 01x = 下降沿触发 10x = 上升沿触发 11x = 双沿触发		
FLTEN20	[19]	EINT20 滤波使能	0 = 禁止	1 = 使能
EINT20	[18:16]	设置 EINT20 的信号方法 000 = 低电平 001 = 高电平 01x = 下降沿触发 10x = 上升沿触发 11x = 双沿触发		
FLTEN19	[15]	EINT19 滤波使能	0 = 禁止	1 = 使能
EINT19	[14:12]	设置 EINT19 的信号方法 000 = 低电平 001 = 高电平 01x = 下降沿触发 10x = 上升沿触发 11x = 双沿触发		
FLTEN18	[11]	EINT18 滤波使能	0 = 禁止	1 = 使能
EINT18	[10:8]	设置 EINT18 的信号方法 000 = 低电平 001 = 高电平 01x = 下降沿触发 10x = 上升沿触发 11x = 双沿触发		
FLTEN17	[7]	EINT17 滤波使能	0 = 禁止	1 = 使能
EINT17	[6:4]	设置 EINT17 的信号方法 000 = 低电平 001 = 高电平 01x = 下降沿触发 10x = 上升沿触发 11x = 双沿触发		
FLTEN16	[3]	EINT16 滤波使能	0 = 禁止	1 = 使能
EINT16	[2:0]	设置 EINT16 的信号方法 000 = 低电平 001 = 高电平 01x = 下降沿触发 10x = 上升沿触发 11x = 双沿触发		

13) 外部中断滤波寄存器

EINTFLTn 控制 8 个外部中断(EINT[23:16])的滤波长度。外部中断滤波寄存器 EINTFLTn 信息如表 9-48 所示。

表 9-48　EINTFLTn 寄存器信息

寄存器	地址	读/写	描　　述	复位值
EINTFLT0	0x56000094	R/W	保留	
EINTFLT1	0x56000098	R/W	保留	
EINTFLT2	0x5600009C	R/W	外部中断控制寄存器 2	0x0
EINTFLT3	0x4C6000A0	R/W	外部中断控制寄存器 3	0x0

EINTFLT2 寄存器

EINTFLT2	位	描　　述
FLTCLK19	[31]	EINT19 滤波时钟 0 = PCLK　　　　　1 = EXTCLK/OSC_CLK（通过 OM 引脚选择）
EINTFLT19	[30:24]	EINT19 滤波宽度
FLTCLK18	[23]	EINT18 滤波时钟 0 = PCLK　　　　　1 = EXTCLK/OSC_CLK（通过 OM 引脚选择）
EINTFLT18	[22:16]	EINT18 滤波宽度
FLTCLK17	[15]	EINT17 滤波时钟 0 = PCLK　　　　　1 = EXTCLK/OSC_CLK（通过 OM 引脚选择）
EINTFLT17	[14:8]	EINT17 滤波宽度
FLTCLK16	[7]	EINT16 滤波时钟 0 = PCLK　　　　　1 = EXTCLK/OSC_CLK（通过 OM 引脚选择）
EINTFLT16	[6:0]	EINT16 滤波宽度

EINTFLT3 寄存器

EINTFLT3	位	描　　述
FLTCLK23	[31]	EINT23 滤波时钟 0 = PCLK　　　　　1 = EXTCLK/OSC_CLK（通过 OM 引脚选择）
EINTFLT23	[30:24]	EINT23 滤波宽度
FLTCLK22	[23]	EINT22 滤波时钟 0 = PCLK　　　　　1 = EXTCLK/OSC_CLK（通过 OM 引脚选择）
EINTFLT22	[22:16]	EINT22 滤波宽度
FLTCLK21	[15]	EINT21 滤波时钟 0 = PCLK　　　　　1 = EXTCLK/OSC_CLK（通过 OM 引脚选择）
EINTFLT21	[14:8]	EINT21 滤波宽度
FLTCLK20	[7]	EINT20 滤波时钟 0 = PCLK　　　　　1 = EXTCLK/OSC_CLK（通过 OM 引脚选择）
EINTFLT20	[6:0]	EINT20 滤波宽度

14）外部中断屏蔽寄存器

有 20 个外部中断的中断屏蔽寄存器（EINT[23:4]）。外部中断屏蔽寄存器 EINTMASK 信息如表 9-49 所示。

表 9-49　EINTMASK 寄存器信息

寄存器	地址	读/写	描　　述	复位值
EINTMASK	0x560000A4	R/W	外部中断屏蔽寄存器	0x00FFFFF0

EINTMASK 寄存器

EINTMASK	位	描　述	
EINT23	[23]	0 = 中断使能	1 = 屏蔽
EINT22	[22]	0 = 中断使能	1 = 屏蔽
EINT21	[21]	0 = 中断使能	1 = 屏蔽
EINT20	[20]	0 = 中断使能	1 = 屏蔽
EINT19	[19]	0 = 中断使能	1 = 屏蔽
EINT18	[18]	0 = 中断使能	1 = 屏蔽
EINT17	[17]	0 = 中断使能	1 = 屏蔽
EINT16	[16]	0 = 中断使能	1 = 屏蔽
EINT15	[15]	0 = 中断使能	1 = 屏蔽
EINT14	[14]	0 = 中断使能	1 = 屏蔽
EINT13	[13]	0 = 中断使能	1 = 屏蔽
EINT12	[12]	0 = 中断使能	1 = 屏蔽
EINT11	[11]	0 = 中断使能	1 = 屏蔽
EINT10	[10]	0 = 中断使能	1 = 屏蔽
EINT9	[9]	0 = 中断使能	1 = 屏蔽
EINT8	[8]	0 = 中断使能	1 = 屏蔽
EINT7	[7]	0 = 中断使能	1 = 屏蔽
EINT6	[6]	0 = 中断使能	1 = 屏蔽
EINT5	[5]	0 = 中断使能	1 = 屏蔽
EINT4	[4]	0 = 中断使能	1 = 屏蔽
保留	[3:0]	0	

15）外部中断等待寄存器

有 20 个外部中断（ENIT[23:4]）的中断等待寄存器。可以通过对寄存器相应的位写入 1 来清除 EINTPEND 寄存器的专用位。外部中断等待寄存器 EINTPEND 信息如表 9-50 所示。

表 9-50　EINTPEND 寄存器信息

寄存器	地址	读/写	描　述	复位值
EINTPEND	0x560000A8	R/W	外部中断等待寄存器	0x0

EINTPEND 寄存器

EINTPEND	位	描　述	
EINT23	[23]	0 = 无请求	1 = 请求
EINT22	[22]	0 = 无请求	1 = 请求
EINT21	[21]	0 = 无请求	1 = 请求
EINT20	[20]	0 = 无请求	1 = 请求
EINT19	[19]	0 = 无请求	1 = 请求
EINT18	[18]	0 = 无请求	1 = 请求
EINT17	[17]	0 = 无请求	1 = 请求
EINT16	[16]	0 = 无请求	1 = 请求
EINT15	[15]	0 = 无请求	1 = 请求

EINTPEND	位	描 述	
EINT14	[14]	0 = 无请求	1 = 请求
EINT13	[13]	0 = 无请求	1 = 请求
EINT12	[12]	0 = 无请求	1 = 请求
EINT11	[11]	0 = 无请求	1 = 请求
EINT10	[10]	0 = 无请求	1 = 请求
EINT9	[9]	0 = 无请求	1 = 请求
EINT8	[8]	0 = 无请求	1 = 请求
EINT7	[7]	0 = 无请求	1 = 请求
EINT6	[6]	0 = 无请求	1 = 请求
EINT5	[5]	0 = 无请求	1 = 请求
EINT4	[4]	0 = 无请求	1 = 请求
保留	[3:0]	0	

16）通用状态寄存器

通用状态寄存器 GSTATUS0～GSTATUS4 信息如表 9-51 所示。

表 9-51 GSTATUS0～GSTATUS4 寄存器信息

寄存器	地址	读/写	描 述	复位值
GSTATUS0	0x560000AC	R	外部引脚状态	未定义
GSTATUS1	0x560000B0	R	芯片 id	S3C2410：0x32410000 S3C2440：0x32440001
GSTATUS2	0x560000B4	R/W	复位状态	0x1
GSTATUS3	0x560000B8	R/W	通知寄存器	0x0
GSTATUS4	0x560000BC	R/W	通知寄存器	0x0

GSTATUS0 寄存器

GSTATUS0	位	描 述
nWAIT	[3]	nWAIT 引脚状态
NCON	[2]	NCON 引脚状态
RnB	[1]	R/nB 引脚状态
nBATT_FLT	[0]	nBATT_FLT 引脚状态

GSTATUS1 寄存器

GSTATUS1	位	描 述
CHIP ID	[31:0]	ID 寄存器＝ 0x32410000（S3C2410），0x32440001（S3C2440）

GSTATUS2 寄存器

GSTATUS2	位	描 述
PWRST	[0]	如果此位置 1，则上电复位 通过向此位写 1 来清除设置
OFFRST	[1]	断电复位。从断电模式唤醒后复位 通过向此位写 1 来清除设置
WDTRST	[2]	看门狗复位。复位来自看门狗定时器 通过向此位写 1 来清除设置

GSTATUS3 寄存器

GSTATUS3	位	描　　述
INFORM	[31:0]	通知寄存器。通过 nRESET 或看门狗定时器清除设置。否则保留数据值

GSTATUS4 寄存器

GSTATUS4	位	描　　述
INFORM	[31:0]	通知寄存器。通过 nRESET 或看门狗定时器清除设置。否则保留数据值

9.5.3　通用 I/O 接口设计实例

S3C44B0/S3C2410/S3C2440 通用 I/O 口一般具有多种功能,可根据具体的需求进行选择。另外作为 I/O 功能时,也需要对其编程,使其处于输入输出功能。另外有的端口可以设置上拉电阻。

1. LED 与蜂鸣器接口电路

如图 9-26 所示的 LED 与蜂鸣器控制电路,S3C44B0 的端口 A 的第 0、1、2、3 引脚分别与 LED 相连,端口 E 的第 0 引脚用来控制蜂鸣器。从电路接口设计来看,本例中采用 I/O 引脚灌电流(也就是输入电流的方式)的方式,降低芯片的输出电流。

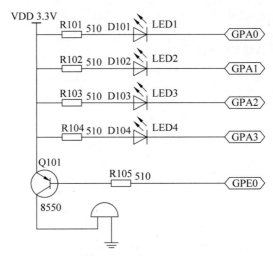

图 9-26　LED 与蜂鸣器控制电路

2. 控制编程实现

根据 LED 的硬件电路图,实现 LED 的循环闪烁:{LED1 亮 延时,LED4 灭}—>{LED2 亮 延时,LED1 灭}—>{LED3 亮 延时,LED2 灭}—>{LED4 亮 延时,LED3 灭}—>{蜂鸣器开 延时,蜂鸣器关},如此无限循环,实现 LED 霓虹灯式的循环闪烁。

1) 建立 GPIO_Test.c 源文件

```
/ *******************************************************************
     文件名:GPIO_Test.c
```

```
版本号：v1.0
创建日期：2020-2-20
作者：FE2000
硬件描述：S3C44B0 GPA0～GPA3 分别连接 LED1～LED4, GPE0 控制蜂鸣器。
主要函数描述：函数 LED1_delay～LED4_delay 用于实现 LED1～LED4 亮灭控制并延时。
修改日志：
*********************************************************************** /
```

2) 在 GPIO_Test.c 源文件中编写代码

```
/*    定义 S3C44B0 内部端口寄存器地址    */
#define rPCONA( *(volatile unsigned *)0x1d20000)        // 定义端口 A 配置寄存器 rPCONA
#define rPDATA( *(volatile unsigned *)0x1d20004)        // 定义端口 A 数据寄存器 rPDATA
#define rPCONE( *(volatile unsigned *)0x1d20028)        // 定义端口 E 配置寄存器 rPCONE
#define rPDATE( *(volatile unsigned *)0x1d2002c)        // 定义端口 E 数据寄存器 rPDATE
#define rPUPE( *(volatile unsigned *)0x1d20030)         // 定义端口 E 上拉电阻寄存器 rPUPE
```

在 main() 函数中编写代码：

```
/*    S3C44B0 端口配置    */
rPCONA = rPCONA & 0xFFFFFFF0                 // GPA0～GPA3 设置为输出
rPCONE = rPCONE & 0xFFFFFFFD
rPCONE = rPCONE | 0x01                       // GPE0 设置为输出
```

3) 编写功能函数

```
/************************************************************************
    函数名称：Delay
    功能描述：Delay 函数实现软件延时。
    入口参数：Time 延时参数
    出口参数：无
*********************************************************************** /
void Delay(int Time)
{
    unsigned int i;
    for(i=0;i<Time;i++);
}
/************************************************************************
    函数名称：LED1_Delay
    功能描述：LED1_Delay 函数实现控制 LED1 亮灭并延时。
    入口参数：x：控制 LED1 的亮灭。x=1 亮, x=0 灭
    出口参数：无
*********************************************************************** /
void LED1_Delay(char x)
{
    if(x==1)
        rPDATA=rPDATA & 0xFFFFFFFE ; /* 开 LED1 */
    else if (x==0)
        rPDATA=rPDATA | 0x00000001 ; /* 关 LED1 */
    Delay(500);
}
/************************************************************************
    函数名称：LED2_Delay
```

```
    功能描述：LED2_Delay 函数实现控制 LED2 亮灭并延时。
    入口参数：x：控制 LED2 的亮灭。x＝1 亮，x＝0 灭
    出口参数：无
*********************************************************************** /
void LED2_Delay(char x)
{
    if(x==1)
        rPDATA＝rPDATA & 0xFFFFFFFD；/＊开 LED2 ＊/
    else if (x==0)
        rPDATA＝rPDATA ｜ 0x00000002；/＊关 LED2 ＊/
    Delay(500)；
}
/ ***********************************************************************
    函数名称：LED3_Delay
    功能描述：LED3_Delay 函数实现控制 LED3 亮灭并延时。
    入口参数：x：控制 LED3 的亮灭。x＝1 亮，x＝0 灭
    出口参数：无
*********************************************************************** /
void LED3_Delay(char x)
{
    if(x==1)
        rPDATA＝rPDATA & 0xFFFFFFFB；/＊开 LED3 ＊/
    else if (x==0)
        rPDATA＝rPDATA ｜ 0x00000004；/＊关 LED3 ＊/
    Delay(500)；
}
/ ***********************************************************************
    函数名称：LED4_Delay
    功能描述：LED4_Delay 函数实现控制 LED4 亮灭并延时。
    入口参数：x：控制 LED4 的亮灭。x＝1 亮，x＝0 灭
    出口参数：无
*********************************************************************** /
void LED4_Delay(char x)
{
    if(x==1)
        rPDATA＝rPDATA & 0xFFFFFFF7；/＊开 LED4 ＊/
    else if (x==0)
        rPDATA＝rPDATA ｜ 0x00000008；/＊关 LED4 ＊/
    Delay(500)；
}
/ ***********************************************************************
    函数名称：Beep_Delay
    功能描述：Beep_Delay 函数实现控制蜂鸣器的开关并延时。
    入口参数：x：控制蜂鸣器的开关。x＝1 开，x＝0 关
    出口参数：无
*********************************************************************** /
void Beep_Delay(char x)
{
    if(x==1)
        rPDATE＝rPDATE & 0xFFFFFFFE；/＊开蜂鸣器 ＊/
    else if (x==0)
        rPDATE＝rPDATE ｜ 0x00000001；/＊关蜂鸣器 ＊/
    Delay(500)；
```

```
    }

/ **************************************************************************
    函数名称：Main()
    功能描述：实现以下过程的无限循环{LED1 亮 延时,LED4 灭}->{LED2 亮 延时,LED1 灭}
            ->{ LED3 亮 延时,LED2 灭}->{ LED4 亮 延时,LED3 灭}->{ 蜂鸣器开 延时,
            蜂鸣器关}
    入口参数：无
    出口参数：无
 ************************************************************************** /
void Main()
{
    while(1)
    {
        LED1_Delay(1);
        LED4_Delay(0);
        LED2_Delay(1);
        LED1_Delay(0);
        LED3_Delay(1);
        LED2_Delay(0);
        LED4_Delay(1);
        LED3_Delay(0);
        Beep_Delay(1);
        Beep_Delay(0);
    }
}
```

9.6　S3C44B0/S3C2410/S3C2440 中断机制

中断是 CPU 在程序运行过程中，被内部或外部的事件所打断，转去执行一段预先安排好的中断服务程序，中断服务程序执行完毕后，又返回原来的断点，继续执行原来的程序。对于微控制器来说，中断源可能有很多，这就需要一个中断源的管理者，这个管理者在微控制器里由中断控制器来充当。S3C44B0/S3C2410/S3C2440 内部集成了中断控制器，能够管理多个中断源。

9.6.1　S3C44B0 中断控制器

1. 中断源

S3C44B0 中断控制器可以管理 30 个中断源，如表 9-52 所示。有 26 个中断源是独立的，4 个外部中断 4、5、6、7 通过"或"逻辑门共用一根中断请求线，2 个 UART 错误中断 0、1 也是通过"或"逻辑门共用一根中断请求线。因此，当共用中断请求线的中断发生时，需要在中断服务程序中进行查询，以进一步确定中断源。

2. 中断优先级产生模块

由于 S3C44B0 的 IRQ 中断具有多个中断源，各个中断的发生时间都是不可预知的，然

而在某一时刻只能有一个中断正在被响应,因此需要根据优先级响应中断。S3C44B0 通过中断优先级产生模块来实现优先级划分。S3C44B0 中断优先级产生模块如图 9-27 所示。

表 9-52　S3C44B0 的中断源及其向量地址

中　断　源	S3C44B0 中断向量地址	描　　述
EINT0	0X00000020	外部中断 0
EINT1	0X00000024	外部中断 1
EINT2	0X00000028	外部中断 2
EINT3	0X0000002C	外部中断 3
EINT4/5/6/7	0X00000030	外部中断 4/5/6/7
INT_TICK	0X00000034	RTC 时间滴答中断
INT_ZDMA0	0X00000040	通用 DMA 中断 0
INT_ZDMA1	0X00000044	通用 DMA 中断 1
INT_BDMA0	0X00000048	桥梁 DMA 中断 0
INT_BDMA1	0X0000004C	桥梁 DMA 中断 1
INT_WDT	0X00000050	看门狗定时器中断
INT_USER0/1	0X00000054	UART 错误中断 0/1
INT_TIME0	0X00000060	定时器 0 中断
INT_TIME1	0X00000064	定时器 1 中断
INT_TIME2	0X00000068	定时器 2 中断
INT_TIME3	0X0000006C	定时器 3 中断
INT_TIME4	0X00000070	定时器 4 中断
INT_TIME5	0X00000074	定时器 5 中断
INT_URXD0	0X00000080	UART 接收中断 0
INT_URXD1	0X00000084	UART 接收中断 1
INT_IIC	0X00000088	IIC 中断
INT_SIO	0X0000008C	SIO 中断
INT_UTXD0	0X00000090	UART 发送中断 0
INT_UTXD1	0X00000094	UART 发送中断 1
INT_RTC	0X000000A0	RTC 告警中断
INT_ADC	0X000000C0	ADC EOC 中断

S3C44B0 优先级产生模块由 1 个主单元和 4 个从单元组成。每个从优先级产生单元管理 6 个中断源。主优先级产生单元管理 4 个从单元和 2 个中断源。每个从单元都有 4 个可编程优先级中断源(sGN)和 2 个固定的优先级中断源(sGKn)。在每个从单元中的 4 个中断源优先级都是可编程的,其余 2 个固定优先级在 6 个中断源中优先级最低。

S3C44B0 优先级产生模块对优先级做出如下约定。

(1) 在从优先级产生单元中,sGA、sGB、sGC 和 sGD 的优先级总是高于 sGKA 和 sGKB。sGA、sGB、sGC 和 sGD 的优先级可以通过编程来配置。在 sGKA 和 sGKB 中,sGKA 的优先级高于 sGKB。

(2) 在主优先级产生单元中,mGA、mGB、mGC 和 mGD 的优先级总是高于 mGKA 和 mGKB,所以 mGKA 和 mGKB 的优先级在其他中断源中是最低的。mGA、mGB、mGC 和 mGD 的优先级可以通过编程来配置。

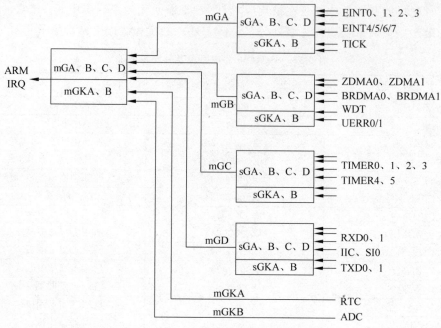

图 9-27　S3C44B0 优先级产生模块

3. S3C44B0 向量中断与非向量中断

S3C44B0 的 IRQ 中断分为向量中断和非向量中断。中断发生时,对于向量中断和非向量中断程序执行情况不同,如图 9-28 所示。当处于非向量中断模式下时,中断源产生中断后,处理器从 0x18 地址处取指、译码、执行,如图 9-28(a)所示;当处于向量中断模式下时,中断源产生中断后,跳转到 0x18 地址处,并忽略 0x18 地址处指令,中断控制器会在总线上加载分支指令,这些分支指令使程序计数器能够对应到每一个中断源的向量地址。这些跳转到每一个中断源向量地址的分支指令可以由中断控制器自动产生。在各个中断源对应的中断向量地址中,存放着跳转到相应中断服务程序的指令代码,如图 9-28(b)所示。

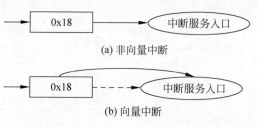

(a) 非向量中断

(b) 向量中断

图 9-28　中断发生时程序执行情况

S3C44B0 向量中断与非向量中断的处理过程如图 9-29 所示,在中断初始化时要对中断控制寄存器(INTCON)进行配置,通过设置 V 来选择向量模式和非向量模式。在非向量模式进入中断服务程序后,要读 I_ISPR 寄存器,并计算偏移量,识别出哪一个中断发生。

9.6.2　S3C2410/S3C2440 中断控制器

S3C2410 提供 56 个中断源,S3C2440 提供 60 个中断源,如表 9-53 所示。当中断源提出中断服务请求后,中断控制器经过仲裁之后再请求 ARM920T 核的 FIQ 或 IRQ 中断。仲裁过程依赖于硬件优先级逻辑,同时仲裁结果被写入中断挂起寄存器中,用户可在中断服务程序中读取该寄存器,从而识别出是哪一个中断源产生中断。

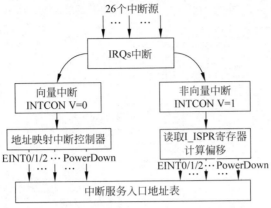

图 9-29　向量中断与非向量中断的处理过程

表 9-53　S3C2410/S3C2440 的中断源

中　断　源	描　　　述	仲裁组	中　断　源	描　　　述	仲裁组
INT_ADC	ADC EOC 和触摸屏中断	ARB5	INT_UART2	UART2 中断	ARB2
INT_RTC	RTC 告警中断	ARB5	INT_TIMER4	定时器 4 中断	ARB2
INT_SPI1	SPI1 中断	ARB5	INT_TIMER3	定时器 3 中断	ARB2
INT_UART0	UART0 中断	ARB5	INT_TIMER2	定时器 2 中断	ARB2
INT_IIC	IIC 中断	ARB4	INT_TIMER1	定时器 1 中断	ARB2
INT_USBH	USB 主机中断	ARB4	INT_TIMER0	定时器 0 中断	ARB2
INT_USBD	USB 设备中断	ARB4	INT_WDT,AC97	看门狗定时器中断,AC97 中断(仅 S3C2440)	ARB1
S3C2410：保留 S3C2440：INT_NFCON	NAND Flash 控制中断	ARB4	INT_TICK	RTC 时间滴答中断	ARB1
INT_UART1	UART1 中断	ARB4	nBATT_FLT	电池错误中断	ARB1
INT_SPI0	SPI0 中断	ARB4	INT_CAM	摄像头接中断(仅 S3C2440)	ARB1
INT_SDI	SDI 中断	ARB3	EINT8_23	外中断 8_23	ARB1
INT_DMA3	DMA 通道 3 中断	ARB3	EINT4_7	外中断 4_7	ARB1
INT_DMA2	DMA 通道 2 中断	ARB3	EINT3	外中断 3	ARB0
INT_DMA1	DMA 通道 1 中断	ARB3	EINT2	外中断 2	ARB0
INT_DMA0	DMA 通道 0 中断	ARB3	EINT1	外中断 1	ARB0
INT_LCD	LCD 中断	ARB3	EINT0	外中断 0	ARB0

　　在 S3C2410/S3C2440 的中断源中,由于外中断 EINT8_23 等共用中断请求信号线,而单独的信号线只有 32 个,这 32 个中断请求由 S3C2410/S3C2440 内部的中断优先级仲裁模块来管理,如图 9-30 所示。

　　由仲裁组 ARBITER0～ ARBITER5 组成一级仲裁逻辑,每个仲裁组用 1 位仲裁模式控制信号(ABR_MODE)和 2 位选择控制信号(ABR_SEL)确定中断优先级,S3C2410/S3C2440 内部的中断优先级仲裁模块做出如下约定。

　　(1) 如果 ABR_SEL 位是 00b(b 表示二进制),则中断优先级的顺序为 REQ0、REQ1、REQ2、REQ3、REQ4、REQ5。

　　(2) 如果 ARB_SEL 位是 01b,则中断优先级的顺序为 REQ0、REQ2、REQ3、REQ4、REQ1、REQ5。

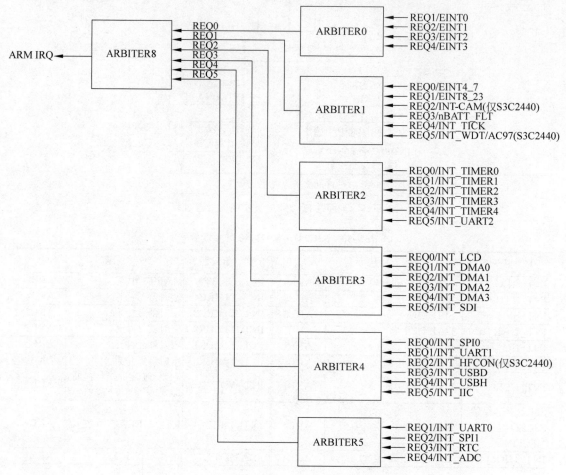

图 9-30 S3C2410/S3C2440 中断优先级仲裁模块

（3）如果 ARB_SEL 位是 10b，则中断优先级的顺序为 REQ0、REQ3、REQ4、REQ1、REQ2、REQ5。

（4）如果 ARB_SEL 位是 11b，则中断优先级的顺序为 REQ0、REQ4、REQ1、REQ2、REQ3、REQ5。

从以上约定可以看出，每个仲裁组的 REQ0 总是具有最高优先级，通过改变 ARB_SEL 的值，REQ1～REQ4 的优先级可以循环。

仲裁模式控制位 ABR_MODE 也可以对其进行设置。当 ABR_MODE 设置为 0 时，ABR_SEL 位值不会自动改变，仲裁组工作在固定工作模式下，这时也可以通过设置 ABR_SEL 的值来改变优先级的次序。当 ABR_MODE 设置为 1 时，ABR_SEL 位值按循环方式自动改变。例如，REQ1 被处理，ABR_SEL 位值自动改为 01b，也就是把 REQ1 放到次低优先级位置。

9.6.3 S3C44B0/S3C2410/S3C2440 中断控制特殊功能寄存器

在使用 S3C44B0/S3C2410/S3C2440 中断控制时，不仅要对 I/O 引脚和相应的功能部件进行设置,还要对中断控制器的相关寄存器进行初始化。例如是否使能中断、选择什么样的中断方式、是否中断挂起、是否屏蔽哪个中断以及中断优先级的设定等。能够完成这些功能的寄存器主要有中断控制寄存器、中断挂起寄存器、中断模式寄存器、中断屏蔽寄存器、S3C44B0 向量模式相关寄存器、S3C2410/S3C2440 中断偏移寄存器、S3C2410/S3C2440 源挂起寄存器、中断优先级寄存器。下面介绍相关寄存器。

1. 中断控制寄存器 INTCON

S3C44B0 的中断控制寄存器 INTCON 信息如表 9-54 所示。

表 9-54　S3C44B0 中断控制寄存器信息

寄存器	S3C44B0 地址	S3C2410/S3C2440 地址	读/写	描　　述	复位值
INTCON	0x01E00000	—	R/W	中断控制寄存器	0x7

S3C44B0 中断控制寄存器

INTCON	位	描　　述	初始状态
保留	[3]	0	0
V	[2]	该位禁止/允许 IRQ 使用向量中断 0＝矢量中断模式　1＝非矢量中断模式	1
I	[1]	该位允许 IRQ 中断 0＝允许　1＝保留 注:在使用 IRQ 中断前,必须清除此位	1
F	[0]	该位允许 FIQ 中断 0＝允许 FIQ 中断(FIQ 中断不支持矢量中断模式) 1＝保留 注:在使用 FIQ 中断前,必须清除此位	1

2. 中断挂起寄存器 INTPND

中断挂起寄存器 INTPND 信息如表 9-55 所示,每一个中断源对应着一位。只有未被屏蔽且具有最高优先级、在源挂起寄存器中等待处理的中断请求,其对应的中断挂起位才被置 1。S3C44B0 在中断服务程序中必须加入对 I_ISPC 和 F_ISPC 写 1 的操作来清除挂起条件,准备接收下一次中断。S3C2410 在中断服务程序中可以直接对 INTPND 进行清除操作。

表 9-55　中断挂起寄存器信息

寄存器	S3C44B0 地址	S3C2410/S3C2440 地址	读/写	描　　述	复位值
INTPND (SRCPHD)	0x01E00004	0x4A000000	S3C44B0: R S3C2410/ S3C2440: R/W	提示中断请求状态 0＝无请求 1＝请求	0x0000000

S3C44B0 的中断挂起寄存器

INTPND (SRCPHD)	位	描　　述	初始状态
EINT0	[25]	0＝无请求 1＝请求	0
EINT1	[24]	0＝无请求 1＝请求	0
EINT2	[23]	0＝无请求 1＝请求	0

续表

INTPND (SRCPHD)	位	描　述	初始状态
EINT3	[22]	0＝无请求 1＝请求	0
EINT4/5/6/7	[21]	0＝无请求 1＝请求	0
INT_TICK	[20]	0＝无请求 1＝请求	0
INT_ZDMA0	[19]	0＝无请求 1＝请求	0
INT_ZDMA1	[18]	0＝无请求 1＝请求	0
INT_BDMA0	[17]	0＝无请求 1＝请求	0
INT_BDMA1	[16]	0＝无请求 1＝请求	0
INT_WDT	[15]	0＝无请求 1＝请求	0
INT_USER0/1	[14]	0＝无请求 1＝请求	0
INT_TIME0	[13]	0＝无请求 1＝请求	0
INT_TIME1	[12]	0＝无请求 1＝请求	0
INT_TIME2	[11]	0＝无请求 1＝请求	0
INT_TIME3	[10]	0＝无请求 1＝请求	0
INT_TIME4	[9]	0＝无请求 1＝请求	0
INT_TIME5	[8]	0＝无请求 1＝请求	0
INT_URXD0	[7]	0＝无请求 1＝请求	0
INT_URXD1	[6]	0＝无请求 1＝请求	0
INT_IIC	[5]	0＝无请求 1＝请求	0
INT_SIO	[4]	0＝无请求 1＝请求	0
INT_UTXD0	[3]	0＝无请求 1＝请求	0
INT_UTXD1	[2]	0＝无请求 1＝请求	0
INT_RTC	[1]	0＝无请求 1＝请求	0
INT_ADC	[0]	0＝无请求 1＝请求	0

S3C2410/S3C2440 的中断挂起寄存器

INTPND	位	描　述	初始状态
INT_ADC	[31]	0＝无请求 1＝请求	0
INT_RTC	[30]	0＝无请求 1＝请求	0
INT_SPI1	[29]	0＝无请求 1＝请求	0
INT_UART0	[28]	0＝无请求 1＝请求	0
INT_IIC	[27]	0＝无请求 1＝请求	0
INT_USBH	[26]	0＝无请求 1＝请求	0
INT_USBD	[25]	0＝无请求 1＝请求	0
INT_NFCON	[24]	0＝无请求 1＝请求（仅 S3C2440）	0
INT_UART1	[23]	0＝无请求 1＝请求	0
INT_SPI0	[22]	0＝无请求 1＝请求	0
INT_SDI	[21]	0＝无请求 1＝请求	0
INT_DMA3	[20]	0＝无请求 1＝请求	0
INT_DMA2	[19]	0＝无请求 1＝请求	0
INT_DMA1	[18]	0＝无请求 1＝请求	0
INT_DMA0	[17]	0＝无请求 1＝请求	0
INT_LCD	[16]	0＝无请求 1＝请求	0
INT_UART2	[15]	0＝无请求 1＝请求	0
INT_TIMER4	[14]	0＝无请求 1＝请求	0
INT_TIMER3	[13]	0＝无请求 1＝请求	0

INTPND	位	描 述	初始状态
INT_TIMER2	[12]	0=无请求 1=请求	0
INT_TIMER1	[11]	0=无请求 1=请求	0
INT_TIMER0	[10]	0=无请求 1=请求	0
INT_WDT,AC97	[9]	0=无请求 1=请求	0
INT_TICK	[8]	0=无请求 1=请求	0
nBATT_FLT	[7]	0=无请求 1=请求	0
INT_CAM	[6]	0=无请求 1=请求(仅 S3C2440)	0
EINT8_23	[5]	0=无请求 1=请求	0
EINT4_7	[4]	0=无请求 1=请求	0
EINT3	[3]	0=无请求 1=请求	0
EINT2	[2]	0=无请求 1=请求	0
EINT1	[1]	0=无请求 1=请求	0
EINT0	[0]	0=无请求 1=请求	0

3. 中断模式寄存器 INTMOD

ARM 处理器的中断模式有两种：IRQ 模式和 FIQ 模式。中断模式寄存器 INTMOD 信息如表 9-56 所示,每一个中断源对应着一位。当中断源的模式位设置为 0 时,中断会按 IRQ 模式来处理；当模式位设置为 1 时,对应的中断会按 FIQ 模式来处理。

表 9-56 中断模式寄存器信息

寄存器	S3C44B0 地址	S3C2410/S3C2440 地址	读/写	描 述	复位值
INTMOD	0x01E00008	0x4A000004	R/W	中断模式寄存器 0=IRQ 模式 1=FIQ 模式	0x0000000

S3C44B0 的中断模式寄存器

INTMOD	位	描 述	初始状态
EINT0	[25]	0=IRQ 模式 1=FIQ 模式	0
EINT1	[24]	0=IRQ 模式 1=FIQ 模式	0
EINT2	[23]	0=IRQ 模式 1=FIQ 模式	0
EINT3	[22]	0=IRQ 模式 1=FIQ 模式	0
EINT4/5/6/7	[21]	0=IRQ 模式 1=FIQ 模式	0
INT_TICK	[20]	0=IRQ 模式 1=FIQ 模式	0
INT_ZDMA0	[19]	0=IRQ 模式 1=FIQ 模式	0
INT_ZDMA1	[18]	0=IRQ 模式 1=FIQ 模式	0
INT_BDMA0	[17]	0=IRQ 模式 1=FIQ 模式	0
INT_BDMA1	[16]	0=IRQ 模式 1=FIQ 模式	0
INT_WDT	[15]	0=IRQ 模式 1=FIQ 模式	0
INT_USER0/1	[14]	0=IRQ 模式 1=FIQ 模式	0
INT_TIME0	[13]	0=IRQ 模式 1=FIQ 模式	0
INT_TIME1	[12]	0=IRQ 模式 1=FIQ 模式	0
INT_TIME2	[11]	0=IRQ 模式 1=FIQ 模式	0
INT_TIME3	[10]	0=IRQ 模式 1=FIQ 模式	0

续表

INTMOD	位	描　　述	初始状态
INT_TIME4	[9]	0＝IRQ 模式 1＝FIQ 模式	0
INT_TIME5	[8]	0＝IRQ 模式 1＝FIQ 模式	0
INT_URXD0	[7]	0＝IRQ 模式 1＝FIQ 模式	0
INT_URXD1	[6]	0＝IRQ 模式 1＝FIQ 模式	0
INT_IIC	[5]	0＝IRQ 模式 1＝FIQ 模式	0
INT_SIO	[4]	0＝IRQ 模式 1＝FIQ 模式	0
INT_UTXD0	[3]	0＝IRQ 模式 1＝FIQ 模式	0
INT_UTXD1	[2]	0＝IRQ 模式 1＝FIQ 模式	0
INT_RTC	[1]	0＝IRQ 模式 1＝FIQ 模式	0
INT_ADC	[0]	0＝IRQ 模式 1＝FIQ 模式	0

S3C2410/S3C2440 的中断模式寄存器

INTMOD	位	描　　述	初始状态
INT_ADC	[31]	0＝IRQ 模式 1＝FIQ 模式	0
INT_RTC	[30]	0＝IRQ 模式 1＝FIQ 模式	0
INT_SPI1	[29]	0＝IRQ 模式 1＝FIQ 模式	0
INT_UART0	[28]	0＝IRQ 模式 1＝FIQ 模式	0
INT_IIC	[27]	0＝IRQ 模式 1＝FIQ 模式	0
INT_USBH	[26]	0＝IRQ 模式 1＝FIQ 模式	0
INT_USBD	[25]	0＝IRQ 模式 1＝FIQ 模式	0
INT_NFCON	[24]	0＝IRQ 模式 1＝FIQ 模式(仅 S3C2440)	0
INT_UART1	[23]	0＝IRQ 模式 1＝FIQ 模式	0
INT_SPI0	[22]	0＝IRQ 模式 1＝FIQ 模式	0
INT_SDI	[21]	0＝IRQ 模式 1＝FIQ 模式	0
INT_DMA3	[20]	0＝IRQ 模式 1＝FIQ 模式	0
INT_DMA2	[19]	0＝IRQ 模式 1＝FIQ 模式	0
INT_DMA1	[18]	0＝IRQ 模式 1＝FIQ 模式	0
INT_DMA0	[17]	0＝IRQ 模式 1＝FIQ 模式	0
INT_LCD	[16]	0＝IRQ 模式 1＝FIQ 模式	0
INT_UART2	[15]	0＝IRQ 模式 1＝FIQ 模式	0
INT_TIMER4	[14]	0＝IRQ 模式 1＝FIQ 模式	0
INT_TIMER3	[13]	0＝IRQ 模式 1＝FIQ 模式	0
INT_TIMER2	[12]	0＝IRQ 模式 1＝FIQ 模式	0
INT_TIMER1	[11]	0＝IRQ 模式 1＝FIQ 模式	0
INT_TIMER0	[10]	0＝IRQ 模式 1＝FIQ 模式	0
INT_WDT，AC97	[9]	0＝IRQ 模式 1＝FIQ 模式	0
INT_TICK	[8]	0＝IRQ 模式 1＝FIQ 模式	0
nBATT_FLT	[7]	0＝IRQ 模式 1＝FIQ 模式	0
INF_CAM	[6]	0＝IRQ 模式 1＝FIQ 模式(仅 S3C2440)	0
EINT8_23	[5]	0＝IRQ 模式 1＝FIQ 模式	0
EINT4_7	[4]	0＝IRQ 模式 1＝FIQ 模式	0
EINT3	[3]	0＝IRQ 模式 1＝FIQ 模式	0
EINT2	[2]	0＝IRQ 模式 1＝FIQ 模式	0
EINT1	[1]	0＝IRQ 模式 1＝FIQ 模式	0
EINT0	[0]	0＝IRQ 模式 1＝FIQ 模式	0

在 S3C44B0/S3C2410/S3C2440 中,某一时刻只能有一个中断源在 FIQ 模式下处理,即 INTMOD 寄存器只有一位可以设置为 1。一般在对中断处理的时间和速度要求比较严格 的场合使用 FIQ 模式。在 FIQ 模式下,INTPND 寄存器和 INTOFFSET 寄存器不受任何 影响。

4. 中断屏蔽寄存器 INTMSK

在中断屏蔽寄存器 INTMSK 中,除了全局屏蔽位外,每一个中断源对应着一位,如 表 9-57 所示。如果某位设置为 1,则该位所对应的中断请求不会被处理;如果某位设置为 0,则该位所对应的中断请求才会被处理。如果全局屏蔽位被设置为 1,则所有的中断请求 都不会被处理。

表 9-57　中断屏蔽寄存器信息

寄存器	S3C44B0 地址	S3C2410/S3C2440 地址	读/写	描　　述	复位值
INTMSK	0x01E0000C	0x4A000008	R/W	确定哪个中断源被屏蔽,被 屏蔽的中断源的中断请求 将不被响应 0=中断服务允许 1=屏蔽	S3C44B0: 0x07FFFFFF S3C2410/S3C2440: 0xFFFFFFFF

S3C44B0 的中断屏蔽寄存器

INTMSK	位	描　　述	初始状态
保留	[27]		0
全部	[26]	0=服务允许 1=屏蔽	1
EINT0	[25]	0=服务允许 1=屏蔽	1
EINT1	[24]	0=服务允许 1=屏蔽	1
EINT2	[23]	0=服务允许 1=屏蔽	1
EINT3	[22]	0=服务允许 1=屏蔽	1
EINT4/5/6/7	[21]	0=服务允许 1=屏蔽	1
INT_TICK	[20]	0=服务允许 1=屏蔽	1
INT_ZDMA0	[19]	0=服务允许 1=屏蔽	1
INT_ZDMA1	[18]	0=服务允许 1=屏蔽	1
INT_BDMA0	[17]	0=服务允许 1=屏蔽	1
INT_BDMA1	[16]	0=服务允许 1=屏蔽	1
INT_WDT	[15]	0=服务允许 1=屏蔽	1
INT_USER0/1	[14]	0=服务允许 1=屏蔽	1
INT_TIME0	[13]	0=服务允许 1=屏蔽	1
INT_TIME1	[12]	0=服务允许 1=屏蔽	1
INT_TIME2	[11]	0=服务允许 1=屏蔽	1
INT_TIME3	[10]	0=服务允许 1=屏蔽	1
INT_TIME4	[9]	0=服务允许 1=屏蔽	1
INT_TIME5	[8]	0=服务允许 1=屏蔽	1
INT_URXD0	[7]	0=服务允许 1=屏蔽	1
INT_URXD1	[6]	0=服务允许 1=屏蔽	1
INT_IIC	[5]	0=服务允许 1=屏蔽	1
INT_SIO	[4]	0=服务允许 1=屏蔽	1
INT_UTXD0	[3]	0=服务允许 1=屏蔽	1

续表

INTMSK	位	描 述	初始状态
INT_UTXD1	[2]	0＝服务允许 1＝屏蔽	1
INT_RTC	[1]	0＝服务允许 1＝屏蔽	1
INT_ADC	[0]	0＝服务允许 1＝屏蔽	1

S3C2410/S3C2440 的中断屏蔽寄存器

INTMSK	位	描 述	初始状态
INT_ADC	[31]	0＝服务允许 1＝屏蔽	1
INT_RTC	[30]	0＝服务允许 1＝屏蔽	1
INT_SPI1	[29]	0＝服务允许 1＝屏蔽	1
INT_UART0	[28]	0＝服务允许 1＝屏蔽	1
INT_IIC	[27]	0＝服务允许 1＝屏蔽	1
INT_USBH	[26]	0＝服务允许 1＝屏蔽	1
INT_USBD	[25]	0＝服务允许 1＝屏蔽	1
INT_NFCON	[24]	0＝服务允许 1＝屏蔽（仅 S3C2440）	1
INT_URRT1	[23]	0＝服务允许 1＝屏蔽	1
INT_SPI0	[22]	0＝服务允许 1＝屏蔽	1
INT_SDI	[21]	0＝服务允许 1＝屏蔽	1
INT_DMA3	[20]	0＝服务允许 1＝屏蔽	1
INT_DMA2	[19]	0－服务允许 1－屏蔽	1
INT_DMA1	[18]	0＝服务允许 1＝屏蔽	1
INT_DMA0	[17]	0＝服务允许 1＝屏蔽	1
INT_LCD	[16]	0＝服务允许 1＝屏蔽	1
INT_UART2	[15]	0＝服务允许 1＝屏蔽	1
INT_TIMER4	[14]	0＝服务允许 1＝屏蔽	1
INT_TIMER3	[13]	0＝服务允许 1＝屏蔽	1
INT_TIMER2	[12]	0＝服务允许 1＝屏蔽	1
INT_TIMER1	[11]	0＝服务允许 1＝屏蔽	1
INT_TIMER0	[10]	0＝服务允许 1＝屏蔽	1
INT_WDT,AC97	[9]	0＝服务允许 1＝屏蔽	1
INT_TICK	[8]	0＝服务允许 1＝屏蔽	1
nBATT_FLT	[7]	0＝服务允许 1＝屏蔽	1
INT_CAM	[6]	0＝服务允许 1＝屏蔽（仅 S3C2440）	1
EINT8_23	[5]	0＝服务允许 1＝屏蔽	1
EINT4_7	[4]	0＝服务允许 1＝屏蔽	1
EINT3	[3]	0＝服务允许 1＝屏蔽	1
EINT2	[2]	0＝服务允许 1＝屏蔽	1
EINT1	[1]	0＝服务允许 1＝屏蔽	1
EINT0	[0]	0＝服务允许 1＝屏蔽	1

注意事项：

在 S3C44B0 中，如果使用了矢量中断模式，则在中断服务程序中改变了中断屏蔽寄存器 INTMSK 的值，这时并不能屏蔽相应的中断过程，因为该中断在中断屏蔽寄存器之前已被中断挂起寄存器 INTPND 锁定了。所以，必须在改变中断屏蔽寄存器后，再清除相应的挂起位。

5. S3C44B0 向量模式相关寄存器

对 S3C44B0 中的优先级产生模块的设置通过对寄存器 I_PSLV、I_PMST、I_CSLV、C_CMST 的设置来完成。如果几个中断源同时发出中断请求,则可通过读 I_IPSR 寄存器获知目前具有最高优先级的中断源。IRQ 向量模式相关寄存器信息如表 9-58 所示。

表 9-58　IRQ 向量模式相关寄存器信息

寄存器	S3C44B0 地址	读/写	描　　述	复位值
I_PSLV	0x01E00010	R/W	确定从单元的 IRQ 优先级	0x1B1B1B1B
I_PMST	0x01E00014	R/W	主寄存器的 IRQ 优先级	0x00001F1B
I_CSLV	0x01E00018	R	当前从寄存器的 IRQ 优先级	0x1B1B1B1B
I_CMST	0x01E0001C	R	当前从寄存器的 IRQ 优先级	0x0000XX1B
I_ISPR	0x01E00020	R	中断服务挂起寄存器 (同时仅能有一个服务被设置)	0x00000000

I_PSLV 寄存器位

I_PSLV	位	描　　述	初始状态
PSLAVE@mGA	[31:24]	确定 mGA 中的 sGA、B、C、D 的优先级	0x1B
PSLAVE@mGB	[23:16]	确定 mGB 中的 sGA、B、C、D 的优先级	0x1B
PSLAVE@mGC	[15:8]	确定 mGC 中的 sGA、B、C、D 的优先级	0x1B
PSLAVE@mGD	[7:0]	确定 mGD 中的 sGA、B、C、D 的优先级	0x1B

PSLAVE@mGA	位	描　　述	初始状态
sGA(EINT0)	[31:30]	00: 1st 01: 2nd 10: 3rd 11: 4th	00
sGB(EINT1)	[29:28]	00: 1st 01: 2nd 10: 3rd 11: 4th	01
sGC(EINT2)	[27:26]	00: 1st 01: 2nd 10: 3rd 11: 4th	10
sGD(EINT3)	[25:24]	00: 1st 01: 2nd 10: 3rd 11: 4th	11

PSLAVE@mGB	位	描　　述	初始状态
sGA(INT_ZDMA0)	[23:22]	00: 1st 01: 2nd 10: 3rd 11: 4th	00
sGB(INT_ZDMA1)	[21:20]	00: 1st 01: 2nd 10: 3rd 11: 4th	01
sGC(INT_BDMA0)	[19:18]	00: 1st 01: 2nd 10: 3rd 11: 4th	10
sGD(INT_BDMA1)	[17:16]	00: 1st 01: 2nd 10: 3rd 11: 4th	11

PSLAVE@mGC	位	描　　述	初始状态
sGA(TIMER0)	[15:14]	00: 1st 01: 2nd 10: 3rd 11: 4th	00
sGB(TIMER1)	[13:12]	00: 1st 01: 2nd 10: 3rd 11: 4th	01
sGC(TIMER2)	[11:10]	00: 1st 01: 2nd 10: 3rd 11: 4th	10
sGD(TIMER3)	[9:8]	00: 1st 01: 2nd 10: 3rd 11: 4th	11

PSLAVE@mGD	位	描　　述	初始状态
sGA(INT_URXD0)	[7:6]	00: 1st 01: 2nd 10: 3rd 11: 4th	00
sGB(INT_URXD1)	[5:4]	00: 1st 01: 2nd 10: 3rd 11: 4th	01
sGC(INT_IIC)	[3:2]	00: 1st 01: 2nd 10: 3rd 11: 4th	10
sGD(INT_SIO)	[1:0]	00: 1st 01: 2nd 10: 3rd 11: 4th	11

I_PMST 寄存器位

I_PMST	位	描 述	初始状态
保留	[15:13]		000
M	[12]	主操作模式：0＝轮询 1＝固定	1
FxSLV[A:D]	[11:8]	从操作模式：0＝轮询 1＝固定	1111
PMASTER	[7:0]	确定 4 个主单元的优先级	0x1B

PMASTER	位	描 述	初始状态
mGA	[7:6]	00：1st 01：2nd 10：3rd 11：4th	00
mGB	[5:4]	00：1st 01：2nd 10：3rd 11：4th	01
mGC	[3:2]	00：1st 01：2nd 10：3rd 11：4th	10
mGD	[1:0]	00：1st 01：2nd 10：3rd 11：4th	11

I_CSLV 寄存器位

I_CSLV	位	描 述	初始状态
CSLAVE@mGA	[31:24]	指示 mGA 中的 sGA、B、C、D 的优先级	0x1B
CSLAVE@mGB	[23:16]	指示 mGB 中的 sGA、B、C、D 的优先级	0x1B
CSLAVE@mGC	[15:8]	指示 mGC 中的 sGA、B、C、D 的优先级	0x1B
CSLAVE@mGD	[7:0]	指示 mGD 中的 sGA、B、C、D 的优先级	0x1B

CSLAVE@mGA	位	描 述	初始状态
sGA(EINT0)	[31:30]	00：1st 01：2nd 10：3rd 11：4th	00
sGB(EINT1)	[29:28]	00：1st 01：2nd 10：3rd 11：4th	01
sGC(EINT2)	[27:26]	00：1st 01：2nd 10：3rd 11：4th	10
sGD(EINT3)	[25:24]	00：1st 01：2nd 10：3rd 11：4th	11

CSLAVE@mGB	位	描 述	初始状态
sGA(INT_ZDMA0)	[23:22]	00：1st 01：2nd 10：3rd 11：4th	00
sGB(INT_ZDMA1)	[21:20]	00：1st 01：2nd 10：3rd 11：4th	01
sGC(INT_BDMA0)	[19:18]	00：1st 01：2nd 10：3rd 11：4th	10
sGD(INT_BDMA1)	[17:16]	00：1st 01：2nd 10：3rd 11：4th	11

CSLAVE@mGC	位	描 述	初始状态
sGA(TIMER0)	[15:14]	00：1st 01：2nd 10：3rd 11：4th	00
sGB(TIMER1)	[13:12]	00：1st 01：2nd 10：3rd 11：4th	01
sGC(TIMER2)	[11:10]	00：1st 01：2nd 10：3rd 11：4th	10
sGD(TIMER3)	[9:8]	00：1st 01：2nd 10：3rd 11：4th	11

CSLAVE@mGD	位	描 述	初始状态
sGA(INT_URXD0)	[7:6]	00：1st 01：2nd 10：3rd 11：4th	00
sGB(INT_URXD1)	[5:4]	00：1st 01：2nd 10：3rd 11：4th	01
sGC(INT_IIC)	[3:2]	00：1st 01：2nd 10：3rd 11：4th	10
sGD(INT_SIO)	[1:0]	00：1st 01：2nd 10：3rd 11：4th	11

I_CMST 寄存器位

I_CMST	位	描　述	初始状态
保留	[15:14]		00
VECTOR	[13:8]	对应分支机器代码的低 6 位	不确定
CMASTER	[7:0]	Master 的当前优先级	0x1B

CMASTER	位	描　述	初始状态
mGA	[7:6]	00：1st 01：2nd 10：3rd 11：4th	00
mGB	[5:4]	00：1st 01：2nd 10：3rd 11：4th	01
mGC	[3:2]	00：1st 01：2nd 10：3rd 11：4th	10
mGD	[1:0]	00：1st 01：2nd 10：3rd 11：4th	11

I_ISPR 寄存器位

I_ISPR	位	描　述	初始状态
EINT0	[25]	0＝不响应 1＝现在响应	0
EINT1	[24]	0＝不响应 1＝现在响应	0
EINT2	[23]	0＝不响应 1＝现在响应	0
EINT3	[22]	0＝不响应 1＝现在响应	0
EINT4/5/6/7	[21]	0＝不响应 1＝现在响应	0
INT_TICK	[20]	0＝不响应 1＝现在响应	0
INT_ZDMA0	[19]	0＝不响应 1＝现在响应	0
INT_ZDMA1	[18]	0＝不响应 1＝现在响应	0
INT_BDMA0	[17]	0＝不响应 1＝现在响应	0
INT_BDMA1	[16]	0＝不响应 1＝现在响应	0
INT_WDT	[15]	0＝不响应 1＝现在响应	0
INT_USER0/1	[14]	0＝不响应 1＝现在响应	0
INT_TIME0	[13]	0＝不响应 1＝现在响应	0
INT_TIME1	[12]	0＝不响应 1＝现在响应	0
INT_TIME2	[11]	0＝不响应 1＝现在响应	0
INT_TIME3	[10]	0＝不响应 1＝现在响应	0
INT_TIME4	[9]	0＝不响应 1＝现在响应	0
INT_TIME5	[8]	0＝不响应 1＝现在响应	0
INT_URXD0	[7]	0＝不响应 1＝现在响应	0
INT_URXD1	[6]	0＝不响应 1＝现在响应	0
INT_IIC	[5]	0＝不响应 1＝现在响应	0
INT_SIO	[4]	0＝不响应 1＝现在响应	0
INT_UTXD0	[3]	0＝不响应 1＝现在响应	0
INT_UTXD1	[2]	0＝不响应 1＝现在响应	0
INT_RTC	[1]	0＝不响应 1＝现在响应	0
INT_ADC	[0]	0＝不响应 1＝现在响应	0

IRQ/FIQ 中断挂起清零寄存器 I_ISPC、F_ISPC 信息如表 9-59 所示。

表 9-59　IRQ/FIQ 中断挂起清零寄存器信息

寄存器	S3C44B0 地址	读/写	描　述	复位值
I_ISPC	0x01E00024	W	IRQ 中断挂起清零寄存器	不确定
F_ISPC	0x01E0003C	W	FIQ 中断挂起清零寄存器	不确定

S3C44B0 清零寄存器

I_ISPC/F_ISPC	位	描　述	初始状态
EINT0	[25]	0＝不变 1＝清除挂起位	0
EINT1	[24]	0＝不变 1＝清除挂起位	0
EINT2	[23]	0＝不变 1＝清除挂起位	0
EINT3	[22]	0＝不变 1＝清除挂起位	0
EINT4/5/6/7	[21]	0＝不变 1＝清除挂起位	0
INT_TICK	[20]	0＝不变 1＝清除挂起位	0
INT_ZDMA0	[19]	0＝不变 1＝清除挂起位	0
INT_ZDMA1	[18]	0＝不变 1＝清除挂起位	0
INT_BDMA0	[17]	0＝不变 1＝清除挂起位	0
INT_BDMA1	[16]	0＝不变 1＝清除挂起位	0
INT_WDT	[15]	0＝不变 1＝清除挂起位	0
INT_USER0/1	[14]	0＝不变 1＝清除挂起位	0
INT_TIME0	[13]	0＝不变 1＝清除挂起位	0
INT_TIME1	[12]	0＝不变 1＝清除挂起位	0
INT_TIME2	[11]	0＝不变 1＝清除挂起位	0
INT_TIME3	[10]	0＝不变 1＝清除挂起位	0
INT_TIME4	[9]	0＝不变 1＝清除挂起位	0
INT_TIME5	[8]	0＝不变 1＝清除挂起位	0
INT_URXD0	[7]	0＝不变 1＝清除挂起位	0
INT_URXD1	[6]	0＝不变 1＝清除挂起位	0
INT_IIC	[5]	0＝不变 1＝清除挂起位	0
INT_SIO	[4]	0＝不变 1＝清除挂起位	0
INT_UTXD0	[3]	0＝不变 1＝清除挂起位	0
INT_UTXD1	[2]	0＝不变 1＝清除挂起位	0
INT_RTC	[1]	0＝不变 1＝清除挂起位	0
INT_ADC	[0]	0＝不变 1＝清除挂起位	0

6. S3C2410/S3C2440 中断偏移寄存器 INTOFFSET

S3C2410/S3C2440 中断偏移寄存器 INTOFFSET 的值代表了中断源号，即在 IRQ 模式下，INTPND 寄存器中某位置 1，则 INTOFFSET 寄存器中的值是其对应中断源的偏移量。该寄存器是只读的，可以通过清除 SRCPND 寄存器和 INTPND 寄存器的挂起位来自动清除。中断偏移寄存器 INTOFFSET 信息及其值与中断源的对应关系如表 9-60 所示。

表 9-60　S3C2410/S3C2440 中断偏移寄存器信息及其值与中断源的对应关系

寄存器	S3C44B0 地址	S3C2410/S3C2440 地址	读/写	描　述	复位值
INTOFFSET	—	0x4A000014	R	指示 IRQ 中断请求源	0x0000000

中断源

续表

中 断 源	偏 移 值	中 断 源	偏 移 值
INT_ADC	31	INT_UART2	15
INT_RTC	30	INT_TIMER4	14
INT_SPI1	29	INT_TIMER3	13
INT_UART0	28	INT_TIMER2	12
INT_IIC	27	INT_TIMER1	11
INT_USBH	26	INT_TIMER0	10
INT_USBD	25	INT_WDT, AC97	9
INT_NFCON(仅 S3C2440)	24	INT_TICK	8
INT_URRT1	23	nBATT_FLT	7
INT_SPI0	22	INT_CON(仅 S3C2440)	6
INT_SDI	21	EINT8_23	5
INT_DMA3	20	EINT4_7	4
INT_DMA2	19	EINT3	3
INT_DMA1	18	EINT2	2
INT_DMA0	17	EINT1	1
INT_LCD	16	EINT0	0

7. S3C2410/S3C2440 源挂起寄存器 SRCPND、SUBSRCPND

S3C2410/S3C2440 源挂起寄存器 SRCPND 由 32 位组成,每一个中断请求信号对应着其中的一位。中断源请求中断服务时,其所对应的位就被置 1。所以 SRCPND 记录了哪些中断源发出了中断请求(注意:与 INTMASK 无关)。子源挂起寄存器 SUBSRCPND 用于共用中断请求信号的中断控制。SRCPND、SUBSRCPND 寄存器信息如表 9-55 和表 9-61 所示。

表 9-61   SRCPND、SUBSRCPND 寄存器信息

寄存器	S3C44B0 地址	S3C2410/S3C2440 地址	读/写	描　　述	复位值
SUBSRCPND	—	0x4A000018	R/W	指示 IRQ 中断请求源 0=中断没有被请求 1=中断被请求	0x0000000

SUBSRCPND 寄存器

SUBSRCPND	位	描　　述	初始状态
保留	[31:15]		0
INT_AC97	[14]	仅 S3C2440,0=无请求,1=请求	0
INT_WDT	[13]	仅 S3C2440,0=无请求,1=请求	0
INT_CAM_P	[12]	仅 S3C2440,0=无请求,1=请求	0
INT_CAM_C	[11]	仅 S3C2440,0=无请求,1=请求	0
INT_ADC	[10]	0=无请求 1=请求	0
INT_TC	[9]	0=无请求 1=请求	0
INT_ERR2	[8]	0=无请求 1=请求	0
INT_TXD2	[7]	0=无请求 1=请求	0
INT_RXD2	[6]	0=无请求 1=请求	0
INT_ERR1	[5]	0=无请求 1=请求	0
INT_TXD1	[4]	0=无请求 1=请求	0
INT_RXD1	[3]	0=无请求 1=请求	0
INT_ERR0	[2]	0=无请求 1=请求	0
INT_TXD0	[1]	0=无请求 1=请求	0
INT_RXD0	[0]	0=无请求 1=请求	0

8. S3C2410 中断优先级寄存器 PRIORITY

S3C2410/S3C2440 中断优先级寄存器 PRIORITY 只在 IRQ 模式下起作用，中断源的优先级由 2 位的 ARB_SEL 和 1 位的 ARB_MODE 的不同设定值来决定。PRIORITY 寄存器信息如表 9-62 所示。

表 9-62　PRIORITY 寄存器信息

寄存器	S3C44B0 地址	S3C2410/S3C2440 地址	读/写	描　　述	复位值
PRIORITY	—	0x4A00000C	R/W	中断优先级寄存器	0x7F

PRIORITY 寄存器

PRIORITY	位	描　　述	初始状态
ARB_SEL6	[20:19]	仲裁组 ARBITER 6 的优先级顺序集合 00 = REQ 0-1-2-3-4-5　　01 = REQ 0-2-3-4-1-5 10 = REQ 0-3-4-1-2-5　　11 = REQ 0-4-1-2-3-5	0
ARB_SEL5	[18:17]	仲裁组 ARBITER 5 的优先级顺序集合 00 = REQ 1-2-3-4　　01 = REQ 2-3-4-1 10 = REQ 3-4-1-2　　11 = REQ 4-1-2-3	0
ARB_SEL4	[16:15]	仲裁组 ARBITER 4 的优先级顺序集合 00 = REQ 0-1-2-3-4-5　　01 = REQ 0-2-3-4-1-5 10 = REQ 0-3-4-1-2-5　　11 = REQ 0-4-1-2-3-5	0
ARB_SEL3	[14:13]	仲裁组 ARBITER 3 的优先级顺序集合 00 = REQ 0-1-2-3-4-5　　01 = REQ 0-2-3-4-1-5 10 = REQ 0-3-4-1-2-5　　11 = REQ 0-4-1-2-3-5	0
ARB_SEL2	[12:11]	仲裁组 ARBITER 2 的优先级顺序集合 00 = REQ 0-1-2-3-4-5　　01 = REQ 0-2-3-4-1-5 10 = REQ 0-3-4-1-2-5　　11 = REQ 0-4-1-2-3-5	0
ARB_SEL1	[10:9]	仲裁组 ARBITER 1 的优先级顺序集合 00 = REQ 0-1-2-3-4-5　　01 = REQ 0-2-3-4-1-5 10 = REQ 0-3-4-1-2-5　　11 = REQ 0-4-1-2-3-5	0
ARB_SEL0	[8:7]	仲裁组 ARBITER 0 的优先级顺序集合 00 = REQ 1-2-3-4　　01 = REQ 2-3-4-1 10 = REQ 3-4-1-2　　11 = REQ 4-1-2-3	0
ARB_MODE6	[6]	仲裁组 ARBITER 6 优先级轮转使能 0 = 优先级不轮转　　1 = 优先级轮转使能	1
ARB_MODE5	[5]	仲裁组 ARBITER 5 优先级轮转使能 0 = 优先级不轮转　　1 = 优先级轮转使能	1
ARB_MODE4	[4]	仲裁组 ARBITER 4 优先级轮转使能 0 = 优先级不轮转　　1 = 优先级轮转使能	1
ARB_MODE3	[3]	仲裁组 ARBITER 3 优先级轮转使能 0 = 优先级不轮转　　1 = 优先级轮转使能	1
ARB_MODE2	[2]	仲裁组 ARBITER 2 优先级轮转使能 0 = 优先级不轮转　　1 = 优先级轮转使能	1
ARB_MODE1	[1]	仲裁组 ARBITER 1 优先级轮转使能 0 = 优先级不轮转　　1 = 优先级轮转使能	1
ARB_MODE0	[0]	仲裁组 ARBITER 0 优先级轮转使能 0 = 优先级不轮转　　1 = 优先级轮转使能	1

9.6.4　S3C44B0/S3C2410/S3C2440 中断控制器设计实例

中断在嵌入式系统开发中应用广泛。下面以 S3C44B0 为例详细介绍中断接口设计和中断服务的软件设计。

1. 中断接口设计

图 9-31 所示为 1 个 3×3 的矩阵键盘原理图，也即中断实验电路图 3 条行线分别连接到 S3C44B0 端口 C 的 GPC0～GPC2 引脚，3 条列线分别连接到 S3C44B0 端口 C 的 GPC3～GPC5 引脚，键盘中断信号从 S3C44B0 和外部中断 6（EINT6）引脚输入。

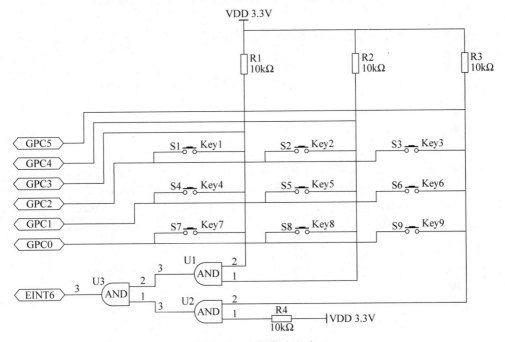

图 9-31　中断实验电路

行线由 S3C44B0 送出低电平。中断的产生来自 Key1～Key9 按键，当任一按钮按下时，行线和列线发行短路，将列线拉为低电平，经过"与"逻辑后，EINT6 输入低电平，从而向 CPU 发出中断请求。当 CPU 受理中断后，进入相应的中断服务程序，进行按键判断和键值计算。

2. 中断服务的软件设计

中断服务的软件设计包括硬件初始化、中断服务程序和测试函数。

建立 INT_Lib.c 源文件如下：

```
/***********************************************************
        文件名：INT_Lib.c
        版本号：v1.0
        硬件描述：S3C44B0 外中断 EINT6 作为键盘中断的引入源，GPC0～GPC2 为 3×3 矩阵键盘
                的行引入线，GPC3～GPC5 为 3×3 矩阵键盘的列引入线。
```

　　　　主要函数：KeyInit 函数实现键盘及中断的初始化；KeyScan 为键盘扫描识程序；KeyINT_isr
　　　为键盘中断服务函数。
　　　　修改日志：
　　** /

```c
#define ROWNUM    3
#define COLOMNNUM   3
int keyrow = 0;
int keycolomn = 0;
int colomndata = 0;


/ **************************************************************************
*  函数名称：KeyInit
*  功能描述：键盘初始化,包括键盘使用到的 I/O 端口和中断服务
*  参数:      无
*  返回值:    无
**************************************************************************** /
void KeyInit(void)
{
    // 初始化 I/O 端口
    rPCONC &= ~(0xFFF);
    rPCONC |= ((0 << 10) | (0 << 8) | (0 << 6)      // PC5～PC3 为输入
           | (1 << 4) | (1 << 2) | (1 << 0));       // PC2～PC0 为输出
    rPUPC |= 0x3F;                                   // PC5～PC0 禁止上拉电阻
    rPDATC |= 0x7;                                   // 初始状态 PC2～PC0 置高电平


    // 初始化中断
    rI_ISPC    = 0x3FFFFFF;                          // 清除中断请求寄存器
    rEXTINTPND = 0xF;                                // 清除外中断请求寄存器
    rINTMOD    = 0x0;                                // 设置成 IRQ 模式
    rINTCON    = 0x5;                                // 非向量模式,FIQ 禁止
    rINTMSK    = ~(BIT_GLOBAL|BIT_EINT4567);

    pISR_EINT4567 = (int) KeyINT_isr;                // 设置中断服务函数
}


/ ****************************************************************************
*  函数名称:   KeyScan
*  功能描述:    键盘扫描,扫描监视用户按键,当发现用户按键后,打印按键位置
*  参数:       无
*  返回值:     无
**************************************************************************** /
void KeyScan(void)
{
    int i;
    while(1)
    {
        colomndata = 0;
```

```
    rPDATC &= ~(1 ≪ keyrow);                    // 向当前扫描行送低电平

    if (colomndata != 0)                         // 当检测到发生中断
    {
        for (i = 0; i < COLOMNNUM; i++)          // 寻找按键所在列
        {
            if (colomndata & (1 ≪ i) == 0)
            {
                keycolomn = i;
                break;
            }
        }
        uart_printf("Key Pressed: Row = %d, Colomn = %d\n", keyrow, keycolomn);
    }

    if ((++keyrow) >= ROWNUM)                     // 当前扫描行计数器循环递增
        keyrow = 0;
    rPDATC |= 0x7;

    }
}


/ *****************************************************************************
 *  函数名称：    KeyINT_isr
 *  功能描述：    按键中断服务函数
 *  参数：       无
 *  返回值：     无
 ***************************************************************************** /
void   KeyINT_isr(void)
{
    delay(10);
    if (rEXTINTPND == 4)                          //判断是否发生中断 6
    {
        colomndata = (rPDATC ≫ 3) & 0x7;          // 把按键的原始值送到 colomndata 中
    }
}
```

思考与练习题

1. 三星公司两款流行的 ARM 处理器芯片 S3C44B0 和 S3C2410/S3C2440 各基于什么结构架构？S3C2410/S3C2440 与 S3C44B0 相比较具有哪些优势？

2. S3C44B0 矢量中断模式下，当中断请求产生时，程序会自动进入相应的中断源向量地址。因此，在中断源向量地址处必须有一条分支指令，使程序进入相应的中断服务程序，程序如下，请写出下列指令代码在 S3C44B0 的 ROM 中的存储地址。

```
        ENTRY
    b ResetHandler；
    b HandlerUndef；
    b HandlerSWI；
    b HandlerPabort；
    b HandlerDabort；
    b . ；
    b HandlerIRQ；
    b HandlerFIQ；
    ldr pc，＝HandlerEINT0；
    ldr pc，＝HandlerEINT1
    ldr pc，＝HandlerEINT2
    ldr pc，＝HandlerEINT3
    ldr pc，＝HandlerEINT4567
    ldr pc，＝HandlerTICK；
    b .
    b .
    ldr pc，＝HandlerZDMA0；
    ldr pc，＝HandlerZDMA1
    ldr pc，＝HandlerBDMA0
    ldr pc，＝HandlerBDMA1
    ldr pc，＝HandlerWDT
    ldr pc，＝HandlerUERR01；
    b .
    b .
    ldr pc，＝HandlerTIMER0；
    ldr pc，＝HandlerTIMER1
    ldr pc，＝HandlerTIMER2
    ldr pc，＝HandlerTIMER3
    ldr pc，＝HandlerTIMER4
    ldr pc，＝HandlerTIMER5；
    b .
    b .
    ldr pc，＝HandlerURXD0；
    ldr pc，＝HandlerURXD1
    ldr pc，＝HandlerIIC
    ldr pc，＝HandlerSIO
    ldr pc，＝HandlerUTXD0
    ldr pc，＝HandlerUTXD1；
    b .
    b .
    ldr pc，＝HandlerRTC；
    b .
    b .
    b .
    b .
    b .
    b .
    b .
    ldr pc，＝HandlerADC；
```

3. LED 与蜂鸣器控制电路原理如图 9-32 所示,S3C44B0 的端口 G 的第 4、5、6、7 引脚分别与 LED 相连,端口 A 的第 0 引脚用来控制蜂鸣器。

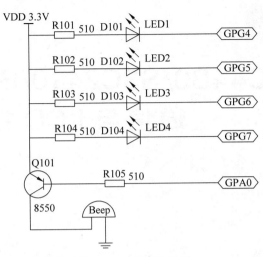

图 9-32　习题 3 电路图

要求:根据电路图,实现用 LED 的亮灭作为二制编码,模拟十六进制计数(例如,0 的编码为 0000:全灭,1 的编码为 0001:LED4 灭/ LED3 灭/ LED2 灭/ LED1 亮,……,15 的编码为 1111:全亮);编码为 0000 时,开始打开蜂鸣器,编码为 1111 时,关闭蜂鸣器。

4. 写出向量中断与非向量中断方式的区别(注:文字描述或图解说明均可)。

5. 画出 4 片 8 位的 ROM 与 S3C2410/S3C2440 芯片的接口电路简图(注:只画出数据总线、地址总线的连接关系即可)。

6. 画出 2 片 16 位的 SDRAM 与 S3C2410/S3C2440 芯片的接口电路简图(注:只画出数据总线、地址总线的连接关系即可)。

7. 用 S3C44B0 实现对一个数码管(共阳)的控制,使其从 0 显示到 F 无限循环下去(提示:要加限流电阻,画出电路的主要连接关系即可)。

## 第 10 章

S3C44B0/S3C2410/S3C2440 通信与 LCD 接口技术

通信技术和图形界面是嵌入式开发和嵌入式产品的重要组成部分。本章基于嵌入式微控制器 S3C44B0X 和 S3C2410/S3C2440,介绍了通用异步收发器(UART)、I²C 总线的通信原理和 S3C44B0X/S3C2410/S3C2440 用作图形界面接口的 LCD 控制器,对每种功能部件都列出了相应的典型开发实例。

10.1 S3C44B0/S3C2410/S3C2440 UART

10.1.1 UART 原理

通用异步接收和发送(Universal Asynchronous Receiver and Transmitter,UART)协议作为一种低速通信协议,广泛应用于通信领域的各种场合。UART 工作原理是将传输数据的每个字符一位一位地传输,数据的各位分时使用一条传输信号线。

1. 串行通信的工作方式

异步串行通信占用硬件资源少,并且对两个通信方的时钟同步性要求不高,在通信数据量较少的场合应用较多。根据通信双方数据传输方向的不同可以分成单工、半双工、全双工 3 种工作方式。单工数据传输只支持数据在一个方向上传输,如图 10-1(a)所示;半双工数据传输允许数据在两个方向上传输,但是,在某一时刻,只允许数据在一个方向上传输,它实际上是一种允许切换方向的单工通信,如图 10-1(b)所示;全双工数据通信允许数据同时在两个方向上传输,因此,全双工通信是两个单工通信方式的结合,它要求发送

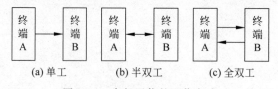

(a) 单工   (b) 半双工   (c) 全双工

图 10-1 串行通信的工作方式

设备和接收设备都有独立的接收和发送能力,如图 10-1(c)所示。

2. 串行通信的波特率

在串行通信中,用波特率来描述数据的传输速度。波特率是每秒传送的二进制位数,其单位是 b/s。它是衡量串行数据速度快慢的重要指标。异步串行通信要求通信双方的波特率必须相同。

3. 奇偶校验

为了提高串行通信的可靠性,可以采用奇校验或偶校验的方法来对数据的正确性进行判别。在发送数据时,每个数据后要附加 1 个奇偶校验位,这个校验位可以为 1 也可以为 0,用来保证包括奇偶校验位在内的所有传输的数据帧中 1 的个数为奇数(奇校验)或 1 的个数为偶数(偶校验)。在数据接收方,也要按照协议规定采用与发送方相同的校验方法进行奇偶校验。例如,发送方采用奇校验的方式,则接收方也要采用奇校验的方式,当接收方发现所接收到的数据帧中二进制"1"的个数不为奇数时,则为传输数据出错。

4. 数据帧格式

异步串行通信传输数据时,以字符为传输单元,每传输一个字符总是以起始位开始,以停止位结束。各个字符之间没有时间间隔要求。数据格式如图 10-2 所示。每个字符的传输都以起始位开始,这个起始位是个低电平,用逻辑 0 表示;然后出现在通信线上的是字符的二进制编码数据,字符数据由 5~8 个数据位组成,一般采用 ASCII 编码;根据约定,用奇偶校验位将所传输的字符中为"1"的位数凑成奇数个或偶数个。也可以约定不要奇偶校验,这样就取消奇偶校验位;最后以停止位(高电平,逻辑 1)作为数据传输结束的标志,停止位可以是 1 位或 2 位或 1.5 位;停止位的后面是任意长度的空闲位(高电平,逻辑 1),等待下一个字符的传输。

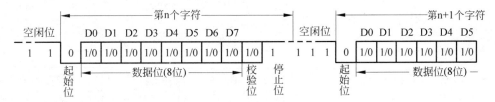

图 10-2　异步串行通信数据格式

5. RS232、EIA-422 和 EIA-485 标准

RS232 接口是 1970 年由美国电子工业协会(EIA)联合贝尔公司、调制解调器厂家及计算机终端生产厂家共同制定的用于串行通信的标准。它的全名是"数据终端设备(DTE)和数据通信设备(DCE)之间串行二进制数据交换接口技术标准",该标准规定采用一个 25 个引脚的 DB25 链接器,对链接器的每个引脚的信号内容加以规定,还对各种信号的电平加以规定。DB25 的串口一般用到的引脚只有 2(RXD)、3(TXD)、7(GND)这 3 个。随着设备的不断改进,现在 DB25 的引脚很少看到了,代替它的是 DB9 的接口,DB9 所用到的引脚对比 DB25 有所变化,是 2(RXD)、3(TXD)、5(GND)这 3 个。因此现在都把 RS232 接口叫作 DB9。

为扩展应用范围,EIA 于 1983 年在 EIA-422 基础上制定了 EIA-485 标准,增加了发送器的驱动能力和冲突保护特性,扩展了总线共模范围,后命名为 TIA/EIA-485-A 标准。由于 EIA-485 是从 EIA-422 基础上发展而来的,所以 EIA-485 许多电气规定与 EIA-422 相仿，如都采用平衡传输方式、都需要在传输线上接终端电阻、最大传输距离约为 1219m、最大传输速率为 10Mb/s 等。由于 EIA-232、EIA-422 与 EIA-485 标准只对接口的电气特性做出规定，而不涉及接插件、电缆或协议，标准内容规定比较简单，在此标准基础上，用户可以根据应用需求建立自己的通信协议。

10.1.2　S3C44B0/S3C2410/S3C2440 UART 模块

S3C44B0 的 UART 单元提供两个独立异步串行 I/O(SIO)端口，S3C2410/S3C2440 的 UART 提供 3 个独立异步串行 I/O 端口，每一个可以在基于中断和基于 DMA 的模式下操作。换句话说 UART 能产生一个中断要求 CPU 处理或产生一个 DMA 请求在 CPU 与 UART 间传递数据。S3C44B0 的 UART 可以支持位速率高达 115.2kb/s，S3C2410/S3C2440 的 UART 可支持高达 230.4kb/s。每个 UART 通道包含两个 16 字节先进先出缓存(FIFO)，负责数据的接收和发送。S3C2440 的每个通道包含两个 64 字节的先进先出缓存。

S3C44B0/S3C2410/S3C2440 的 UART 特性如表 10-1 所示。

表 10-1　S3C44B0/S3C2410 的 UART 特性

S3C44B0	S3C2410/S3C2440
RxD0、TxD0、RxD1、TxD1 带有基于 DMA 或基于中断的操作	RxD0、TxD0、RxD1、TxD1、RxD2 和 TxD2 带有基于 DMA 或基于中断的操作
UART 通道 0 带 IrDA1.0 和 16 字节 FIFO	UART 通道 0,1 和 2 带 IrDA1.0 及多个字节 FIFO
UART 通道 1 带 IrDA1.0 和 16 字节 FIFO	UART 通道 0 和 1 带 nRTS0、nCTS0、nRTS1 及 nCTS1
支持握手发送/接收	支持握手发送/接收

S3C44B0/S3C2410/S3C2440 的 UART 包括可编程波特率，红外(IR)传输/接收，1 或 2 个内嵌停止位，5 位、6 位、7 位或 8 位数据宽度和奇偶校验。发送器和接收器包含多个字节 FIFO 缓存和数据移位器。被发送的数据可以先写到 FIFO 然后拷贝到发送数据引脚(TxDn)。接收到的数据从接收数据引脚(RxDn)转移，然后从移位器中拷贝到 FIFO 中。带 FIFO 的 UART 模块原理如图 10-3 所示。

10.1.3　S3C44B0/S3C2410/S3C2440 UART 操作

S3C44B0 和 S3C2410/S3C2440 UART 接口部件的操作包括数据发送与接收、自动流量控制、自环模式和红外模式。

1. 数据发送与接收

数据帧的发送是可编程的。它包括一个起始位、5～8 个数据位、一个可选的奇偶校验位和 1～2 个停止位，用户可以通过线控制寄存器(ULCONn)的编程来设定。发送器还可以产生中止条件：在长于一个帧的传输时间里强迫串行输出为逻辑 0 状态。在数据传输完成后产生传输中止信号，在中止信号传输后，可以继续向 Tx FIFO(或在非 FIFO 模式下的

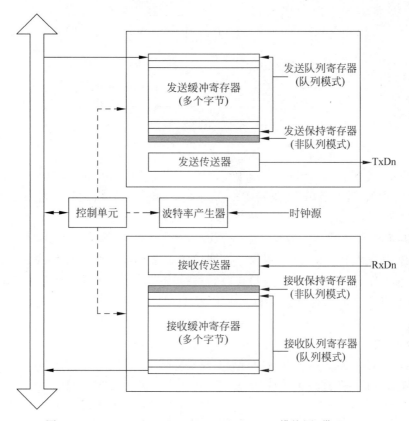

图 10-3　S3C44B0/S3C2410/S3C2440 UART 模块图（带 FIFO）

Tx 保持寄存器）中发送数据。

与传输相似，接收的数据帧也是可编程的。它包括一个起始位、5～8 个数据位、一个可选的奇偶校验位和 1～2 个停止位，用户可以通过线控制寄存器（ULCONn）的编程来设定。接收器可以侦测到超限错误、奇偶错误、帧错误和中止条件，每个都可以设置一个错误标志。

- 超限错误，在旧数据被读取之前新数据已经覆盖了旧数据。
- 奇偶错误，接收器侦测到一个非预期的奇偶条件。
- 帧错误，接收的数据没有有效的停止位。
- 中止条件，RxDn 输入在大于一个帧传输时间上保持在逻辑 0 状态。

接收超时条件的产生是：当在 3 个字的时间（这个区间取决于字长度位的设定）它没有接收任何数据并且在 FIFO 模式接收 FIFO 不为空。

2. 自动流量控制

S3C44B0 和 S3C2410/S3C2440 支持带有 nRTS 和 nCTS 信号的自动流量控制（AFC）。如果希望连接 UART 到调制解调器，则禁止 UMCONn 寄存器的自动流量控制位，然后通过软件控制 nRTS 的信号。UART AFC 接口如图 10-4 所示。

在 AFC 模式下，nRTS 是根据接收器状态和发送器的 nCTS 信号来控制数据传输的。当 nCTS 信号激活（在 AFC 模式下，nCTS 激活表示其他 UART 的 FIFO 处于接收数据就绪状态）时，UART 的发送器传输数据到 FIFO。在 UART 接收数据前，接收 FIFO 有大于

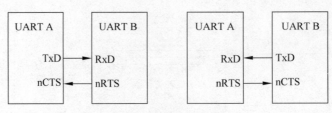

图 10-4　UART AFC 接口

2 字节的剩余时 nRTS 被激活，可以接收数据。

如果用户连接到调制解调器接口，则需要 nRTS、nCTS、nDSR、nDTR、DCD 和 nRI 信号。在这种情况下，因为 AFC 不支持 RS-232C 接口，用户可以用软件通过通用 I/O 端口控制这些信号。

3. 自环模式

S3C44B0/S3C2410/S3C2440 提供一个测试模式称为自环模式，以解决在通信连接时的错误。在此模式下，发送的数据被直接接收。这一特性允许处理器验证每个 SIO 通道内部发送和接收数据路径的通畅性。可以通过设置 UART 控制寄存器（UCONn）的 loopback 位来选定。

4. 红外模式

S3C44B0/S3C2410/S3C2440 的 UART 模块支持红外（IR）发送和接收，可以通过设置 UART 控制寄存器中的红外模式位选定。图 10-5 为红外模式的功能框图。

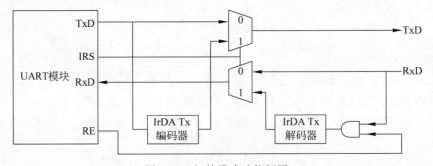

图 10-5　红外模式功能框图

当 IR 处于发送模式时，如果输送的数据位为 0，传输周期是正常串口传输的 3/16 脉冲，当 IR 处于接收模式时，接收器必须侦测 3/16 脉冲周期来识别一个 0 值。图 10-6 举了一个数据帧传输的实例，其中，图 10-6(a)是正常 UART 数据帧时序，图 10-6(b)是 IR 模式数据帧发送时序，图 10-6(c)是 IR 模式数据帧接收时序。

10.1.4　UART 中断与波特率的计算

1. UART 中断

S3C44B0/S3C2410/S3C2440 每个 UART 有 7 个状态信号：超时错误、奇偶错误、帧错误、通信中止、接收数据缓冲区就绪、发送数据缓冲区为空和发送移位寄存器为空，所有这些信号通过相应的 UART 状态寄存器（UTRSTATn/UERSTATn）来表示。其中，超时错误、

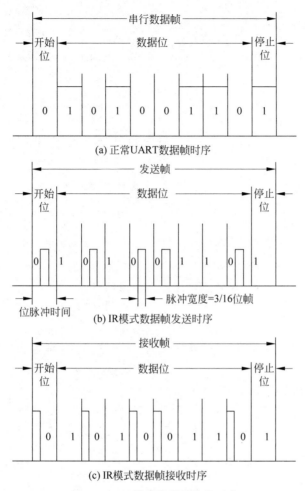

图 10-6　IR 模式数据帧收发时序

奇偶错误、帧错误和中止条件被称为接收错误状态，如果接收错误状态中断使能（receive-error-status-interrupt-enable）位在控制寄存器（UCONn）中被设置成 1，每种错误状态都可以触发接收错误状态中断请求。当接收错误状态中断请求被侦测到时，引起请求的信号可以通过读取 UERSTATn 的值来确定。

　　如果在控制寄存器（UCONn）中接收模式被设定为 1（中断请求模式），在 FIFO 模式下，当接收器把接收移位寄存器的数据传送到 FIFO 寄存器中，并且此时接收的数据达到接收 FIFO 所设定的触发中断数时，则产生接收中断；在非 FIFO 模式下，当接收器把接收移位寄存器的数据传送到接收寄存器时，则会产生接收中断。

　　如果在控制寄存器（UCONn）中发送模式被设定为 1（中断请求模式），则在 FIFO 模式下，如果 FIFO 为"空"时，则会产生接收中断；在非 FIFO 模式下，当发送寄存器为空时，则会产生接收中断。

2. 波特率的产生

　　每个 UART 的波特率发生器能够为发送器和接收器提供串行时钟。波特率发生器的时钟源可以通过内部系统时钟选择。波特率时钟的产生通过把时钟源（MCLK、PCLK 或 UCLK）除以 UART 波特率除数寄存器中的 16 位除数 UBRDIVn 来获得。UBRDIVn 计算如下：

　　S3C44B0：UBRDIVn ＝ (round_off)(MCLK/(bps×16)) −1

　　S3C2410/S3C2440：UBRDIVn ＝ (round_off)(PCLK/(bps×16)) −1

其中：

- 除数的范围是 $1\sim(2^{16}-1)$；
- round_off 表示取整。

【例 10-1】 若波特率为 115200b/s，时钟源频率 MCLK 为 40MHz，除数 UBRDIVn 应如何计算？

　　解：$$\begin{aligned} UBRDIVn &= (round\_off)\,(40000000/(115200\times16)) -1 \\ &= (round\_off)(21.7) -1 \\ &= 20 \end{aligned}$$

　　一般为了减小误差，采取四舍五入的做法：

$$\begin{aligned} UBRDIVn &= (round\_off)\,(40000000/(115200\times16)+0.5) -1 \\ &= (round\_off)(21.7+0.5) -1 \\ &= 21 \end{aligned}$$

10.1.5　S3C44B0/S3C2410/S3C2440 UART 专用功能寄存器

1. UART 线控制寄存器〔ULCONn〕

　　S3C44B0 有 2 个 UART 线控制寄存器：ULCON0 和 ULCON1。S3C2410/S3C2440 有 3 个 UART 控制寄存器，ULCON0、ULCON1 和 ULCON2。UART 线控制寄存器信息如表 10-2 所示。

表 10-2　UART 线控制寄存器信息

寄存器	S3C44B0 地址	S3C2410/S3C2440 地址	读/写	描　　述	复位值
ULCON0	0x01D00000	0x50000000	R/W	UART 通道 0 线性控制寄存器	0x00
ULCON1	0x01D04000	0x50004000	R/W	UART 通道 1 线性控制寄存器	0x00
ULCON2	无	0x50008000	R/W	UART 通道 2 线性控制寄存器	0x00

ULCONn 寄存器

ULCONn	位	描　　述	初始状态
Reserved	[7]		0
红外模式	[6]	指定是否使用红外模式 0 = 正常模式操作　　1 = 红外 Tx/Rx 模式	0
奇偶模式	[5:3]	在 UART 发送和接收操作过程中指定奇偶校验类型 0xx = 无奇偶 100 = 奇数奇偶 101 = 偶数奇偶 110 = 强制奇偶/检测 1 111 = 强制奇偶/检测 0	000

续表

ULCONn	位	描　述	初始状态
停止位数目	[2]	指定停止位数 0 = 每帧 1 停止位 1 = 每帧 2 停止位	0
字宽	[1:0]	指定数据位数 00 = 5-bits　　01 = 6-bits 10 = 7-bits　　11 = 8-bits	00

2. UART 控制寄存器 UCONn

S3C44B0 有 2 个 UART 控制寄存器：UCON0 和 UCON1。S3C2410/S3C2440 有 3 个 UART 控制寄存器：UCON0、UCON1 和 UCON2。UART 控制寄存器信息如表 10-3 所示。

表 10-3　UART 控制寄存器信息

寄存器	S3C44B0 地址	S3C2410/S3C2440 地址	读/写	描　述	复位值
UCON0	0x01D00004	0x50000004	R/W	UART 通道 0 控制寄存器	0x00
UCON1	0x01D04004	0x50004004	R/W	UART 通道 1 控制寄存器	0x00
UCON2	—	0x50008004	R/W	UART 通道 2 控制寄存器	0x00

UCONn 寄存器（注：S3C2440 增加了 [5:11]，用来控制时钟分频，具体参考器件手册）

UCONn	位	描　述	初始状态
时钟选择	[10]	在 S3C2410 中该位为波特率选择所用的时钟，S3C44B0 中无此位 0 = PCLK，1 = UCLK	0
Tx 中断类型	[9]	中断请求类型 0 = 脉冲（在 Tx 缓冲区为空的瞬间，中断被请求） 1 = 电平（在 Tx 缓冲区为空期间，中断被请求）	0
Rx 中断类型	[8]	中断请求类型 0 = 脉冲（在 Rx 缓冲区接收数据的瞬间，中断被请求） 1 = 电平（在 Rx 缓冲区接收数据期间，中断被请求）	0
Rx 超时使能	[7]	使能/禁止 Rx 超时中断，当 UART FIFO 被使能。中断为接收中断 0 = 禁止　　1 = 使能	0
Rx 错误状态中断使能	[6]	此位使能 UART 在发生异常时产生中断。如在接收操作中的中止、帧错误、奇偶错误，或超限错误 0 = 不产生接收错误状态中断 1 = 产生接收错误状态中断	0
自环模式	[5]	设置自环（loop-back）位为 1 使得 UART 可以进入到自环模式。此模式只用于测试目的 0 = 正常操作　　1 = 自环模式	0
发送中止信号	[4]	设置此位使得 UART 在 1 个帧周期发送一个中止。此位在发送中止信号后自动清除 0 = 正常发送　　1 = 发送中止信号	0
发送模式	[3:2]	00 = 禁止　　01 = 中断请求或轮询模式 10 和 11 为 DMA 方式，请参阅用户手册	00
接收模式	[1:0]	00 = 禁止　　01 = 中断请求或轮询模式 10 和 11 为 DMA 方式，请参阅用户手册	00

注：S3C2440 的 UCONn 寄存器相关位的描述请参见技术手册。（参考文献[4]）

3. UART FIFO 控制寄存器

S3C44B0 有 2 个 UART FIFO 控制寄存器：UFCON0 和 UFCON1。S3C2410/S3C2440 有 3 个 UART FIFO 控制寄存器：UFCON0、UFCON1 和 UFCON2。UART FIFO 控制寄存器信息如表 10-4 所示。

表 10-4　UART FIFO 控制寄存器信息

寄存器	S3C44B0 地址	S3C2410/S3C2440 地址	读/写	描　述	复位值
UFCON0	0x01D00008	0x50000008	R/W	UART 通道 0 FIFO 控制寄存器	0x0
UFCON1	0x01D04008	0x50004008	R/W	UART 通道 1 FIFO 控制寄存器	0x0
UFCON2	—	0x50008008	R/W	UART 通道 2 FIFO 控制寄存器	0x0

UFCONn 寄存器

UFCONn	位	描　述	初始状态
Tx FIFO 触发电平	[7:6]	设置发送 FIFO 中断触发字节数 00 = 空　　　　　　01 = 4B(S3C2410),01 = 16B(S3C2440) 10 = 8B　　　　　　11 = 12B 32B(S3C2440)　　　48B(S3C2440)	00
Rx FIFO 触发电平	[5:4]	设置接收 FIFO 中断触发字节数 00 = 1B　　　　　　01 = 8B 10 = 12B　　　　　　11 = 16B 　　16B(S3C2440)　　　32B(S3C2440)	00
Reserved	[3]		0
Tx FIFO 复位	[2]	此位在 FIFO 复位后自动清除 0 = 正常　　1 = Tx FIFO 复位	0
Rx FIFO 复位	[1]	此位在 FIFO 复位后自动清除 0 = 正常　　1 = Rx FIFO 复位	0
FIFO 使能	[0]	0 = 禁止　　1 = 使能	0

4. UART 调制解调器控制寄存器

S3C44B0 有 2 个 UART 调制解调器控制寄存器：UMCON0 和 UMCON1。S3C2410/S3C2440 有 3 个 UART 调制解调器控制寄存器：UMCON0、UMCON1 和 UMCON2。UART 调制解调控制寄存器信息如表 10-5 所示。

表 10-5　UART 调制解调控制寄存器信息

寄存器	S3C44B0 地址	S3C2410/S3C2440 地址	读/写	描　述	复位值
UMCON0	0x01D0000C	0x5000000C	R/W	UART 通道 0 调制解调器控制寄存器	0x0
UMCON1	0x01D0400C	0x5000400C	R/W	UART 通道 1 调制解调器控制寄存器	0x0
UMCON2	—	0x5000800C	R/W	UART 通道 2 调制解调器控制寄存器 （仅 S3C2410）	0x0

UMCONn 寄存器

UMCONn	位	描　述	初始状态
保留	[7:5]	此位必须为 000	000
自动流量 控制（AFC）	[4]	0 = 禁止 1 = 使能	0
保留	[3:1]	此位必须为 000	000

续表

UMCONn	位	描　述	初始状态
请求发送	[0]	如果 AFC 位被使能，则此值将被忽略。在此情况下 S3C44B0/S3C2410/S3C2440 将会自动控制 nRTS S3C44B0：如果 AFC 位被禁止，则 nRTS 必须通过 S/W 控制 S3C2410/S3C2440：如果 AFC 位被禁止，则 nRTS 必须通过软件控制 0 = 高电平（nRTS 失活）　　1 = 低电平（nRTS 激活）	0

5. UART 发送/接收状态寄存器

S3C44B0 有 2 个 UART 发送/接收状态寄存器：UTRSTAT 0 和 UTRSTAT 1。S3C2410/S3C2440 有 3 个 UART 发送/接收状态寄存器：UTRSTAT 0、UTRSTAT 1 和 UTRSTAT 2。UART 发送/接收状态寄存器信息如表 10-6 所示。

表 10-6　UART 发送/接收状态寄存器信息

寄存器	S3C44B0 地址	S3C2410/S3C2440 地址	读/写	描　述	复位值
UTRSTAT0	0x01D00010	0x50000010	R	UART 通道 0 Tx/Rx 状态寄存器	0x6
UTRSTAT1	0x01D04010	0x50004010	R	UART 通道 1 Tx/Rx 状态寄存器	0x6
UTRSTAT2	—	0x50008010	R	UART 通道 2 Tx/Rx 状态寄存器	0x6

UTRSTATn 寄存器

UTRSTATn	位	描　述	初始状态
发送转移器为空	[2]	当发送转移寄存器没有有效数据被发送并且发送转移寄存器为空时自动设置为 1 0 = 不为空 1 = 发送保持 & 转移寄存器为空	1
发送缓冲区为空	[1]	当发送缓冲寄存器不包含有效数据时自动设置为 1 0 = 缓冲寄存器不为空 1 = 空	1
接收缓冲区数据就绪	[0]	当接收缓冲寄存器包含有效数据，RXDn 端口接收完毕时被自动设置为 1 0 = 完全为空 1 = 缓冲寄存器有接收到的数据 如果 UART 使用 FIFO，用户需要检查 UFSTAT 寄存器中的 Rx FIFO Count 位，而不是此位。如果是 S3C2410/S3C2440 还需要检查 Rx FIFO Full 位	0

6. UART 错误状态寄存器

S3C44B0 有 2 个 UART 错误状态寄存器：UERSTAT0 和 UERSTAT1。S3C2410/S3C2440 有 3 个 UART 错误状态寄存器：UERSTAT0、UERSTAT1 和 UERSTAT2。UART 错误状态寄存器信息如表 10-7 所示。

表 10-7　UART 错误状态寄存器信息

寄存器	S3C44B0 地址	S3C2410/S3C2440 地址	读/写	描　述	复位值
UERSTAT0	0x01D00014	0x50000014	R	UART 通道 0 Rx 错误状态寄存器	0x0
UERSTAT1	0x01D04014	0x50004014	R	UART 通道 1 Rx 错误状态寄存器	0x0
UERSTAT2	—	0x50008014	R	UART 通道 2 Rx 错误状态寄存器	0x0

UERSTATn 寄存器

UERSTATn	位	描　　述	初始状态
断点检测	[3]	自动接收时：0 = 不可打断接收　1 = 可打断接收(仅 S3C2440)	0
帧错误	[2]	0 = 在接收期间没有帧错误 1 = 帧错误	0
保留	[1]		0
超时错误	[0]	0 = 在接收期间没有超时错误 1 = 超时错误	0

7. UART FIFO 状态寄存器

S3C44B0 有 2 个 UART FIFO 状态寄存器：UFSTAT 0 和 UFSTAT 1。S3C2410/S3C2440 有 3 个 UART FIFO 状态寄存器：UFSTAT0、UFSTAT1 和 UFSTAT2。UART FIFO 状态寄存器信息如表 10-8 所示。

表 10-8　UART FIFO 状态寄存器信息

寄存器	S3C44B0 地址	S3C2410/S3C2440 地址	读/写	描　　述	复位值
UFSTAT0	0x01D00018	0x50000018	R	UART 通道 0 FIFO 状态寄存器	0x00
UFSTAT1	0x01D04018	0x50004018	R	UART 通道 1 FIFO 状态寄存器	0x00
UFSTAT2	—	0x50008018	R	UART 通道 2 FIFO 状态寄存器	0x00

UFSTATn 寄存器(S3C44B0 和 S3C2410)

UFSTATn	位	描　　述	初始状态
保留位	[15:10]		000000
发送 FIFO 满	[9]	在数据发送期间,若发送 FIFO 满,则该位自动设置为 1	0
接收 FIFO 满	[8]	在数据接收期间,若接收 FIFO 满,则该位自动设置为 1	0
发送 FIFO 计数	[7:4]	发送 FIFO 中数据的个数	0000
接收 FIFO 计数	[3:0]	接收 FIFO 中数据的个数	0000

UFSTATn 寄存器(S3C2440)

UFSTATn	位	描　　述	初始状态
保留	[15]		0
发送 FIFO 满	[14]	在数据发送期间,若发送 FIFO 满,则该位自动设置为 1	0
发送 FIFO 计数	[13:8]	发送 FIFO 中数据的个数	00000
保留	[7]	—	0
接收 FIFO 满	[8]	在数据接收期间,若接收 FIFO 满,则该位自动设置为 1	0
接收 FIFO 计数	[5:0]	接收 FIFO 中数据的个数	00000

8. UART 调制解调器状态寄存器

S3C44B0 有 2 个 UART 调制解调器状态寄存器：UMSTAT 0 和 UMSTAT 1。S3C2410/S3C2440 也有 2 个 UART 调制解调器状态寄存器：UMSTAT0 和 UMSTAT1。UART 调制解调器状态寄存器信息如表 10-9 所示。

表 10-9　UART 调制解调器状态寄存器信息

寄存器	S3C44B0 地址	S3C2410/S3C2440 地址	读/写	描　　述	复位值
UMSTAT0	0x01D0001C	0x5000001C	R/W	UART 通道 0 FIFO 状态寄存器	0x00
UMSTAT1	0x01D0401C	0x5000401C	R/W	UART 通道 1 FIFO 状态寄存器	0x00

续表

UMSTATn 寄存器

UMSTATn	位	描 述	初始状态
保留	S3C44B0/S3C2440：[3:1]		000
	S3C2410：[1]、[3]		0 0
Delta CTS	S3C44B0/S3C2440：[4]	在 CPU 上次读取该位后,指示 nCTS 信号是否发	0
	S3C2410：[2]	生改变,0=未改变,1=改变	
Clear to Send	[0]	指示 CTS 信号的电平状态	0
		1=CTS 信号没有激活(nCTS 引脚是高电平)	
		0=CTS 信号被激活(nCTS 引脚是低电平)	

9. UART 发送缓冲寄存器

S3C44B0 有 2 个 UART 发送缓冲寄存器：UTXH0 和 UTXH1。S3C2410/S3C2440 有 3 个 UART 发送缓冲寄存器：UTXH0、UTXH1 和 UTXH2。UART 发送缓冲寄存器信息如表 10-10 所示。

表 10-10 UART 发送缓冲寄存器信息

寄存器	S3C44B0 地址	S3C2410/S3C2440 地址	读/写	描 述	复位值
UTXH0	0x01D00020(小端) 0x01D00023(大端)	0x50000020(小端) 0x50000023(大端)	W	UART 通道 0 发送缓冲寄存器	—
UTXH1	0x01D04020(小端) 0x01D04023(大端)	0x50004020(小端) 0x50004020(大端)	W	UART 通道 1 发送缓冲寄存器	—
UTXH2	—	0x50008020(小端) 0x50008020(大端)	W	UART 通道 2 发送缓冲寄存器	—

UTXHn 寄存器

UTXHn	位	描 述	初始状态
TXDATA	[7:0]	8 位将要发送的数据	—

10. UART 接收缓冲寄存器

S3C44B0 有 2 个 UART 发送缓冲寄存器：URXH0 和 URXH1。S3C2410/S3C2440 有 3 个 UART 发送缓冲寄存器：URXH0、URXH1 和 URXH2。UART 接收缓冲寄存器信息如表 10-11 所示。

表 10-11 UART 接收缓冲寄存器信息

寄存器	S3C44B0 地址	S3C2410/S3C2440 地址	读/写	描 述	复位值
URXH0	0x01D00024(小端) 0x01D00027(大端)	0x50000024(小端) 0x50000027(大端)	R	UART 通道 0 接收缓冲寄存器	—
URXH1	0x01D04024(小端) 0x01D04027(大端)	0x50004024(小端) 0x50004027(大端)	R	UART 通道 1 接收缓冲寄存器	—
URXH2	—	0x50008024(小端) 0x50008027(大端)	R	UART 通道 2 接收缓冲寄存器	—

UTXHn 寄存器

UTXHn	位	描 述	初始状态
RXDATA	[7:0]	8 位接收到的数据	—

10.1.6 S3C44B0/S3C2410 UART 设计实例

在嵌入式系统硬件初期设计中,串口通信设计是必不可少的一个环节(即使在工程应用中用不到 UART,但在调试阶段可用作终端接口)。下面以 S4C44B0 为例详细介绍 UART 接口设计与编程。

1. RS-232 接口设计

在设计串行通信过程中,要注意通信双方电平标准的一致性。RS-232C 对串行收发信号线 RxD 和 TxD 的电气特性规定如下:

- 逻辑 1 的电平为 $-3 \sim -15$V;
- 逻辑 0 的电平为 $+3 \sim +15$V。

嵌入式处理器一般采用 TTL 或 LVTTL 电平标准。S3C44B0 为逻辑电平定义的工作电压范围是 3.0～3.6V。如果使符合 RS-232C 电平标准的设备与 TTL 电平进行正常的通信,必须采用相应的电平转换芯片,本例中采用 MAX3232,其接口电路如图 10-7 所示。

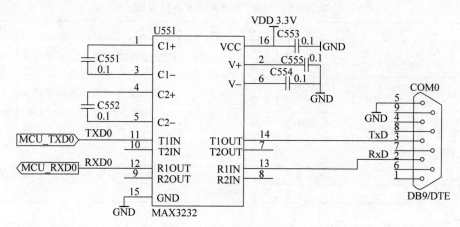

图 10-7 RS-232 接口电路

2. 软件设计

串口通信的软件设计包括硬件设备的初始化、数据发送程序与数据接收程序,其中接收可以采用中断的方式,也可以采用查询的方式。

（1）建立 UART_Lib.c 源文件。

```
/**************************************************************************
    文件名:UART_Lib.c
    版本号:v1.0
    创建日期:2018.10.25
    作者:FE2000
    硬件描述:S3C44B0 GPE1 连接 TXD0,GPE2 连接到 RXD0
    主要函数描述:UART_init 函数实现 UART0 的初始化;UART_Sendbyte 函数向串口发送
             1 字节;UART0_Receive_Inquiry 为查询方式接收;Receive_UART0_INT 为接
             收中断服务函数。
    修改日志:
***************************************************************************/
```

（2）在 UART_Lib.c 源文件中编写 UART 初始化代码。

```
/ **********************************************************************
     函数名称：UART_Init
     功能描述：UART_Init 函数实现 UART0 的初始化。
     入口参数：
          MainClk：设置波特率使用的时钟源频率
          Baud：要设置的波特率值
     出口参数：无
 ********************************************************************** /
void UART_Init(int MainClk，int Baud)
{
     rPCONE |= 0x28;                     // 设置 S3C44B0 的 PE1 连接到 TXD0,PE2 连接到 RXD0
     rPCONE &= 0x1EB;

     rUFCON0＝0x0;                        // FIFO disable
     rUMCON0＝0x0;

     / * 设置 UART0 * /
     rULCON0   = 0x3;                    // Normal，No parity，1 stop，8b
     rUCON0   = 0x245;                   // 设置 UART 控制寄存器
     rUBRDIV0 = ((int)(MainClk/(16 * Baud) + 0.5) -1;
     rINTMSK  &=(~(BIT_GLOBAL|BIT_URXD0));      // 打开串口接收中断
     pISR_URXD0＝(int)Receive_UART0_INT;        // 设置中断入口
}
```

（3）在 UART_Lib.c 源文件中编写 UART 发送函数。

```
/ **********************************************************************
     函数名称：UART_Sendbyte
     功能描述：通过 UART0 将字节数据发送出去。
     入口参数：
          Data：待发送的数据
     出口参数：无
 ********************************************************************** /
void UART_Sendbyte(char Data)
{
         while(!(rUTRSTAT0 & 0x2));              // 等待发送缓冲寄存器为空
         rUTXH0 = Data;
}
```

（4）在 UART_Lib.c 源文件中编写 UART 接收函数（采用查询的方式）。

```
/ **********************************************************************
     函数名称：UART0_Receive_Inquiry
     功能描述：以查询的方式从 UART0 接收数据。
     入口参数：无
     出口参数：返回值为 UART0 接收到的数据。
 ********************************************************************** /
```

```
char UART0_Receive_Inquiry(void)
{
        while(!(rUTRSTAT0 & 0x1));        // 等待接收缓冲寄存器包含有效数据
        return RdURXH0();
}
```

(5) 在 UART_Lib.c 源文件中编写 UART 接收函数(采用中断接收的方式)。

```
/ ***************************************************************************
    函数名称：UART0_Receive_INT
    功能描述：UART0 接收数据中断服务函数。
    *************************************************************************** /
void Receive_UART0_INT(void)
{
    char Receive_Data;
    if(rUTRSTAT0 & 0x01)
    {
        Receive_Data = rURXH0;        // 读取数据
        ...                           // 这里可以进行其他操作
    }
    rI_ISPC |= BIT_URXD0;             // 清除中断挂起位
}
```

10.2　S3C44B0/S3C2410/S3C2440 I^{2}C 总线接口

10.2.1　I^{2}C 总线原理

I^{2}C(Inter Integrated Circuit)总线是由 Philips 半导体公司于 20 世纪 80 年代为了实现在同一块电路板上的各个器件进行简单的消息传递而设计的。最初为音频和视频设备开发,最高速度只有 100kb/s,因为当时并不需要高速传输。从 1998 起,I^{2}C 总线可以支持 400kb/s,最高可达 3.4Mb/s 的传输速度。如今 I^{2}C 总线不仅可以用于单电路板,它可以通过线缆将元件连接起来。I^{2}C 总线的两大特点——简单和可扩展性,赢得了很多用户,并且在自动化电子设计领域应用广泛。

1. I^{2}C 总线的工作原理

I^{2}C 总线是由数据线 SDA 和时钟 SCL 构成的串行总线,可发送和接收数据,在 CPU 与被控组件之间、组件与组件之间进行半双工传送,最高传送速率为 100kb/s。

I^{2}C 总线的工作原理类似于电话网络,各种被控制电路均并联在这条总线上,只有拨通各自的号码被控电路才能工作,所以每个电路和模块都有唯一的地址。在信息的传输过程中,I^{2}C 总线上并联的每一模块电路既是主控器(或被控器),又是发送器(或接收器),这取决于它所要完成的功能。I^{2}C 总线有两根信号线:一根为 SDA(数据线);另一根为 SCL(时钟线)。任何时候时钟信号都是由主控器件产生的,如图 10-8 所示。I^{2}C 总线上的控制信号分为地址码、数据(包括控制量)两部分,地址码用来选址,即接通需要控制的电路,确定控制的种类；控制量或数据是对选通设备的操作码或者是需要传送的数据,如图 10-9 所示。这样,各控制电路虽然挂在同一条总线上,却彼此独立,互不相关。

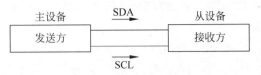

图 10-8　I^2C 总线数据传输模型

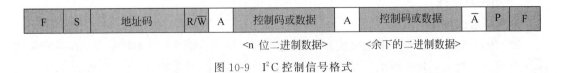

图 10-9　I^2C 控制信号格式

I^2C 总线在传送数据过程中共有 5 种类型状态,它们分别是空闲状态、开始信号、结束信号、传输状态和应答信号。

- **开始信号**：SCL 为高电平时,SDA 由高电平向低电平跳变,开始传送数据,如图 10-10(a)所示。
- **结束信号**：SCL 为高电平时,SDA 由低电平向高电平跳变,结束传送数据,如图 10-10(b)所示。

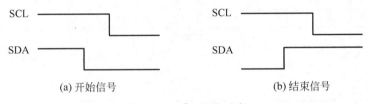

(a) 开始信号　　　　　　　　　　　(b) 结束信号

图 10-10　I^2C 起停时序

- **传输状态与空闲状态**：当 SCL 为高电平时,保持 SDA 高电平(或低电平)不变,那么 I^2C 总线保持在传输状态或者空闲状态。若处在传输状态,则接收方在高电平时进行数据采样。
- **应答信号**：接收数据的组件在接收到 8b 数据后,向发送数据的 I^2C 器件发出特定的低电平脉冲,表示已收到数据。CPU 向受控单元发出一个信号后,等待受控单元发出一个应答信号,CPU 接收到应答信号后,根据实际情况做出是否继续传递信号的判断。若未收到应答信号,判断为受控单元出现故障。

2. I^2C 总线的操作

I^2C 总线采用主/从双向通信。发送数据到总线上的器件,称为发送器；接收数据的器件则称为接收器。主器件和从器件都可以工作于接收和发送状态。总线必须由主器件(通常为微控制器)控制,主器件产生串行时钟(SCL)控制总线的传输方向,并产生起始和停止条件。在 I^2C 传送数据过程中,SDA 线上的数据状态仅在 SCL 为低电平的期间才能改变,SCL 为高电平的期间,SDA 状态的改变被用来表示起始和停止条件。下面介绍 I^2C 总线上发送的数据的格式。

- **控制字节**　在起始条件之后,必须是器件的控制字节,其中高 4 位为器件类型识别符（不同的芯片类型有不同的定义），接着 3 位为片选，最后一位为读写位，当为 1 时为读操作，为 0 时为写操作。

- **写操作** 分为"字节写"和"页面写"两种操作。对于页面写，根据芯片的一次装载的字节不同而有所不同。

- **读操作** 有 3 种基本操作：当前地址读、随机读和顺序读 3 种。需要注意的是，最后一个读操作的第 9 个时钟周期不是无意义的，为了结束读操作，主控组件必须在第 9 个时钟周期间发出停止条件，或者在第 9 个时钟周期内保持 SDA 为高电平，然后发出停止条件。

3. I²C 总线地址

I²C 传送的第一个字节是地址信息和传送方向。8b 中，前 7b 是地址信息，后面的是读写标志位。原则上，7b 的地址信息可以容纳下 128 个地址，但是由于一些地址被留作了特殊用途，因此实际上可以使用的地址是 112 个。此外，还可以采用 10 位地址模式。表 10-12 列出了特殊用途的地址。

表 10-12　I²C 的特殊用途的地址

地　　址	用　　途
0000000 0	广播地址
0000000 1	起始字节
0000001 X	CBUS 地址（一种三线总线，和 I²C 不同）
0000010 X	保留地址，或者用作其他总线
0000011 X	保留地址
00001XX X	高速主设备地址（第三位用来确定主设备）
11110XX X	10 位地址模式
11111XX X	保留地址

为了解决 7b 地址的局限性，I²C 总线引入了一种新的 10 位地址的模式。这种增强模式和原有的 7 位地址混合使用，地址范围增加近 10 倍。在开始条件以后，地址位的高 5 位如果是 11110，则表明是 10 位地址，那么在控制字节中的地址位的末两位和下一个字节的 8 位被合起来当作一个 10 位的地址。使用 7 位地址的设备，如果遇到了以 11110 开头的 I²C 消息则会忽略这个信息。图 10-11 表明了在 10 位模式下，I²C 上的前两个字节是如何被转化为 10 位地址的。

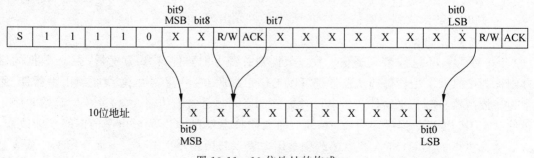

图 10-11　10 位地址的构成

10.2.2　S3C44B0/S3C2410/S3C2440 I²C 总线功能模块

S3C44B0 和 S3C2410/S3C2440 这两款 RISC 微处理器都支持多主控的 I²C 串行总线接口。一条专门的串行数据线(SDA)和一条时钟信号线(SCL)在所有连接到 I²C 总线上的主控组件和周边设备之间进行信息的传送。SDA 和 SCL 都是可以双向传送的。

在使用多主控模式的情况下,多个 S3C44B0 或者 S3C2410/S3C2440 微处理器不仅可以接收来自从设备的数据,还可以向它们发送数据。作为主控的 S3C44B0 或 S3C2410/S3C2440,负责启动在 I²C 上的数据传送,同时也负责终止在 I²C 上的数据传送。S3C44B0 和 S3C2410/S3C2440 都使用了标准的 I²C 总线仲裁处理。

要在 S3C44B0 或 S3C2410/S3C2440 下实现多主控的 I²C 总线,需要对寄存器进行如下一些配置:

- IICCON:多主控 I²C 总线控制寄存器;
- IICSTAT:多主控 I²C 总线控制/状态寄存器;
- IICDS:多主控 I²C 总线 Tx/Rx 数据切换寄存器;
- IICADD:多主控 I²C 总线地址寄存器。

当 I²C 总线处于空闲状态时,SDA 和 SCL 两条线都处于高电平。当 SCL 处于高电平时,SDA 由高电平向低电平的跳变被认为是开始条件;SDA 由低电平向高电平的跳变被认为是终止条件。开始和终止状态总是由主控组件产生。在开始条件产生以后的第一个字节的前 7 位是用来由主设备确定组件的地址,第 8 位来确定传送数据的方向,即读或者是写。

每一个放到 SDA 上的数据字节都需要完整的 8b。当总线处于传输状态的时候,接收或者发送的字节数目是没有限制的。每一个字节都是从高位开始发送的,并且当每一个字节传送完毕后需要立即给出应答(ACK)。I²C 总线模块框图如图 10-12 所示。

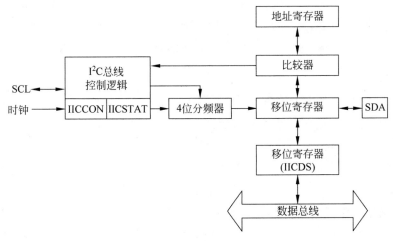

图 10-12　I²C 总线模块框图

10.2.3　S3C44B0/S3C2410/S3C2440 I²C 总线操作

1. I²C 总线接口的工作模式

S3C44B0 和 S3C2410/S3C2440 的 I²C 总线接口有 4 种工作模式：主控组件传送模式、主控组件接收模式、从组件传送模式和从组件接收模式。

当 I²C 总线接口处于非激活状态的时候，它处于从组件模式。换言之，在 SDA 上未收到开始条件时，I²C 总线接口处于从组件模式（正如上面提到过的，开始条件是 SCL 为高电平时，SDA 由高电平向低电平跳变）。当接口的状态被改变为主控模式时，数据开始在 SDA 上传输，并且 SCL 的时钟信号也开始产生。

开始条件产生后，可以通过 SDA 传送串行字节数据；结束条件可以终止数据的传输。终止状态是 SCL 为高电平时，SDA 由低电平向高电平跳变。开始条件和终止条件往往由主控组件产生。当开始条件产生后，I²C 总线便处于忙状态；当终止条件产生后，几个时钟周期过后，I²C 总线又重新处于空闲状态。

当主控组件产生一个开始条件以后，还需要传送地址信息来通知它要通信的从组件。开始条件后的一字节用来完成这个工作，它包括 7b 的从组件地址和 1b 的方向位（读或者是写）。

当主控组件结束数据传送时，它会产生一个终止条件。如果主控组件希望继续在总线上传送数据，它需要重新产生开始条件和一个从组件的地址。在这种方式下，读写操作可以采用不同的格式。

S3C44B0 和 S3C2410/S3C2440 的 I²C 总线的开始条件和终止条件如图 10-13 所示。

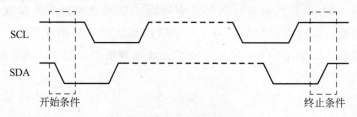

图 10-13　开始条件和终止条件

2. 数据传送格式

传送到 I²C 总线上的字节数据是 8b 宽度。在每一次传送中，可以传送的字节的数量是不受限制的。紧跟着开始条件的被传送的第一个字节是需要包含地址信息的。当 I²C 总线接口工作在主控模式的时候，地址信息是由主控组件指定的。每一个传送的字节后需要跟一个应答（ACK）位。高位数据和地址往往先被发送。图 10-14 显示出各个地址模式下的数据传送格式，图 10-15 显示出在 I²C 总线上传输数据的时序。

3. 应答信号的发送

当结束了一字节的传送后，接收方需要向发送方发出一个应答位。应答脉冲需要在 SCL 的第 9 个时钟周期中产生，前 8 个时钟周期是用来传送数据的。主控设备用来负责在 SCL 上产生用于传送应答信号的时钟。

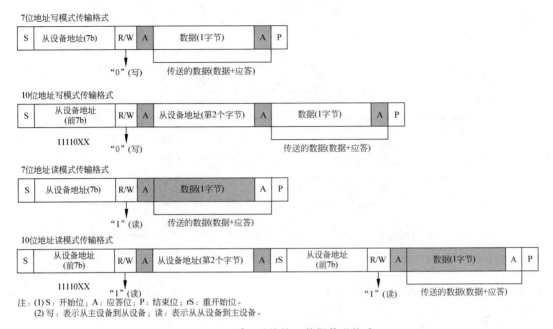

图 10-14　I^2C 总线接口数据传送格式

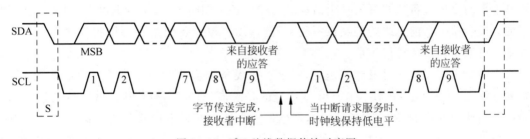

图 10-15　I^2C 总线数据传输时序图

发送方需要让出 SDA 的控制权，并将 SDA 置高电平，以便接收应答的负脉冲。在应答周期到来的时候，接收方需要将 SDA 置低电平，因此，在应答周期里，SCL 处于高电平状态时，SDA 处于低电平。

可以采用软件编程 IICSTAT 的方式打开或者关闭应答位传送的功能，但无论如何，在 SCL 的第 9 个时钟周期，都需要使用应答信号来完成一字节的传送。图 10-16 表示了应答信号的时序。

4. 读写操作

在发送模式下，当本次数据被传送以后，I^2C 总线需要等待 IICDS 寄存器写入新值后才进行传送。在新数据写入之前，SCL 将被置于低电平状态。当新的数据写入 IICDS 寄存器之后，SCL 将会被释放。S3C44B0 和 S3C2410/S3C2440 通过中断方式确认数据传输是否完成。当 CPU 收到中断请求后，可以继续向 IICDS 中写入新的值。

在接收模式下，当一个数据接收后，I^2C 总线接口会等待 IICDS 寄存器被读取。在 IICDS 寄存器被读取之前，SCL 将被置于低电平状态。当接收到的值被读取以后，SCL 将

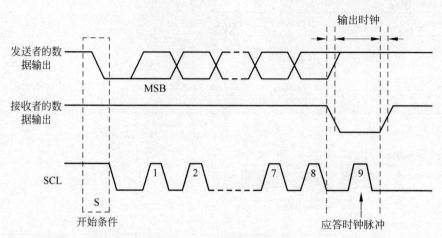

图 10-16 应答信号时序

会被释放。S3C44B0 和 S3C2410/S3C2440 通过置中断来确认数据接收的完成。当 CPU 收到中断请求后,可以从 IICDS 寄存器中读取被传送过来的数据。

5. 总线仲裁

总线仲裁用来解决在一个 SDA 线上的多个主控设备的冲突。如果一个正在向 SDA 上置高电平的主控设备检测到另一个活动的主控设备正在向 SDA 上置低电平,则那个置高电平的主控会认为当前总线的控制权不属于自己,该主控设备便不会再发起数据传送。总线仲裁使得该主控设备进行等待。

当多个主控设备同时发起传送时,每个主控设备都会判断自己是否可以分配到 SDA。判断过程是:每一个主控设备在产生从地址的时候,它们也在检测 SDA 线上的地址位。因为产生当前地址位的各个主控设备中,产生低电平的主控设备的优先级要高于产生高电平的主控设备。例如,一个主控设备在第一个地址位产生了一个低电平,然而其他的主控设备保持在高电平,这种情况下,所有的主控都会检测到 SDA 上的低电平,而低电平信号要比高电平信号优先。因此,产生低电平的主控设备将继续保持主控状态,其他的主控设备将释放控制权。如果两个主控设备同时在第一个位产生了低电平,那么需要在第二个位处再次采取仲裁。

6. 中止条件

如果一个从设备没有对确认从地址的信息产生应答,使得 SDA 线仍旧处于高电平,在这种情况下,主控设备会产生一个中止信号,结束本次传输;如果一个主控接收者被通知中止传送,它将不再产生应答信号,并且会产生一个停止条件,中止传送。当从设备发现停止条件时,会释放 SDA 的控制权。

7. 各种模式下的操作流程

在开始接收和发送数据之前,下面的流程必须被执行:

(1) 如果需要,则将从地址写入 IICADD 寄存器。

(2) 设置 IICCON 寄存器,允许中断,设置 SCL 周期。

(3) 设置 IICSTAT 寄存器,开始传输数据。

图 10-17 和图 10-18 显示出各种模式下数据传送的流程。其中,图 10-17(a)为主控发送模式的流程图,图 10-17(b)为主控接收模式的流程图,图 10-18(a)为从组件发送模式的流程图,图 10-18(b)为从组件接收模式的流程图。

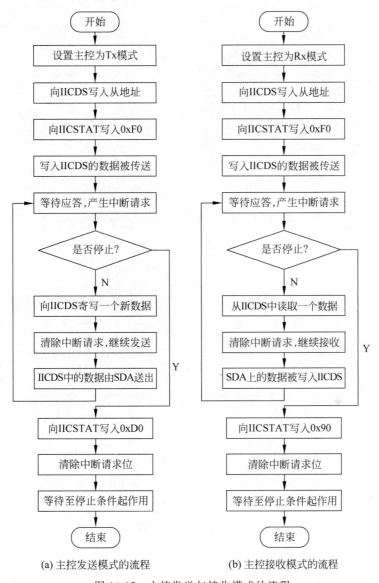

(a) 主控发送模式的流程   (b) 主控接收模式的流程

图 10-17　主控发送与接收模式的流程

10.2.4　S3C44B0/S3C2410/S3C2440 I²C 专用功能寄存器

1. 多主控 I²C 控制寄存器

多主控 I²C 控制寄存器(IICCON)信息如表 10-13 所示。

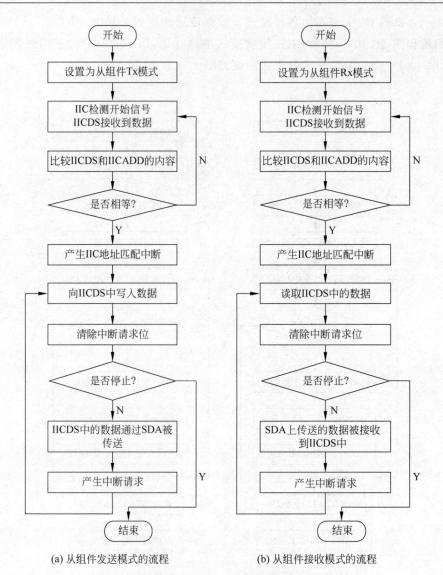

(a) 从组件发送模式的流程 (b) 从组件接收模式的流程

图 10-18 从组件发送与接收模式的流程

表 10-13 多主控 I²C 控制寄存器信息

寄存器	S3C44B0 地址	S3C2410/S3C2440 地址	读/写	描 述	复位值
IICCON	0x01D60000	0x54000000	R/W	I²C 总线控制寄存器	0x0X

IICCON 寄存器

IICCON	位	描 述	初始状态
应答使能	[7]	I²C 总线应答使能位 0 — 禁止应答产生；1 — 允许应答产生 在发送(Tx)模式下，应答时使 SDA 线空闲 在接收(Rx)模式下，应答时将 SDA 线置低电平	0
Tx 时钟源选择	[6]	I²C 总线发送数据时钟源预分频选择位 0 — IICCLK = $f_{MCLK}/16$ 1 — IICCLK = $f_{MCLK}/512$	0

IICCON	位	描　　述	初始状态
Tx/Rx 中断使能	[5]	I^{2}C 总线 Tx/Rx 中断使能/禁止位 0 — 中断禁止；1 — 中断使能	0
中断请求标志	[4]	I^{2}C 总线中断请求标志位 不能写 1，读到 1 时，SCL 保持在低电平，并且 I^{2}C 停止工作。将其清 0 后，I^{2}C 继续工作 0 — 读：没有中断请求；写：清除中断请求标志位，重新开始 IIC 传送 1 — 读：有中断请求；写：禁止	0
传送时钟值	[3:0]	I^{2}C 传送时钟分频值，I^{2}C 总线传送时钟的频率使用以下公式计算： Tx 时钟 = IICCLK/(IICCON[3:0]+1)	不定

2. 多主控 I^{2}C 控制/状态寄存器

多主控 I^{2}C 控制/状态寄存器(IICSTAT)信息如表 10-14 所示。

表 10-14　多主控 I^{2}C 控制/状态寄存器信息

寄存器	S3C44B0 地址	S3C2410/S3C2440 地址	读/写	描　　述	复位值
IICSTAT	0x01D60004	0x54000004	R/W	I^{2}C 总线/状态控制寄存器	0x00

IICSTAT 寄存器

IICSTAT	位	描　　述	初始状态
状态选择	[7:6]	I^{2}C 总线主/从发送/接收状态选择位 00 — 从接收模式；01 — 从发送模式 10 — 主接收模式；11 — 主发送模式	00
忙信号状态/ 开始、停止条件	[5]	I^{2}C 总线忙信号状态位 0 — 读：I^{2}C 总线空闲；写：I^{2}C 总线产生停止条件 1 — 读：I^{2}C 总线忙；写：I^{2}C 总线产生开始条件	0
串行输出使能	[4]	I^{2}C 总线数据输出使能/禁止位 0 — 禁止 Tx/Rx；1 — 使能 Tx/Rx	0
仲裁状态标志	[3]	I^{2}C 总线仲裁状态标志位 0 — 总线仲裁成功 1 — 串行 I/O 仲裁失败	0
从地址状态标志	[2]	I^{2}C 总线从地址状态标志位 0 — 在开始/停止状态时被清除 1 — 接收到的从地址与 IICADD 中记录的地址匹配	0
地址零状态标志	[1]	I^{2}C 总线零地址状态标志位 0 — 在开始/停止状态时被清除 1 — 接收到地址为 0000000b	0
最后接收位状态	[0]	I^{2}C 总线最后接收位状态标志位 0 — 最后接收位为 0(收到应答) 1 — 最后接收位为 1(未收到应答)	0

3. 多主控 I²C 地址寄存器

多主控 I²C 地址寄存器（IICADD）信息如表 10-15 所示。

表 10-15　多主控 I²C 地址寄存器信息

寄存器	S3C44B0 地址	S3C2410/S3C2440 地址	读/写	描　　述	复位值
IICADD	0x01D60008	0x54000008	R/W	I²C 总线地址寄存器	0xXX

IICADD 寄存器

IICADD	位	描　　述	初始状态
从地址	[7:0]	7 位从地址，锁存自 I²C 总线 当在 IICSTAT 中的串行输出使能置 0，IICADD 写允许；IICADD 可以在任何时刻读取 [7:1] — 从地址 [0] — 无对应位	0xXX

4. 多主控 I²C 发送/接收数据转移寄存器

多主控 I²C 发送/接收数据转移寄存器（IICDS）信息如表 10-16 所示。

表 10-16　多主控 I²C 发送/接收数据转移寄存器信息

寄存器	S3C44B0 地址	S3C2410/S3C2440 地址	读/写	描　　述	复位值
IICDS	0x01D6000C	0x5400000C	R/W	I²C 总线发送/接收数据转移寄存器	0xXX

IICDS 寄存器

IICDS	位	描　　述	初始状态
转移数据	[7:0]	用于 I²C 总线接收/发送操作的转移数据 当在 IICSTAT 中的串行输出使能置 1，IICDS 写允许；IICDS 可以在任何时刻读取	0xXX

10.2.5　S3C44B0/S3C2410/S3C2440 I²C 总线设计实例

下面以 S3C44B0 为例，详细介绍 I²C 总线接口设计与编程。

1. I²C 总线接口设计

当前使用较多的智能 IC 卡，卡内数据一般保存在基于 I²C 总线的 E²PROM 中。ATMEL 公司生产的 AT24C04 是一款基于 I²C 总线的串行 E²PROM，存储容量为 4KB（512B×8）。芯片结构如图 10-19(a)所示。其中 A1、A2、A3 为器件地址，WP 为写保护引脚，SCL 为 I²C 的时钟线，SDA 为 I²C 的数据线。

AT24C04 与 S3C44B0 接口如图 10-19(b)所示，其中，WP 接地（GND），表示写使能。

2. 软件设计

设计任务：利用 I²C 总线将 1～10 共 10 个数据送入 AT24C04 后，再将它们取出，并通过串口打印（提供串口格式化输出功能函数 uart_printf，可以直接调用）。

I²C 总线接口的软件设计包括硬件设备的初始化、数据发送程序、数据接收程序，其中接收可以采用中断和查询的方式。程序的主要源代码如下（iic_lib_test.c）：

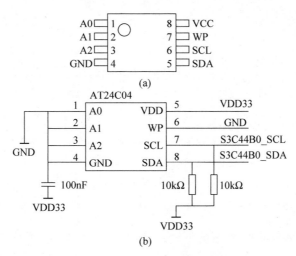

图 10-19　AT24C04 及其接口电路设计

```
/ ***************************************************************
*  文件：       iic_lib_test. c
*  版本号：     v1.0
*  描述：       I²C 总线接口操作源代码
*  主要功能函数：      iic_init 函数实现 I²C 总线接口的初始化；write_iic 函数实现向 I²C 总线上
                       发送数据；read_iic 函数实现从 I²C 总线上读取数据
*  修改日志：
******************************************************************** /
/ *   全局变量   * /
int f_nGetACK；
# define SendIIC(ucData)    rIICDS = ucData; rIICCON = 0xaf;
# define WaitACK()          while(f_nGetACK == 0); f_nGetACK = 0;
/ ***************************************************************
*  函数名称：   iic_test
*  功能描述：   I²C 总线接口测试程序
*  参数：       无
*  返回值：     无
******************************************************************** /
void iic_test(void)
{
    UINT8T      iicData；
    unsigned int i, j, iic_addr = 0xa0；

    // 初始化
    iic_init()；
    uart_printf("IIC Test using AT24C04…\n")；

    // 向 24C04 中发送 1~10
    uart_printf("Write 10 bytes into AT24C04\n")；
    for(i=0; i<10; i++)
    {
        uart_printf("Write %d to 0x%x in AT24C04…", i + 1, i)；
        write_iic(iic_addr, i, i + 1)；
```

```
        uart_printf("OK!\n");
    }


    // 从 24C04 中读取刚写入的 10 字节
    uart_printf("Read 10 bytes from AT24C04\n");
    for(i=0; i<10; i++)
    {
        iicData = read_iic(iic_addr, i);
        uart_printf("Read 0x%x in AT24C04, value = %d\n", i, iicData);
    }
}


/ ************************************************************************
 * 函数名称：     iic_init
 * 功能描述：     初始化 I²C 总线接口
 * 参数：         无
 * 返回值：       无
 ************************************************************************ /
void iic_init(void)
{
    f_nGetACK = 0;

    // 中断使能与设置
    rINTMOD = 0x0;
    rINTCON = 0x1;
    rINTMSK &= ~(BIT_GLOBAL|BIT_IIC);
    pISR_IIC = (unsigned)iic_int;

    /* 初始化 I²C 总线接口 */
    rIICADD = 0x10;            // S3C44B0X IIC 从地址
    rIICCON = 0xaf;            // 应答使能，中断使能，IICCLK=MCLK/16，Tx 时钟=
                               // 64MHz/16/(15+1) = 257kHz
    rIICSTAT = 0x10;           // 使能 Tx/Rx
}


/ ************************************************************************
 * 函数名称：     write_iic
 * 功能描述：     将数据写入 I²C 总线的设备中
 * 参数：         unSlaveAddr － 从设备地址
 *                unAddr     － 数据地址
 *                ucData     － 数据
 * 返回值：       无
 ************************************************************************ /
void write_iic(UINT32T unSlaveAddr, UINT32T unAddr, UINT8T ucData)
{
    f_nGetACK = 0;

    /* Send control byte */
    rIICDS = unSlaveAddr;          // 发送地址
    rIICSTAT = 0xf0;               // 主控发送状态，开始
    WaitACK();
```

```
                /* Send address */
                SendIIC(unAddr);
                WaitACK();

                /* Send data */
                SendIIC(ucData);
                WaitACK();

                /* End send */
                rIICSTAT = 0xd0;                    // 产生停止条件
                rIICCON = 0xaf;
                delay(5);                           // 等待停止状态生效
            }


/***************************************************************************
 *  函数名称：       read_iic
 *  功能描述：       从 I²C 总线的设备中读取数据
 *  参数：           unSlaveAddr—从设备地址
 *                   unAddr—数据地址
 *  返回值：         读取的数据
 *************************************************************************** /
UINT8T read_iic(UINT32T unSlaveAddr, UINT32T unAddr)
{
    char cRecvByte;

    f_nGetACK = 0;

    /* Send control byte */
    rIICDS = unSlaveAddr;                   // 发送地址
    rIICSTAT = 0xf0;                        // 主控发送状态,开始
    WaitACK();

    /* Send address */
    SendIIC(unAddr);
    WaitACK();

    /* 发送控制字节 */
    rIICDS = unSlaveAddr;                   // 发送地址
    rIICSTAT = 0xb0;                        // 主控接收状态,开始
    rIICCON = 0xaf;                         // 开始 I²C 操作
    WaitACK();

    /* 获取数据 */
    cRecvByte = rIICDS;
    rIICCON = 0x2f;
    delay(1);
    cRecvByte = rIICDS;

    /* End receive */
    rIICSTAT = 0x90;                        // 产生停止条件
```

```
        rIICCON = 0xaf;
        delay(5);                           // 等待停止状态生效

        return cRecvByte;
}


/ *******************************************************************************
 * 函数名称:      iic_int
 * 功能描述:      I²C 中断服务函数
 * 参数:          无
 * 返回值:        无
 ****************************************************************************** /
void iic_int(void)
{
        delay(40);
        rI_ISPC=BIT_IIC;
        f_nGetACK = 1;
}
```

10.3 S3C44B0/S3C2410/S3C2440 LCD 控制器

10.3.1 LCD 简介

在嵌入式设备中,图形界面信息的显示离不开显示器,嵌入式产品由于体积和功耗的限制,大多采用 LCD(Liquid Crystal Display,液晶显示器)。

1. LCD 工作原理

LCD 的核心结构是由两块玻璃基板中间充斥着运动的液晶分子。信号电压直接控制薄膜晶体的开关状态,再利用晶体管控制液晶分子,液晶分子具有明显的光学各向异性,能够调制来自背光灯管发射的光线,实现图像的显示。而一个完整的显示屏则由众多像素点构成,每个像素好像一个可以开关的晶体管。这样就可以控制显示屏的分辨率。如果一台 LCD 的分辨率可以达到 320×240 像素,表示它有 320×240 个像素点可供显示。所以说一部正在显示图像的 LCD,其液晶分子一直是处在开关的工作状态的。当然液晶分子的开关次数也是有寿命的,到了寿命 LCD 就会出现老化现象。

2. LCD 的特点与分类

LCD 的工作电压一般较低,其功耗主要消耗在其内部的电极和驱动 IC 上,因而耗电量比传统 CRT 显示器小得多。由于 LCD 每一个点在收到信号后就保持相应的色彩和亮度,因此,LCD 画质高。

LCD 在防止辐射方面具有先天的优势,因为其辐射极低。在电磁波的防范方面,LCD 也有自己独特的优势,它采用了严格的密封技术把来自驱动电路的少量电磁波封闭在显示器中,而普通的 CRT 显示器为了散发热量,必须尽可能地让内部的电路与空气接触,因此内部电路的电磁波外泄,产生电磁辐射。

最初的 LCD 由于无法显示细腻的字符,通常应用在电子表、计算器上。随着液晶显示技术的不断发展和进步,字符显示开始细腻起来,同时也支持基本的彩色显示,并逐步用于液晶电视、摄像机的 LCD、掌上游戏机上。而随后出现的 DSTN 和 TFT 则被广泛制作成计算机的液晶显示设备,DSTN 液晶显示屏用于早期的笔记本电脑及早期的嵌入式设备上;现在大多数笔记本电脑和主流台式显示器应用的都是 TFT 的,嵌入式设备也正在向 TFT 显示屏方向普及。

LCD 基本上分为无源阵列彩显 STN-LCD(俗称伪彩显)和薄膜晶体管有源阵列彩显 TFT-LCD(俗称真彩显)。

STN(Super Twisted Nematic)屏幕又称为超扭曲向列型液晶显示屏幕。在传统单色 LCD 上加入了彩色滤光片,并将单色显示矩阵中的每一像素分成三个像素,分别通过彩色滤光片显示红、绿、蓝三原色,以此达到显示彩色的作用,颜色以淡绿色和橘色为主。STN 屏幕属于反射式 LCD,它的好处是功耗小,但在比较暗的环境中清晰度较差。STN 显示屏不能算是真正的彩色显示器,因为屏幕上每个像素的亮度和对比度不能独立地控制,它只能显示颜色的深度,与传统的 CRT 显示器的颜色相比相距甚远,因而也被叫作伪彩显。

TFT(Thin Film Transistor)屏幕即薄膜场效应晶体管显示屏,它的每个液晶像素点都是由集成在像素点后面的薄膜晶体管来控制的,使每个像素都能保持一定电压,从而可以大大提高反应时间,一般 TFT 屏可视角度大,一般可达到 130°左右,主要应用于高端显示产品。

TFT 显示屏是真正的彩色显示器。TFT 液晶为每个像素都设有一个半导体开关,每个像素都可以通过节点脉冲直接控制,因而每个节点都相对独立,并可以连续控制,不仅提高了显示屏的反应速度,同时可以精确控制显示色阶,所以 TFT 液晶的色彩更真。TFT-LCD 的特点是亮度和对比度高、层次感较强,但功耗和成本较高。TFT 液晶技术加快了手机彩屏的发展。新一代的彩屏手机中一般都是真彩显示,TFT 显示屏也是目前嵌入式设备中最好的 LCD 彩色显示器,同时也为嵌入式图形界面技术的发展奠定了硬件基础。

10.3.2　S3C44B0/S3C2410/S3C2440 LCD 控制器模块

在 S3C44B0 和 S3C2410/S3C2440 内部集成了 LCD 控制器,其逻辑功能是将 LCD 的图像数据从主存的视频缓冲区域传送到外部 LCD 设备。

LCD 控制器使用基于时间的抖动算法和帧速率控制(Frame Rate Control,FRC)方法,支持在黑白 LCD 显示器上单色、2b 灰度(4 级灰度)、4b 灰度(16 级灰度)。S3C44B0 还支持在彩色 LCD 显示器上显示 8b 色(256 色)。S3C2410/S3C2440 还可以支持在 STN-LCD 上显示 8b 色(256 色)和 12b 色(4096 种颜色);支持真彩 LCD 上的 16b 和 24b 色显示。LCD 控制器可以通过对行和列的数目的设置、数据接口的数据线宽度、接口定时、刷新率等方面的编程来实现对不同显示设备的支持。

下面分别列出 S3C44B0 和 S3C2410/S3C2440 的 LCD 控制模块的特点。

S3C44B0 LCD 控制器:

- 支持彩色、灰度、单色 LCD 面板。
- 支持三种 LCD 显示模式:4 位双扫描、4 位单扫描、8 位单扫描;支持单色、4 级和 16 级灰度显示;支持 256 色的 STN 显示器面板。

- 支持多虚拟显示屏（支持硬件横向、纵向滚屏）。
- 支持系统主存作为显存。
- 专用的 DMA 传送支持，负责将存储在主存中的视频帧直接传送到 LCD 缓存中。
- 支持多分辨率：640×480、320×240、160×160 的实际显示器和最大 4096×1024、2048×2048、1024×4096 等的虚拟显示器。
- 支持低功耗模式（SL_IDLE 模式）。

S3C2410/S3C2440 LCD 控制器：

- 支持 STN-LCD 显示器同 S3C44B0。
- TFT-LCD 显示器支持 1、2、4、8 位色的调色板 TFT-LCD 显示；支持 16 位、24 位色的非调色板真彩显示，在 24 位色模式下最大支持 16MB 显存；支持多分辨率：640×480、320×240、160×160 的实际显示器和支持最大 4MB 虚拟显存，在 16b 色模式下最大支持 2048×1024 等的虚拟显示器。

1. 外部接口信号

1) S3C44B0 的 LCD 外部接口信号

- VFRAME   该信号是 LCD 控制器和 LCD 驱动器之间的帧同步信号，它指示一个新的帧的开始。
- VLINE   该信号是 LCD 控制器和 LCD 驱动器之间的行同步信号。当 VLINE 信号到来的时候，LCD 控制器认为整个行线的数据被 LCD 驱动传送。
- VCLK   该引脚是 LCD 控制器和 LCD 驱动器之间的像素时钟，LCD 控制器在 VCLK 的上升沿传送数据，LCD 驱动器在其下降沿对数据进行采样。
- VM   送给 LCD 驱动器的交流信号。VM 信号被 LCD 驱动用来选择行列电压的极性以打开或关闭像素。
- VD[7:0]   LCD 像素数据端口。

2) S3C2410/S3C2440 的 LCD 外部接口信号

- VFRAME/VSNYC/VSTV   帧同步信号（STN）/虚拟同步信号（TFT）/SEC TFT 信号。
- VLINE/HSYNC/CPV   行同步脉冲信号（STN）/水平同步脉冲信号（TFT）/ SEC TFT 信号。
- VCLK/LCD_HCLK   像素时钟信号（STN/TFT）/SEC TFT 信号。
- VD[23:0]   LCD 像素数据信号（STN/TFT/SEC TFT）。
- VM/VDEN/TP   LCD 驱动的交流偏置信号（STN）/数据使能信号（TFT）/SEC TFT 信号。
- LEND/STH   行结束信号（TFT）/SEC TFT 信号。
- LCD_PWREN   LCD 电源控制使能信号。
- LCDVF0   SEC TFT 信号——OE。
- LCDVF1   SEC TFT 信号——REV。
- LCDVF2   SEC TFT 信号——REVB。

2. 模块结构

S3C44B0 和 S3C2410/S3C2440 的 LCD 控制器用来传送视频信号和产生必要的控制信

号。LCD 控制器包含了一组寄存器组（REGBANK）、LCDCDMA。S3C44B0 的 LCD 控制器有 18 个可编程寄存器用来配置 LCD 控制器；S3C2410/S3C2440 的 LCD 控制器有 17 个可编程寄存器和一个 256b×16b 的存储器。LCDCDMA 是一个用来实现自动地将内存中的视频帧数据写入 LCD 驱动的专用 DMA。VIDPRCS 在接收到 LCDCDMA 传送的数据后通过 VD 端口进行发送。TIMEGEN 包括一个可编程逻辑，可以支持不同速率的 LCD 设备。图 10-20（a）是 S3C44B0 的 LCD 控制器的逻辑框图，图 10-20（b）是 S3C2410/S3C2440 的 LCD 控制器的逻辑框图。

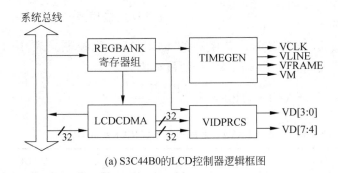

(a) S3C44B0的LCD控制器逻辑框图

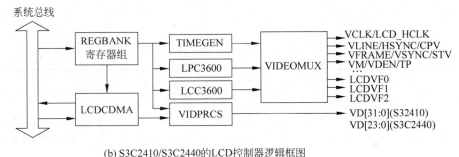

(b) S3C2410/S3C2440的LCD控制器逻辑框图

图 10-20 LCD 控制器逻辑框图

3. LCD 控制器的操作

1）时钟产生器（TIMEGEN）

TIMEGEN 产生 LCD 驱动的控制信号，例如 VFRAME、VLINE、VCLK、VM。这些控制信号是与寄存器组中的 LCDCON1、LCDCON2 寄存器的配置密切相关的。通过对寄存器组中可编程寄存器的配置，TIMEGEN 可以产生适合于不同类型 LCD 驱动器的控制信号。

VFRAME 表示行指针已经移到了开始的位置。VM 信号被 LCD 驱动用来选择行列电压的极性以打开或关闭像素。VM 信号的速率可以通过控制 LCDCON 1 寄存器中的 MMODE 位和 LCDSADDR 2 寄存器中的 MVAL[7:0]域来实现。如果 MMODE 位置 0，则 VM 信号将每个帧都改变一次；如果 MMDOE 位置 1，则 VM 信号在每过 MVAL 所指定的数值的行数时改变。下面的公式说明了 MMODE 置 1 时，VM 速率与 MVAL 的关系：

$$VM\ 速率 = \frac{VLINE\ 速率}{2 \times MVAL}$$

VFRAME 和 VLINE 脉冲的产生受到 LCDCON2 寄存器的 HOZVAL 域和

LINEVAL 域的配置的控制。这些域关系到 LCD 的分辨率和显示模式。LCD 的分辨率和显示模式的配置由下面的公式表示：

$$HOZVAL = \frac{水平显示尺寸}{有效的 VD 数据线个数}$$

在彩色模式下，水平显示尺寸＝3×水平像素个数。在 4 位双扫描模式下，VD 的有效数据个数为 4，在 8 位单扫描模式下，该数值应该为 8。

$$LINEVAL = \begin{cases} 垂直显示尺寸-1 & 单扫描模式 \\ \dfrac{垂直显示尺寸}{2}-1 & 双扫描模式 \end{cases}$$

VCLK 的速率可以由 LCDCON1 寄存器的 CLKVAL 位控制。表 10-17 表明了 CLKVAL 和 VCLK 速率之间的关系（CLKVAL 的最小值为 2）：

$$VCLK(Hz) = \frac{MCLK}{CLKVAL \times 2}$$

表 10-17　VCLK 和 CLKVAL 之间的关系（MCLK＝60MHz）

CLKVAL	MCLK 分频值	VCLK
2	4	15MHz
3	6	10MHz
...	...	...
1023	2046	29.3kHz

帧速率是 VFRAME 信号的频率，帧速率和 LCDCON1 与 LCDCON2 寄存器中的 WLH（VLINE 脉冲宽度）、WDLY（VLINE 脉冲后的 VCLK 延迟宽度）、HOZVAL、VLINEBLANK 和 LINEVAL 域有关，还和 VCLK、MCLK 信号有关。大多数 LCD 驱动需要它们足够的帧速率：

$$帧速率(Hz) = \frac{1}{\left(\dfrac{1}{VCLK} \cdot (HOZVAL+1) + \dfrac{1}{MCLK} \cdot (WLH+WDLY+LINEBLANK)\right) \times (LINEVAL+1)}$$

$$VCLK(Hz) = \frac{HOZVAL+1}{\dfrac{1}{帧速率 \times (LINEVAL+1)} - \dfrac{WLH+WDLY+LINEBLANK}{MCLK}}$$

2）STN 显示操作

LCD 控制器支持彩色、灰度、单色的显示方式。当需要使用灰度或彩色的显示模式时，需要通过基于时间的抖动算法和帧速率控制（RFC）方法模块，实现灰度或色彩的平滑过渡。单色模式绕过了这两个模块。

（1）查找表。

S3C44B0 和 S3C2410/S3C2440 支持在彩色或灰度模式下不同映射的查找表，这种选择给了用户很大的灵活性。查找表允许用户选择不同的色彩或灰度级。

（2）灰度模式操作。

S3C44B0 和 S3C2410/S3C2440 支持两种灰度模式：4 级灰度和 16 级灰度，使用查找表中的两个位来选择不同的模式。这两个位使用的是在彩色模式下的蓝色的查找表。

（3）彩色模式操作。

S3C44B0 的 LCD 控制器支持 256 色彩色模式，S3C2410/S3C2440 支持 256 色和 4096 色彩色模式。256 色模式下，采用 3 位红色、3 位绿色、2 位蓝色。在彩色模式下使用分离的查找表。

（4）抖动模式和帧速率控制。

在 STN-LCD（单色模式除外），数据必须经过抖动算法处理。抖动有两个算法：用于减少闪烁的基于时间的抖动算法和用来在 STN 面板上显示灰度和色阶的帧速率控制（FRC）算法。下面介绍基于 FRC 的在 STN 面板上显示灰度和色阶的主要原理。例如，从总共有 16 个灰度级中显示 3 个灰度级，那么只有 3 个灰度级起作用，其他的都不起作用。换句话说，从 16 个帧里面选出 3 个帧，这 3 个帧当中不仅含有起作用的 3 个灰度级像素，同时也含有其他的不起作用的灰度级像素。这 16 个帧间歇性显示，这就是 FRC 的基本原理。表 10-19 列出了实际的情况。为了显示 14 级灰度，需要使用 6/7 循环，它使得像素 6 次是起作用的，剩下的一次是不起作用的。其他的灰度级情况也列在了表 10-18 中。

表 10-18　抖动占空因子示例

预抖动数据（灰度级）	占空因子	预抖动数据（灰度级）	占空因子
15	1	7	1/2
14	6/7	6	3/7
13	4/5	5	2/5
12	3/4	4	1/3
11	5/7	3	1/4
10	2/3	2	1/5
9	3/5	1	1/7
8	4/7	0	0

在 STN-LCD 显示中，由于模拟色阶会产生像素的亮灭，从而引起闪烁噪声。例如，在显示第一帧的时候，所有的像素点都亮了，而第二帧所有的像素点都灭了，闪烁噪声会达到最大。为了减少屏幕上的闪烁噪声，使得像素点的亮灭情况在各个帧之间趋向平均，这就是基于时间的抖动算法，它调整了像素点的亮灭时间。对于 16 级灰度，FRC 与灰度级之间的关系：第 15 级，需要使所有的像素点点亮；第 14 级，需要 6 次亮有 1 次灭；第 13 级需要 4 次亮 1 次灭，……，第 0 级需要全灭。

（5）显示类型。

LCD 控制器支持 3 种 LCD 驱动：4 位双扫描、4 位单扫描、8 位单扫描。

（6）4 位双扫描显示。

4 位双扫描使用 8 位并行数据线传送数据，高 4 位和低 4 位同时显示。在 8 位数据中，4 位数据在高 4 位，另 4 位数据在低 4 位。当所有的数据被传送时，则显示出一个完整的帧。LCD 数据输出引脚（VD7-VD0）可以直接连接到 LCD 驱动上。

（7）4 位单扫描显示。

4 位单扫描使用 4 条并行数据线传送数据，每次只显示一条水平线，直到整个画面被传送完毕。LCD 数据输出引脚（VD3-VD0）可以直接连接到 LCD 驱动上，其余的 4 根（VD7-

VD4）未被使用。

（8）8 位单扫描显示。

8 位单扫描使用 8 条并行数据线传送数据，每次只显示一条水平线，直到整个画面被传送完毕。LCD 数据输出引脚（VD7-VD0）可以直接连接到 LCD 驱动上。

（9）256、4096 色显示。

彩色数据需要 3 种（红、绿、蓝）数据来显示每一个像素点。所以，每条水平线的数据寄存器需要传送水平线像素点 3 倍的数据。这些颜色值通过并行数据线被传送到 LCD 驱动中。颜色值的顺序由缓存中的视频数据顺序决定。

（10）单色 4 位双扫描。

单色 4 位双扫描内存格式如图 10-21 所示。

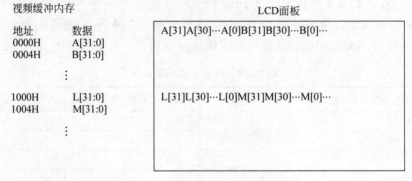

图 10-21   单色 4 位双扫描内存格式

（11）单色 4 位单扫描。

单色 4 位单扫描内存格式如图 10-22 所示。

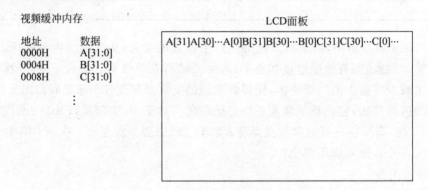

图 10-22   单色 4 位单扫描内存格式

（12）灰度及彩色存储格式。

在 4 级灰度中使用 2b 表示一个像素。在 16 级灰度中使用 4b 表示一个像素。在 256 色彩色模式，使用 8b（3b 红、3b 绿、2b 蓝）表示一个像素。彩色格式如表 10-19 所示。在 4096 色模式中，使用 12b（4b 红、4b 绿、4b 蓝）表示一个像素。表 10-20 显示了字数据单元中的像素数据格式（数据需要使用 3 个字才能对齐）。图 10-23 和图 10-24 分别列出了 STN-LCD 在单色和彩色各种模式下数据引脚数据与 LCD 面板的对应关系。

表 10-19　256 色彩色模式数据格式

bit[7:5]	bit[4:2]	bit[1:0]
红	绿	蓝

表 10-20　4096 色彩色模式数据格式

数据	[31:28]	[27:24]	[23:20]	[19:16]	[15:12]	[11:8]	[7:4]	[3:0]
字♯1	红(1)	绿(1)	蓝(1)	红(2)	绿(2)	蓝(2)	红(3)	绿(3)
字♯2	蓝(3)	红(4)	绿(4)	蓝(4)	红(5)	绿(5)	蓝(5)	红(6)
字♯3	绿(6)	蓝(6)	红(7)	绿(7)	蓝(7)	红(8)	绿(8)	蓝(8)

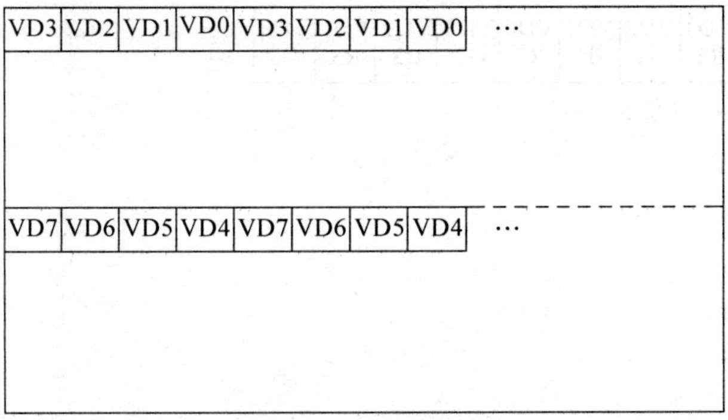

(a) 4位双扫描模式

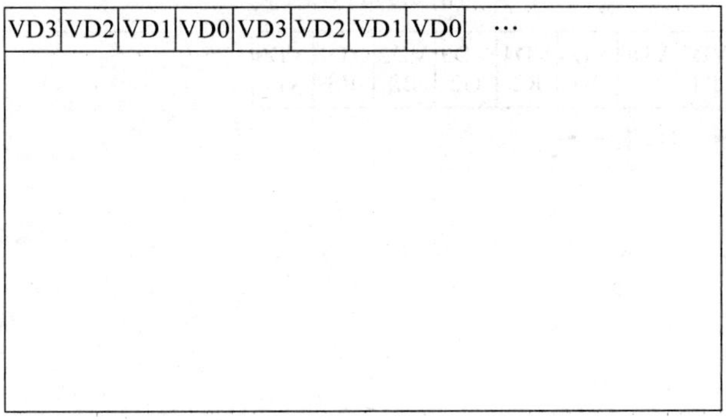

(b) 4位单扫描模式

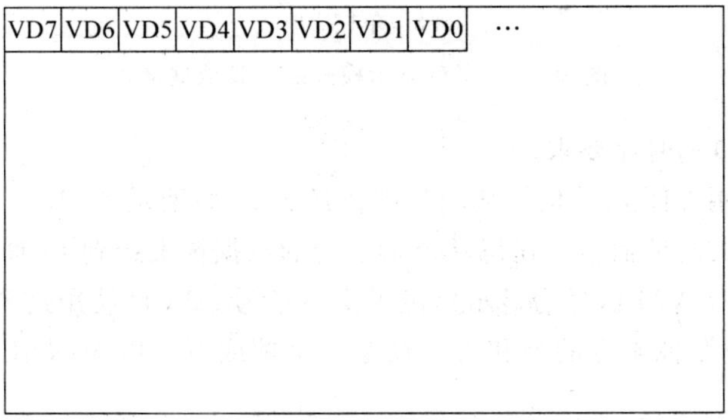

(c) 8位单扫描模式

图 10-23　单色显示模式的引脚数据格式

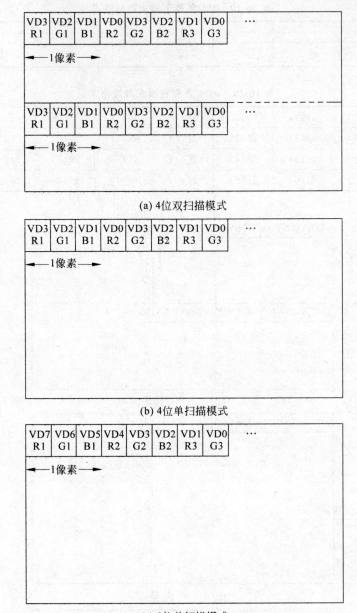

(a) 4位双扫描模式

(b) 4位单扫描模式

(c) 8位单扫描模式

图 10-24　彩色显示模式的引脚数据格式

（13）STN-LCD 的时序要求。

图像数据是使用 VD[7:0]信号从内存中传送到 LCD 驱动器中的。VCLK 信号是 LCD 驱动的转移寄存器的时钟信号。在每一个水平行的数据被发送到 LCD 的转移寄存器中后，VLINE 信号会产生。VM 信号为显示提供了交流信号。LCD 使用这个信号去选择行列电平的极性，从而控制了像素点的亮和灭。在每一个帧或者一些 VLINE 信号到来后 VM 要进行翻转。

图 10-25 显示了 STN-LCD 的时序要求。

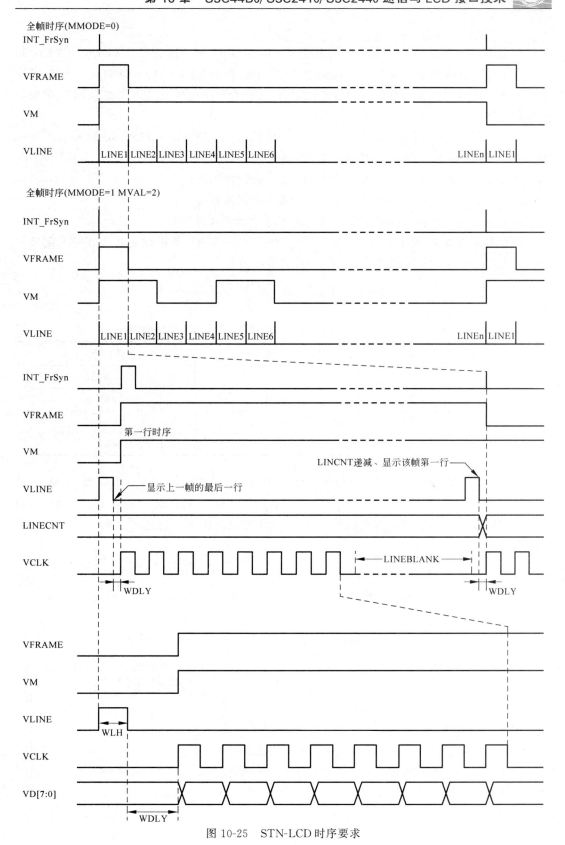

图 10-25　STN-LCD 时序要求

3) TFT 显示操作

TIMEGEN 为 LCD 驱动产生控制信号,例如 VSYNC、HSYNC、VCLK、VDEN 和 LEND 信号。这些控制信号的产生高度依赖于在寄存器组中的 LCDCON1/2/3/4/5 寄存器的设置。通过对控制寄存器组的设置,TIMEGEN 会产生能够支持不同类型 LCD 驱动器的控制信号。

LCD 行指针到达屏幕顶端时,产生 VSYNC 信号。VSYNC 和 HSYNC 脉冲的产生依赖于在 LCDCON2/3 寄存器中的 HOZVAL 和 LINEVAL 域的设置。HOZVAL 和 LINEVAL 的设置取决于 LCD 面板的尺寸,使用的公式如下:

$$HOZVAL=显示器水平像素尺寸-1$$
$$LINEVAL=显示器垂直像素尺寸-1$$

VCLK 信号的频率依赖于 LCDCON1 寄存器中的 CLKVAL 值的设定。表 10-21 定义了 VCLK 和 CLKVAL 之间的关系,CLKVAL 的最小值是 0。

$$VCLK(Hz)=\frac{HCLK}{(CLKVAL+1)\times2}$$

表 10-21　VCLK 和 CLKVAL 之间的关系(假设 HCLK=60MHz)

CLKVAL	MCLK 分频值	VCLK
1	4	15MHz
2	6	10MHz
…	…	…
1023	2048	30kHz

帧频率是 VSYNC 信号的频率。帧频率依赖于 LCDCON1/2/3/4 寄存器中的 VSYNC、VBPD、VFPD、LINEVAL、HSYNC、HBPD、HFPD、HOZVAL 和 CLKVAL 的设置,大多数 LCD 驱动需要其固有的帧频率,帧频率可以使用下面的公式计算:

$$帧速率=\left\{[(VSPW+1)+(VBPD+1)+(LINEVAL+1)+(VFPD+1)]\right.$$
$$\times[(HSPW+1)+(HBPD+1)+(HFPD+1)+(HOZVAL+1)]$$
$$\left.\times\frac{2\times(CLKVAL+1)}{HCLK}\right\}^{-1}$$

(1) 视频显示操作。

S3C2410/S3C2440 的 TFT-LCD 显示控制支持 1、2、4、8bpp 的调色板彩色显示和 16bpp 或 24bpp 非调色板真彩显示。像素在 LCD 面板上的分布如图 10-26 所示。

(2) 内存数据格式。

下面给出了各种显示模式下的内存数据格式。24bpp 显示方式数据构成如表 10-22 所示,16bpp 显示方式数据构成如表 10-23 所示。

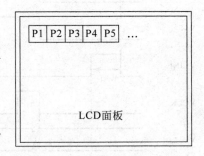

图 10-26　LCD 像素点分布

表 10-22　24bpp 显示方式数据构成

(BSWP = 0，HWSWP = 0，BPP24BL = 0)

	D[31:24]	D[23:0]		D[31:24]	D[23:0]
000H	无效位	P1	008H	无效位	P3
004H	无效位	P2	...	...	...

(BSWP = 0，HWSWP = 0，BPP24BL = 1)

	D[31:8]	D[7:0]		D[31:8]	D[7:0]
000H	P1	无效位	008H	P3	无效位
004H	P2	无效位	...	...	...

VD 引脚在 24bpp 模式下的定义

VD	23	22	21	20	19	18	17	16	15	14	13	12	11	10	9	8	7	6	5	4	3	2	1	0
红	7	6	5	4	3	2	1	0																
绿									7	6	5	4	3	2	1	0								
蓝																	7	6	5	4	3	2	1	0

表 10-23　16bpp 显示方式数据构成

(BSWP = 0，HWSWP = 0)

	D[31:16]	D[15:0]		D[31:16]	D[15:0]
000H	P1	P2	008H	P5	P6
004H	P3	P4	...	...	...

(BSWP = 0，HWSWP = 1)

	D[31:8]	D[7:0]		D[31:8]	D[7:0]
000H	P2	P1	008H	P6	P5
004H	P4	P3	...	...	...

VD 引脚在 16bpp 模式下的定义如表 10-24 所示，分为 5:6:5 和 5:5:5:I 两种形式。

表 10-24　VD 引脚在 16bpp 模式下的定义

(5:6:5)

VD	23	22	21	20	19	18	17	16	15	14	13	12	11	10	9	8	7	6	5	4	3	2	1	0
红	4	3	2	1	0																			
绿					未使用				5	4	3	2	1	0	未使用									
蓝																	4	3	2	1	0	未使用		

(5:5:5:I)

VD	23	22	21	20	19	18	17	16	15	14	13	12	11	10	9	8	7	6	5	4	3	2	1	0
红	4	3	2	1	0	I																		
绿					未使用				4	3	2	1	0	I	未使用									
蓝																	4	3	2	1	0	I	未使用	

另外 S3C2410/S3C2440 的 LCD 控制器还支持 8bpp、4bpp、2bpp 的显示方式，其数据的存储地址和数据格式分配请参阅本书参考文献[3]。

（3）256 色调色板使用方法。

① 调色板的配置与格式控制。

S3C2410/S3C2440 的 TFT-LCD 控制器支持 256 色调色板模式。用户可以从 64 000 种颜色中挑选 256 种颜色。256 色调色板包含一个 256b（深度）×16b 的 SPSRAM，调色板支持 5∶6∶5 和 5∶5∶5∶I 两种格式。其中 5∶6∶5 的显示格式如图 10-27(a)所示，5∶5∶5∶I 的显示格式如图 10-27(b)所示。

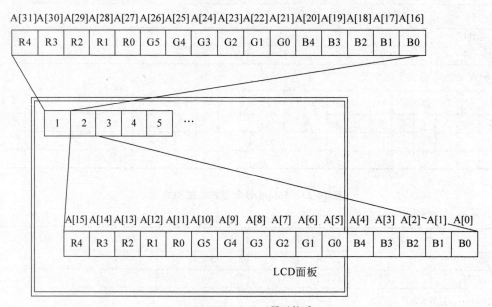

(a) 16bpp 5∶6∶5显示格式

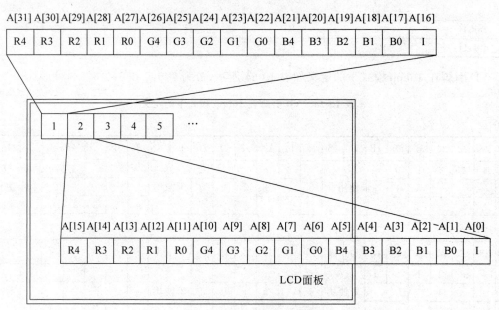

(b) 16bpp 5∶5∶5∶I显示格式

图 10-27　两种数据显示格式

数据存储格式如表 10-25 所示。其中表 10-25（a）为 5∶6∶5 格式，表 10-25（b）为 5∶5∶5∶I 格式。当用户使用 5∶5∶5∶I 格式的时候，I 被作为每个 RGB 数据的最低位被传送。因此 5∶5∶5∶I 模式相当于（5＋I）∶（5＋I）∶（5＋I）格式。在 5∶5∶5∶I 格式下，用户可以按照表 10-26（b）的形式写数据，然后数据通过 VD 引脚送到 LCD 中（R(5＋I) ＝ VD[23∶19] ＋（VD[18]、VD[10] 或 VD[2]），G(5＋I) ＝ VD[15∶11] ＋（VD[18]、VD[10] 或 VD[2]），B(5＋I) ＝ VD[7∶3] ＋（VD[18]、VD[10] 或 VD[2]））。并且设置 LCDCON5 中的 FRM565 位为 0。

表 10-25　调色板数据格存储格式

5∶6∶5 格式

	15	14	13	12	11	10	9	8	7	6	5	4	3	2	1	0	地　　址
00H	R4	R3	R2	R1	R0	G5	G4	G3	G2	G1	G0	B4	B3	B2	B1	B0	0X4D000400
01H	R4	R3	R2	R1	R0	G5	G4	G3	G2	G1	G0	B4	B3	B2	B1	B0	0X4D000404
...																	...
FFH	R4	R3	R2	R1	R0	G5	G4	G3	G2	G1	G0	B4	B3	B2	B1	B0	0X4D0007FC
VD#	23	22	21	20	19	15	14	13	12	11	10	7	6	5	4	3	

5∶5∶5∶I 格式

	15	14	13	12	11	10	9	8	7	6	5	4	3	2	1	0	地　　址
00H	R4	R3	R2	R1	R0	G4	G3	G2	G1	G0	B4	B3	B2	B1	B0	I	0X4D000400
01H	R4	R3	R2	R1	R0	G4	G3	G2	G1	G0	B4	B3	B2	B1	B0	I	0X4D000404
...																	...
FFH	R4	R3	R2	R1	R0	G4	G3	G2	G1	G0	B4	B3	B2	B1	B0		0X4D0007FC
VD#	23	22	21	20	19	15	14	13	12	11	7	6	5	4	3	18,10,2	

② 调色板读写操作。

当用户在调色板上使用读写操作时，必须检查 LCDCON5 寄存器中的 HSTATUS 和 VSTATUS，因为读写操作在 HSTATUS、VSTATUS 和 ACTIVE 状态的时候是被禁止的。

③ 临时调色板配置。

S3C2410/S3C2440 允许用户填充一个颜色的帧，而不需要使用复杂的修改将其填写到调色板中。一种颜色的帧可以通过这些操作被显示到屏幕上：将这种颜色的值写入 TPAL 寄存器中的 TPALVAL 中，并且使能 TPALEN。

TFT-LCD 的接口操作时序如图 10-28 所示。

4. 虚拟显示器（STN/TFT）

S3C44B0 和 S32410/S3C2440 支持硬件横向、纵向滚屏。如果使用滚屏，LCDSADD1/2 寄存器中除了 PAGEWIDTH 和 OFFSIZE 的 LCDBASEU 和 LCDBASEL 外都需要被更

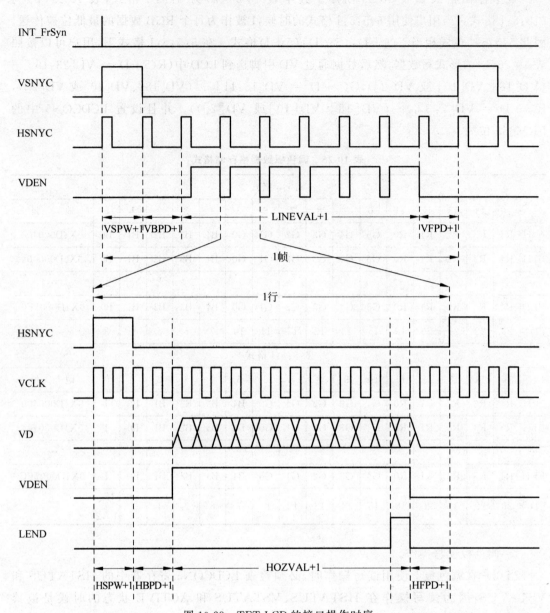

图 10-28 TFT-LCD 的接口操作时序

改。存储图像的视频缓冲区在尺寸上需要大于 LCD 面板的尺寸。图 10-29 给出了使用虚拟屏幕时各个值的关系。

10.3.3 S3C44B0/S3C2410/S3C2440 LCD 控制器专用功能寄存器

1. LCD 控制寄存器 1

LCD 控制寄存器 1（LCDCON1）信息如表 10-26 所示。注意，S3C44B0 与 S3C2410/S3C2440 有所不同。

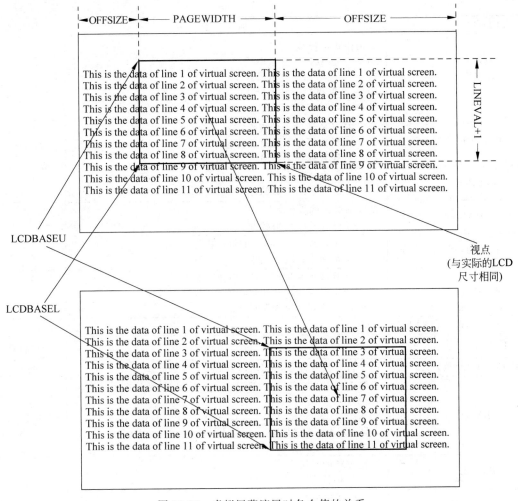

图 10-29　虚拟屏幕滚屏时各个值的关系

表 10-26　LCD 控制寄存器 1 信息

寄存器	S3C44B0 地址	S3C2410/S3C2440 地址	读/写	描　　述	复位值
LCDCON1	0x01F00000	0x4D000000	R/W	LCD 控制寄存器 1	0x00000000

S3C44B0 的 LCDCON1

LCDCON1	位	描　　述	初始状态
LINECNT（只读）	[31:22]	用于行内位置计数,从 LINVAL 向下计数至 0	0000000000
CLKVAL	[21:12]	用于设置 VCLK 的速率。当 ENVID=1 是可写,新值在下一个帧时生效 VCLK = MCLK / (CLKVAL×2) (CLKVAL >= 2)	0000000000
WLH	[11:10]	设置 VLINE 脉冲采用系统时钟计数的高电平宽度 00 = 4 clock, 01 = 8 clock, 10 = 12 clock, 11 = 16 clock	00
WDLY	[9:8]	设置采用系统时钟计数的 VLINE 和 VCLK 之间的延迟 00 = 4 clock, 01 = 8 clock, 10 = 12 clock, 11 = 16 clock	00
MMODE	[7]	设置 VM 的替换率 0 = 每帧替换, 1 = 由 MVAL 决定	0

续表

LCDCON1	位	描 述	初始状态
DISMODE	[6:5]	显示模式选择域 00 = 4 位双扫描显示模式 01 = 4 位单扫描显示模式 10 = 8 位单扫描显示模式 11 = 未使用	00
INVCLK	[4]	设置 VCLK 活动沿的极性 0 = 视频数据在下降沿被传送 1 = 视频数据在上升沿被传送	0
INVLINE	[3]	设置行脉冲的极性 0 = 正脉冲;1 = 负脉冲	0
INVFRAME	[2]	设置帧脉冲的极性 0 = 正脉冲;1 = 负脉冲	0
INVVD	[1]	设置视频数据(VD[7:0])的输出极性 0 = 正常输出;1 = 倒置输出	0
ENVID	[0]	LCD 视频输出和逻辑功能的使能/禁止 0 = 禁止视频输出和逻辑功能,LCD 队列被清空 1 = 使能视频输出和逻辑功能	0

S3C2410/S3C2440 的 LCDCON1

LCDCON1	位	描 述	初始状态
LINECNT(只读)	[27:18]	用于行内位置计数,从 LINVAL 向下计数至 0	0000000000
CLKVAL	[17:8]	设置 VCLK 的速率。当 ENVID=1 是可写,新值在下一个帧时生效 STN: VCLK = MCLK / (CLKVAL×2) (CLKVAL ≥ 2) TFT: VCLK = MCLK / [(CLKVAL + 1) × 2] (CLKVAL ≥ 0)	0000000000
MMODE	[7]	设置 VM 的替换率 0 = 每帧替换,1 = 由 MVAL 决定	0
PNRMODE	[6:5]	显示模式选择域 00 = 4 位双扫描显示模式(STN) 01 = 4 位单扫描显示模式(STN) 10 = 8 位单扫描显示模式(STN) 11 = TFT 显示面板	00
BPPMODE	[4:1]	BPP(像素宽度)选择域 0000 = 1 bpp for STN, 单色模式 0001 = 2 bpp for STN, 4 级灰度模式 0010 = 4 bpp for STN, 16 级灰度模式 0011 = 8 bpp for STN, 彩色模式 0100 = 12 bpp for STN, 彩色模式 1000 = 1 bpp for TFT 1001 = 2 bpp for TFT 1010 = 4 bpp for TFT 1011 = 8 bpp for TFT 1100 = 16 bpp for TFT 1101 = 24 bpp for TFT	0000
ENVID	[0]	LCD 视频输出和逻辑功能的使能/禁止 0 = 禁止视频输出和逻辑功能,LCD 队列被清空 1 = 使能视频输出和逻辑功能	0

2. LCD 控制寄存器 2

LCD 控制寄存器 2(LCDCON2)信息如表 10-27 所示。注意,S3C44B0X 与 S3C2410X/S3C2440 有所不同。

表 10-27 LCD 控制寄存器 2 信息

寄存器	S3C44B0 地址	S3C2410/S3C2440 地址	读/写	描 述	复位值
LCDCON2	0x01F00004	0x4D000004	R/W	LCD 控制寄存器 2	0x00000000

S3C44B0 的 LCDCON2

LCDCON2	位	描 述	初始状态
LINEBLANK	[31:21]	指示在一个水平行期间的空白时间。这些内容需要根据 VLINE 的速率做好调整。LINBLANK 的单位是 MCLK	0x000
HOZVAL	[20:10]	设置 LCD 水平的尺寸。HOZVAL 的值必须保证每行的字节数为偶数	0x000
LINEVAL	[9:0]	设置 LCD 的行数	0x000

S3C2410/S3C2440 的 LCDCON2

LCDCON2	位	描 述	初始状态
VBPD	[31:24]	TFT:在垂直同步时期以后,在一个帧的开始处的非活动行 STN:必须置 0	0x00
LINEVAL	[23:14]	TFT、STN:设置 LCD 的行数	0000000000
VFPD	[13:6]	TFT:在垂直同步时期以前,在一个帧的末尾处的非活动行 STN:必须置 0	00000000
VSPW	[5:0]	TFT:设置 VSYNC 脉冲高电平的宽度 STN:必须置 0	000000

3. LCD 控制寄存器 3

LCD 控制寄存器 3(LCDCON3)信息如表 10-28 所示。

表 10-28 LCD 控制寄存器 3 信息

寄存器	S3C44B0 地址	S3C2410/S3C2440 地址	读/写	描 述	复位值
LCDCON3	0x01F00040	0x4D000008	R/W	LCD 控制寄存器 3	0x00000000

S3C44B0 的 LCDCON3

LCDCON3	位	描 述	初始状态
保留	[2:1]		00
SELFREF	[0]	LCD 自刷新模式使能位 0:LCD 自刷新模式禁止 1:LCD 自刷新模式使能	0

S3C2410/S3C2440 的 LCDCON3

LCDCON3	位	描 述	初始状态
HBPD (TFT)	[25:19]	HSYNC 的下降沿与开始激活数据之间间隔的 VCLK 数目	0000000
WDLY (STN)		设置采用系统时钟计数的 VLINE 和 VCLK 之间的延迟,其中 [25:21]位保留 00=16 HCLK,01=32 HCLK,10=48 HCLK,11=64 HCLK	

LCDCON3	位	描　述	初始状态
HOZVAL	[18:8]	设置 LCD 水平的尺寸。HOZVAL 的值必须保证每行的字节数为偶数	0000000000
HFPD（TFT）	[7:0]	在活动数据的末尾和 HSYNC 的上升沿之间间隔的 VCLK 数目	00000000
LINEBLANK（STN）		指示在一个水平行期间的空白时间。该位值需要根据 VLINE 的速率做好调整。LINBLANK 的单位是 MCLK	

4. LCD 控制寄存器 4

LCD 控制寄存器 4（LCDCON4）信息如表 10-29 所示。注意，只有 S3C2410/S3C2440 有 LCDCON4。

表 10-29　LCD 控制寄存器 4 信息

寄存器	S3C44B0 地址	S3C2410/S3C2440 地址	读/写	描　述	复位值
LCDCON4	—	0x4D00000C	R/W	LCD 控制寄存器 4	0x00000000

S3C2410/S3C2440 的 LCDCON4

LCDCON4	位	描　述	初始状态
MVAL	[15:8]	当 MMODE＝1 时，该位定义了 MV 信号翻转的周期	0x00
HSPW（TFT）	[7:0]	设置 HSYNC 脉冲的高电平宽度	0x00
WLH（STN）		设置 VLINE 脉冲采用系统时钟计数的高电平宽度 WLH[7:2]保留 00 ＝ 16 HCLK，01 ＝ 32 HCLK 10 ＝ 48 HCLK，11 ＝ 64 HCLK	

5. LCD 控制寄存器 5

LCD 控制寄存器 5（LCDCON5）信息如表 10-30 所示。注意，S3C44B0 没有 LCDCON5。

表 10-30　LCD 控制寄存器 5 信息

寄存器	S3C44B0 地址	S3C2410/S3C2440 地址	读/写	描　述	复位值
LCDCON5	—	0x4D000010	R/W	LCD 控制寄存器 5	0x00000000

S3C2410/S3C2440 的 LCDCON5

LCDCON5	位	描　述	初始状态
保留	[31:17]	必须置 0	0
VSTATUS	[16:15]	TFT：垂直状态（只读） 00 ＝ VSYNC，01 ＝ BACK Porch，10 ＝ ACTIVE，11 ＝ FRONT Porch	00
HSTATUS	[14:13]	TFT：水平状态（只读） 00 ＝ VSYNC，01 ＝ BACK Porch，10 ＝ ACTIVE，11 ＝ FRONT Porch	00
BPP24BL	[12]	TFT：该位决定了 24bpp 色的内存大小端 0 ＝小端　1 ＝大端	0

续表

LCDCON5	位	描　述	初始状态
FRM565	[11]	TFT：16bpp 色视频数据格式选择位 0 = 5:5:5:I 格式；1 = 5:6:5 格式	0
INVVCLK	[10]	STN/TFT：设置 VCLK 活动沿的极性 0 = 视频数据在下降沿被传送 1 = 视频数据在上升沿被传送	0
INVLINE	[9]	STN/TFT：设置行脉冲的极性 0 = 正脉冲；1 = 负脉冲	0
INVFRAME	[8]	STN/TFT：设置帧脉冲的极性 0 = 正脉冲；1 = 负脉冲	0
INVVD	[7]	STN/TFT：设置视频数据（VD[7:0]）的输出极性 0 = 正常输出；1 = 倒置输出	0
INVVDEN	[6]	TFT：改为决定 VDEN 信号极性 0 = 正常；1 = 翻转	0
INVPWREN	[5]	STN/TFT：改为决定 PWREN 信号极性 0 = 正常；1 = 翻转	0
INVLEND	[4]	TFT：改为决定 LEND 信号极性 0 = 正常；1 = 翻转	0
PWREN	[3]	STN/TFT：LCD_PWR 输出信号使能/禁止 0 = 禁止 PWREN 信号 1 = 使能 PWREN 信号	0
ENLEND	[2]	TFT：LEND 输出信号使能/禁止 0 = 禁止 LEND 信号 1 = 使能 LEND 信号	0
BSWP	[1]	STN/TFT：字节交换控制位 0 = 交换禁止；1 = 交换使能	0
HWSWP	[0]	STN/TFT：半字交换控制位 0 = 交换禁止；1 = 交换使能	0

6. 帧缓冲区起始地址寄存器 1

帧缓冲区起始地址寄存器 1（LCDADDR1）信息如表 10-31 所示。注意，S3C44B0 与 S3C2410/S3C2440 有所不同。

表 10-31　帧缓冲区起始地址寄存器 1

寄存器	S3C44B0 地址	S3C2410/S3C2440 地址	读/写	描　述	复位值
LCDADDR1	0x01F00008	0x4D000014	R/W	帧缓冲区起始地址寄存器 1	0x000000

S3C44B0 的 LCDADDR1

LCDADDR1	位	描　述	初始状态
MODESEL	[28:27]	该域用来选择单色、灰度或彩色模式 00 = 单色模式　01 = 4 级灰度模式 10 = 16 级灰度模式　11 = 彩色模式	00
LCDBANK	[26:21]	这些位使用 A[27:22] 来确定视频缓冲在系统内存中的位置，LCD 帧缓冲区需要内部 4MB 对齐，在移动视点的时候 LCDBANK 不能被改变。使用 malloc 函数的时候需要小心	0x00

续表

LCDADDR1	位	描 述	初始状态
LCDBASEU	[20:0]	该域指示了上层双扫描或单扫描帧存储器上层地址计数器的开始地址的 A[21:1]	0x000000

S3C2410/S3C2440 的 LCDADDR1

LCDADDR1	位	描 述	初始状态
LCDBANK	[29:21]	这些位使用 A[30:22] 来确定视频缓冲在系统内存中的位置，LCD 帧缓冲区需要内部 4MB 对齐，在移动视点的时候 LCDBANK 不能被改变。使用 malloc 函数的时候需要小心	0x00
LCDBASEU	[20:0]	该域指示了上层双扫描或单扫描帧存储器上层地址计数器的开始地址的 A[21:1]	0x000000

7. 帧缓冲区起始地址寄存器 2

帧缓冲区起始地址寄存器 2（LCDADDR2）信息如表 10-32 所示。注意，S3C44B0 与 S3C2410/S3C2440 有所不同。

表 10-32　帧缓冲区起始地址寄存器 2 信息

寄存器	S3C44B0 地址	S3C2410/S3C2440 地址	读/写	描 述	复位值
LCDADDR2	0x01F0000C	0x4D000018	R/W	帧缓冲区起始地址寄存器 2	0x000000

S3C44B0 的 LCDADDR2

LCDADDR2	位	描 述	初始状态
BSWP	[29]	字节交换控制位 0 = 交换禁止；1 = 交换使能	0
MVAL	[28:21]	当 MMODE=1 时，这位定义了 MV 信号翻转的周期	0x00
LCDBASEL	[20:0]	该域指示了低层双扫描或单扫描帧存储器低层地址计数器的开始地址的 A[21:1] LCDBASEL=LCDBASEU + (PAGEWIDTH + OFFSIZE)×(LINEVAL +1)	0x00000

S3C2410/S3C2440 的 LCDADDR2

LCDADDR2	位	描 述	初始状态
LCDBASEL	[20:0]	该域指示了低层双扫描或单扫描帧存储器低层地址计数器的开始地址的 A[21:1] LCDBASEL=LCDBASEU + (PAGEWIDTH + OFFSIZE)×(LINEVAL+1)	0x00000

8. 帧缓冲区起始地址寄存器 3

帧缓冲区起始地址寄存器 3（LCDADDR3）信息如表 10-33 所示。注意，S3C44B0 与 S3C2410/S3C2440 有所不同。

表 10-33　帧缓冲区起始地址寄存器 3 信息

寄存器	S3C44B0 地址	S3C2410/S3C2440 地址	读/写	描 述	复位值
LCDADDR3	0x01F00010	0x4D00001C	R/W	虚拟屏幕地址设置	0x000000

S3C44B0 的 LCDADDR3

LCDADDR3	位	描　述	初始状态
OFFSIZE	[19:9]	虚拟屏幕地址偏移量(单位：半字)，该值定义了上一行的最后一个半字和下一行的第一个半字之间的区别	0x000
PAGEWIDTH	[8:0]	虚拟屏幕页面宽度(单位：半字)，定义了帧中视点的宽度	0x000

S3C2410/S3C2440 的 LCDADDR3

LCDADDR3	位	描　述	初始状态
OFFSIZE	[21:11]	虚拟屏幕地址偏移量(单位：半字)，该值定义了上一行的最后一个半字和下一行的第一个半字之间的区别	0x000
PAGEWIDTH	[10:0]	虚拟屏幕页面宽度(单位：半字)，定义了帧中视点的宽度	0x000

9. 红色查找表寄存器

红色查找表寄存器(REDLUT)信息如表 10-34 所示。

表 10-34　红色查找表寄存器信息

寄存器	S3C44B0 地址	S3C2410/S3C2440 地址	读/写	描　述	复位值
REDLUT	0x01F00014	0x4D000020	R/W	STN：红色查找表寄存器	0x000000

REDLUT 寄存器

REDLUT	位	描　述	初始状态
REDVAL	[31:0]	设置 8 种红色等级的每一级的对应的 16 种色块之一 000 = REDVAL[3:0], 001 = REDVAL[7:4] 010 = REDVAL[11:8], 011 = REDVAL[15:12] 100 = REDVAL[19:16], 101 = REDVAL[23:20] 110 = REDVAL[27:24], 111 = REDVAL[31:28]	0x00000000

10. 绿色查找表寄存器

绿色查找表寄存器(GREENLUT)信息如表 10-35 所示。

表 10-35　绿色查找表寄存器信息

寄存器	S3C44B0 地址	S3C2410/S3C2440 地址	读/写	描　述	复位值
GREENLUT	0x01F00018	0x4D000024	R/W	STN：绿色查找表寄存器	0x000000

GREENLUT 寄存器

GREENLUT	位	描　述	初始状态
GREENVAL	[31:0]	设置 8 种绿色等级的每一级的对应的 16 种色块之一 000 = GREENVAL[3:0], 001 = GREENVAL[7:4] 010 = GREENVAL[11:8], 011 = GREENVAL[15:12] 100 = GREENVAL[19:16], 101 = GREENVAL[23:20] 110 = GREENVAL[27:24], 111 = GREENVAL[31:28]	0x00000000

11. 蓝色查找表寄存器

蓝色查找表寄存器(BLUELUT)信息如表 10-36 所示。

表 10-36　蓝色查找表寄存器信息

寄存器	S3C44B0 地址	S3C2410/S3C2440 地址	读/写	描　述	复位值
BLUELUT	0x01F0001C	0x4D000028	R/W	STN：蓝色查找表寄存器	0x000000

BLUELUT 寄存器

BLUELUT	位	描　述	初始状态
BLUEVAL	[15:0]	设置 4 种蓝色等级的每一级的对应的 16 种色块之一 00 = BLUEVAL[3:0]，01 = BLUEVAL[7:4] 10 = BLUEVAL[11:8]，11 = BLUEVAL[15:12]	0x00000000

12. 抖动样式寄存器

抖动样式寄存器信息如表 10-37 所示。注意，只有 S3C44B0 具有。

表 10-37　抖动样式寄存器

寄存器	S3C44B0 地址	S3C2410/S3C2440 地址	读/写	描　述	复位值
DP1_2	0x01F00020	—	R/W	抖动样式寄存器 DP1_2	0xa5a5
DP4_7	0x01F00024	—	R/W	抖动样式寄存器 DP4_7	0xba5da65
DP3_5	0x01F00028	—	R/W	抖动样式寄存器 DP3_5	0xa5a5f
DP3_5	0x01F00028	—	R/W	抖动样式寄存器 DP3_5	0xa5a5f
DP2_3	0x01F0002C	—	R/W	抖动样式寄存器 DP2_3	0xd6b
DP5_7	0x01F00030	—	R/W	抖动样式寄存器 DP5_7	0xeb7b5ed
DP3_4	0x01F00034	—	R/W	抖动样式寄存器 DP3_4	0x7dbe
DP4_5	0x01F00038	—	R/W	抖动样式寄存器 DP4_5	0x7ebdf
DP6_7	0x01F0003C	—	R/W	抖动样式寄存器 DP6_7	0x7fdfbfe

DP1_2

DP1_2	位	描　述	初始状态
DP1_2	[15:0]	推荐值：1010 0101 1010 0101（0xa5a5）	0xa5a5

DP4_7

DP4_7	位	描　述	初始状态
DP4_7	[27:0]	推荐值：1011 1010 0101 1101 1010 0110 0101（0xba5da65）	0xba5da65

DP3_5

DP3_5	位	描　述	初始状态
DP3_5	[19:0]	推荐值：1010 0101 1010 0101 1111（0xa5a5f）	0xa5a5f

DP2_3

DP2_3	位	描　述	初始状态
DP2_3	[11:0]	推荐值：1101 0110 1011（0xd6b）	0xd6b

DP5_7

DP5_7	位	描　述	初始状态
DP5_7	[27:0]	推荐值：1110 1011 0111 1011 0101 1110 1101（0xeb7b5ed）	0xeb7b5ed

DP3_4

DP3_4	位	描　述	初始状态
DP3_4	[15:0]	推荐值：0111 1101 1011 1110（0x7dbe）	0x7dbe

DP4_5

DP4_5	位	描　述	初始状态
DP4_5	[19:0]	推荐值：0111 1110 1011 1101 1111（0x7ebdf）	0x7ebdf

DP6_7

DP6_7	位	描　述	初始状态
DP6_7	[27:0]	推荐值：0111 1111 1101 1111 1011 1111 1110（0x7fdfbfe）	0x7fdfbfe

13. 抖动模式寄存器

抖动模式寄存器(DITHMODE)信息如表 10-38 所示。

表 10-38 抖动模式寄存器信息

寄存器	S3C44B0 地址	S3C2410/S3C2440 地址	读/写	描述	复位值
DITHMODE	0x01F00044	0X4D00004C	R/W	抖动模式寄存器	0x00000

DITHMODE 寄存器			
DITHMODE	位	描述	初始状态
DITHMODE	[18:0]	使用一个符合所使用 LCD 的值,它可以是 0x00000 或 0x12210	0x00000

14. 临时样式寄存器

临时样式寄存器(TPAL)信息如表 10-39 所示。

表 10-39 临时样式寄存器信息

寄存器	S3C44B0 地址	S3C2410/S3C2440 地址	读/写	描述	复位值
TPAL	—	0X4D000050	R/W	TFT:临时样式寄存器 该寄存器的值是下一帧视频数据	0x00000000

TPAL 寄存器			
TPAL	位	描述	初始状态
TPALEN	[24]	临时样式寄存使能位 0 — 禁止;1 — 使能	0
TPALVAL	[23:0]	临时样式值 TPALVAL[23:16]:红色 TPALVAL[15:8]:绿色 TPALVAL[7:0]:蓝色	0x000000

15. LCD 中断请求寄存器

LCD 中断请求寄存器(LCDINTPND)信息如表 10-40 所示。

表 10-40 LCD 中断请求寄存器信息

寄存器	S3C44B0 地址	S3C2410/S3C2440 地址	读/写	描述	复位值
LCDINTPND	—	0X4D000054	R/W	LCD 中断请求寄存器	0x0

LCDINTPND 寄存器			
LCDINTPND	位	描述	初始状态
INT_FrSyn	[1]	LCD 帧同步中断请求位 0 = 没有中断请求 1 = 发生中断请求	0
INT_FiCnt	[0]	LCD 队列中断请求位 0 = 没有中断请求 1 = 发生中断请求	0

16. LCD 中断源挂起寄存器

LCD 中断源请求寄存器(LCDSRCPND)信息如表 10-41 所示。

表 10-41　LCD 中断源请求寄存器信息

寄存器	S3C44B0 地址	S3C2410/S3C2440 地址	读/写	描　述	复位值
LCDSRCPND	—	0X4D000058	R/W	LCD 中断源挂起寄存器	0x0

LCDSRCPND 寄存器

LCDSRCPND	位	描　述	初始状态
INT_FrSyn	[1]	LCD 帧同步中断挂起位 0 = 没有中断请求 1 = 发生中断请求	0
INT_FiCnt	[0]	LCD 队列中断挂起位 0 = 没有中断请求 1 = 发生中断请求	0

17. LCD 中断屏蔽寄存器

LCD 中断屏蔽寄存器（LCDINTMSK）信息如表 10-42 所示。

表 10-42　LCD 中断屏蔽寄存器信息

寄存器	S3C44B0 地址	S3C2410/S3C2440 地址	读/写	描　述	复位值
LCDINTMSK	—	0X4D00005C	R/W	确定哪一个中断源被屏蔽，被屏蔽的中断源不能被请求	0x3

LCDINTMSK 寄存器

LCDINTMSK	位	描　述	初始状态
FIWSEL	[2]	触发队列中断的触发程度 0 = 4 字；1 = 8 字	0
INT_FrSyn	[1]	LCD 帧同步中断请求是否被屏蔽 0 = 可以请求中断 1 = 中断被屏蔽	1
INT_FiCnt	[0]	LCD 队列中断请求位是否被屏蔽 0 = 可以请求中断 1 = 中断被屏蔽	1

18. S3C2410 的 LPC3600 控制寄存器

S3C2410 的 LPC3600 控制寄存器（LPCSEL）信息如表 10-43 所示。

表 10-43　LPC3600 控制寄存器信息

寄存器	S3C2410 地址	读/写	描　述	复位值
LPCSEL	0X4D000060	R/W	LPC3600 模式控制寄存器	0x4

LPCSEL 寄存器（S3C2410）

LPCSEL	位	描　述	初始状态
RES_SEL	[1]	1 = 240x320	0
LPC_EN	[0]	LPC3600 使能/禁止位 0 = LPC3600 禁止　1 = LPC3600 使能	0

见参考文献[4]

19. S3C2440 的 TCON 控制寄存器

S3C2440 的 TCON 控制寄存器（TCONSEL）信息如表 10-44 所示。

表 10-44　S3C2440 的 TCON 控制寄存器信息

寄存器	S3C2440 地址	读/写	描　　述	复位值
TCONSEL	0X4D000060	R/W	LPC3600/LCC3600 模式控制寄存器	0xF84
TCONSEL	位	描　　述		初始状态
LCC_TEST2	[11]	LCC3600 测试模式 2（只读）		1
LCC_TEST1	[10]	LPC3600 测试模式 1（只读）		1
LCC_SEL5	[9]	选择 STV 极性		1
LCC_SEL4	[8]	选择 CPV 信号引脚 0		1
LCC_SEL3	[7]	选择 CPV 信号引脚 1		1
LCC_SEL2	[6]	选择 Line/Dot 转换		0
LCC_SEL1	[5]	选择 DG/Normal 模式		0
LCC_EN	[4]	LCC3600 使能/禁用 0＝LCC3600 禁用 1＝LCC3600 使能		0
CPV_SEL	[3]	选择 CPV 低脉冲宽度		0
MODE_SEL	[2]	选择 DE/Sync 模式 0＝Sync 模式 1＝DE 模式		1
RES_SEL	[1]	选择输入分辨率 0＝320×240 像素 1＝240×320 像素		0
LPC_EN	[0]	LPC3600 使能/禁用 0＝LPC3600 禁用 1＝LPC3600 使能		0

10.3.4　S3C44B0/S3C2410/S3C2440 LCD 控制器设计实例

下面以 S3C44B0 为例，详细介绍嵌入式系统图形界面硬件接口电路设计与 LCD 显示编程。

1. LCD 控制器接口设计

本实例中，采用了 SAMSUNG 公司的 320×240 像素的 STN-LCD 显示器件，与 S3C44B0 的接口电路原理如图 10-30 所示。

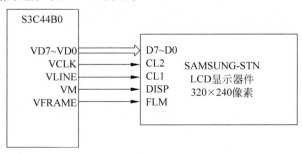

图 10-30　STN-LCD 接口电路原理

2. 软件设计

LCD 软件主要包括以下功能:LCD 初始化、画点、画直线、画圆、画椭圆等。程序的主要源代码如下(lcd_test_lib.h 和 lcd_test_lib.c)。

(1) 在 lcd_test_lib.h 文件中进行如下定义:

```
/* ----------------------------------------------------------------------- */
/* 宏定义                                                                    */
/* ----------------------------------------------------------------------- */
#define SCR_XSIZE        (320)
#define SCR_YSIZE        (240)
#define LCD_XSIZE        (320)
#define LCD_YSIZE        (240)
#define COLOR_NUMBER     256

#define HOZVAL           (LCD_XSIZE/4-1)
#define HOZVAL_COLOR     (LCD_XSIZE*3/8-1)
#define LINEVAL          (LCD_YSIZE-1)
#define MVAL             (13)
#define MASK(n)          ((n) & 0x1fffff)
#define MVAL_USED        0
#define CLKVAL_COLOR     (4)

#define LCD_D_OFF        (*(int *)0x1d20020) &= ~(1 << 6); // rPDATD
#define LCD_D_ON         (*(int *)0x1d20020) |= (1 << 6);
/* ----------------------------------------------------------------------- */
/* 结构定义                                                                  */
/* ----------------------------------------------------------------------- */
typedef struct stGraphic
{
    unsigned (*buffer)[XSIZE / 4];
} Graphic;
typedef unsigned char Color;
```

(2) 在 lcd_test_lib.c 文件中进行如下定义:

```
/* *************************************************************************
 * 文件:          lcd_lib_test.c
 * 版本号:        v1.0
 * 描述:          LCD 控制接口操作源代码
 * 主要功能函数:   GraphOpen 函数实现 LCD 控制接口的初始化;PutPixel 函数实现向 LCD 面板
 *                上绘制一个点,DrawLine、DrawCircle、DrawEllipse 实现向 LCD 面板上绘制直
 *                线、圆、椭圆等基本图形。
 * 修改日志:
 ************************************************************************* */
#include "lcd_test_lib.h"


/* *************************************************************************
 * 函数名称:      PointSwap
 * 功能描述:      坐标交换
 * 参数:         int *x0, int *y0-欲交换的坐标点
 *               int *x1, int *y1-欲交换的坐标点
```

```
*  返回值:            无
*********************************************************************** /
static void PointSwap(int * x0, int * y0, int * x1, int * y1)
{
    int tmp;
    tmp = * x0; * x0 = * x1; * x1 = tmp;
    tmp = * y0; * y0 = * y1; * y1 = tmp;
}


/ ***********************************************************************
*  函数名称:          DataSwap
*  功能描述:          两个数据的交换
*  参数:              int * x0 为欲交换的数据
*                     int * y0 为欲交换的数据
*  返回值:            无
*********************************************************************** /
static void DataSwap(int * x0, int * y0)
{
    int tmp;
    tmp = * x0; * x0 = * y0; * y0 = tmp;
}


/ ***********************************************************************
*  函数名称:          GraphOpen
*  功能描述:          LCD 控制接口初始化,并使 LCD 开始显示
*  参数:              Graph * grph 为欲初始化的画板
*  返回值:            无
*********************************************************************** /
void GraphOpen(Graph * grph)
{
    rDITHMODE = 0x12210;
    rDP1_2 = 0xa5a5;
    rDP4_7 = 0xba5da65;
    rDP3_5 = 0xa5a5f;
    rDP2_3 = 0xd6b;
    rDP5_7 = 0xeb7b5ed;
    rDP3_4 = 0x7dbe;
    rDP4_5 = 0x7ebdf;
    rDP6_7 = 0x7fdfbfe;

    // 8 位单扫描,WDLY=16clk,WLH=16clk,
    rLCDCON1 = (0x0)|(2 << 5)|(MVAL_USED << 7)|(0x3 << 8)|(0x3 << 10)|(CLKVAL_
COLOR << 12);

    // LINEBLANK=10 (without any calculation)
    rLCDCON2 = (LINEVAL)|(HOZVAL_COLOR << 10)|(10 << 21);
    rLCDCON3 = 0;

    // 256 色模式, LCDBANK, LCDBASEU
    rLCDSADDR1 = (0x3 << 27) | (((unsigned int)(grph-> Buffer) >> 22) << 21) | MASK
((unsigned int)(grph-> Buffer) >> 1);
```

```
    rLCDSADDR2 = MASK(((((unsigned int)(grph->Buffer)+(SCR_XSIZE * LCD_YSIZE))>> 1)) |
(MVAL << 21);
    rLCDSADDR3 = (LCD_XSIZE/2) | (((SCR_XSIZE-LCD_XSIZE)/2)<< 9);

    /* 下面的数字显示效果更好 */
    rREDLUT=0xfdb96420;              // 1111 1101 1011 1001 0110 0100 0010 0000
    rGREENLUT=0xfdb96420;            // 1111 1101 1011 1001 0110 0100 0010 0000
    rBLUELUT=0xfb40;                 // 1111 1011 0100 0000

    rLCDCON1=(0x1)|(2 << 5)|(MVAL_USED << 7)|(0x3 << 8)|(0x3 << 10)|(CLKVAL_
COLOR << 12);
    rPDATE=rPDATE&0x0e;
    LCD_D_ON;
}


/ *********************************************************************
* 函数名称：      GraphClose
* 功能描述：      使 LCD 停止显示
* 参数：          Graph * grph 为画板
* 返回值：        无
********************************************************************* /
void GraphClose(Graphic * grph)
{
    LCD_D_OFF;
}


/ *********************************************************************
* 函数名称：      PutPixel
* 功能描述：      绘制像素点到 LCD 面板上
* 参数：          Graph * grph 为画板
*                inx x, int y 为横纵坐标值
*                Color clr 为绘图颜色
* 返回值：        无
********************************************************************* /
void PutPixel(Graph * grph, int x, int y, Color clr)
{
    unsigned ( * buffer)[XSIZE / 4] = grph->Buffer;
    int innerpos = (x % 4) * 8;
    buffer[y][x/4]=((buffer[(y)][(x)/4] & (~(0xff000000 >> innerpos))) | ((clr)<<(3 -
innerpos));
}


/ *********************************************************************
* 函数名称：      DrawLine
* 功能描述：      绘制直线到 LCD 面板上
* 参数：          Graph * grph 为画板
*                int x0, int y0, int x1, int y1 为两个端点的横纵坐标值
*                Color clr 为绘图颜色
* 返回值：        无
********************************************************************* /
void DrawLine(Graphic * grph, int x0, int y0, int x1, int y1, Color clr)
```

```
{
    double h_yx, dx = 0, dy = 0;
    int xnow, ynow;

    if (x0 == x1)
    {
        if (y0 > y1) PointSwap(&x0, &y0, &x1, &y1);
        xnow = x0;
        for (ynow = y0; ynow <= y1; ynow++)
            PutPixel(grph, xnow, ynow, clr);
        return;
    }

    h_yx = (double)(y1 - y0) / (x1 - x0);
    if (h_yx >= -1 && h_yx <= 1)
    {
        if (x0 > x1) PointSwap(&x0, &y0, &x1, &y1);
        xnow = x0; ynow = y0;

        while (xnow <= x1)
        {
            PutPixel(grph, xnow, ynow, clr);
            xnow++;
            dy += h_yx;
            if(dy > 0.5) { ynow++; dy -= 1.0; }
            else if (dy < -0.5) { ynow--; dy += 1.0; }
        }
    }
    else
    {
        if (y0 > y1) PointSwap(&x0, &y0, &x1, &y1);
        xnow = x0; ynow = y0; h_yx = 1 / h_yx;

        while (ynow <= y1)
        {
            PutPixel(grph, xnow, ynow, clr);
            ynow++;
            dx += h_yx;
            if(dx > 0.5) { xnow++; dx -= 1.0; }
            else if (dx < -0.5) { xnow--; dx += 1.0; }
        }
    }
}

/ *******************************************************************************
 *  函数名称:        DrawCircle
 *  功能描述:        绘制圆到 LCD 面板上
 *  参数:            Graph * grph 为画板
 *                   int x0, int y0 为圆心横纵坐标值
 *                   int r 为半径
 *                   Color clr 为绘图颜色
 *  返回值:          无
 ******************************************************************************* /
```

```
void DrawCircle(Graphic * grph, int x0, int y0, int r, Color clr)
{
    int xnow, ynow;
    double dblx, dbly, d, r2;

    if (r <= 0) return;
    r2 = (double)r * r;
    xnow = 0; ynow = -r;
    while (ynow <= -xnow)
    {
        // printf("%d, %d\n", xnow, ynow);
        PutPixel(grph, x0 + xnow, y0 + ynow, clr);
        PutPixel(grph, x0 - xnow, y0 + ynow, clr);
        PutPixel(grph, x0 + xnow, y0 - ynow, clr);
        PutPixel(grph, x0 - xnow, y0 - ynow, clr);
        PutPixel(grph, x0 + ynow, y0 + xnow, clr);
        PutPixel(grph, x0 - ynow, y0 + xnow, clr);
        PutPixel(grph, x0 + ynow, y0 - xnow, clr);
        PutPixel(grph, x0 - ynow, y0 - xnow, clr);

        xnow++;
        dblx = (double)xnow; dbly = (double)ynow + 0.5;
        d = dblx * dblx + dbly * dbly - r2;
        if (d > 0) ynow++;
    }
}


/ ********************************************************************************
 * 函数名称:        DrawEllipse
 * 功能描述:        绘制圆到 LCD 面板上
 * 参数:            Graph * grph 为画板
 *                  int x0, int y0 为椭圆中心横纵坐标值
 *                  int a, int b 为横半径和纵半径
 *                  Color clr 为绘图颜色
 * 返回值:          无
 ******************************************************************************** /
void DrawEllipse(Graphic * grph, int x0, int y0, int a, int b, Color clr)
{
    int xnow, ynow;
    double dblx, dbly, fxy, h = 0, a2, b2, a2b2;

    if (a <= 0 || b <= 0) return;
    a2 = a * a; b2 = b * b; a2b2 = a2 * b2;
    xnow = 0; ynow = -b;
    while (h >= -1)
    {
        PutPixel(grph, x0 + xnow, y0 + ynow, clr);
        PutPixel(grph, x0 - xnow, y0 + ynow, clr);
        PutPixel(grph, x0 + xnow, y0 - ynow, clr);
        PutPixel(grph, x0 - xnow, y0 - ynow, clr);
```

```
        xnow++;
        dblx = (double)xnow; dbly = (double)ynow + 0.5;
        fxy = dblx * dblx / a2 + dbly * dbly / b2 - 1.0;
        if (fxy > 0) ynow++;

        h = (double)(b2 * xnow) / (a2 * ynow);
    }
    while (ynow <= 0)
    {
        PutPixel(grph, x0 + xnow, y0 + ynow, clr);
        PutPixel(grph, x0 - xnow, y0 + ynow, clr);
        PutPixel(grph, x0 + xnow, y0 - ynow, clr);
        PutPixel(grph, x0 - xnow, y0 - ynow, clr);

        ynow++;
        dblx = (double)xnow + 0.5; dbly = (double)ynow;
        fxy = dblx * dblx / a2 + dbly * dbly / b2 - 1.0;
        if (fxy < 0) xnow++;

    }
}
```

思考与练习题

1. 写出异步串行通信数据格式。

2. 画出 S3C44B0/S3C2410/S3C2440 的 UART 模块红外发送和接收时序。

3. 采用 FIFO 的方式进行 UART 的发送和接收,应如何对 UART 进行初始化? 发送和接收程序应如何编写?

4. I^2C 总线有几条通信线? 如何确定其地址格式?

5. CAT24WC04 是基于 I^2C 总线的 4KB 的 E2PROM 芯片,请阅读 CAT24WC04 器件手册,分析其接口原理,并利用 S3C44B0 的 I^2C 接口,扩展两片 CAT24WC04。

6. TFT 和 STN 型的 LCD 各有哪些显示方式?

7. 说明红色查找表寄存器、绿色查找表寄存器、蓝色查找表寄存器有何作用,寄存器中的位值应如何确定?

8. 在 LCD 工程实例的基础上设计应用程序,实现一个三角形在一个圆内旋转。

9. 采用 MAX3232 芯片(参见该芯片的器件手册)设计 S4C2440 的 UART2 与 PC 的串行口进行通信和接口电路,画出电路图,并写出 S4C2440 的 UART2 的初始化函数。

10. 设计 S4C2440 的 TFT LCD 显示器接口电路(LCD 显示器的型号不限,分辨率为 320×240 像素),画出接口电路图。

附录 A　S3C44B0/S3C2410/S3C2440 封装与 I/O 复用信息

1. 封装信息（见图 A-1～图 A-3）

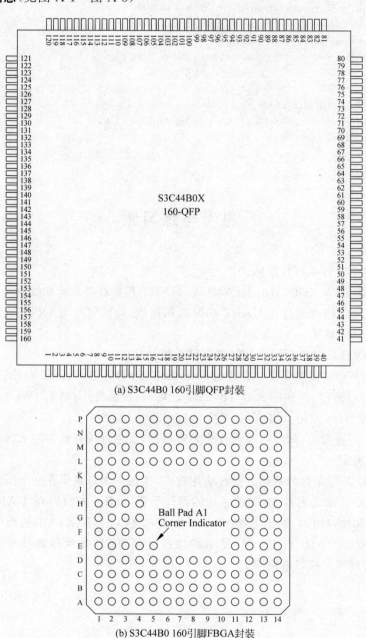

(a) S3C44B0 160引脚QFP封装

(b) S3C44B0 160引脚FBGA封装

图 A-1　S3C44B0 1 封装信息

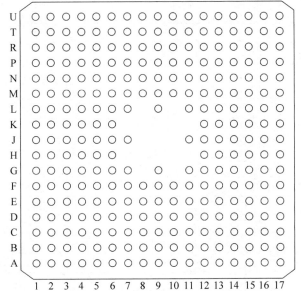

图 A-2   S3C2410 272 引脚 FBGA 封装

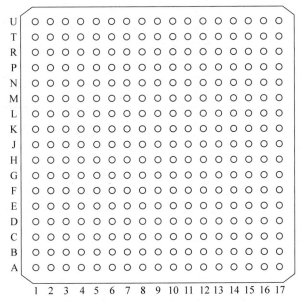

图 A-3   S3C2440 289 引脚 FBGA 封装

2. 功能复用(见表 A-1 和表 A-2)

S3C44B0:

表 A-1   S3C44B0 各端口功能

端口 A	可选引脚功能	
	功能 1	功能 2
PA9	output	ADDR24
PA8	output	ADDR23
PA7	output	ADDR22

续表

端口 A	可选引脚功能	
	功能 1	功能 2
PA6	output	ADDR21
PA5	output	ADDR20
PA4	output	ADDR19
PA3	output	ADDR18
PA2	output	ADDR17
PA1	output	ADDR16
PA0	output	ADDR0

端口 B	可选引脚功能	
	功能 1	功能 2
PB10	output	nGCS5
PB9	output	nGCS4
PB8	output	nGCS3
PB7	output	nGCS2
PB6	output	nGCS1
PB5	output	nWBE3：nBE3：DQM3
PB4	output	nWBE2：nBE2：DQM2
PB3	output	nSRAS：nCAS3
PB2	output	nSCAS：nCAS2
PB1	output	SCLK
PB0	output	SCKE

端口 C	可选引脚功能		
	功能 1	功能 2	功能 3
PC15	input/output	DATA31	nCTS0
PC14	input/output	DATA30	nRTS0
PC13	input/output	DATA29	RxD1
PC12	input/output	DATA28	TxD1
PC11	input/output	DATA27	nCTS1
PC10	input/output	DATA26	nRTS1
PC9	input/output	DATA25	nXDREQ1
PC8	input/output	DATA24	nXDACK1
PC7	input/output	DATA23	VD4
PC6	input/output	DATA22	VD5
PC5	input/output	DATA21	VD6
PC4	input/output	DATA20	VD7
PC3	input/output	DATA19	IISCLK
PC2	input/output	DATA18	IISDI
PC1	input/output	DATA17	IISDO
PC0	input/output	DATA16	IISLRCK

端口 D	可选引脚功能	
	功能 1	功能 2
PD7	input/output	VFRAME
PD6	input/output	VM
PD5	input/output	VLINE
PD4	input/output	VCLK
PD3	input/output	VD3
PD2	input/output	VD2
PD1	input/output	VD1
PD0	input/output	VD0

端口 E	可选功能引脚		
	功能 1	功能 2	功能 3
PE8	ENDIAN	CODECLK	input/output
PE7	input/output	TOUT4	VD7
PE6	input/output	TOUT3	VD6
PE5	input/output	TOUT2	TCLK
PE4	input/output	TOUT1	TCLK
PE3	input/output	TOUT0	—
PE2	input/output	RxD0	—
PE1	input/output	TxD0	—
PE0	input/output	Fpllo	Fout

端口 F	可选功能引脚			
	功能 1	功能 2	功能 3	功能 4
PF8	input/output	nCTS1	SIOCK	IISCLK
PF7	input/output	RxD1	SIORxD	IISDI
PF6	input/output	TxD1	SIORDY	IISDO
PF5	input/output	nRTS1	SIOTxD	IISLRCK
PF4	input/output	nXBREQ	nXDREQ0	—
PF3	input/output	nXBACK	nXDACK0	—
PF2	input/output	nWAIT	—	—
PF1	input/output	IICSDA	—	—
PF0	input/output	IICSCL	—	—

端口 G	可选功能引脚		
	功能 1	功能 2	功能 3
PG7	input/output	IISLRCK	EINT7
PG6	input/output	IISDO	EINT6
PG5	input/output	IISDI	EINT5
PG4	input/output	IISCLK	EINT4
PG3	input/output	nRTS0	EINT3
PG2	input/output	nCTS0	EINT2
PG1	input/output	VD5	EINT1
PG0	input/output	VD4	EINT0

S3C2410：

表 A-2 S3C2410/S3C2440 各端口功能

端口 A	可选功能引脚			
GPA22	output	nFCE	—	—
GPA21	output	nRSTOUT	—	—
GPA20	output	nFRE	—	—
GPA19	output	nFWE	—	—
GPA18	output	ALE	—	—
GPA17	output	CLE	—	—
GPA16	output	nGCS5	—	—
GPA15	output	nGCS4	—	—
GPA14	output	nGCS3	—	—
GPA13	output	nGCS2	—	—
GPA12	output	nGCS1	—	—
GPA11	output	ADDR26	—	—
GPA10	output	ADDR25	—	—
GPA9	output	ADDR24	—	—
GPA8	output	ADDR23	—	—
GPA7	output	ADDR22	—	—
GPA6	output	ADDR21	—	—
GPA5	output	ADDR20	—	—
GPA4	output	ADDR19	—	—
GPA3	output	ADDR18	—	—
GPA2	output	ADDR17	—	—
GPA1	output	ADDR16	—	—
GPA0	output	ADDR0	—	—
端口 B	可选功能引脚			
GPB10	input/output	nXDREQ0	—	—
GPB9	input/output	nXDACK0	—	—
GPB8	input/output	nXDREQ1	—	—
GPB7	input/output	nXDACK1	—	—
GPB6	input/output	nXBREQ	—	—
GPB5	input/output	nXBACK	—	—
GPB4	input/output	TCLK0	—	—
GPB3	input/output	TOUT3	—	—
GPB2	input/output	TOUT2	—	—
GPB1	input/output	TOUT1	—	—
GPB0	input/output	TOUT0	—	—
端口 C	可选功能引脚			
GPC15	input/output	VD7	—	—
GPC14	input/output	VD6	—	—
GPC13	input/output	VD5	—	—
GPC12	input/output	VD4	—	—
GPC11	input/output	VD3	—	—

续表

端口 C		可选功能引脚		
GPC10	input/output	VD2	—	—
GPC9	input/output	VD1	—	—
GPC8	input/output	VD0	—	—
GPC7	input/output	LCDVF2	—	—
GPC6	input/output	LCDVF1	—	—
GPC5	input/output	LCDVF0	—	—
GPC4	input/output	VM	—	—
GPC3	input/output	VFRAME	—	—
GPC2	input/output	VLINE	—	—
GPC1	input/output	VCLK	—	—
GPC0	input/output	LEND	—	—
端口 D		可选功能引脚		
GPD15	input/output	VD23	nSS0	—
GPD14	input/output	VD22	nSS1	—
GPD13	input/output	VD21	—	—
GPD12	input/output	VD20	—	—
GPD11	input/output	VD19	—	—
GPD10	input/output	VD18	SPICLK1（仅 S3C2440）	—
GPD9	input/output	VD17	SPIMOSI1（仅 S3C2440）	—
GPD8	input/output	VD16	SPIMISO1（仅 S3C2440）	—
GPD7	input/output	VD15	—	—
GPD6	input/output	VD14	—	—
GPD5	input/output	VD13	—	—
GPD4	input/output	VD12	—	—
GPD3	input/output	VD11	—	—
GPD2	input/output	VD10	—	—
GPD1	input/output	VD9	—	—
GPD0	input/output	VD8	—	—
端口 E		可选功能引脚		
GPE15	input/output	IICSDA	—	—
GPE14	input/output	IICSCL	—	—
GPE13	input/output	SPICLK0	—	—
GPE12	input/output	SPIMOSI0	—	—
GPE11	input/output	SPIMISO0	—	—
GPE10	input/output	SDDAT3	—	—
GPE9	input/output	SDDAT2	—	—
GPE8	input/output	SDDAT1	—	—
GPE7	input/output	SDDAT0	—	—
GPE6	input/output	SDCMD	—	—
GPE5	input/output	SDCLK	—	—
GPE4	input/output	I2SSDO	S3C2410：I2SSDI S3C2440：AC_SDATA_OUT	—

续表

端口 E		可选功能引脚		
GPE3	input/output	I2SSDI	S3C2410：nSS0 S3C2440：AC_SDATA_IN	—
GPE2	input/output	CDCLK	AC_Nreset(仅 S3C2440)	—
GPE1	input/output	I2SSCLK	AC_BIT_CLK(仅 S3C2440)	—
GPE0	input/output	I2SLRCK	AC_SYNC(仅 S3C2440)	—
端口 F		可选功能引脚		
GPF7	input/output	EINT7	—	—
GPF6	input/output	EINT6	—	—
GPF5	input/output	EINT5	—	—
GPF4	input/output	EINT4	—	—
GPF3	input/output	EINT3	—	—
GPF2	input/output	EINT2		
GPF1	input/output	EINT1		
GPF0	input/output	EINT0		
端口 G		可选功能引脚		
GPG15	input/output	EINT23	nYPON(仅 S3C2410)	—
GPG14	input/output	EINT22	YMON(仅 S3C2410)	—
GPG13	input/output	EINT21	nXPON(仅 S3C2410)	—
GPG12	input/output	EINT20	XMON(仅 S3C2410)	—
GPG11	input/output	EINT19	TCLK1	
GPG10	input/output	EINT18	—	
GPG9	input/output	EINT17	—	
GPG8	input/output	EINT16	—	
GPG7	input/output	EINT15	SPICLK1	—
GPG6	input/output	EINT14	SPIMOSI1	—
GPG5	input/output	EINT13	SPIMISO1	—
GPG4	input/output	EINT12	LCD_PWREN	—
GPG3	input/output	EINT11	nSS1	—
GPG2	input/output	EINT10	nSS0	—
GPG1	input/output	EINT9	—	
GPG0	input/output	EINT8	—	
端口 H		可选功能引脚		
GPH10	input/output	CLKOUT1	—	—
GPH9	input/output	CLKOUT0	—	—
GPH8	input/output	UCLK	—	—
GPH7	input/output	RXD2	nCTS1	—
GPH6	input/output	TXD2	nRTS1	—
GPH5	input/output	RXD1	—	—
GPH4	input/output	TXD1	—	—
GPH3	input/output	RXD0	—	—
GPH2	input/output	TXD0	—	—
GPH1	input/output	nRTS0	—	—
GPH0	input/output	nCTS0	—	—

续表

端口 J（仅 S3C2440）	可选功能引脚			
GPJ12	input/output	CAMRESET	—	—
GPJ11	input/output	CAMCLKOUT	—	—
GPJ10	input/output	CAMHREF	—	—
GPJ9	input/output	CAMVSYNC	—	—
GPJ8	input/output	CAMPCLK	—	—
GPJ7	input/output	CAMDATA7	—	—
GPJ6	input/output	CAMDATA6	—	—
GPJ5	input/output	CAMDATA5	—	—
GPJ4	input/output	CAMDATA4	—	—
GPJ3	input/output	CAMDATA3	—	—
GPJ2	input/output	CAMDATA2	—	—
GPJ1	input/output	CAMDATA1	—	—
GPJ0	input/output	CAMDATA0	—	—

附录 B　链接定位与系统引导程序

1. 链接定位脚本

创建一个工程可能要包含多个源文件,编译器在编译、链接时将这些文件合成一个输出文件,这一工作由链接器通过链接定位脚本来完成,具体说明请参照 GNU-ld 链接脚本相关说明。

每个工程里的源文件按内容可以划分为代码段(.text)、数据段(.data)、只读数据段(.rodata)和清零区(.bss)。下面以 S3C44B0 为例介绍在嵌入式处理器下链接定位脚本的编写过程。

对工程中的各个段进行存储空间分配,如图 B-1 所示。其中,ROM 以 0x00000000 为起始地址,RAM 以 0x0C000000 为起始地址。

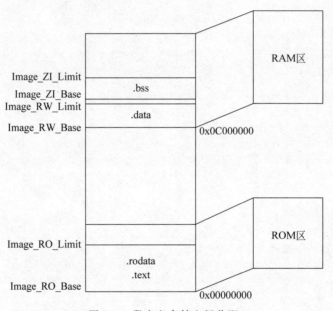

图 B-1　段定义存储空间分配

所对应的链接定位脚本如下:

```
SECTIONS
{
    . = 0x00000000;
    Image_RO_Base = .;
    .text : { *(.text) }
    .rodata : { *(.rodata) }
    Image_RO_Limit = .;
    . = 0x0C000000;
    Image_RW_Base = .;
```

```
    .data : { *(.data) }
    Image_RW_Limit = . ;
    . = (. + 3) & ~ 3;
    Image_ZI_Base = . ;
    .bss : { *(.bss) }
    Image_ZI_Limit = . ;
}
```

其中,脚本中的语句". = (. + 3) & ~ 3;"是为了实现地址标号 Image_ZI_Base 字对齐。

2. 系统引导程序

S3C44B0 系统上电复位后,启动过程如图 B-2 所示。

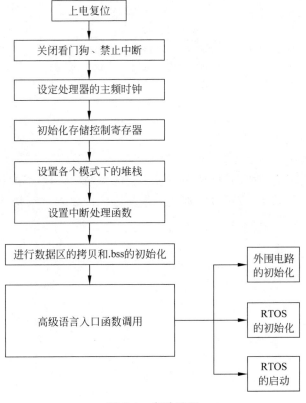

图 B-2　启动过程

S3C44B0 启动后,程序计数器 PC 指向 0x0 地址处,即复位向量地址。在复位程序中关闭了看门狗定时器同时屏蔽了所有中断源,禁止中断产生,并且设置处理器的主频,主要是对外部输入的晶振频率进行倍频控制。接下来初始化系统的存储控制寄存器,完成对存储器控制部件的初始化,这些操作为后面代码运行提供可用的 RAM 区。

完成了以上复位后,S3C44B0 的最基本的硬件载体就建立起来了。下面开始建立高级语言运行环境。首先设置 ARM 处理器在不同的模式下的栈指针,并设置中断处理函数。然后进行数据区的拷贝。

数据的拷贝过程如下:

```
    LDR       R0, =Image_RO_Limit       /* 代码段起始地址 */
```

```
        LDR      R1，=Image_RW_Base       /* 可读写段起始地址 */
        LDR      R3，=Image_ZI_Base       /* 清零区的起始地址 */
```

/* 开始拷贝数据区 */

F0：

```
        CMP      R1，R3                  /* 检查数据区的长度 */
        LDRCC    R2，[R0]，#4
        STRCC    R2，[R1]，#4
        BCC      F0
```

/* 将清零区初始化为 0 */

F1：

```
        LDR    R1，=Image_ZI_Limit       /* 清零区的终端地址 */
        MOV    R2，#0
```

F2：

```
        CMP      R3，R1
        STRCC    R2，[R3]，#4
        BCC      F2
```

这些准备工作完成后,程序可以调用高级语言的程序代码,后续的执行中可以对系统中其他的外围电路进行初始化,也可以根据实时操作系统的要求进行初始化功能部件或系统变量,并引导实时操作系统的启动。

附录 C "ARM 嵌入式系统结构与编程" 课程考试标准试题

课程名称：ARM 嵌入式系统结构与编程　　**考试形式**闭卷

	一	二	三	四	五	总分
标准分	30	12	18	20	20	100
得　分						

一、(总分：30 分)填空题

1. (4 分)ARM 指令 UMLAL R4,R3,R2,R1 执行的操作是＿＿＿＿＿＿＿＿。实现将以 R8 为内存地址上的半字数数据读出到 R1 中,高 16 位用符号位扩展的 ARM 指令是：＿＿＿＿＿＿＿＿。

2. (4 分)在以字节为单位寻址的存储器中存储字数据 0x56788765,若设为大端模式则存储器低地址字节存放的内容为＿＿＿＿,若设为小端模式则存储器低地址字节存放的内容为＿＿＿＿。

3. (4 分)在串行通信中,用＿＿＿＿来描述数据的传输速度。为了提高串行通信的可靠性,可以采用奇校验或偶校验的方法来对数据的正确性进行判别。例如,发送方采用奇校验的方式,当接收方发现所接收到的数据帧中二进制"1"的个数为＿＿＿＿时,则为传输数据出错。

4. (6 分)在 GNU 编译环境下实现：分配一段内存单元,并用长为 15 字节的数值 0x1234 填充 10 次：＿＿＿＿＿＿＿＿；定义一个 0 结束符的字符串"I like embedded design"：＿＿＿＿＿＿＿＿；分配一段双字内存单元,并用 0x33,0x22 进行初始化：＿＿＿＿＿＿＿＿。

5. (8 分)判断下面各立即数是否合法,如果合法则写出在指令中的编码格式(也就是 8 位常数和 4 位的移位数),如果不合法,请在两个横线上填写"非法"。

　(1) 0x0598000 的 8 位常数为：＿＿0x＿＿,4 位二进制为：＿＿0x＿＿

　(2) 0xC0000007 的 8 位常数为：＿＿0x＿＿,4 位二进制为：＿＿0x＿＿

　(3) 0x1F8000 的 8 位常数为：＿＿0x＿＿,4 位二进制为：＿＿0x＿＿

　(4) 0x7800000 的 8 位常数为：＿＿0x＿＿,4 位二进制为：＿＿0x＿＿

6. (4 分)通用寄存器 R1 中存放的数为 0xF000000F,R9 中存放的数为 0x0,各标志位均为 0, 执行 SUBS R9,R9,R1,ASL ♯3 后,R9＝＿＿＿＿＿＿＿＿,各个标志位的情况是：N＝0,Z＝0,C＝＿＿＿＿＿,V＝＿＿＿＿。

二、(总分：12 分)改错题,如果正确,则标明"正确",否则指出错误。

1. (4 分)下面 4 条 ARM 汇编指令：

```
LDRB R1,[R5,♯－0X99]!
MOV R0,♯252
```

```
LDRH    R9,[R4,R1,LSL♯2]!；
STMDB R13!,{R8-R10,R4-R6,R12,R14}
```

2.（4 分）伪指令是 ARM 处理器支持的汇编语言程序里的特殊助记符，它不在处理器运行期间由机器执行，只是在汇编时将被合适的机器指令代替成 ARM 或 Thumb 指令。

3.（4 分）

伪指令语句：

- .global _start
- .text
- _start:
-     MOVEQ   R9,   ♯0x0F
-     ADRL   R9,   _start
- .end

汇编后可能的语句是：

- 0x00008000   MOVEQ   R9，♯0x0F
- 0x00008004   SUB   R9，PC，♯12
  0x00008008   NOP   （MOV R0,R0）

三、（总分：18 分）简答题

1.（6 分）如下所示为 1 个 3×3 的矩阵键盘原理图，3 条行线分别连接到 S3C2440 端口 C 的 GPC0～GPC2 引脚，3 条列线分别连接到 S3C2440 端口 C 的 GPC3～GPC5 引脚，键盘中断信号从 S3C2440 和外部中断 6（EINT6）引脚输入。简述其工作原理。注：VDD3.3 为系统电源。

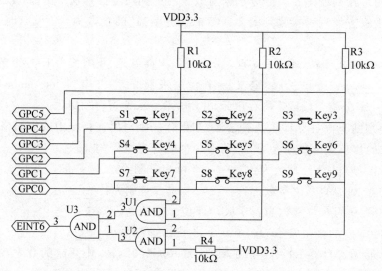

2.（6 分）写一个简单的链接定位脚本文件：将 .text 放在以 0x01000000 为起始地址处，.data 和 .bss 放在以 0x0B000000 为起始地址处，并要求实现 .bss 连续存放在 .data 段的后面，.bss 段的起始地址进行严格的字对齐（编译类型扩展题）。

3.（6 分）对于以下宏定义：

- .macro HANDLER HandleLabel

- sub　sp,sp,＃4
- stmfd　sp!,{r0}
- ldr　r0,=\HandleLabel
- ldr　r0,[r0]
- str　r0,[sp,＃4]
- ldmfd　sp!,{r0,pc}
- . endm

假设当前 sp＝0x90000,如果进行以下宏调用：HANDLER HandleFIQ,则此时 sp 的值是多少？ HANDLER HandleFIQ 所实现的操作是什么？

四、(总分：20 分)代码分析与程序设计

1. (10 分)用 ARM 汇编语言编写代码,实现内存数据格式大小端转换操作。

对小端格式内存地址 0x57400000 开始的 100 个字数据内存单元中依次填入 0x367901～0x367964 字数据,填完后进行大小端转换(例如原来值为 0x11223344,调换顺序后变为 0x44332211)。

2. (10 分)交叉编程题。在 GNU 环境下编写代码,实现：C 语言程序调用 ARM 汇编语言程序完成将数据从源数据区 Src(503 个字单元)复制到目标数据区 Dst,要求以 5 个字为单位进行块拷贝,如果不足 5 个字时则以字为单位进行拷贝。Init. s 文件中写代码实现向 C 函数的跳转(注：使用 BX 指令向 C 函数 Main 跳转)：(3 分)

在 main. c 中写代码：(2 分)

在 ARM 汇编子程序中. s 文件中写代码实现从源数据区 Src 复制到目标数据区 Dst。(5 分)

五、(总分：20 分)硬件设计编程

1. 用 ARM 处理器 S3C2410、电阻、发光二极管、PNP 型三极管、蜂鸣器设计电路。实现 MCU 控制发光二极管亮灭和蜂鸣器报警，并写出其控制的 C 语言语句。

备注：可以使用标号 VDD33 为电源电压，S3C2410 端口 F 引脚编号为 PF0～PF7，设计 4 路 LED，使用 PF0、PF1、PF2、PF3 控制 4 路 LED，使用 PF7 控制蜂鸣器，采用灌电流的方式。

要求：除了对 LED 占用资源更改以外，不允许更改其他设置。

端口 G 的控制寄存器 GPFCON、数据寄存器 GPFDAT、上拉电阻使能寄存器 GPFUP 描述如下表所示：

寄存器	地址	读/写	描 述	复位值
GPFCON	0x56000050	R/W	配置端口 F 的引脚	0x0
GPFDAT	0x56000054	R/W	端口 F 的数据寄存器	未定义
GPFUP	0x56000058	R/W	端口 F 上拉禁止寄存器	0x0

GPFCON	位	描 述	
GPF7	[15:14]	00 = 输入	01 = 输出
		10 = EINT7	11 = 保留
GPF6	[13:12]	00 = 输入	01 = 输出
		10 = EINT6	11 = 保留
GPF5	[11:10]	00 = 输入	01 = 输出
		10 = EINT5	11 = 保留
GPF4	[9:8]	00 = 输入	01 = 输出
		10 = EINT4	11 = 保留
GPF3	[7:6]	00 = 输入	01 = 输出
		10 = EINT3	11 = 保留
GPF2	[5:4]	00 = 输入	01 = 输出
		10 = EINT2	11 = 保留
GPF1	[3:2]	00 = 输入	01 = 输出
		10 = EINT1	11 = 保留
GPF0	[1:0]	00 = 输入	01 = 输出
		10 = EINT0	11 = 保留

GPFDAT	位	描 述
GPF[7:0]	[7:0]	当端口被配置为输入端口时，从外部源来的数据可以被读到相应引脚 当端口被配置为输出端口时，写入寄存器的数据可以被送到相应引脚 当端口被配置为功能端口时，读取该端口数据为乱码

GPFUP	位	描 述
GPF[7:0]	[7:0]	0：上拉电阻与相应的引脚连接使能 1：上拉电阻被禁止

硬件电路连接示意图：（用到的处理器引脚画上就可以，并写上引脚标号）

答：硬件电路设计如下。（5 分）

接下来定义寄存器地址（9 分）

/＊定义端口 G 配置寄存器宏名为 rGPFCON ＊／
＃define rGPFCON _____
/＊定义端口 G 数据寄存器 rGPFDAT ＊／
＃define rGPFDAT _____
/＊定义端口 G 上拉电阻使能寄存器 rGPFUP ＊／
＃define rGPFUP _____

在 S3C2410 初始化函数中进行如下配置：

rPCONG ＝ rGPFCON & _____；
rPCONG ＝ rGPFCON | _____；

在 C 语言源程序中编写代码：

rPDATG＝ rGPFDAT & _____；//蜂鸣器报警
rPDATG＝ rGPFDAT & _____；// LED 全开
rPDATG＝ rGPFDAT | _____；//关蜂鸣器
rPDATG＝ rGPFDAT | _____；// LED 全关

2. （6 分）ATMEL 公司生产的 AT24C08 是一款基于 I^2C 总线的串行 E^2PROM，存储容量为 8KB（1024B×8）。芯片结构如下图所示。其中 A0、A1、A2 为器件地址，WP 为写保护引脚，SCL 为 I^2C 的时钟线、SDA 为 I^2C 的数据线。

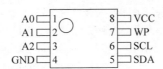

请设计 2 片 AT24C08 与 S3C2440 的 I^2C 接口电路，其中，WP 接地（GND），表示写使能。

在下面的 I^2C 总线上连接 2 片 AT24C08，画出 A0、A1、A2、SCL、SDA 的连接即可。

S3C2440_SCL

_____

S3C2440_SDA

_____

参 考 文 献

[1] ARM Limited. ARM Architecture Reference Manual[OL], 2005.

[2] Samsung Electronics Co., Ltd. S3C44B0X 16/32-bit RISC Microprocessor User's Manuel[OL]. http://www.samsungsemi.com,2003.

[3] Samsung Electronics Co., Ltd. S3C2410X 32-bit RISC Microprocessor User's Manuel[OL]. http://www.samsungsemi.com,2003.

[4] Samsung Electronics Co., Ltd. S3C2440A 32-bit CMOS Microcontroller User's Manual[OL]. http://www.samsungsemi.com,2004.

[5] 杜春雷. ARM 体系结构与编程[M]. 北京：清华大学出版社,2003.

[6] 田泽. 嵌入式系统开发与应用[M]. 北京：北京航空航天大学出版社,2005.

[7] 周立功. ARM 嵌入式系统基础教程[M]. 北京：北京航空航天大学出版社,2005.

[8] 吕京建,肖海桥. 嵌入式处理器分类与现状[OL]. http://baike.baidu.com/view/6115.htm.

[9] 吕京建,肖海桥. 面向 21 世纪的嵌入式系统综述[OL]. http://www.bol-system.com.

[10] 刘红. 嵌入式系统技术发展趋势浅析[J]. 中国建设教育,2006.10：51-54.

[11] 李会,郇迪.嵌入式系统在工业控制中的应用[J]. 微计算机通信, 2007.23 (1-2)：47-49.

[12] 俞建新,王建,宋健建. 嵌入式系统基础教程[M].北京：机械工业出版社,2008.

[13] 苏东. 主流 ARM 嵌入式系统设计技术与实例精解[M].北京：电子工业出版社,2007.

[14] 李佳. ARM 系列处理器应用技术完全手册[M].北京：人民邮电出版社,2006.

[15] Sloss A N,Symes D,Wright C. ARM System Developer's Guide:Desingning and Optimizing System Software[M].沈建华,译. 北京：北京航空航天大学出版社, 2005.

[16] 宋宝华. C 语言嵌入式系统编程修炼[OL]. http://www.kuqin.com/pragmatic/20070821/545.html.

[17] Kamal R. Embedded Systems Architecture,Programming and Design[M]. 北京：清华大学出版社,2005.

[18] ARM Limited. RealView 编译工具——汇编程序指南[OL].http://www.arm.com,2007.

[19] An Introduction to the GNU Assembler[OL]. http://www.cse.unsw.edu.au/~cs3221/labs/assembler-intro.pdf.

[20] 王志英. 嵌入式系统原理与设计[M].北京：高等教育出版社,2007.

[21] 桑楠. 嵌入式系统原理及应用开发技术[M].2 版.北京：高等教育出版社,2008.

[22] 姜宁. 从 ADS 到 RealView MDK[J]. 单片机与嵌入式系统应用,2007,9：84-86.

[23] 符意德,陆阳. 嵌入式系统原理及接口技术[M]. 北京：清华大学出版社,2007.

[24] Labrosse J J. 嵌入式实时操作系统 uC/OS-II[M].邵贝贝,译. 2 版. 北京：北京航空航天大学出版社,2005.

[25] 方敏.计算机操作系统[M].西安：西安电子科技大学出版社,2004.

[26] Noergaard T.嵌入式系统硬件与软件架构[M].马洪兵,谷源涛,译.北京：人民邮电出版社,2006.

[27] I2C Bus[OL]. http://www.i2c-bus.org.

[28] Stallman R M. Using the GNU Compiler Collection[OL]. http://www.gnuarm.com/,2002.

[29] 邱铁,夏锋,周玉.STM32W 嵌入式无线传感器网络[M].北京：清华大学出版社,2014.

图 书 资 源 支 持

感谢您一直以来对清华版图书的支持和爱护。为了配合本书的使用，本书提供配套的资源，有需求的读者请扫描下方的"书圈"微信公众号二维码，在图书专区下载，也可以拨打电话或发送电子邮件咨询。

如果您在使用本书的过程中遇到了什么问题，或者有相关图书出版计划，也请您发邮件告诉我们，以便我们更好地为您服务。

我们的联系方式：

地　　址：北京市海淀区双清路学研大厦 A 座 701

邮　　编：100084

电　　话：010-83470236　010-83470237

资源下载：http://www.tup.com.cn

客服邮箱：2301891038@qq.com

QQ：2301891038（请写明您的单位和姓名）

资源下载、样书申请

书圈

扫一扫，获取最新目录

课 程 直 播

用微信扫一扫右边的二维码，即可关注清华大学出版社公众号"书圈"。